H5交互页面、演示动画与微课视频

H5 **H5交互页面**可将文字、图形、按钮和变化曲线等元素以交互页面的形式集中呈现给读者，具有实时交互的特点.

动 **演示动画**可动态展示复杂过程，直观形象.

▶ **微课视频**可对相关知识点进行细致解读，便于读者自学.

    本书为纸数融合的新形态教材，通过运用H5交互页面技术，将"信号与系统"课程中复杂现象的变化规律与重要参数的作用效果生动地呈现在读者面前，同时还提供了演示动画和微课视频，以帮助读者快速理解相关知识，最终实现高效"教与学".

-H5交互页面-

使用说明

01 扫描H5交互页面二维码，进入H5交互页面.

02 拖动H5交互页面中的参数调整滑块.

03 观察相关图表因参数变化而发生的实时变化.

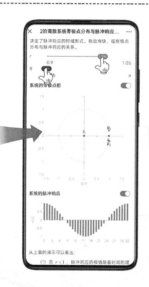

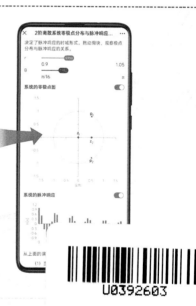

二维码列表

卷积的引出和物理意义	信号的正交分解与方均误差的关系	周期和脉宽对周期矩形脉冲信号频谱的影响	RC低通滤波器的冲激响应和频率响应特性	RC低通电路带宽对输入矩形脉冲波形的影响	DTMF信号经过相位失真系统	抽样信号的恢复	不稳定系统的稳定	连续最小相位系统的频率响应特性	连续全通系统的频率响应特性
二阶连续系统零、极点分布与时域特性、频域特性的关系	基于比例-积分控制器的定速巡航系统	一阶离散系统零、极点分布与脉冲响应的关系	二阶离散系统零、极点分布与脉冲响应的关系	离散系统零、极点分布与频率响应特性的关系	滑动平均滤波器的零、极点分布与时域特性、频域特性的关系	离散全通系统的频率响应特性	离散最小相位系统的频率响应特性	系统的状态轨迹	电路参数对系统可观性和可控性的影响

手机扫描演示动画二维码，即可观看相关知识点的演示动画.

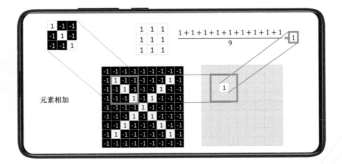

窄脉冲逼近冲激函数

卷积的图解法

二维卷积运算

矢量分解与误差的关系

傅里叶变换尺度变换性质的证明

微分运算对噪声的放大作用

冲激脉冲序列的傅里叶级数合成

正弦信号激励下系统的稳态响应

理想低通滤波器的冲激响应

理想低通滤波器的阶跃响应

矩形脉冲信号经过理想低通滤波器的响应

调制过程中的频谱结构

系统频率响应特性的几何确定法（高通）

系统频率响应特性的几何确定法（低通）

系统频率响应特性的几何确定法（带通）

二阶离散系统零、极点分布与频率响应特性的关系

手机扫描微课视频二维码，即可观看相应的微课视频.

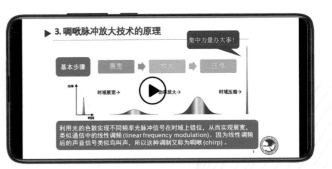

维纳简介

正弦信号

欧拉公式探究

习题1-23讲解（信号经过非线性系统）

卷积的定义

解析法求卷积

周期矩形脉冲信号的频谱

吉布斯现象简介

抽样信号的频谱

升余弦脉冲信号的频谱

小波变换的步骤说明

吉布斯现象的解释

时域抽样定理

从抽样信号恢复连续信号的频域分析

啁啾脉冲放大技术简介

滑动平均滤波器

高等学校电子信息类
基础课程名师名校系列教材

教育部高等学校
电工电子基础课程教学指导分委员会推荐教材

信号与系统

微课版 | 支持H5交互

北京邮电大学信号与系统课程组 / 组编
尹霄丽 尹龙飞 滕颖蕾 / 编著

人民邮电出版社
北 京

图书在版编目（CIP）数据

信号与系统 ：微课版 ：支持H5交互 / 北京邮电大学信号与系统课程组组编 ；尹霄丽，尹龙飞，滕颖蕾编著. -- 北京 ：人民邮电出版社，2023.7
高等学校电子信息类基础课程名师名校系列教材
ISBN 978-7-115-61320-2

Ⅰ. ①信… Ⅱ. ①北… ②尹… ③尹… ④滕… Ⅲ. ①信号系统－高等学校－教材 Ⅳ. ①TN911.6

中国国家版本馆CIP数据核字(2023)第042821号

内 容 提 要

本书主要讲解信号的描述和运算、线性时不变系统的描述和特性，以及确定性信号通过线性时不变系统传输与处理的基本分析方法．全书共 7 章，主要内容包括信号与系统概述、系统的时域分析、连续信号的频域分析、连续系统的频域分析、连续信号与系统的复频域分析、离散信号与系统的 z 域分析、系统的状态变量分析．本书支持 H5 交互教学，并提供讲解视频、课程 PPT、教学大纲、教案、源代码等教学资源．

本书可作为院校电子信息类、自动化类和计算机类本科生的教材，也可供电气、电子信息、自动化领域的技术人员使用，还可作为通信电子类科研人员的参考用书．

◆ 组　　编　北京邮电大学信号与系统课程组
　　编　著　尹霄丽　尹龙飞　滕颖蕾
　　责任编辑　韦雅雪
　　责任印制　王　郁　陈　犇

◆ 人民邮电出版社出版发行　　北京市丰台区成寿寺路 11 号
　　邮编　100164　电子邮件　315@ptpress.com.cn
　　网址　https://www.ptpress.com.cn
　　北京天宇星印刷厂印刷

◆ 开本：787×1092　1/16
　　印张：20　　　　　　　　　　2023 年 7 月第 1 版
　　字数：521 千字　　　　　　　2025 年 2 月北京第 4 次印刷

定价：69.80 元

读者服务热线：(010)81055256　印装质量热线：(010)81055316
反盗版热线：(010)81055315

推荐序

世界正在进入以信息产业为主导的经济发展时期，信息技术对世界的影响从刚开始的电子信息领域拓展到了几乎所有领域，在此背景下，信号与系统的概念也融入了人们生产和生活各个方面.

"信号与系统"课程是电子信息、电气、自动化等专业本科生的一门重要的专业基础课，是学生解决信息领域复杂工程问题的入门课程之一. "信号与系统"课程的教学效果对高质量信息技术人才的培养、智能信息产业的发展、我国新型数字基础设施体系的推进有着十分重要的意义.

北京邮电大学信号与系统课程组多年来不断探索，研究电子信息类基础课的认知规律，将现代化信息技术与教育教学深度融合，引入电子信息领域发展新成果，重构课程教学体系，重塑课程教学内容. 课程组建设的"信号与系统"慕课广受学生欢迎，并被认定为首批国家级线上一流本科课程. 课程组基于多年教学改革和实践经验，编写了《信号与系统（微课版　支持H5交互）》，本书主要特点如下.

（1）本书按照从时域到频域、从连续到离散的顺序，系统、完整地介绍了确定性信号经过线性时不变系统传输和处理的基本理论和基本方法，内容丰富、翔实，知识点涵盖全面，符合教育部高等学校电工电子基础课程教学指导分委员会制定的"信号与系统"课程的教学基本要求，符合电子信息、电气、自动化等专业的教学需求.

（2）本书融合信息技术，嵌入了大量二维码，便于学生自主学习. H5页面可为学生提供生动的交互式学习体验；演示动画和微课视频生动形象、讲解细致，有利于提高学生的学习兴趣；拓展阅读资料丰富，补充了数理基础、MATLAB/Python源代码、应用实例和人文教育素材.

（3）本书实例丰富，每章末的知识拓展部分能够将知识点与前沿技术结合，形成知识辐射，有利于拓展学生视野并激发他们的科研兴趣.

（4）本书将计算机辅助技术工具（MATLAB等）引入教学内容，不仅在正文中给出了很多MATLAB分析实例，还在每章的习题部分专门设计了"计算机实践题"，让学生进一步利用电子设计自动化（electronic design automation，EDA）工具进行分析，在实践中锻炼借助计算机解决复杂工程问题的能力.

（5）本书为全新打造的新形态教材，配有立体化教辅资源，可以全方位服务教师教学.

相信本书能够帮助广大师生获得更好的"信号与系统"课程教与学体验，特此推荐读者阅读.

孟桥

教育部高等学校电工电子基础课程教学指导分委员会秘书长

2023年5月

前　言

写作背景

20世纪50年代，美国麻省理工学院总结通信、雷达和控制等领域广泛应用的基础理论，开设了"信号与系统"课程．1977 年我国恢复高考制度后，一些院校相继设置了"信号与系统"课程．在信息科学领域前辈们的推动下，我国大多数院校形成共识，逐步明确了本课程的研究范围和基本教学要求：研究确定性信号经线性时不变系统传输与处理的基本概念和基本分析方法；介绍从时域到变换域、从连续到离散、从输入输出描述到状态空间描述的信号与系统基础知识；以通信和控制工程作为主要背景，注重应用实例分析．

目前，"信号与系统"已经成为电子信息类本科生重要的学科基础课．本课程将为学生进一步学习"数字信号处理""通信系统原理""自动控制""随机信号处理"等课程，以及为将来从事信息获取、转换、传输及处理工作奠定良好的基础．随着新一轮科技革命与产业变革的到来，新的学科方向不断涌现，催生出了"新工科"建设体系．大数据、云计算、人工智能等新学科的出现，并未使传统课程"信号与系统"的地位下降，相反，本课程在本科教育体系中更加重要，因为"信号与系统"课程以确定性信号通过线性时不变系统的过程为核心，综合运用了多门数学课程的知识，涉及频域/复频域分析、线性空间变换、正交分解等数据处理、机器学习领域中的重要思想．

经过多年的发展，"信号与系统"课程形成了完整严密的理论体系，已经成熟的经典理论被证明仍然适用，并已有多套优质的教材可供读者学习、参考．然而随着电子信息技术的发展，新应用和新成果不断涌现，教学中需要适时引入新型工程应用案例，以当代信息科学的观点理解、审视、组织和阐述传统内容，以激发学生的学习志趣，达到深入理解经典理论的目的；同时，党的二十大报告强调推进教育数字化，新形态教材受到了广泛关注，它将多媒体教学资源与纸质教材相融合，为教育教学改革提供了新的契机；另外，育人的根本在于立德，根据《普通高等学校教材管理办法》的要求，高校教材应全面贯彻党的教育方针，落实"立德树人"根本任务，这对教育教学的方向提出了新要求．因此，打造一本服务新工科、彰显新形态、融合新理念的教材，成了作者及北京邮电大学信号与系统课程组的一大愿望．

本书内容

全书共7章，授课教师可按章节顺序组织教学，同时可以根据所在学校关于本课程的学时安排，对部分章节的内容进行灵活取舍．本书各章内容及学时分配建议如表1所示．此外，学校还可以根据学生的具体情况配合本课程开展相应的实验教学．

表1 本书各章内容及学时分配建议

章序	课程内容	各章学时分配		
第1章	信号与系统概述	6学时	6学时	8学时
第2章	系统的时域分析	4学时①	8学时	10学时
第3章	连续信号的频域分析	10学时	10学时	12学时
第4章	连续系统的频域分析	6学时②	8学时	8学时
第5章	连续信号与系统的复频域分析	6学时	8学时	10学时
第6章	离散信号与系统的z域分析	0学时	8学时	8学时
第7章	系统的状态变量分析	0学时	0学时	8学时
合计		32学时	48学时	64学时

① 重点讲解连续系统分析相关内容.

② 重点讲解4.1节、4.2节、4.3节和4.5节中的内容.

本书特色

本书主要有以下4大特色.

1 沿用成熟框架，重构教学细节

本书结合作者及教学团队多年教学实践经验，对"信号与系统"课程的知识体系进行了重新梳理，基本脉络遵循了"信号与系统"课程的成熟框架，即信号与系统分类讨论、连续与离散类比学习、时间域与变换域多角度分析.

在具体细节上，本书对教学内容进行了重构和扩展：补充部分数理基础知识；引入编程工具，淡化手工计算；精选典型例题，讲解工程实例；将习题划分为基础题、提高题和计算机实践题，帮助读者更有针对性地进行练习；不仅提供传统的MATLAB编程示例，还尝试在配套资源中利用Python开源软件提供信号与系统工程实践的全套解决方案，有利于帮助我国电子信息产业从业人员提升抗风险能力.

2 体现新工科导向，促进读者能力培养

本书以任务为驱动，依托应用实例介绍基础知识，并在习题部分将部分应用实例以提高题和计算机实践题的形式呈现. 同时，本书在每章的知识拓展部分介绍学科领域的新研究成果，以强化读者的工程素质和工程意识.

3 注重价值引领，融入人文教育、德育元素

本书在引出知识点时，结合学科发展史，说明问题的来龙去脉，引导读者思考数学公式中的一般性哲理，培养学生的科学思维能力. 本书还通过介绍相关学科前沿知识，强调基础知识对学科发展和科技创新的重要作用，激发学生的专业认同感和产业强国的责任感.

4 进行立体化建设，支持线上线下混合式教学

本书将清晰明了的纸质图书、实时变化的H5交互页面、直观形象的演示动画、细致入微的讲解视频（慕课、微课）和拓展知识的电子文档紧密结合，形成新形态教材；并且提供课程PPT、习题答案、教学大纲、教案、源代码、题库等教学资源，教师可登录人邮教育社区（www.ryjiaoyu.com）进行下载.

H5交互页面使用说明

　　H5交互页面，是指将文字、图形、按钮和变化曲线等元素以交互页面的形式集中呈现给读者，帮助读者深刻理解复杂事物，具有实时交互的特点.

　　为了使复杂现象的变化规律与重要参数的作用效果能够生动地呈现在读者面前，作者精心打造了与之相匹配的H5交互页面，以帮助读者快速理解相关知识，进而实现高效自学.

　　读者可通过H5交互页面目录查找本书中各H5交互页面二维码所在的页码.

　　H5交互页面的使用说明如下.

　　（1）扫描H5交互页面二维码，进入H5交互页面.

　　（2）拖动H5交互页面中的参数调整滑块.

　　（3）观察相关图表因参数变化而发生的实时变化.

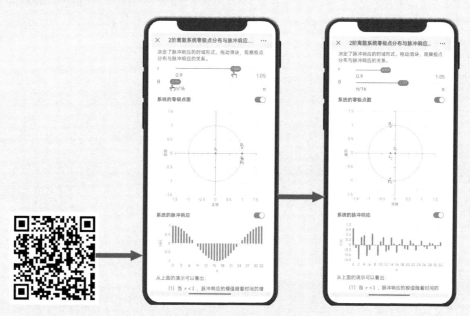

作者致谢

　　本书的撰写工作得到了北京邮电大学"十四五"规划教材项目和2022年度工信学术出版基金资助项目的支持，得到了人民邮电出版社的大力支持和帮助.

　　本书第1章由尹霄丽和尹龙飞共同撰写，第2章、第5章主要由尹龙飞撰写，第3章、第4章主要由滕颖蕾撰写，第6章、第7章主要由尹霄丽撰写，部分内容由3位作者合作完成，尹霄丽负责通读和审核全文.

　　本书承蒙东南大学孟桥教授审阅并撰写推荐序，北京交通大学陈后金、西安电子科技大学郭宝龙、清华大学谷源涛、北京航空航天大学熊庆旭、浙江大学胡浩基、北京邮电大学孙松林和北京邮电大学张金玲等专家审阅了书稿并提出了宝贵的修改建议，进一步提高了书稿质量，作者表示衷心的感谢！

　　本书为教育部高等学校电工电子基础课程教学指导分委员会推荐教材，基于北京邮电大学信号与系统课程组多年的教学实践完成，课程组建设的"信号与系统"课程已被认定为首批国家级线上一流本科课程和北京市优质本科课程，相关慕课已在中国大学MOOC平台上线．课程组老师多年的教学研讨、教学实践经验分享对本书内容的形成起到了重要作用，助教、研究生们为本书的撰写提供了支持，在此一并表示感谢．

　　限于作者水平，书中难免存在不足之处，由衷地希望广大读者朋友和专家学者能够提出宝贵的意见或建议，意见或建议可直接反馈至作者的电子邮箱：yinxl@bupt.edu.cn．

作　者

2023年春

目　录

二维码索引

📚 H5 交互页面

✖ 教学演示动画

🎥 微课视频

部分拓展阅读资料

第 1 章

信号与系统概述

　　人类社会的生存和发展无时无刻不依赖信息的获取、传递、处理、再生、控制和利用，信息科学已渗透到几乎所有的自然科学和社会科学领域. 近年来，我国基础研究和原始创新不断加强. 伴随着信息技术及产业的发展，信号与系统的相关理论被应用在极为广泛的领域中，如电路设计、电力传输、通信、雷达、导航、语音和图像处理、生物医学工程、人工智能等. 学好信号与系统的基本概念和基本分析方法对于开展信息领域的科学研究和工程实践都是十分重要的.

　　本章给出信号与系统的基本概念，包括连续和离散时间信号的描述方法和运算、系统的描述方法和性质，并简要介绍确定性信号经过线性时不变（linear time invariant，LTI）系统的基本分析方法，为读者理解全书其他内容打下坚实的基础.

本章学习目标

（1）了解信号和系统的基本概念.

（2）掌握典型连续/离散信号的表示方法，掌握奇异信号的表示方法、物理意义和基本性质.

（3）掌握信号的基本运算方法，包括自变量的运算和因变量的运算.

（4）了解系统的基本性质，重点学习系统的线性和时不变性.

（5）初步了解线性时不变系统的基本分析方法.

1.1 信号与系统的基本概念

1.1.1 信号

信号（signals），是信息（information）的表现形式与传送载体，而信息则是蕴含在信号中的具体内容.

什么是信息呢？1948年，美国数学家、信息论的创始人香农（Shannon）在题为《通信的数学理论》的论文中指出："信息是用来消除随机不确定性的东西."1948年，美国应用数学家、控制论的创始人维纳（Wiener）在《控制论》一书中指出："信息就是信息，既非物质，也非能量."而我们在现实中传送信息，则必须借助一定的物理量作为载体，如声、光、电等，这些物理量的变化就是信号. 信号的不同物理形态并不影响它们所包含的信息内容，而且不同物理形态的信号之间可以互相转换. 在数学上，信号可以表示为含有一个或多个自变量的函数.

香农简介

维纳简介

日常生活中一个典型的信号是语音信号. 人的发声系统依靠气流和声带的振动产生声压的变化，这便是声波形式的语音信号. 语音信号可以被话筒接收并进行形式转换，例如，铝带式话筒把一片振膜放置在小型磁场中，振膜因声波而振动时，就会切割磁感线产生变化的电流，也就是电流形式的语音信号. 图1.1.1所示的就是"信号与系统"这个词组的声压随时间变化的波形，这是一个随时间变化的一维信号.

录制和播放音频信号的计算机代码

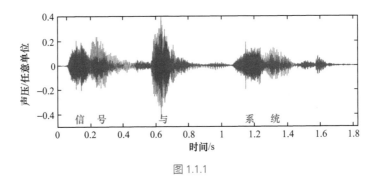

图 1.1.1

在电学领域中，通过电流（或电压）对真实信号进行连续的、直接的记录，模拟其变化过程得到的信号称为模拟信号（analog signal）或连续信号（continuous signal）. 进入信息时代之后，计算机在几乎所有领域都发挥着重要作用，因此将信号转换为数字形式进行存储和处理是非常有必要的. 将模拟信号转换为数字信号（digital signal）时，最大的变化有两点：一是单位时间内仅能选取有限数量的信号值；二是信号值只能以有限位数的形式进行存储，保留有限的精度. 前者对应自变量的离散化，其过程称为抽样（sampling），后者对应信号值的离散化，一般涉及量化（quantization）和编码（coding）.

仍然以语音信号为例. 为了实现语音信号的数字化存储，需要通过话筒将声波形式的语音信号转换为电流形式的模拟信号，再通过一个模数转换器（analog to digital converter，ADC）将模拟信号转换成数字信号. 典型音频信号的频率范围是20 Hz ~ 20 kHz，每秒抽取44100个样值能够满足抽样的要求，实现高保真存储. 量化和编码后将每个样值用一定数量的比特（位）组成的二进制序列来表示（典型值为8比特、12比特、16比特）. 数字化的信号还可以根据需要再进行编码操作，以实现信息压缩和纠错等功能. 需要回放声音时，则利用数模转换器（digital to analog converter，DAC）将数字信号转换为模拟信号，再驱动扬声器转换为声波.

彩色图像的
记录和显示

另一种典型信号是图像信号，与语音信号不同的是，图像信号是一种亮度随平面位置变化的二维信号. 数码相机的镜头能够把空间中的景物影像投射到图像传感器上. 常见的图像传感器是由一个个小的光电探测单元组成的阵列，因此只能记录有限个"点"的光强度. 这些光电探测单元也称为"像素"，决定了图像在平面上的离散化程度，单位面积上像素越多，越容易记录更多图像细节. 视频信号则是多个图像的顺序输出，本身具有时间的维度，而每个时间点所对应的图像又有两个空间维度.

物理世界丰富多彩，信号形态变化万千，例如，生物体内的脱氧核糖核酸（DNA）存储了个体的所有信息和特征，来自遥远太空的宇宙射线携带着天体运行、演化的信息. 另外，随着人工智能的发展，出现了大数据、多模态（包括文本、语音、图像、视频）等新的信号形态，人们可以通过从数据中提取特征来实现目标的内容分析与理解.

本书会忽略掉信号的不同的物理形态，将其归结为"信号值"的变化；也不考虑信号包含的具体信息，而是更关注信号本身的描述方法，以及信号在不同形态下保持不变的那些性质和特点.

1.1.2 系统

系统（systems），是一个非常广泛的概念. 广义上的系统是指由若干互有关联的单元组成的、具有某种功能、用来达到某些特定目标的整体. 而在信息科学与技术领域，系统特指对信号产生影响的装置或算法.

1.1.1节已经介绍了如何用话筒把声波形式的语音信号转化为模拟信号，这个过程中的话筒就可以视作一个系统. 转化语音信号的时候，也许除了目标语音，还有一些背景噪声，或者其他声音源发出的干扰，我们可以通过一些电路模块把背景噪声和干扰滤除，这就是滤波系统. 若是希望把语音信号转移到高频段，并利用天线进行无线传播，则需要对信号进行调制，要用到调制系统. 最后由天线把电信号转变为电磁波，这就是发射系统. 将前面这些系统组合起来可以实现复合功能，即形成了语音信号的无线电广播系统.

一个简单系统可以很方便地用1只"黑箱"表示，它具有一组输入变量 $x_1(t),x_2(t),\cdots,x_j(t)$ 可进入的端口，和另一组可以观察到输出变量 $y_1(t),y_2(t),\cdots,y_k(t)$ 的端口，如图1.1.2所示. 输出变量和输入变量的关系可以用数学方程来描述，即系统的数学模型. 最简单

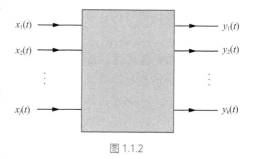

图 1.1.2

的系统只有一路输入和一路输出，也称为单输入单输出系统，这种简单系统是本书分析的重点.

1.1.3 典型系统

系统在各领域中的应用十分广泛，如通信系统、雷达系统、控制系统、遥感系统、电力系统、机械系统、宇航系统、生态系统、神经系统、经济预测系统等. 信号的产生、获取、分析、

通信技术发展
历史简介

传输、交换、处理等，都需要相应的系统来实现．下面介绍常见的通信系统、控制系统和信号处理系统，让读者初步了解信号和系统的相互关系．

1. 通信系统

从广义上说，一切信息的传输过程都可以看成通信，一切完成信息传输任务的系统都是通信系统，如电报、电话、电视、雷达、导航等．通信系统的功能是通过信道以可靠的方式将载有消息（文字、声音、图像、视频或计算机数据等）的信号传输至目的地．如图1.1.3所示，通信系统包含发射机、信道和接收机3个基本单元．

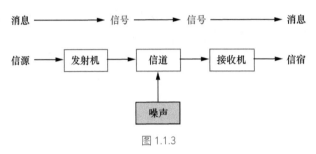

图 1.1.3

发射机（transmitter）的作用是将信源（information source）产生的携带消息的信号转换成适合于在信道中传输的发射信号．接收机（receiver）的功能与发射机相反，作用是对接收信号进行处理，将其还原成消息传送到信宿（destination）．发射机一般包括调制器（modulator），而接收机包括解调器（demodulator）．将原始信号转换成适合于在信道中传输的发射信号的过程称为调制，从已调制的接收信号中还原出原始信号的过程称为解调．我们将在4.6节学习调制和解调的基本原理．

信道（channel）是传送信息的通道，包括有线信道（同轴电缆信道、光纤信道等）和无线信道（大气信道、海洋信道等）．由于信道自身的物理特性，信号在信道中传输时往往会产生失真．另外，信道中的噪声和干扰信号（来自其他信源）也会叠加到正在传输的信号上，使接收信号与发射信号相比出现畸变．

通信系统可分为模拟通信系统和数字通信系统．与模拟通信系统不同，数字通信系统首先要通过ADC将模拟信号转变成数字信号，这样就可以将各种物理消息统一以数据流的形式进行处理和传输．

移动通信是现代通信技术中不可或缺的部分．第一代（1G）移动蜂窝通信系统是基于频分复用（FDM）的模拟通信系统；2G将移动通信带入了数字时代，主要采用时分复用（TDM）和码分复用（CDM）技术；到了3G时代，码分多址（CDMA）技术大放异彩；4G时代采用了正交频分复用（OFDM）、软件无线电、智能天线、多输入多输出（MIMO）等技术；5G采用了大规模MIMO、非正交多址接入（NOMA）、新型和高级调制、网络切片和边缘计算等技术．移动通信不仅深刻改变了人们的生活方式，而且已成为推动国民经济发展、提升社会信息化水平的重要引擎．5G高速率、宽带宽、高可靠、低时延的新特性、新能力为人工智能、云计算、大数据、区块链等高新技术的深度融合、相互促进、规模应用进一步提供了可能．

2. 控制系统

实际应用中的大量系统都使用了控制技术，如汽车自动驾驶系统、宇宙飞船控制系统、智能家居控制系统和机器人等．控制理论的核心原理是反馈（feedback），图1.1.4所示为反馈控制系统的结构图．

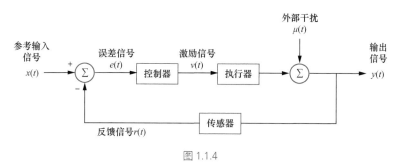

图 1.1.4

反馈控制系统又称闭环控制系统. 系统中执行器的输入$v(t)$和外部干扰$\mu(t)$相加产生输出信号$y(t)$. 反馈环路中的传感器测量输出信号$y(t)$，并将其转变为另一种形式的信号. 传感器的输出$r(t)$构成反馈信号，其与参考输入信号$x(t)$比较产生误差信号$e(t)$，这个误差信号作用于控制器而产生激励信号$v(t)$，使执行器完成控制动作.

从工程的角度出发，使用控制系统的2个主要理由如下.

（1）预期的响应：如果执行器的输出能跟踪指定的参考输入，则称该执行器产生了符合要求的响应. 保持执行器的输出接近参考输入的过程称为调节.

（2）更好的稳健性：当外部干扰及环境条件变化引起执行器参数发生改变时，如果控制系统仍能很好地调节它的执行器，则称该控制系统具有稳健性.

3. 信号处理系统

信号处理是指按照某种需要或目的，对信号进行特定的操作、加工、提炼和修改等. 信号处理涉及的领域非常广泛，就其功能和目的而言，有滤波、干扰/噪声抑制、平滑、锐化、增强、数字化、恢复和重构、编码和译码、调制和解调、加密和解密、均衡或校正、特征提取、目标识别、信息融合和信号控制等.

对连续信号的处理称为连续信号处理或模拟信号处理，需要用到模拟电路器件，如电阻、电容、电感、晶体管放大器和二极管等. 连续信号处理的主要特点是易于得到实时（real time）的处理结果.

对信号以数字化的方法进行处理称为数字信号处理（digital signal processing，DSP）. 对连续信号进行数字化处理，首先需要利用ADC将其转为数字信号，通过数字化手段处理后，再利用DAC将数字信号恢复成连续信号. 图1.1.5所示为连续信号数字化处理系统结构图. 数字信号处理借助于加法器、乘法器和存储器3种基本的数字运算部件. 数字信号处理进行数值计算所需的时间决定了能否得到实时的处理结果.

图 1.1.5

与连续信号处理相比，数字信号处理具有如下优点.

（1）灵活性强：通过更改软件，同一部数字硬件设备就可实现不同要求的数字信号处理功能. 而在连续信号处理中，每一次改变信号处理参数都不得不在硬件上对系统进行调整，甚至要重新设计系统.

（2）结果易于复现：当用数字方式进行信号处理时，重复计算更容易得到相同的结果. 而连续系统的参数会因环境因素而发生变化，不易得到相同的结果.

然而，在对一个给定的信号进行处理时，数字方式对系统的带宽提出了更高的要求．对于一个具体的信号处理问题，到底是用连续方式还是用数字方式解决，只能由具体的应用、可用的资源、构建系统的成本等因素决定．同时也应注意到，现实中大量系统都是混合式的，它们结合了连续信号处理和数字信号处理这两种处理方式各自的优点．

从信息技术的发展来看，大数据、人工智能等信息技术将不断交叉融合，通信与感知、计算、控制系统的边界也将不断弱化，人们正充分利用低、中、高全频谱资源来构建新型信息基础设施，实现空、天、地一体化网络无缝覆盖全球．

1.1.4 信号与系统研究的问题

从上述不同应用领域的信息、信号和系统的例子可以看出，信号和系统总是相伴相生的．一方面，任何一个系统都是对输入信号进行某种变换，得到输出信号，系统的功能和特性都是用其输入-输出关系来描述的．另一方面，信号的任何改变，无论是其物理形态的转换，还是其包含的信息内容的变化，都是依靠某种系统来实现的．

有关信号的研究涉及面非常广，主要包括信号分析、信号传输、信号处理和信号综合等．其中，信号分析（signal analysis）研究信号的解析表示、信号有用性能的数值特征等；信号综合（signal synthesis）则是根据给定的要求设计或选择信号的最佳形式．信号分析是信号传输、信号处理和信号综合的基础．本书侧重信号分析，主要研究随时间变化的一维信号的描述和运算方法，以此形成信号研究的坚实理论基础．

有关系统的研究主要包括系统分析和系统综合两方面．系统分析（system analysis）是指对于给定的系统，研究系统对输入信号（也称激励信号）所产生的输出信号（也称响应信号），并由此获得对系统功能和特性的认知．系统综合（system synthesis）指对于特定信号及处理要求，研究系统应具有的功能和特性，并据此设计所需的系统．系统分析是系统综合的基础．本书着重讨论系统分析，将以通信系统、信号处理系统和控制系统的基本问题为主要背景，研究信号经系统传输或处理的一般规律，重点介绍基本概念和基本分析方法．

信号与系统的发展

1.2 信号的描述和分类

描述信号的基本方法是写出它的数学表达式，即自变量的函数，因此本书中，信号与函数这两个名词大体通用．描述信号的另一个方法是绘出函数的图像，函数的图像被称为波形．

信号可以从以下不同的角度进行分类．

1.2.1 确定信号和随机信号

若信号被表示为一个确定的时间函数，对于指定的某一时刻，可确定一个相应的函数值，这种信号称为确定信号或规则信号．例如，我们熟知的正弦信号就是确定信号．在实际问题中，我们遇到的大多数信号是具有随机性质的信号，即随机信号，如探测器的热噪声．对于一个随机信号，进行多次试验记录的信号波形可能是不同的，每次试验的波形称为随机信号的一次实现，所有实现的集合构成一个随机过程．因此，随机信号的取值具有不确定性，但它的统计特性是有规律的．随机信号的每一次实现都可以看作一个确定信号．本书主要研究确定信号．

1.2.2　连续信号和离散信号

按照时间函数取值的连续性，信号可划分为连续时间信号和离散时间信号（简称连续信号与离散信号）．如果在所讨论的时间范围内，除若干不连续点之外，任意时间值都可给出确定函数值的信号称为连续信号．连续信号的幅值可以是连续的，也可以是离散的（只取某些规定值）．时间和幅值都连续的信号又称为模拟信号．

连续信号的描述方法与古典函数非常相似．古典函数可以看作自变量集到因变量集的数值与数值的映射关系，连续信号则是时间变量到不同时刻的信号值的映射关系．若用 t 描述时间变量，则信号可以用 $f(t)$ 来表示，若用 t_0 代表一个确定的时刻，则此时的信号值为 $f(t_0)$．典型的连续信号的函数表示方法将在1.3节介绍．

离散信号在时间上是离散的，只在某些不连续的规定时刻给出函数值，在其他时刻没有定义．给出函数值的离散时刻的间隔可以是均匀的，也可以是不均匀的．本书讨论的间隔都按照均匀间隔进行处理．这时候离散信号可以表示为序列形式．离散信号也可以用函数形式描述，不过函数的自变量只能是整数，用于标识信号值在序列中的序数；而因变量则可称为样值．根据这些定义，常见的离散信号表示方法有序列表示法、茎状图法和离散函数法．

序列表示法就是把信号样值罗列出来，然后标明一个样值的序数（通常是 $n=0$ 的样值），如

$$x[n]=\left\{\underset{\substack{\uparrow\\n=0}}{1},\ 2,\ 2,\ 1\right\}. \tag{1.2.1}$$

茎状图法利用笛卡儿坐标系来展示信号序列，横轴只有整数，只能取离散的整数值，每个样值用1条独立的竖直茎状线表示，如图1.2.1所示．与连续信号波形图不同的是，离散信号不会把所有信号值连起来．

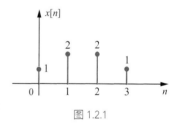

图 1.2.1

离散函数法则是建立序数 n 到信号样值的函数对应关系．典型离散信号的函数表示方法将在1.6节介绍．

为了对信号进行数字化处理，首先需要进行信号抽样．设 $x_a(t)$ 为连续信号，对其进行等间隔抽样，抽样间隔为 T_s，$f_s=\dfrac{1}{T_s}$ 被称为抽样频率，其含义为单位时间内抽取的样值数．由此可得 nT_s（n 为整数）处的样值

$$x[n]=x_a(nT_s)=x_a(t)\big|_{t=nT_s}, \tag{1.2.2}$$

构成了离散信号 $x[n]$．

1.2.3　周期信号和非周期信号

有很多信号的函数值在全时域是周期性重复出现的，表现为周而复始、无始无终，如正弦信

号、余弦信号这类简谐信号，或非正弦周期信号. 图1.2.2所示为一个非正弦周期信号的波形图，第3章将利用傅里叶级数将这类信号展开为简谐信号之和.

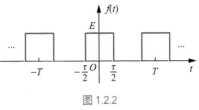

图 1.2.2

周期信号的表达式可以写作

$$f(t) = f(t + nT)， \tag{1.2.3}$$

n 为任意整数. 满足这个关系式的最小 T 值称为信号的基波周期，简称周期. 单位时间内完成周期性变化的次数称为基波频率，是周期的倒数，可以用 f_1 来表示，$f_1 = \dfrac{1}{T}$，单位为Hz或 s^{-1}.

对于周期信号，只要确定了其在1个周期内的信号值变化，就可以知道其在全时域任意时刻的信号值. 在全时域不具有周而复始特性的信号称为非周期信号，如脉冲信号 $f(t) = \begin{cases} 1 & 0 < t < 1 \\ 0 & 其他 t \end{cases}$，准周期信号 $\sin(t) + \sin(\pi t)$.

准周期信号说明

离散信号周期性的特殊之处在于，其周期只能取整数值. 若信号值每隔整数 N 重复出现，则这个信号为周期信号，可表示为

$$x[n] = x[n + N]， \tag{1.2.4}$$

n，N 均为整数. 这个特点会影响到三角函数序列的周期性. 对于 $x[n] = \sin(\Omega_0 n)$，若该信号是周期的，则需要满足条件

$$N \cdot \Omega_0 = M \cdot 2\pi， \tag{1.2.5}$$

式中，N 和 M 均为正整数. 即若存在整数 N，M 使得 $\dfrac{2\pi}{\Omega_0}$ 为有理数，则 $x[n]$ 才是周期的，此时

$$\frac{2\pi}{\Omega_0} = \frac{N}{M}， \tag{1.2.6}$$

则此三角函数序列为周期信号，当 N 和 M 取最小整数组合时，周期为 $N = M\dfrac{2\pi}{\Omega_0}$. 对离散信号进行处理时，往往需要将无穷长的信号截断. 如果按照整数周期截断，则可以避免观察到一种称为"频谱泄露"的现象. 这种现象一般会在"数字信号处理"等课程中讨论.

1.2.4　能量信号和功率信号

现实中的信号一般是和具有能量和功率的物理量直接关联的，例如，图1.2.3所示为阻值为 R 的某一电阻，其上的电流和电压分别表示为 $i(t)$ 和 $v(t)$.

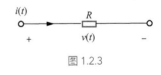

图 1.2.3

电阻 R 的瞬时功率

$$p(t) = i^2(t) R = \frac{v^2(t)}{R}， \tag{1.2.7}$$

其在时间间隔 $t_1 \leqslant t \leqslant t_2$ 内消耗的总能量为

$$\int_{t_1}^{t_2} p(t)\mathrm{d}t = \int_{t_1}^{t_2} R i^2(t)\mathrm{d}t = \frac{\int_{t_1}^{t_2} v^2(t)\mathrm{d}t}{R}， \tag{1.2.8}$$

其平均功率为

$$\frac{1}{t_2-t_1}\int_{t_1}^{t_2}p(t)\,\mathrm{d}t = \frac{1}{t_2-t_1}\int_{t_1}^{t_2}Ri^2(t)\,\mathrm{d}t = \frac{1}{t_2-t_1}\frac{\int_{t_1}^{t_2}v^2(t)\,\mathrm{d}t}{R}. \tag{1.2.9}$$

从式（1.2.7）到式（1.2.9）可以看出，能量、功率和平均功率的表达式有的乘以 R，有的除以 R，似乎不够简洁．下面我们将信号的范围由实数扩展到复数，引出信号的归一化能量和归一化功率的概念，简称信号的能量和功率（一般指平均功率）．在一段时间 $\left(-\dfrac{T}{2},\dfrac{T}{2}\right)$ 内，信号的能量和功率定义分别为

$$E_T = \int_{-\frac{T}{2}}^{\frac{T}{2}}\left|f(t)\right|^2\,\mathrm{d}t, \tag{1.2.10}$$

$$P_T = \frac{1}{T}\int_{-\frac{T}{2}}^{\frac{T}{2}}\left|f(t)\right|^2\,\mathrm{d}t, \tag{1.2.11}$$

能量信号和
功率信号

其中，$\left|f(t)\right|$ 为信号 $f(t)$（可能为复数）的模．若以图1.2.3中的电压或电流信号为例，E_T 和 P_T 可以视作电压或电流信号作用到 $1\,\Omega$ 的电阻上所产生的能量和平均功率．不过由于本书讨论的信号值的概念对各种广义信号做了融合，并不限定信号是电压、电流或某种其他物理量，信号值不再拥有确定的单位或物理量纲，因此归一化能量和归一化功率同样不具有确定的单位或物理量纲，通常不在数值后添加单位"J"或"W"．若将时间段扩展到全时域，即 T 趋近正无穷，则可得到信号在全时域的能量和功率，分别表示为

$$E = \lim_{T\to+\infty}\int_{-\frac{T}{2}}^{\frac{T}{2}}\left|f(t)\right|^2\,\mathrm{d}t = \int_{-\infty}^{+\infty}\left|f(t)\right|^2\,\mathrm{d}t, \tag{1.2.12}$$

$$P = \lim_{T\to+\infty}\frac{1}{T}\int_{-\frac{T}{2}}^{\frac{T}{2}}\left|f(t)\right|^2\,\mathrm{d}t. \tag{1.2.13}$$

若信号 $f(t)$ 的能量为有限值，其功率必为0，则称其为能量有限信号，简称为能量信号；若信号 $f(t)$ 的功率为有限值，其能量为无穷，则称其为功率有限信号，简称为功率信号．对于实信号来说，能量有限信号也称为平方可积信号．

离散信号的能量和功率将在1.7节介绍．

【例1.2.1】 计算信号 $f(t) = \begin{cases} \mathrm{e}^{-t} & t \geqslant 0 \\ 0 & t < 0 \end{cases}$ 的能量.

解　根据信号能量公式（1.2.12），得

$$E = \int_{-\infty}^{+\infty}f^2(t)\,\mathrm{d}t = \int_{0}^{+\infty}\mathrm{e}^{-2t}\,\mathrm{d}t = \left.\frac{\mathrm{e}^{-2t}}{-2}\right|_{0}^{+\infty} = \frac{1}{2},$$

这个信号是能量有限信号．

周期信号不可能是能量有限信号，但可以是功率有限信号．周期信号1个周期内的功率与全时域的功率相等，因此周期信号的功率可以选取任意1个周期来计算．若周期信号 $f(t)$ 的周期为

T ，则其功率

$$P = \frac{1}{T} \int_{\tau}^{\tau+T} \left| f(t) \right|^2 \mathrm{d}t,\tag{1.2.14}$$

式（1.2.14）中积分下限 τ 可以取任意时刻，只要积分时长固定为1个周期 T 即可．这种积分长度固定、起点任意的积分也可简写为 $\int_T$ 形式．

真实的信号必然是能量不为0的，否则无法被探测器感知，同时为了克服传输中的噪声和干扰，信号的能量还需要达到一定的水平，以免被噪声和干扰淹没，最后，在保证可靠传输的情况下，需要尽量减小发射功率以提高能量利用效率，这有利于降低资源浪费．

1.3 ◀ 典型的连续信号

下面给出一些典型连续信号的表达式和波形．

1.3.1　实指数信号

底数为自然常数 e 的实指数信号可表示为

$$f(t) = K \cdot \mathrm{e}^{\alpha t},\tag{1.3.1}$$

这里 K，α 都是实数．α 的符号反映了信号的增长或衰减趋势，如图1.3.1所示．

（1）当 $\alpha > 0$ 时，$\mathrm{e}^{\alpha t}$ 随着 t 的增加呈指数增长，可以用来描述原子弹爆炸或复杂化学反应中的链式反应等物理过程．

（2）当 $\alpha < 0$ 时，$\mathrm{e}^{\alpha t}$ 是衰减的，可以用来描述放射性衰变、RC电路及有阻尼的机械系统的响应等．

（3）当 $\alpha = 0$ 时，$\mathrm{e}^{\alpha t}$ 为常数1，可以表示直流信号．

实际上，以任意正实数为底的指数函数都可以转化为以自然常数 e 为底的指数函数．

实指数信号从全时域上看不是能量可积的，即该信号不是能量信号．实际中常用的是衰减的单边指数信号

$$f(t) = \begin{cases} \mathrm{e}^{-\frac{t}{\tau}} & t \geqslant 0 \\ 0 & t < 0 \end{cases},\tag{1.3.2}$$

这里 $\tau > 0$ 定义为时间常数，则 $\dfrac{f(\tau)}{f(0)} = \dfrac{1}{\mathrm{e}}$ ，反映了信号衰减的速率，如图1.3.2所示．

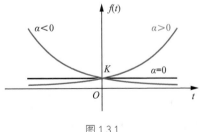

图 1.3.1

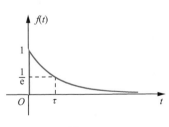

图 1.3.2

指数信号有一个重要的特性，即其微分和积分仍然是指数形式.

1.3.2 正弦信号

正弦信号（sinusoidal signal）也称为简谐信号，可以用来描述很多储能系统的物理过程，如LC振荡电路的自然响应、机械系统的简谐振动，以及音乐中的单音声压振动

正弦信号

等. 正弦信号一般用正弦或余弦形式表示，本书主要以余弦形式来表示，具体为

$$f(t) = K \cdot \cos(\omega t + \varphi)，\tag{1.3.3}$$

式中，K 为振幅；ω 为角频率；φ 为初相位. 对于标准形式的正弦信号，K 和 ω 都是正实数，φ 通常在区间 $(-\pi, \pi]$ 取值. 如果用秒（s）作为 t 的单位，则 φ 的单位就是弧度（rad），而 ω 的单位就是rad/s. ω 一般可以写成 $\omega = 2\pi f$，其中 f 的单位是周期数/s，即Hz. 正弦信号是周期信号，其相位变化 2π 的整数倍时信号值不变，其基波周期

$$T = \frac{2\pi}{\omega}.\tag{1.3.4}$$

如果 ω 减小，就会降低式（1.3.3）信号的振荡速率，周期增长；相反，如果 ω 增大，振荡速率就会升高，周期缩短. 当 $\omega = 0$ 时，信号值为一个常数，可以认为其振荡速率为0，基波频率也为0.

【例1.3.1】 已知某连续时间信号可以表示为 $f(t) = \cos\left(2\pi t - \dfrac{\pi}{4}\right)$，请绘制该信号的波形图.

解 该信号波形图的横坐标是时间 t，纵坐标是 $f(t)$，该信号的角频率 $\omega_0 = 2\pi$，根据式（1.3.4），其周期 $T = \dfrac{2\pi}{\omega_0} = 1$. 该信号与初相位为 $\varphi = 0$ 的余弦波相比，相移引起了信号的时移，可以表示为

$$f(t) = \cos\left(2\pi t - \frac{\pi}{4}\right) = \cos\left[2\pi\left(t - \frac{1}{8}\right)\right]，$$

信号的波形如图1.3.3所示. 该信号的波形较 $\cos(2\pi t)$ 右移了 $\dfrac{1}{8}$ 个时间单位.

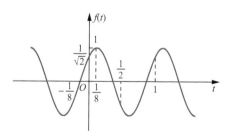

图 1.3.3

若 $f(t) = K \cdot \cos(\omega t + \varphi)$ 中的 K 和 ω 出现了负号，则可以通过三角函数的奇偶性和初相位 φ 来进行调整.

$$\begin{cases} K \cdot \cos(\omega t + \varphi) = K \cdot \cos(-\omega t - \varphi) \\ K \cdot \cos\left(\omega t + \varphi \pm \dfrac{\pi}{2}\right) = \mp K \cdot \sin(\omega t + \varphi). \\ K \cdot \cos(\omega t + \varphi \pm \pi) = -K \cdot \cos(\omega t + \varphi) \end{cases}\tag{1.3.5}$$

【例1.3.2】 将信号 $\cos\left(-2t+\dfrac{\pi}{4}\right)$ 和 $-\cos\left(t+\dfrac{\pi}{4}\right)$ 调整为简谐信号，使其振幅满足大于0的条件.

解 标准形式的简谐信号中振幅和角频率都是正实数，利用余弦函数的偶函数性质，有

$$\cos\left(-2t+\frac{\pi}{4}\right)=\cos\left(2t-\frac{\pi}{4}\right),$$

利用三角函数相移 π 后函数符号反转的性质，有

$$-\cos\left(t+\frac{\pi}{4}\right)=\cos\left(t-\frac{3\pi}{4}\right).$$

频率相同的正弦信号和余弦信号以任意比例的组合都可以合并为同频简谐信号形式，即

$$A\cos(\omega t)+B\sin(\omega t)=\sqrt{A^2+B^2}\cos\left[\omega t+\arg(A-\mathrm{j}\cdot B)\right]. \tag{1.3.6}$$

式（1.3.6）中 j 是虚数单位，满足 $\mathrm{j}^2=-1$. arg 是辐角主值函数，可得到复数自变量的辐角值，其值域一般为 $(-\pi,\pi]$. 反之，简谐信号也可以展开为相同角频率的正弦信号和余弦信号以某种比例的组合.

1.3.3 复指数信号

首先了解一下虚指数形式及其运算意义. 虚指数可以表示为

$$A\cdot\mathrm{e}^{\mathrm{j}\varphi}. \tag{1.3.7}$$

式中，A 为正实数，$\varphi\in(-\pi,\pi]$. 当指数为实有理数时，指数运算有较为清晰的算术意义，例如，$y=x^{\frac{M}{N}}$（实有理数可表示为两个整数 M 和 N 的比值）是指 N 个 y 的乘积与 M 个 x 的乘积相等. 但当指数为虚数时，这种实有理数规则下的算术意义就无法成立了. 瑞士数学家欧拉（Leonhard Euler）将虚指数赋予了特殊意义，将式（1.3.7）的表述定义为一个复数，且

$$\begin{cases}\left|A\cdot\mathrm{e}^{\mathrm{j}\varphi}\right|=A\\\arg\left(A\cdot\mathrm{e}^{\mathrm{j}\varphi}\right)=\varphi\end{cases}. \tag{1.3.8}$$

理解虚指数的意义，可以把 e^{j} 视为一个整体符号，其左侧系数 A 是这个复数的模，其右上角参数 φ 是这个复数的辐角. 若通过模和辐角把这个复数画到复平面中，则与极坐标类似，模即极径，辐角即极角，因此虚指数可以视作复数的极坐标形式，实部与虚部相加的表达则可以视作复数的直角坐标形式，这两种表达形式是等价且可以互换的. 复数的直角坐标形式便于进行加减等运算，但进行乘除运算时会比较复杂，而极坐标形式的引入解决了这一问题. 复数的乘法运算法则包括积的模等于乘数模之积，积的辐角等于乘数辐角之和，这与以 e^{j} 为核心的指数乘法运算完全相符. 图1.3.4所示为复指数信号的复平面表示.

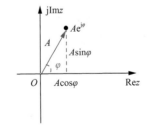

图 1.3.4

从图1.3.4可以看出，极坐标形式的复数 $e^{j\varphi}$ 对应的实部和虚部分别为 $\cos\varphi$ 和 $\sin\varphi$ ，从这种对应关系中可以得出欧拉公式

$$\begin{cases} e^{j\varphi} = \cos\varphi + j\sin\varphi \\ e^{-j\varphi} = \cos\varphi - j\sin\varphi \end{cases}, \qquad (1.3.9)$$

以及三角函数的共轭虚指数展开形式

$$\begin{cases} \cos\varphi = \dfrac{e^{j\varphi} + e^{-j\varphi}}{2} \\ \sin\varphi = \dfrac{e^{j\varphi} - e^{-j\varphi}}{2j} \end{cases}. \qquad (1.3.10)$$

当实指数幂与虚指数幂相乘时，指数位置上既有实部又有虚部，就组成了复指数，可以定义复指数信号，其可以表示为

$$f(t) = Ke^{st}, \qquad (1.3.11)$$

其中

$$s = \sigma + j\omega, \qquad (1.3.12)$$

σ 为复数 s 的实部，ω 是 s 的虚部. 当 $\sigma=0$ 时，式（1.3.11）描述的是一个辐角以固定角频率 ω 变化的复信号，也可以表达为直角坐标形式

$$\begin{cases} K \cdot e^{j\omega t} = K \cdot [\cos(\omega t) + j\sin(\omega t)] \\ K \cdot e^{-j\omega t} = K \cdot [\cos(\omega t) - j\sin(\omega t)] \end{cases}. \qquad (1.3.13)$$

对于标准形式的虚指数，e^{j} 符号左侧系数代表复数的模，理应为非负值，若出现了系数为负的虚指数，可以根据欧拉公式 $e^{j\pi} = -1$ 将负号转换为相位变化，即

$$-K \cdot e^{j\omega t} = K \cdot e^{j\pi} \cdot e^{j\omega t} = K \cdot e^{j(\omega t + \pi)}. \qquad (1.3.14)$$

虚指数信号可以和实指数信号共同组成复指数信号

$$f(t) = K \cdot e^{\sigma t} \cdot e^{j\omega t} = K \cdot e^{\sigma t + j\omega t} = K \cdot e^{st}. \qquad (1.3.15)$$

这种复指数信号将在第5章详细讨论.

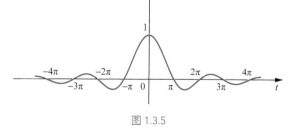

抽样信号

1.3.4　抽样信号

抽样信号（抽样函数）是本书引入的新函数，其名称由来将在4.5节介绍. 抽样函数定义如下：

$$\text{Sa}(t) = \frac{\sin t}{t}. \qquad (1.3.16)$$

该信号的波形图如图1.3.5所示.

图 1.3.5

$\text{Sa}(t)$ 是偶函数，当 $t = k\pi$，其中 k 为非0整数时函数值为0. 该函数还具有以下性质：

$$\text{Sa}(0) = \frac{\sin t}{t}\bigg|_{t=0} = \frac{(\sin t)'}{t'}\bigg|_{t=0} = \frac{\cos t}{1}\bigg|_{t=0} = 1, \qquad (1.3.17)$$

13

$$\int_{-\infty}^{+\infty} \mathrm{Sa}(t)\mathrm{d}t = \pi, \tag{1.3.18}$$

$$\int_{0}^{+\infty} \mathrm{Sa}(t)\mathrm{d}t = \int_{-\infty}^{0} \mathrm{Sa}(t)\mathrm{d}t = \frac{\pi}{2}. \tag{1.3.19}$$

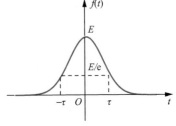

抽样函数积分
运算

式（1.3.17）运用了洛必达法则，式（1.3.18）和式（1.3.19）的证明方法比较复杂，将在第3章具体讲述.

正弦信号的频率和角频率间有一个 2π 的倍数关系，为了表达的简洁性，实际中经常用到sinc函数，其可以利用抽样函数表示为

$$\mathrm{sinc}(t) = \mathrm{Sa}(\pi t). \tag{1.3.20}$$

下面利用MATLAB绘制 $\mathrm{sinc}(t)$ 的波形图，代码如下所示.

```
% 抽样时刻, 从-4.5到4.5均分成201个点
t = linspace(-4.5, 4.5, 201);
% 注意：MATLAB没有Sa函数，Sa(t)=sinc(t/pi)
x = sinc(t);
plot(t, x, 'LineWidth', 1.5);
xlabel('t'); ylabel('sinc(t)');
axis([-4.5, 4.5, -0.5, 1]);
grid on;
```

MATLAB绘制的 $\mathrm{sinc}(t)$ 信号的波形如图1.3.6所示. 可以看出，该信号在 t 为非0整数时，信号值为0.

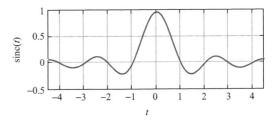

图 1.3.6

1.3.5　钟形信号（高斯函数）

钟形信号（或称高斯函数）的定义式为

$$f(t) = E\mathrm{e}^{-\left(\frac{t}{\tau}\right)^2}, \tag{1.3.21}$$

波形如图1.3.7所示，在形状上像一个悬挂着的钟. 这里的参数 τ 用来表征信号的衰减速率，当 $t = \tau$ 时，函数值为 $\dfrac{E}{\mathrm{e}}$，它控制着"钟"的宽度.

高斯函数是以德国数学家高斯（Carl Friedrich Gauss）的名字命名的. 在随机信号分析中，可以用高斯函数来表示具有正态分布特性的随机变量的概率密度函数. 在激光物理中，激光器的出射光斑形状往往可以用二维高斯函数来表示.

图 1.3.7

1.4 连续信号的运算

信号在产生、发送、传输、接收和存储过程中往往需要进行处理，使信号发生一定的改变以适应不同的需要，包括信号的平移、反转、尺度变换、加减乘除、微分及积分等．这些处理方法统称为信号的运算．本书不展开这些运算的具体物理实现过程，而是主要分析理想条件下的信号运算过程．

1.4.1 相加和相乘

信号相加，是指将两个信号在相同时刻的信号值相加；信号相乘，是将两个信号在相同时刻的信号值相乘．信号的减法可以视为与系数为负的信号值相加，除法可以视为与信号值的倒数形式相乘．

图1.4.1给出了信号 $\sin(\omega t)$ 和 $\sin(8\omega t)$ 相加和相乘的示意图．当参与运算的信号包含一个高频振荡信号时，如 $\sin(8\omega t)$ ，则慢变化的波形 $\sin(\omega t)$ 会勾勒出信号的轮廓，这种轮廓曲线被称为包络线，即图1.4.1中的虚线．包络线能够在一定程度上体现出运算前的信号特征．

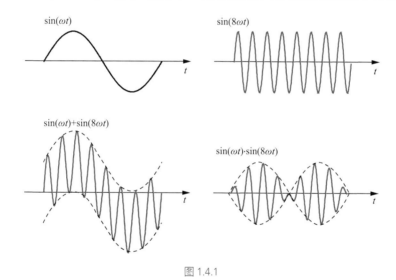

图 1.4.1

1.4.2 微分和积分

本书中微分与积分运算的概念与数学中的严格定义稍有差别．信号的微分运算是指对信号求导，例如，对 $f(t)$ 做1次微分运算，可以表示为

$$f'(t) = f^{(1)}(t) = \frac{\mathrm{d}}{\mathrm{d}t}f(t),\tag{1.4.1}$$

用 $f'(t)$ 或 $f^{(1)}(t)$ 来表示 $f(t)$ 的一阶微分信号，撇号数目和括号角标的数字用来表示微分的阶数． n 阶微分可以表示为

$$f^{(n)}(t) = \frac{\mathrm{d}^n}{\mathrm{d}t^n}f(t).\tag{1.4.2}$$

通常，对信号的积分运算都是特指定积分运算．$f(t)$ 在时域上的理想积分运算一般指信号值 f 在 $(-\infty,t)$ 区间内的变上限定积分，也称为运动积分（running integral）：

$$\int_{-\infty}^{t} f(\tau)\,\mathrm{d}\tau. \tag{1.4.3}$$

式（1.4.3）中，自变量 t 在积分上限的位置上．由于是定积分，所以积分变量或称积分元需要使用与自变量不同的符号，以免混淆，此处用 τ 表示．假设 $F(t)$ 是 $f(t)$ 的原函数，那么根据微积分基本定理有

$$\int_{-\infty}^{t} f(\tau)\,\mathrm{d}\tau = F(t)-F(-\infty), \tag{1.4.4}$$

式（1.4.4）中 $F(-\infty)$ 是一种描述极限值的形式，含义是 $F(-\infty)= \lim_{x\to-\infty} F(x)$．这种形式虽略失数学严谨性，但比较简便，因此也在一定范围内通用．若存在一个原函数满足 $F(-\infty)=0$，即函数在自变量趋近于 $-\infty$ 时等于0，那么这个特殊的原函数就可以用 $f^{(-1)}(t)$ 来表示，其与被积函数 $f(t)$ 有如下确定关系：

$$f^{(-1)}(t) = \int_{-\infty}^{t} f(\tau)\,\mathrm{d}\tau. \tag{1.4.5}$$

$f^{(-1)}(t)$ 这种形式是类比微分信号 $f^{(n)}(t)$ 所得到的积分后信号的简便写法，通常称为积分信号，括号角标中使用负号以示与微分相反的积分运算，角标数字的绝对值表示积分的阶数．以二阶积分信号 $f^{(-2)}(t)$ 为例，有

$$f^{(-2)}(t) = \int_{-\infty}^{t} \int_{-\infty}^{\tau_2} f(\tau_1)\,\mathrm{d}\tau_1\,\mathrm{d}\tau_2. \tag{1.4.6}$$

📝 注意，式（1.4.6）中每一阶积分都使用了不同的积分变量，以避免运算过程中发生混淆．

另一种常见的积分运算是全时域积分，即

$$\int_{-\infty}^{+\infty} f(t)\,\mathrm{d}t. \tag{1.4.7}$$

积分运算的
补充说明

全时域积分通常并不是单纯对一个信号使用，而是在一些特定处理过程中，需要全面汇总信号在全时域的所有特征时使用．这些处理过程包括功率计算、能量计算、分量展开、卷积运算和积分变换等，将在后续章节展开讲解．

1.4.3　平移、反转与尺度变换

信号的平移（时域的平移也称为时移）、反转和尺度变换等运算都是对自变量 t 进行处理，故称为关于自变量的运算．由于变换后形式 $at-t_0$ 的图形是一条直线，所以也可统称为对信号的线性变换运算．

1. 平移

在相同的时间基准下，同一个信号的传递过程中，不同位置处接收到的信号间存在时移．例如，用喇叭喊话，靠近喇叭的人马上就听到了声音信号 $f(t)$，远离喇叭的人在 t_0（$t_0>0$）时间后才听到，若用同样的时间坐标轴，那么远离喇叭的人听到的信号（暂不考虑信号衰减）就是 $f(t-t_0)$．$f(t-t_0)$ 相对于 $f(t)$ 波形整体右移了 t_0．同理，$f(t+t_0)$ 相对于 $f(t)$ 波形整体左移了 t_0．

2. 反转

信号的反转是把 $f(t)$ 变换为 $f(-t)$，从波形图上看是把信号以 $t=0$ 为轴做了180° 水平

翻转. 注意, 反转是把负号加在自变量上, 例如, $f(t-t_0)$ 做反转应得到 $f(-t-t_0)$, 而不是 $f(-t+t_0)$.

3. 尺度变换

信号的尺度变换, 是指信号值 f 随自变量 t 变化的速率发生了改变, 数学形式是把 $f(t)$ 变换为 $f(at)$ ($a>0$). 从波形图上看是把信号以 $t=0$ 为轴调整为原来的 $\dfrac{1}{a}$ 倍. 当 $0<a<1$ 时, 波形会被拉伸; 当 $a>1$ 时, 波形会被压缩. 尺度变换的系数同样是加到自变量 t 上, 例如, 把 $f(t-1)$ 以 $t=0$ 为轴压缩为原来的 $\dfrac{1}{2}$, 得到的是 $f(2t-1)$, 而非 $f[2(t-1)]$.

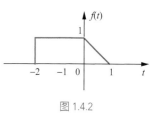
波形变换

【例1.4.1】 已知信号 $f(t)$ 的波形如图1.4.2所示, 请画出信号 $f(-3t-2)$ 的波形图.

解 从 $f(t)$ 到 $f(-3t-2)$ 可以采取多种变换方法, 下面按照 $f(t) \to f(3t) \to f(3t-2) \to f(-3t-2)$ 的步骤进行变换, 注意每一个步骤中自变量 t 的变化与波形变换之间的关系.

（1） $f(t) \to f(3t)$: 自变量 $t \to 3t$, 波形压缩, 脉冲宽度为原始宽度的 $\dfrac{1}{3}$, 关键点的坐标变为变换前的 $\dfrac{1}{3}$, $f(3t)$ 的波形如图1.4.3（a）所示.

图 1.4.2

（2） $f(3t) \to f(3t-2)$: $f(3t-2)=f\left[3\left(t-\dfrac{2}{3}\right)\right]$, 自变量 $t \to t-\dfrac{2}{3}$, 波形右移 $\dfrac{2}{3}$, $f(3t-2)$ 的波形如图1.4.3（b）所示. 注意, 波形从 $f(3t)$ 变换到 $f(3t-2)$, 右移的量不是2, 而是 $\dfrac{2}{3}$.

（3） $f(3t-2) \to f(-3t-2)$: 自变量 $t \to -t$, 波形反转, $f(-3t-2)$ 的波形如图1.4.3（c）所示.

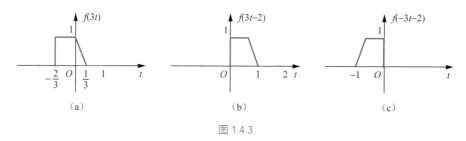

（a） （b） （c）

图 1.4.3

1.5 单位阶跃信号和单位冲激信号

在信号与系统分析中, 经常会遇到函数本身有不连续点（跳变点）或其导数、积分有不连续点的情况, 这类函数统称为奇异函数或奇异信号. 这类信号可以看作实际信号的理想化模型. 本节主要介绍单位阶跃信号、单位斜变信号、单位冲激信号和冲激偶.

1.5.1　单位阶跃信号

单位阶跃（unit step）函数，又称赫维赛德（Heaviside）函数，本书使用 $u(t)$ 来表示，其定义为

$$u(t)=\begin{cases}1 & t>0\\0 & t<0\end{cases}.\qquad(1.5.1)$$

单位阶跃信号的取值由其自变量的符号决定．对于阶跃函数 $u(\arg)$，其中 arg 为函数的宗量（argument），当宗量>0时，函数值为1；宗量<0时，函数值为0．值得注意的是，该函数在 $t=0$ 处是不连续的，在跳变点 $t=0$ 处，函数值未定义，或规定为 $t=0$ 处函数左右极限的平均值，即 $u(0)=\dfrac{1}{2}$．

利用单位阶跃函数可以方便地描述信号的接入特性，如图1.5.1所示，1 V的恒压源在 $t=0$ 时刻接入电路，对电路来说该电压源可以表示为 $u(t)$．

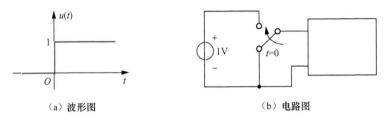

（a）波形图　　　　　　　　（b）电路图

图 1.5.1

如果信号的起点在 $t=t_0$ 时刻，那么可以用时移的 $u(t)$ 来描述：

$$u(t-t_0)=\begin{cases}1 & t>t_0\\0 & t<t_0\end{cases}.\qquad(1.5.2)$$

下面定义两种特殊的矩形脉冲．设 $T>0$ 为矩形脉冲的宽度，有

$$R_T(t)=u(t)-u(t-T),\qquad(1.5.3)$$

$$G_T(t)=u\left(t+\frac{T}{2}\right)-u\left(t-\frac{T}{2}\right),\qquad(1.5.4)$$

$R_T(t)$ 和 $G_T(t)$ 的波形如图1.5.2所示，$G_T(t)$ 被称为门函数．

利用单位阶跃函数还可以表示"符号函数"．符号函数（signum）记为 $\mathrm{sgn}(t)$，其定义为

$$\mathrm{sgn}(t)=\begin{cases}1 & t>0\\-1 & t<0\end{cases},\qquad(1.5.5)$$

其波形如图1.5.3所示．

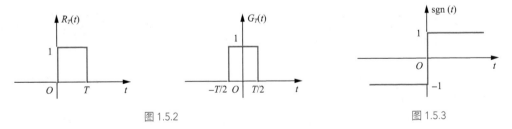

图 1.5.2　　　　　　　　　　　　　　　　　图 1.5.3

符号函数与单位阶跃信号的关系：

$$\begin{cases} \text{sgn}(t) = 2u(t) - 1 \\ u(t) = \dfrac{1}{2}\text{sgn}(t) + \dfrac{1}{2} \end{cases}. \qquad (1.5.6)$$

考虑有起点信号的积分，若信号 $f(t)$ 从 $t=0$ 开始不为零，则信号可写为 $f(t)u(t)$，满足 $f(t) = f(t)u(t)$ 的信号在本书中也被称为因果信号，其积分运算存在以下性质

$$\int_{-\infty}^{t} f(\tau)u(\tau)\mathrm{d}\tau = u(t) \cdot \int_{0}^{t} f(\tau)\mathrm{d}\tau. \qquad (1.5.7)$$

证明　可以将积分区间以 $\tau = 0$ 为界分为两段，很明显 $\tau < 0$ 的区间内被积函数为 0

$$\int_{-\infty}^{t} f(\tau)u(\tau)\mathrm{d}\tau = \int_{-\infty}^{0} f(\tau)u(\tau)\mathrm{d}\tau + \int_{0}^{t} f(\tau)u(\tau)\mathrm{d}\tau$$

$$= \int_{0}^{t} f(\tau)u(\tau)\mathrm{d}\tau$$

此时的积分区间无法确定 τ 的符号，要对 t 分情况讨论：

$$\int_{0}^{t} f(\tau)u(\tau)\mathrm{d}\tau = \begin{cases} \int_{0}^{t} 0\,\mathrm{d}\tau = 0 & t < 0 \\ \int_{0}^{t} f(\tau)\mathrm{d}\tau & t > 0 \end{cases} = u(t) \cdot \int_{0}^{t} f(\tau)\mathrm{d}\tau,$$

t 的符号对信号的影响恰可用乘以 $u(t)$ 表示.

利用这个运算性质对 $u(t)$ 做积分运算，则可得到一个新的信号，称为单位斜变信号，其函数记为 $r(t)$：

$$r(t) = \int_{-\infty}^{t} u(\tau)\mathrm{d}\tau = \left(\int_{0}^{t} 1\,\mathrm{d}\tau \right) \cdot u(t) = tu(t). \qquad (1.5.8)$$

单位斜变函数的导数等于单位阶跃函数，即

$$\frac{\mathrm{d}r(t)}{\mathrm{d}t} = u(t). \qquad (1.5.9)$$

1.5.2　单位冲激信号

1. 单位冲激信号的定义

在连续系统分析中，信号之间经常存在微积分运算关系. 对于像单位阶跃函数这样的不连续（即有间断点）的函数，间断点处的微分运算在古典函数理论中是一个无解的问题.

图 1.5.4（a）左侧所示为一个连续函数 $u_\tau(t)$ 的波形图，单位阶跃函数可以看作是 $u_\tau(t)$ 在 τ 趋于 0 时的极限，即

$$u(t) = \lim_{\tau \to 0} u_\tau(t). \qquad (1.5.10)$$

图 1.5.4（b）左侧所示为 $p(t) = \dfrac{\mathrm{d}u_\tau(t)}{\mathrm{d}t}$ 的波形图，容易知道：在 $t < -\dfrac{\tau}{2}$ 和 $t > \dfrac{\tau}{2}$ 的时间内 $p(t) = 0$；在 $t = -\dfrac{\tau}{2}$ 和 $t = \dfrac{\tau}{2}$ 两个时刻 $u_\tau(t)$ 不可导，$p(t)$ 没有对应的函数值；$-\dfrac{\tau}{2} < t < \dfrac{\tau}{2}$ 时，$p(t)$ 的值为 $u_\tau(t)$ 在这个区间内的斜率 $\dfrac{1}{\tau}$. 所以 $p(t)$ 为一个脉冲宽度（简称脉宽）为 τ，脉冲幅

度为 $\dfrac{1}{\tau}$ 的矩形脉冲，当 τ 趋于0时，该脉冲将演变成一个脉宽为无穷小、$t=0$ 时脉冲幅度为无穷大的对称窄脉冲，脉冲的面积为1，该函数即为单位冲激（unit impulse）函数. 引入单位冲激函数后，在间断点处函数也存在导数.

20世纪20年代，英国理论物理学家保罗·狄拉克（Paul Dirac）在研究量子力学问题时引入了这个特殊的函数——单位冲激函数，因此它也被称为狄拉克 δ 函数. 狄拉克总结了这个函数的特性并给出了定义：

$$
\begin{cases}
\delta(t)=0 & t\neq 0 \\
\displaystyle\int_{-\infty}^{+\infty}\delta(t)\mathrm{d}t=1 &
\end{cases}
\tag{1.5.11}
$$

$\delta(t)$ 的波形面积为1，称为该函数的强度，为了与其幅度相区别，在波形图中用括号标注，如图1.5.4（b）右侧所示.

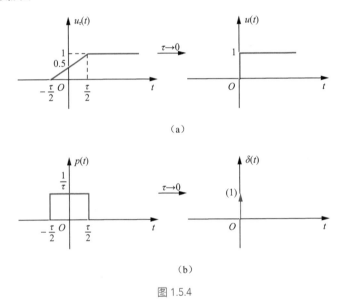

（a）

（b）

图 1.5.4

$\delta(t)$ 与 $u(t)$ 的关系为

$$
\delta(t)=\frac{\mathrm{d}u(t)}{\mathrm{d}t},
\tag{1.5.12}
$$

$$
\int_{-\infty}^{t}\delta(\tau)\mathrm{d}\tau=u(t).
\tag{1.5.13}
$$

狄拉克简介

单位冲激函数一般用于描述瞬间或空间几何点上的物理量，如瞬时的冲击力、脉冲电流或电压等急速变化的物理量，以及质点、点电荷等理想模型的密度分布.

2. 单位冲激信号的性质

（1）抽样性质

单位冲激信号与一个在 $t=0$ 点连续（且处处有界）的信号 $f(t)$ 相乘，其乘积仅在 $t=0$ 处得到 $f(0)\delta(t)$，其余各点的乘积均为0，由此可得到如下性质.

$$
\int_{-\infty}^{+\infty}f(t)\delta(t)\mathrm{d}t=f(0).
\tag{1.5.14}
$$

从式（1.5.14）可以看出，通过上述运算，可以从一个连续信号 $f(t)$ 中获得其在 $t=0$ 处的样值，或"筛选"出函数 $f(t)$ 在 $t=0$ 的函数值 $f(0)$ ，所以这个性质称为抽样性质或"筛选"性质.

按照单位冲激信号的作用，普通函数 $f(t)$ 与 $\delta(t)$ 的乘法运算可以表示为

$$f(t)\delta(t) = f(0)\delta(t).\tag{1.5.15}$$

需要说明的是 $\delta(t)\cdot\delta(t)$ 是没有定义的， $\delta(t)$ 为非功率非能量信号.

类似地，对于延迟 t_0 的单位冲激信号有

$$\int_{-\infty}^{+\infty} f(t)\delta(t-t_0)\mathrm{d}t = f(t_0),\tag{1.5.16}$$

以及

$$f(t)\delta(t-t_0) = f(t_0)\delta(t-t_0).\tag{1.5.17}$$

（2）奇偶性

单位冲激函数是偶函数，即

$$\delta(-t) = \delta(t).\tag{1.5.18}$$

（3）尺度变换性质

将单位冲激信号做尺度变换，在 $t=0$ 时，信号值为 ∞ ； $t\neq 0$ 时，信号值为0，其仍然为一个冲激信号，但是函数经过展缩后波形面积会发生变化，即强度会发生变化.

$$\delta(at) = \frac{1}{|a|}\delta(t).\tag{1.5.19}$$

这里 a 为非0的实常数.

（4）冲激微分的性质

单位冲激函数也可以进行微分，称为单位冲激偶（unit doublet）函数，简称冲激偶函数，用 $\delta'(t)$ 表示为

$$\delta'(t) = \frac{\mathrm{d}}{\mathrm{d}t}\delta(t).\tag{1.5.20}$$

式（1.5.20）表示在 $t=0$ 处的一对强度为 ∞ 的冲激函数，如图1.5.5所示.

$\delta'(t)$ 的积分运算满足

$$\int_A^B \delta'(t)\mathrm{d}t = \delta(t)\Big|_A^B = \delta(B) - \delta(A),\tag{1.5.21}$$

因此容易得到

$$\begin{cases} \int_{-\infty}^{+\infty} \delta'(t)\mathrm{d}t = 0 \\ \int_{-\infty}^{t} \delta'(\tau)\mathrm{d}\tau = \delta(t) \end{cases}.\tag{1.5.22}$$

$\delta'(t)$ 与普通函数 $f(t)$ 的乘积为

$$f(t)\delta'(t) = f(0)\delta'(t) - f'(0)\delta(t),\tag{1.5.23}$$

对 $f(t)\delta'(t)$ 进行积分可得

$$\int_{-\infty}^{+\infty} f(t)\delta'(t)\mathrm{d}t = \int_{-\infty}^{+\infty} f(0)\delta'(t)\mathrm{d}t - \int_{-\infty}^{+\infty} f'(0)\delta(t)\mathrm{d}t = -f'(0).\tag{1.5.24}$$

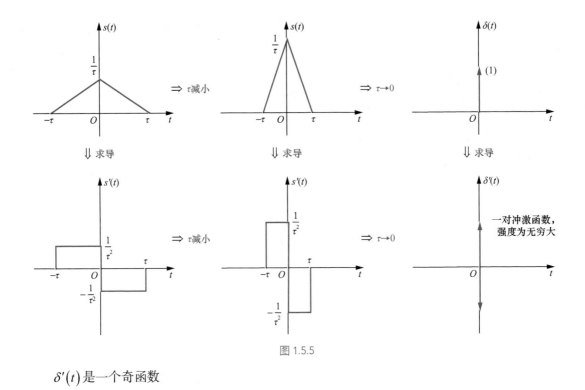

图 1.5.5

$\delta'(t)$ 是一个奇函数

$$\delta'(t) = -\delta'(-t). \tag{1.5.25}$$

可以继续对信号 $\delta'(t)$ 进行微分运算，更高阶微分可用 $\delta''(t)$、$\delta^{(3)}(t)$ 等来表示，类比冲激偶函数的性质推导可以得到这些更高阶微分项的运算性质，本书不做进一步展开．

3. 单位冲激函数的广义函数定义

式（1.5.11）给出的单位冲激函数定义从数学上来说并不严密，这个定义大体上还是依托古典函数理论的，没有形成完整的逻辑体系，因此广受数学家诟病．例如，将其中的 $\delta(t)$ 替换为 $\delta(t)+\delta'(t)$ 也是满足定义的，但是运算性质有很大不同．20 世纪 40 年代至 50 年代，施瓦兹（L. Schwartz）等数学家利用泛函分析观点建立了相对严谨的广义函数体系，并基于分配函数理论重新定义了单位冲激函数．

设 $d(t)$ 是一种分配函数，$f(t)$ 为检试函数，其在 $t=0$ 处及其邻域内有界、连续、可导且导函数有界．若对于任意满足条件的检试函数 $f(t)$，分配函数 $d(t)$ 均可通过

$$\int_{-\infty}^{+\infty} d(t)f(t)\mathrm{d}t = f(0) \tag{1.5.26}$$

分配给 $f(t)$ 一个确定的结果值 $f(0)$，则 $d(t)$ 为 δ 函数．

在广义函数的理论中，如果两个分配函数对任意检试函数的作用效果是相同的，则认为这两个分配函数是相等的．根据分配函数的定义方法，能够满足式（1.5.26）所示分配功能的函数均可视作单位冲激函数 $\delta(t)$，因此 $\delta(t)$ 可以有多种表达形式，如图 1.5.4 中的矩形脉冲逼近、图 1.5.5 中的三角形脉冲逼近．类似地，可以通过其他逼近方法得到满足 $\delta(t)$ 分配功能的函数．

（1）矩形脉冲逼近

$$\lim_{\tau \to 0} \frac{1}{\tau}\left[u\left(t+\frac{\tau}{2}\right) - u\left(t-\frac{\tau}{2}\right)\right] = \delta(t). \tag{1.5.27}$$

（2）三角形脉冲逼近

$$\lim_{\tau \to 0} \frac{1}{\tau^2}\left\{(t+\tau)\left[u(t+\tau)-u(t)\right]+(\tau-t)\left[u(t)-u(t-\tau)\right]\right\}=\delta(t). \qquad (1.5.28)$$

（3）反正切导函数逼近

$$\lim_{a \to 0} \frac{a}{a^2+t^2}=\delta(t). \qquad (1.5.29)$$

（4）抽样函数逼近

$$\lim_{k \to \infty} \frac{k}{\pi}\mathrm{Sa}(kt)=\lim_{k \to \infty} \frac{\sin(kt)}{\pi t}=\delta(t). \qquad (1.5.30)$$

（5）双边指数函数逼近

$$\delta(t)=\lim_{\tau \to 0}\left(\frac{1}{2\tau}\mathrm{e}^{-\frac{|t|}{\tau}}\right). \qquad (1.5.31)$$

（6）高斯函数逼近

$$\delta(t)=\lim_{\tau \to 0}\left[\frac{1}{\tau}\mathrm{e}^{-\pi\left(\frac{t}{\tau}\right)^2}\right]. \qquad (1.5.32)$$

黎曼-勒贝格
定理

基于分配函数
理论的单位冲
激函数部分性
质的证明

窄脉冲逼近冲
激函数

这些逼近函数的波形面积固定为1，在极限变量趋近极限值的过程中，其面积不发生改变，但面积分布会向 $t=0$ 处及其邻域内集中，或者说 $t=0$ 处及其邻域之外的面积会趋于0.

1.6 典型离散信号

下面介绍一些典型离散信号的函数表示方法.

1.6.1 单位脉冲序列

最基本的离散信号是单位脉冲序列，也称为单位脉冲信号，其定义为

$$\delta[n]=\begin{cases}0 & n \neq 0 \\ 1 & n=0\end{cases}=\left\{\cdots, 0, 0, \underset{\underset{n=0}{\uparrow}}{1}, 0, 0, 0, \cdots\right\}. \qquad (1.6.1)$$

它也可以进行时移，如

$$\delta[n-k]=\begin{cases}0 & n \neq k \\ 1 & n=k\end{cases}. \qquad (1.6.2)$$

单位脉冲序列的茎状图表示如图1.6.1所示. 如果换用序列表示则是

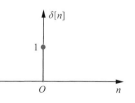
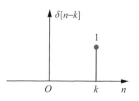

图 1.6.1

$$\delta[n-k] = \left\{ \cdots, \ 0, \ 0, \ \underset{\underset{n=k}{\uparrow}}{1}, \ 0, \ 0, \ 0, \ \cdots \right\}. \tag{1.6.3}$$

很明显，其他信号与之相乘后，就只剩下了单位脉冲所在位置还有值，这就是单位脉冲信号的抽样性质

$$x[n]\delta[n-k] = x[k]\delta[n-k]. \tag{1.6.4}$$

克罗内克简介

虽然单位脉冲信号与连续信号中的单位冲激信号相似，也用符号 δ 表示，也具有类似的抽样性质，但是二者还是有巨大区别的. 单位冲激函数也称狄拉克 δ 函数，是广义函数的一种，通俗理解为在 $t=0$ 处无界，只有积分后才有数值上的运算意义，可以进行横向压缩或拉伸；单位脉冲信号则被称为克罗内克（Kronecker）δ 函数，在 $n=0$ 处值为1，意义非常明确，且没有尺度变换性质.

单位脉冲信号在离散信号分析中的重要之处在于，任意离散信号都可以表示为单位脉冲信号的加权移位之和，即

$$x[n] = \sum_{m=-\infty}^{+\infty} x[m]\delta[n-m]. \tag{1.6.5}$$

【例1.6.1】 把图1.6.2所示离散信号用单位脉冲信号表示出来.

解 $x[n] = \delta[n+1] + 1.5\delta[n] - 3\delta[n-2]$.

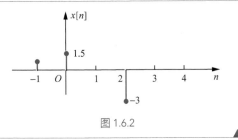
图 1.6.2

1.6.2 单位阶跃序列

单位阶跃序列的定义是

$$u[n] = \begin{cases} 1 & n \geqslant 0 \\ 0 & n < 0 \end{cases}, \tag{1.6.6}$$

其茎状图表示如图1.6.3所示. 单位阶跃序列也可以用单位脉冲信号表示为

$$u[n] = \delta[n] + \delta[n-1] + \delta[n-2] + \delta[n-3] + \cdots = \sum_{k=0}^{+\infty} \delta[n-k], \tag{1.6.7}$$

反过来则有

$$\delta[n] = u[n] - u[n-1]. \tag{1.6.8}$$

由单位阶跃序列可以组成矩形窗序列，可表示为

$$R_N[n] = u[n] - u[n-N] = \begin{cases} 1 & 0 \leqslant n \leqslant N-1 \\ 0 & n < 0, \ n \geqslant N \end{cases}, \tag{1.6.9}$$

这是一个从 $n=0$ 到 $n=N-1$ 位置有值的、有值区间长度为 N 的序列，其图形如图1.6.4所示.

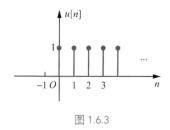

图 1.6.3

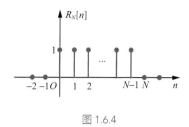

图 1.6.4

1.6.3 指数序列

设 a 为实数，单边指数序列可表示为

$$x[n] = a^n u[n].$$

（1.6.10）

下面利用MATLAB绘制单边指数序列的波形图.

```
n = 0 : 5;
% a = 0.7, 1.2, -0.7, -1.2
a = 0.7;
x = power(a, n);
stem(n, x, 'linewidth', 1.5, 'color', 'b', 'markersize', 2);
xlabel('\itn', 'FontName', 'Times New Roman');
ylabel('\ita^{\itn}\itu\rm[\itn\rm]', 'FontName', 'Times New Roman');
axis([-1, 5, 0, 1.1]);
```

MATLAB绘制的单边指数序列的波形如图1.6.5所示. 当 $|a| > 1$ 时，序列是发散的；当 $|a| < 1$ 时，序列是收敛的；$a > 0$ 时序列都取正值，$a < 0$ 时，序列是正负交替变化的，较 $|a|^n u[n]$ 变化更快.

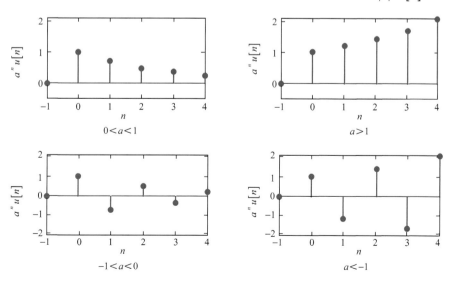

图 1.6.5

1.6.4　正弦序列

正弦序列的定义：

$$x[n] = \sin(\Omega_0 n). \tag{1.6.11}$$

由于自变量只取整数，因此其角频率 Ω_0 的数值对序列振荡频率的影响不再单调，有时 Ω_0 数值高反而会导致振荡频率更低，例如：

$$\cos(\pi n) = \left\{ \cdots, \ 1, \ -1, \ \underset{\substack{\uparrow \\ n=0}}{1}, \ -1, \ 1, \ -1, \ \cdots \right\}, \tag{1.6.12}$$

$$\cos(2\pi n) = \left\{ \cdots, \ 1, \ 1, \ \underset{\substack{\uparrow \\ n=0}}{1}, \ 1, \ 1, \ 1, \ \cdots \right\}. \tag{1.6.13}$$

所以离散信号中三角函数序列的角频率被称为数字角频率，其具体特点将在6.6节介绍.

1.6.5　复指数序列

复指数序列的定义：

$$x[n] = A \cdot e^{(\sigma + j\Omega_0)n} = A \cdot e^{\sigma n} \cdot e^{j\Omega_0 n}. \tag{1.6.14}$$

复指数序列与连续时间域的复指数信号有类似的作用，可以把实信号转换到频域和复频域上进行分析，从而获得新的视角，便于更加全面地了解信号与系统的特性.

1.7　离散信号的运算

1.7.1　相加

离散信号的加、减运算可以统称为相加运算，因为减法可以视作系数为负情况下的加法. 离散信号的相加运算是把相同序数的样值相加，其和即为此序数位置上新的值.

【例1.7.1】 求 $u[n] + u[-n]$.

解　容易得到 $n \neq 0$ 位置处值为1，$n = 0$ 位置处值为2，所以

$$u[n] + u[-n] = 1 + \delta[n].$$

1.7.2　相乘

离散信号的乘、除运算可以统称为相乘运算，因为除法可以视作乘序列的倒数. 离散信号的

相乘运算是把相同序数的样值相乘，其积即此序数位置上新的值.

【例1.7.2】 求 $u[n] \cdot u[-n]$.

解 容易得到 $n \neq 0$ 位置处值为0， $n = 0$ 位置处值为1，所以

$$u[n] \cdot u[-n] = \delta[n].$$

1.7.3 移位

离散信号的移位运算，即信号在 n 轴上平移整数个单位.

【例1.7.3】 已知 $x[n] = u[n] - u[n-2]$ ，求 $x[n] \cdot x[n-1]$.

解 $x[n]$ 在 $n = 0$ 和 $n = 1$ 位置处的值为1，其余位置的值为0， $x[n-1]$ 在 $n = 1$ 和 $n = 2$ 位置处的值为1，其余位置值为0，两者相乘可得

$$x[n] \cdot x[n-1] = \delta[n-1].$$

1.7.4 倒置

离散信号的倒置运算，即信号以 $n = 0$ 为轴进行翻转.

【例1.7.4】 画出 $\delta[n-k]$ ， $k > 0$ 倒置后的图形.

解 $\delta[n-k]$ 倒置后为 $\delta[-n-k]$ ，图形如图1.7.1所示.

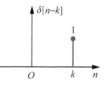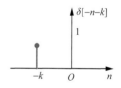

图 1.7.1

1.7.5 差分与累加

离散信号的差分和累加运算，是与连续信号的微分和积分相对应的运算. 离散信号的差分运算包含前向差分和后向差分，一阶前向差分可以表示为

$$\Delta x[n] = x[n+1] - x[n], \tag{1.7.1}$$

一阶后向差分可以表示为

$$\nabla x[n] = x[n] - x[n-1]. \tag{1.7.2}$$

式（1.6.8）可以用后向差分表示为

$$\delta[n] = \nabla u[n] = u[n] - u[n-1].\qquad(1.7.3)$$

离散信号的累加运算也称为运动求和，可以表示为

$$y[n] = \sum_{k=-\infty}^{n} x[k].\qquad(1.7.4)$$

离散信号的求和运算与连续信号的积分运算有很多类似之处，也存在类似于微积分基本定理的运算法则：若 $\nabla Q[n] = q[n]$，则

$$\sum_{k=a}^{b} q[k] = Q[b] - Q[a-1].\qquad(1.7.5)$$

所以单位阶跃序列可以写成单位脉冲序列的累加形式，与式（1.6.7）是等价的，即

$$\sum_{k=-\infty}^{n} \delta[k] = u[n] - u[-\infty] = u[n].\qquad(1.7.6)$$

1.7.6　抽取与内插

离散信号也有类似拉伸和压缩的处理，称为重排．由于离散信号自变量只能取整数，因此重排只能取整数来改变系数．设 N 为正整数，则 $x[n] \to x[Nn]$ 是从原序列中的每 N 个样值中取 1 个保留，故称为抽取（decimation），$x[n] \to x[n/N]$ 的重排称为内插（interpolation）．数字信号处理系统中抽取、内插及二者结合使用便于实现信号抽样频率的转换．

【例1.7.5】　已知 $x[n]$ 的波形如图1.7.2所示，请画出 $x[2n]$ 和 $x\left[\dfrac{n}{2}\right]$ 的波形．

解　$x[n] \to x[2n]$ 的过程中，只有 $2n$ 位置的序列值被取出，即从原序列的每 2 个样值中抽取 1 个．$x[n] \to x\left[\dfrac{n}{2}\right]$ 的过程中，$x\left[\dfrac{n}{2}\right]$ 的奇数序数位置对应的 $x\left[\dfrac{1}{2}\right]$、$x\left[\dfrac{3}{2}\right]$ 等是没有样值的，于是补为 0，即内插．$x[2n]$ 和 $x\left[\dfrac{n}{2}\right]$ 的波形如图1.7.3所示．

抽取与内插

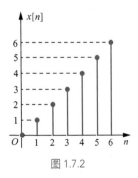

图 1.7.2

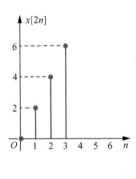

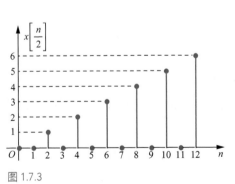

图 1.7.3

需要说明的是，抽取运算由于丢弃了样值，因此抽取后再进行内插得到的序列与原序列是不同的.

1.7.7　能量与功率

离散信号的能量和功率定义与连续信号的能量和功率定义是不同的，离散信号分析中，能量等于其样值的模的平方. 因此离散信号 $x[n]$ 在 $[-K, K]$ 区间上的能量和（平均）功率定义为

$$\begin{cases} E = \sum_{n=-K}^{K} \left| x[n] \right|^2 \\ P = \dfrac{1}{2K+1} \sum_{n=-K}^{K} \left| x[n] \right|^2 \end{cases}, \qquad (1.7.7)$$

扩展到全时域，则是

$$\begin{cases} E = \lim_{K \to \infty} \sum_{n=-K}^{K} \left| x[n] \right|^2 \\ P = \lim_{K \to \infty} \dfrac{1}{2K+1} \sum_{n=-K}^{K} \left| x[n] \right|^2 \end{cases}. \qquad (1.7.8)$$

周期信号的平均功率同样可以选取任意一个周期来计算，若信号 $x[n]$ 的周期为 N，则其平均功率

$$P = \frac{1}{N} \sum_{n=0}^{N-1} \left| x[n] \right|^2. \qquad (1.7.9)$$

【例1.7.6】 求图1.7.4所示的离散信号的能量.

解　根据离散信号能量的定义，有

$$\begin{aligned} E &= \sum_{n=-\infty}^{+\infty} \left| x[n] \right|^2 \\ &= 1^2 + 2^2 + 3^2 + 4^2 \\ &= 30. \end{aligned}$$

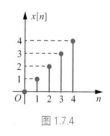

图 1.7.4

1.8　信号的分解

以下内容讨论对信号进行分解的几种方法. 信号分解，是指把信号分为特征不同的基本分量，从而简化运算或分析. 本书涉及的分解形式是把信号表示为几个分量相加. 注意，此处讨论的"分解"对应的英语单词应该是decomposition，是一个比较笼统的概念，也是国内广泛使用的说法. 但按照数学上更细化的描述，通常把多项式写为相加的形式称为"展开"（expansion），把多项式写为因式相乘的形式称为"分解"（factorization）. 按照这种划分，这一部分内容似乎称为信

号的"展开"更准确，不过为了避免与目前的普遍说法产生分歧，我们仍称之为信号的分解．

信号的分解并非简单写为任意分量的相加，其中存在很多规则．大体来说，首先分量的能量或功率不应大于原信号，例如，1 V 的直流电压信号分解为 +100 V 和 −99 V 两个直流分量是不太合适的；其次分量之间应该有明显的区别，这样便于分别进行处理．更具体的分解规则后续章节将详细介绍，本节仅介绍几种基本的、简单的分解方法．

这里主要讨论连续信号的分解方法，离散信号的分解方法与之类似．

1.8.1 直流分量与交流分量

中学物理已经引入了直流电和交流电的概念，两者的区别非常明显．在信号分解中，直流分量（direct component）与交流分量（alternating component）的划分同样很重要．设信号为 $f(t)$，则按照直流分量与交流分量可将其分解为

$$f(t) = f_\mathrm{D}(t) + f_\mathrm{A}(t)，\tag{1.8.1}$$

其中，$f_\mathrm{D}(t)$ 是直流分量，是一个常数信号，是信号的平均值，其计算方法为

$$f_\mathrm{D}(t) = \lim_{T \to +\infty} \frac{1}{T} \int_{-\frac{T}{2}}^{\frac{T}{2}} f(t) \mathrm{d}t.\tag{1.8.2}$$

$f_\mathrm{A}(t)$ 则是交流分量，由原信号减去直流分量得到，其特性是全时域积分为 0：

$$\int_{-\infty}^{+\infty} f_\mathrm{A}(t) \mathrm{d}t = 0.\tag{1.8.3}$$

若 $f(t)$ 为周期信号，那么任意一个周期 T 内的平均值就是信号的平均值，任意一个周期内交流分量积分都是零：

$$\begin{cases} f_\mathrm{D}(t) = \dfrac{1}{T} \int_T f(t) \mathrm{d}t \\ \int_T f_\mathrm{A}(t) \mathrm{d}t = 0 \end{cases}.\tag{1.8.4}$$

考虑信号 $f(t)$ 的功率

$$\begin{aligned} P &= \lim_{T \to +\infty} \frac{1}{T} \int_{-\frac{T}{2}}^{\frac{T}{2}} |f(t)|^2 \mathrm{d}t \\ &= \lim_{T \to +\infty} \frac{1}{T} \int_{-\frac{T}{2}}^{\frac{T}{2}} \left[f_\mathrm{D}(t) + f_\mathrm{A}(t) \right] \left[f_\mathrm{D}(t) + f_\mathrm{A}(t) \right]^* \mathrm{d}t \\ &= \lim_{T \to +\infty} \frac{1}{T} \int_{-\frac{T}{2}}^{\frac{T}{2}} |f_\mathrm{D}(t)|^2 \mathrm{d}t + \\ &\quad \lim_{T \to +\infty} \frac{1}{T} \int_{-\frac{T}{2}}^{\frac{T}{2}} \left[f_\mathrm{D}(t) f_\mathrm{A}^*(t) + f_\mathrm{D}^*(t) f_\mathrm{A}(t) \right] \mathrm{d}t + \\ &\quad \lim_{T \to +\infty} \frac{1}{T} \int_{-\frac{T}{2}}^{\frac{T}{2}} |f_\mathrm{A}(t)|^2 \mathrm{d}t \\ &= P_\mathrm{D} + P_\mathrm{A}. \end{aligned}\tag{1.8.5}$$

其中，$P_\mathrm{D} = \lim_{T \to +\infty} \dfrac{1}{T} \int_{-\frac{T}{2}}^{\frac{T}{2}} |f_\mathrm{D}(t)|^2 \mathrm{d}t$ 和 $P_\mathrm{A} = \lim_{T \to +\infty} \dfrac{1}{T} \int_{-\frac{T}{2}}^{\frac{T}{2}} |f_\mathrm{A}(t)|^2 \mathrm{d}t$ 分别为直流分量和交流分量的功率，

在两个交叉项中，信号的直流分量 $f_D(t)$、$f_D^*(t)$ 为常数，因此可以移至积分符号外，交流分量 $f_A(t)$、$f_A^*(t)$ 的积分都为0. 由此可见，原信号功率等于直流分量功率与交流分量功率之和.

1.8.2　奇分量与偶分量

实信号可以分解为奇分量（odd component）$f_o(t)$ 和偶分量（even component）$f_e(t)$ 相加的形式，这两个分量的特征分别为

$$\begin{cases} f_o(t) = -f_o(-t) \\ f_e(t) = f_e(-t) \end{cases}. \tag{1.8.6}$$

分解方法为

$$\begin{cases} f_o(t) = \dfrac{1}{2}f(t) - \dfrac{1}{2}f(-t) \\ f_e(t) = \dfrac{1}{2}f(t) + \dfrac{1}{2}f(-t) \end{cases}. \tag{1.8.7}$$

很明显二者的和是 $f(t)$，各自的奇偶性也容易验证. 将信号分解为奇分量和偶分量的一个重要价值在于奇分量在以 $t = 0$ 为轴的对称区间内积分为0：

$$\int_T^T f_o(t)\mathrm{d}t = 0. \tag{1.8.8}$$

原信号功率同样等于奇分量功率和偶分量功率之和.

1.8.3　实部分量与虚部分量

在考虑复信号时，可将信号分解为实部分量（real component）与虚部分量（imaginary component）. 可将复信号 $f(t)$ 表示为

$$f(t) = f_r(t) + \mathrm{j}f_i(t), \tag{1.8.9}$$

实部分量 $f_r(t)$ 和虚部分量 $f_i(t)$，均为实函数，可分别表示为

$$\begin{cases} f_r(t) = \dfrac{1}{2}\left[f(t) + f^*(t)\right] \\ f_i(t) = \dfrac{1}{2\mathrm{j}}\left[f(t) - f^*(t)\right] \end{cases}, \tag{1.8.10}$$

其中，$f^*(t)$ 表示 $f(t)$ 的共轭.

信号的功率等于其实部分量功率和虚部分量功率之和，注意，复信号的模方运算并非信号的平方，而是信号与其共轭相乘.

$$\begin{aligned} P &= \lim_{T \to +\infty} \frac{1}{T} \int_{-\frac{T}{2}}^{\frac{T}{2}} \left|f(t)\right|^2 \mathrm{d}t = \lim_{T \to +\infty} \frac{1}{T} \int_{-\frac{T}{2}}^{\frac{T}{2}} \left|f_r(t) + \mathrm{j}f_i(t)\right|^2 \mathrm{d}t \\ &= \lim_{T \to +\infty} \frac{1}{T} \int_{-\frac{T}{2}}^{\frac{T}{2}} \left[f_r(t) + \mathrm{j}f_i(t)\right]\left[f_r(t) - \mathrm{j}f_i(t)\right] \mathrm{d}t \\ &= \lim_{T \to +\infty} \frac{1}{T} \int_{-\frac{T}{2}}^{\frac{T}{2}} f_r^2(t)\mathrm{d}t + \lim_{T \to +\infty} \frac{1}{T} \int_{-\frac{T}{2}}^{\frac{T}{2}} f_i^2(t)\mathrm{d}t \\ &= P_r + P_i. \end{aligned} \tag{1.8.11}$$

现实中产生的信号为实信号，但实信号可以分解为共轭复信号分量（例如，使用欧拉公式将三角函数展开为共轭虚指数），然后借助于复信号分析来研究实信号的性质和变化. 此外，第3章介绍的信号的频域分析方法所得到的频谱一般是复函数，也会涉及一些实部分量与虚部分量的分解处理.

1.8.4 脉冲分量

以上信号分解方法相对简单直接，本小节将介绍一种不太直观的脉冲分量（pulse component）分解方法. 一个连续信号 $f(t)$ 可以表示为

$$f(t) = \int_{-\infty}^{+\infty} f(\tau)\delta(t-\tau)\mathrm{d}\tau, \tag{1.8.12}$$

即移位加权的单位冲激信号之和（积分）.

定积分运算中若有外部变量（不是积分元的变量），通常位于积分限上，可通过微积分基本定理进行处理. 像式（1.8.12）这种被积函数中有外部变量的形式，处理的关键在于积分过程中把外部变量当作常数进行处理.

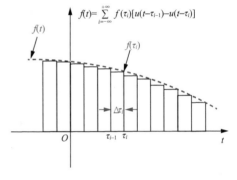

图 1.8.1

【说明】

在信号 $f(t)$ 上插入等分点 $\tau_i(i = \cdots, -2, -1, 0, 1, 2, \cdots)$，则

$$\cdots < \tau_{-2} < \tau_{-1} < \tau_0 < \tau_1 < \tau_2 < \cdots$$

称为对时域的一种分割，又记 $\Delta\tau_i = \tau_i - \tau_{i-1}$ 为常数，图1.8.1为某连续信号 $f(t)$ 及其脉冲分解示意图. 通过分割点 τ_i，波形被分成了无穷多个矩形脉冲，在 τ_i 点的矩形高度为 $f(\tau_i)$.

这种分割方法在利用定积分求面积时遇到过. 如果把这些小矩形的面积 $f(\tau_i)\Delta\tau_i$ 加起来，总面积就会与 $f(t)$ 的波形面积近似；当把分割点取得越来越密，让分割间距 $\Delta\tau_i \to 0$，则小矩形的面积之和就会与 $f(t)$ 的波形面积相等，记为

$$\lim_{\Delta\tau_i \to 0} \sum_{i=-\infty}^{+\infty} f(\tau_i)\Delta\tau_i = \int_{-\infty}^{+\infty} f(t)\mathrm{d}t.$$

注意，下面不是将矩形的面积相加，而是把矩形脉冲信号 $f(\tau_i)\big[u(t-\tau_{i-1}) - u(t-\tau_i)\big]$ 加起来，最终得到的和信号就会与信号 $f(t)$ 接近；同样，当把分割点取得越来越密，让分割间距 $\Delta\tau_i \to 0$，则矩形脉冲信号的和就会与信号 $f(t)$ 相等，可得

$$\lim_{\Delta\tau_i \to 0} \sum_{i=-\infty}^{+\infty} f(\tau_i)\big[u(t-\tau_{i-1}) - u(t-\tau_i)\big] = f(t).$$

这个式子其实就是把 $f(t)$ 分解为了无穷多个矩形窄脉冲分量，下面将这个极限变换一下形式. 设

$$g(\tau_i) = u(t-\tau_{i-1}) = u\big[t-(\tau_i - \Delta\tau_i)\big],$$

则

$$g(\tau_i + \Delta\tau_i) = u(t-\tau_i),$$

于是

$$f(t) = \lim_{\Delta\tau_i \to 0} \sum_{i=-\infty}^{+\infty} f(\tau_i)\big[g(\tau_i) - g(\tau_i + \Delta\tau_i)\big]$$

$$= \lim_{\Delta\tau_i \to 0} \sum_{i=-\infty}^{+\infty} f(\tau_i)(-1)\frac{g(\tau_i + \Delta\tau_i) - g(\tau_i)}{\Delta\tau_i}\Delta\tau_i$$

$$= -\int_{-\infty}^{+\infty} f(\tau)\frac{\mathrm{d}\,g(\tau)}{\mathrm{d}\tau}\mathrm{d}\tau$$

$$= -\int_{-\infty}^{+\infty} f(\tau)\frac{\mathrm{d}\,u(t-\tau)}{\mathrm{d}\tau}\mathrm{d}\tau$$

$$= \int_{-\infty}^{+\infty} f(\tau)\delta(t-\tau)\mathrm{d}\tau.$$

将信号分解为冲激信号叠加，是本书进行时域分析的核心思路，第2章将基于该方法引出卷积积分.

1.8.5　正交函数分量

事实上，最常见的信号分解方式是正交分解，即分解出的分量两两正交. 函数正交，是指一个函数在另一个函数上的投影系数为0. 以信号 $f(t)$ 和 $g(t)$ 为例，在全时域内，$f(t)$ 在 $g(t)$ 上的投影系数

$$c = \frac{\int_{-\infty}^{+\infty} f(t)g^*(t)\mathrm{d}t}{\int_{-\infty}^{+\infty} g(t)g^*(t)\mathrm{d}t}. \tag{1.8.13}$$

若 $c = 0$，则称 $f(t)$ 与 $g(t)$ 正交. 若信号为能量有限信号，则正交的充要条件为

$$\int_{-\infty}^{+\infty} f(t)g^*(t)\mathrm{d}t = 0. \tag{1.8.14}$$

从定义可知，本节介绍的几种分解方法都属于正交分解. 正交分解能够最大程度降低分量之间的相互影响，可在分解后对分量进行独立分析，降低了分析的复杂度，后续章节将详细介绍和应用.

1.9　系统的特性

1.9.1　线性

线性时不变（linear time-invariant，LTI）系统是一种常见的基础系统. 线性是指同时满足齐次性和叠加性，线性系统是指同时满足齐次性和叠加性的系统. 对于一个没有初始储能的系统，已知激励 $x_1(t)$ 通过系统后的响应为 $y_1(t)$，激励 $x_2(t)$ 通过系统后的响应为 $y_2(t)$，K 为常系数，那么：

（1）若激励 $Kx_1(t)$ 通过系统后的响应为 $Ky_1(t)$，则系统满足齐次性；

（2）若激励 $x_1(t) + x_2(t)$ 通过系统后的响应为 $y_1(t) + y_2(t)$，则系统满足叠加性.

多个信号各自乘以常系数并相加的过程称为线性组合. 判断系统是否满足线性的方法可以统一描述为，如果多个激励信号先任意线性组合、再经过系统的响应，与先各自经过系统、再进行

同一线性组合的响应相等，则系统是线性的．若把系统 H 的激励与响应的关系用 $y(t)=H\big[x(t)\big]$ 来描述，则系统的线性判定条件可以写作

$$H\left[\sum_k C_k x_k(t)\right]=\sum_k C_k H\big[x_k(t)\big]. \tag{1.9.1}$$

【例1.9.1】 有一个无初始储能的线性时不变系统，激励为 $x_1(t)$、$x_2(t)$ 时的响应分别为 $y_1(t)$、$y_2(t)$．求当激励为 $2x_1(t)-3x_2(t)$ 时的系统响应 $y(t)$．

解　根据线性性质，有

$$
\begin{aligned}
y(t) &= H\big[2x_1(t)-3x_2(t)\big]\\
&= 2H\big[x_1(t)\big]-3H\big[x_2(t)\big]\\
&= 2y_1(t)-3y_2(t).
\end{aligned}
$$

但是，按照线性系统的这种定义，很多用线性方程描述的系统并不属于线性系统．

【例1.9.2】 判断系统

$$y(t)=2x(t)+3 \tag{1.9.2}$$

是否满足线性性质．

解　设

$$x_1(t)\to y_1(t)=2x_1(t)+3,$$

$$x_2(t)\to y_2(t)=2x_2(t)+3,$$

则

$$x_3(t)=x_1(t)+x_2(t)\to y_3(t)=2\big[x_1(t)+x_2(t)\big]+3\neq y_1(t)+y_2(t).$$

所以此系统不是线性系统．

这种系统虽然不是线性系统，但实际上是包含一个线性系统模块的，如图1.9.1所示，这个系统的输出可以表示为一个线性系统的输出与另一个等于该系统的零输入响应（zero-input response）的信号之和．对于式（1.9.2）所表征的系统，这个线性系统是 $x(t)\to 2x(t)$，而零输入响应为 $y_0(t)=3$．

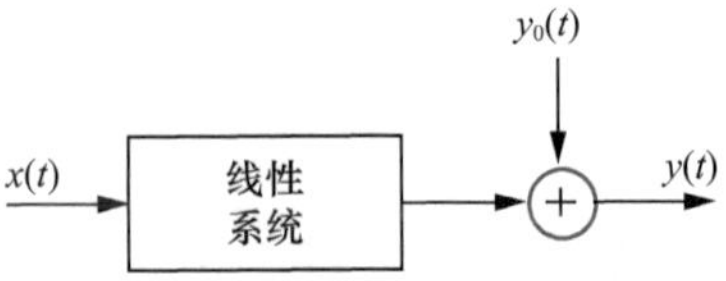

图 1.9.1

事实上，在连续系统和离散系统中，大量的实例都可由图1.9.1来表示，也就是系统的总输出由一个线性系统的响应和一个与激励信号无关的零输入响应叠加而成．这样的系统属于增量线性系统（incrementally linear system），即在连续系统或离散系统中，其响应的变化量与输入的变化量是线性的．换句话说，对增量线性系统而言，对任意两个输入的响应的差是两个输入的差的线性函数（即可加的且齐次的）．例如，若 $x_1(t)$ 和 $x_2(t)$ 是由式（1.9.2）所表征的系统的两个输入，而 $y_1(t)$ 和 $y_2(t)$ 是其对应的输出，那么

$$y_1(t) - y_2(t) = 2x_1(t) + 3 - \left[2x_2(t) + 3 \right] = 2\left[x_1(t) - x_2(t) \right].$$

所以对于增量线性系统，虽然其整体系统是非线性的，但仍然可以利用线性处理其中的部分问题.

1.9.2　时不变性

系统的时
不变性

时不变性，是指一个系统在零初始条件下，其输出响应与输入信号施加于系统的时间起点无关. 如果输入信号施加于系统的时间起点改变，输出响应发生了时间移动之外的变换，则该系统称为时变系统. 其判定条件可以写作

$$H\left[x(t-\tau) \right] = y(t-\tau).\qquad(1.9.3)$$

在基本系统模型中，标量乘法器和加法器显而易见满足线性时不变性质，而微分器和积分器的本质是时移和加法运算，也满足线性时不变性质，所以以常系数微分方程描述的系统都是线性时不变系统. 我们把标量乘法、加法、时移、微分、积分统一简称为线性运算，那么对于线性时不变系统，激励信号先线性运算再通过系统，与先通过系统再线性运算，其结果是相等的. 利用这条性质可以在很多情况下简化运算.

【例1.9.3】　有一个无初始储能的线性时不变系统，当激励为 $x_1(t) = u(t)$ 时其响应为 $y_1(t) = \cos(t)u(t)$. 求当激励为 $x_2(t) = \delta(t)$ 时系统的响应 $y_2(t)$.

解　因为 $\delta(t) = \dfrac{\mathrm{d}}{\mathrm{d}t}u(t)$，所以 $x_2(t) = \dfrac{\mathrm{d}}{\mathrm{d}t}x_1(t)$. 根据线性时不变性质，$x_1(t)$ 和 $x_2(t)$ 的响应也应该满足 $y_2(t) = \dfrac{\mathrm{d}}{\mathrm{d}t}y_1(t)$. 所以

$$
\begin{aligned}
y_2(t) &= \frac{\mathrm{d}}{\mathrm{d}t}\left[\cos(t)u(t) \right] \\
&= -\sin(t)u(t) + \cos(t)\delta(t) \\
&= \delta(t) - \sin(t)u(t).
\end{aligned}
$$

1.9.3　因果性

因果系统，是指当且仅当输入信号激励系统时，才会出现输出（响应）的系统. 也就是说，因果系统的输出（响应）不会出现在输入信号激励系统以前的时刻.

【例1.9.4】　已知系统的输入和输出分别为 $x(t)$ 和 $y(t)$，判断系统 $y(t) = x(t+1)$ 的因果性.

解　判断系统的因果性，可以假设输入信号 $x(t)$ 是 $t = 0$ 时刻才出现的信号，然后判断 $y(t)$ 在 $t < 0$ 区间是否恒为0. 不妨设 $x(t) = \delta(t)$，可知 $y(t) = \delta(t+1)$，$y(t)$ 在 $t < 0$ 区间有非0情况，所以系统不是因果系统.

1.9.4　稳定性

如果系统对任何有界输入都只产生有界的输出，则称该系统为有界输入有界输出（bounded-input bounded-output，BIBO）意义下的稳定系统. 对于这样的系统，若输入不发散，则输出也不会发散. 从工程角度讲，一个实用系统在所有可能条件下都保持稳定是至关重要的. 后续章节将利用单位冲激响应和系统函数的零、极点分布来判断系统的稳定性.

1.9.5　记忆性

若系统在 t_0 时刻的响应仅与激励在 t_0 时刻的值有关，此类系统称为即时系统，如纯电阻电路. 与之相对的是动态（记忆）系统，此类系统在 t_0 时刻的响应不仅与激励在 t_0 时刻的值有关，还与其他时刻（过去或未来）或时段内的值有关，如积分器、微分器等.

1.9.6　可逆性

若系统在不同的激励信号下得到的响应信号不相同，此类系统称为可逆系统. 与之相对的是不可逆系统，此类系统在不同的激励信号下可以得到相同的响应. 换句话说，可逆系统的一种响应所对应的激励信号是唯一的，而不可逆系统的一种响应所对应的激励信号有多种可能. 若系统满足可逆性，则理论上可以利用其逆系统消除系统对信号的影响.

1.10　线性时不变系统的表示方法

本书主要讨论线性时不变系统，系统表示方法大体可以分为方程法和框图法. 读者在后续章节会逐步学习更多的系统表示方法，如单位冲激响应、频率响性特性、系统函数等.

1.10.1　连续系统的表示方法

设连续系统的激励信号为 $x(t)$，响应信号为 $y(t)$. 当系统功能比较简单时，响应信号可以通过对激励信号进行一些简单运算得到. 部分可以写出二者直接关系的连续系统及其框图，如表1.10.1所示.

表 1.10.1　连续系统的表示方法

名称	激励与响应关系	系统框图
加法器	$y(t) = x_1(t) + x_2(t)$	
乘法器	$y(t) = x_1(t) \cdot x_2(t)$	

续表

名称	激励与响应关系	系统框图
标量乘法器	$y(t)=ax(t)$	$x(t) \xrightarrow{} a \xrightarrow{} y(t)$ 或 $x(t) \xrightarrow{\quad a \quad} y(t)$
微分器	$y(t)=\dfrac{\mathrm{d}x(t)}{\mathrm{d}t}$	$x(t) \longrightarrow \boxed{\dfrac{\mathrm{d}}{\mathrm{d}t}} \longrightarrow y(t)$
积分器	$y(t)=\displaystyle\int_{-\infty}^{t}x(\tau)\mathrm{d}\tau$	$x(t) \longrightarrow \boxed{\displaystyle\int} \longrightarrow y(t)$
延时器	$y(t)=x(t-\tau)$	$x(t) \longrightarrow \boxed{\tau} \longrightarrow y(t)$

　　如果激励和响应的关系比较复杂，难以直接描述，则可以使用微分方程来表示．图1.10.1所示为RLC串联电路．

　　如果以电压源信号为激励，以环路电流为响应，则这个系统的激励信号和响应信号满足方程：

$$\frac{\mathrm{d}^2}{\mathrm{d}t^2}y(t)+\frac{R}{L}\frac{\mathrm{d}}{\mathrm{d}t}y(t)+\frac{1}{LC}y(t)=\frac{1}{L}\frac{\mathrm{d}}{\mathrm{d}t}x(t). \qquad (1.10.1)$$

微分方程的列写方法

　　这个微分方程描述的系统也可以用系统框图来表示．需要注意的是，因为微分器容易放大噪声，所以一般使用积分器为基本运算单元来搭建系统，组成的系统框图如图1.10.2所示．

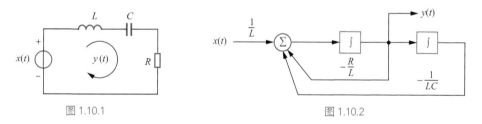

图 1.10.1　　　　　　　　　　　　　　　　图 1.10.2

【分析】

　　由微分方程画出的系统框图一般是不唯一的，但是由系统框图所得的微分方程是唯一的．由系统框图列写方程是以 $x(t)$、$y(t)$ 为起点，得到各积分器输入输出节点的信号，再以加法器构建方程，最终化为微分方程的统一格式．例如，由图1.10.2可分析出 $y(t)$ 节点前积分器的输入信号，即加法器的输出信号为 $y'(t)$；$y(t)$ 节点后积分器的输出信号为 $\int y(t)\mathrm{d}t$，然后由加法器的输入—输出关系列方程，得

$$-\frac{1}{LC}\int y(t)\mathrm{d}t-\frac{R}{L}y(t)+\frac{1}{L}x(t)=y'(t),$$

两侧微分，再整理后即可得到原方程（1.10.1）．

1.10.2　离散系统的表示方法

描述离散系统的方程为差分方程而非微分方程．离散系统的基本单元方框图包括加法器、标量乘法器和单位延时器，但不包含微分器和积分器，单位延时器也称为移位器．在不会混淆的情况下也可称为延时器，表1.10.2仅列出了单位延时器的表示方法，其他离散系统的表示方法参见表1.10.1.

表 1.10.2　离散系统的表示方法

名称	激励与响应关系	系统框图
单位延时器	$y[n]=x[n-1]$	$x[n] \to z^{-1} \to y[n]=x[n-1]$

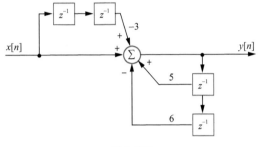

图 1.10.3

离散系统的框图主要使用单位延时器组成，如图1.10.3所示.

这个框图所示系统的差分方程为

$$y[n]-5y[n-1]+6y[n-2]=x[n]-3x[n-2].\qquad(1.10.2)$$

【分析】

以 $x[n]$、$y[n]$ 为起点，得到单位延时器输入输出节点的信号，如图1.10.4所示.

根据加法器的输入—输出关系列方程，得

$$y[n]=x[n]-3x[n-2]+5y[n-1]-6y[n-2].$$

一般差分方程也有标准格式：响应在左，激励在右，各自从差分最低阶到最高阶排列，将响应最低阶系数做归一化.

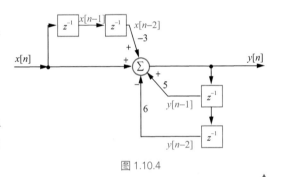

图 1.10.4

1.11　线性时不变系统的分析方法

本节概要说明线性时不变系统的分析方法，主要分为系统模型的建立和求解两方面.

1.11.1　系统模型的建立

系统的数学模型可分为输入—输出描述法和状态变量描述法两大类型.

输入—输出描述法着眼于激励与响应之间的关系，并不关心系统内部变量的情况．对于通信系统中的大部分单输入—单输出系统，用这种系统模型比较方便．我们将在第2～6章研究输入—输出描述法.

状态变量描述法不仅可以给出系统的响应，还可以提供系统内部各变量的情况，近代控制系统的理论研究广泛采用状态变量描述法．我们将在第7章学习状态变量描述法.

1.11.2　系统模型的求解

线性时不变系统数学模型的求解方法大体上可分为时域分析方法与变换域分析方法两大类型.

第2章将重点讨论连续系统和离散系统的时域分析方法. 时域分析方法中，首先利用经典法解微分方程和差分方程，然后将信号分解成移位加权的单位冲激（脉冲）信号，在此基础上进行卷积积分（卷积和），求出任意信号激励下系统的响应.

频域分析方法是一种变换域分析方法，是指把信号分解为不同的频率分量，研究系统对不同频率分量的幅度和相位响应特性. 其特点是以角频率为自变量，以幅度和相位为因变量，在频域对信号与系统的特征进行分析. 频域分析方法将在第3章和第4章详细介绍.

复频域分析方法也是一种变换域分析方法，是指在频域分析方法的基础上，进一步引入衰减因子对信号和系统进行分析的方法. 其特点是可以在复平面上以零、极点的分布特点快速判断信号和系统的多种特性. 连续系统和离散系统的复频域分析方法将在第5章和第6章分别进行详细介绍.

1.12　本章小结

本章讨论了信号及系统的一些基本概念，首先介绍了信号的分类（确定信号和随机信号、连续信号和离散信号、周期信号和非周期信号、能量信号和功率信号），随后给出了信号与系统的数学表示方法. 具体而言，本章给出了几种典型信号的表示方法，并讨论了信号的自变量的运算，也称为波形变换，包括时移、反转和尺度变换（离散信号对应的运算为抽取和内插），以及因变量的运算，包括加减、乘除、微分（离散信号对应的运算为差分）和积分（离散信号对应的运算为累加）等. 在讨论有关系统的基本概念时，本章引入了系统的描述方法，包括微分方程、差分方程、框图，并定义了几个重要的系统性质，包括线性、时不变性、因果性、稳定性等. 由于我们在现实中遇到的很多系统都可以利用线性时不变系统进行建模，所以本书的大部分内容关注线性时不变系统. 本章最后概述了线性时不变系统的分析方法，主要思路为对信号进行分解，求响应后再线性组合；从系统建模上看，线性时不变系统分为输入—输出描述法和状态变量描述法；从系统模型求解上看，线性时不变系统分为时域分析方法和变换域分析方法.

1.13　知识拓展

1.13.1　复数的表示和欧拉公式

16世纪到17世纪，欧洲的数学家在研究方程的求解问题时，发现一些传统意义上的"无解"方程是存在"形式解"的，只是这些"形式解"在当时的数学家看来不具备真实的意义. 这些"形式解"指的就是我们现在所说的"负根"或"虚根". 在很长一段时间之内，负数和虚数的地位差不多，都是不被欧洲数学家认可和理解的概念.

负数是通过阿拉伯人的著作传到欧洲的. 16世纪，大多数欧洲数学家知道了负数的概念，但不认可负数是数. 例如，数学家帕斯卡认为，从0减去4纯粹是胡说. 在这种大环境下，笛卡儿部分接受了负数，他认可了方程存在"负根"，但是把其称为"假根". 另一方面，卡丹在其所著《重要的艺术》中提出了虚根问题，例如

$$\begin{cases} x(10-x) = 40 \\ x_1 = 5 + \sqrt{-15}, \ x_2 = 5 - \sqrt{-15} \end{cases}. \tag{1.13.1}$$

对尚未接受负数的欧洲数学家而言，虚数更是难以获得认可的．虚数在当时跟负数有差不多的尴尬地位．笛卡儿在《几何》中写道："真的和假的（负的）根并不总是实在的，它们有时是虚的"．牛顿也不认为虚根是有意义的，因为无法给出它们在物理上的对应概念．1629年，数学家吉拉德在他的著作《代数中的新发明》中才把负数与正数等量齐观，将负数作为真正的、有意义的数进行讨论．同时他也指出了虚数存在的一种价值，认为复根的存在至少肯定了数学中的一般法则，且排除了其他解的可能．可以通过一个例子来简单理解这句话：一元二次方程如果找到了两个复根，那么就可以确定没有别的解了．不过，吉拉德的研究并未产生深远影响，直到1831年，伦敦大学的数学教授德摩根在他的《论数学的研究和困难》中仍然认为："虚数式和负数式有一种相似之处，即只要它们中任一个作为问题的解出现，就说明一定有某种矛盾或谬误""两者都是同样的虚构，$0-a$ 和 $\sqrt{-a}$ 同样是不可思议的"．

不过，相对而言，负数还是要比虚数更容易接受，因为它的运算方法跟传统的算术是一致的，与现实也存在一定的联系，例如，可以用负数表示欠款等．而虚数看起来更加虚无缥缈，虽然也能建立起一套运算法则，但似乎除了填充方程的形式解，就没有其他用处了．于是虚数被扔到了数学的角落里，直到欧拉出现，并建立了虚指数体系，虚数才体现出真正的价值．

欧拉在研究简谐振动的常微分方程时想到了一个问题，通过研究发现，只要引入一个简单的假设，就可以把三角函数用虚指数的形式表示出来．

【分析】

对于方程

$$\begin{cases} \dfrac{\mathrm{d}^2}{\mathrm{d}x^2} y(x) + y(x) = 0 \\ y(0) = 1, \ y'(0) = 0 \end{cases}, \tag{1.13.2}$$

容易得到其解为

$$y(x) = \cos x. \tag{1.13.3}$$

但是如果换一个思路，用特征方程的方法去求解，可以得到特征方程与特征根为

$$\begin{cases} \alpha^2 + 1 = 0 \\ \alpha = \mathrm{j}, \ \alpha = -\mathrm{j} \end{cases}, \tag{1.13.4}$$

套入实根情况下的通解公式可得

$$y(x) = c_1 \mathrm{e}^{\mathrm{j}x} + c_2 \mathrm{e}^{-\mathrm{j}x}. \tag{1.13.5}$$

假设

$$\frac{\mathrm{d}}{\mathrm{d}x} \mathrm{e}^{\mathrm{j}x} = \mathrm{j} \mathrm{e}^{\mathrm{j}x}, \tag{1.13.6}$$

则此通解成立，且利用初始条件可解得 $c_1 = c_2 = \dfrac{1}{2}$，于是

$$y(x) = \frac{\mathrm{e}^{\mathrm{j}x} + \mathrm{e}^{-\mathrm{j}x}}{2} = \cos x. \tag{1.13.7}$$

根据式（1.13.7）可以得到整套欧拉公式，可表示为

$$\begin{cases} \cos\varphi = \dfrac{e^{j\varphi}+e^{-j\varphi}}{2} \\ \sin\varphi = \dfrac{e^{j\varphi}-e^{-j\varphi}}{2j} \end{cases} \Rightarrow \begin{cases} e^{j\varphi} = \cos\varphi + j\sin\varphi \\ e^{-j\varphi} = \cos\varphi - j\sin\varphi \end{cases}. \tag{1.13.8}$$

注意：这个结果是由式（1.13.6）的假设推导得到的，所以欧拉进一步思考，有没有可能直接通过实数运算法则证明这个假设，但在尝试了众多方法之后，并未取得理想结果．

【分析】

此处介绍欧拉公式的两种证明尝试，但是请注意，两种方法都存在逻辑上的问题，因此不属于严谨的证明，仅作为辅助理解的方法．

1. 泰勒级数展开法（麦克劳林级数展开）

已知

$$\begin{cases} e^x = 1 + \dfrac{x}{1!} + \dfrac{x^2}{2!} + \cdots + \dfrac{x^n}{n!} + \cdots \\ \sin x = x - \dfrac{x^3}{3!} + \dfrac{x^5}{5!} - \dfrac{x^7}{7!} + \cdots \\ \cos x = 1 - \dfrac{x^2}{2!} + \dfrac{x^4}{4!} - \dfrac{x^6}{6!} + \cdots \end{cases},$$

将 x 替换为 jx，可得

$$\begin{aligned} e^{jx} &= 1 + \frac{jx}{1!} + \frac{(jx)^2}{2!} + \frac{(jx)^3}{3!} + \frac{(jx)^4}{4!} + \frac{(jx)^5}{5!} + \frac{(jx)^6}{6!} + \cdots \\ &= \left(1 - \frac{x^2}{2!} + \frac{x^4}{4!} - \frac{x^6}{6!} + \cdots\right) + j\left(x - \frac{x^3}{3!} + \frac{x^5}{5!} - \frac{x^7}{7!} + \cdots\right) \\ &= \cos x + j\sin x. \end{aligned}$$

这个过程非常漂亮，但是，在 e^{jx} 展开的过程中，实际上已经对 e^{jx} 做微分运算，即已经默认式（1.13.6）正确且将其用作前提条件了．而在欧拉公式尚未被证明的情况下，e^{jx} 的微分或者说减法运算是无定义的，因此这种方法的逻辑存在问题，不能视作证明．

2. 极限替换法

已知

$$e = \lim_{x\to\infty}\left(1 + \frac{1}{x}\right)^x,$$

所以

$$e^j = \lim_{x\to\infty}\left(1 + \frac{1}{x}\right)^{jx} = \lim_{x\to\infty}\left(1 + \frac{j}{jx}\right)^{jx} \xrightarrow{\ \text{设}\ y=jx\ } e^j = \lim_{y\to\infty}\left(1 + \frac{j}{y}\right)^y. \tag{1.13.9}$$

可得 e^j 的模为

$$\left|\lim_{y\to\infty}\left(1 + \frac{j}{y}\right)^y\right| = \lim_{y\to\infty}\left(\sqrt{1 + \frac{1}{y^2}}\right)^y = 1,$$

e^j 的辐角为

$$\arg\left[\lim_{y\to\infty}\left(1+\frac{j}{y}\right)^{y}\right]=\lim_{y\to\infty}\left(\arctan\frac{1}{y}\right)\cdot y=1.$$

所以e^{j}即模为1、辐角为1的复数，然后容易根据复数的乘法运算性质得到e^{jx}即模为1、辐角为 x 的复数，即 $e^{jx}=\cos x+j\sin x$. 这种方法的问题则在于式（1.13.9）中的极限 $y=jx$ 是虚数极限，逻辑上并不能等价于实数极限.

欧拉公式探究

直到有一天，欧拉发现把 π 代入欧拉公式中的变量可得

$$e^{j\pi}=-1,\qquad\qquad(1.13.10)$$

这里 e 是自然常数；j 是基本虚数单位；π 是圆周率；-1 是基本负数单位，数学的四个基本单元组合成了这样一个充满简洁美，又蕴含了无穷道理的方程. 欧拉如醍醐灌顶，豁然开朗，他认为这个完美的公式只能是"上帝"的杰作，必然是真理，所以没有必要再去证明式（1.13.6）和式（1.13.8）的正确性了. 于是欧拉把式（1.13.10）称为"上帝公式".

从基本的运算需要来讲，三角函数的加减乘除涉及和差化积公式、积化和差公式，其运算复杂度干扰了人们对很多振荡问题的直观分析. 欧拉公式把三角函数和复数联系起来之后，三角函数的运算统一为了指数运算. 由欧拉公式的共轭性又可以进行很多化简，因此，复数的产生加速了人们对振荡问题的研究和理解. 在本书中，很多系统的响应涉及振荡信号，而频域分析方法、复频域分析方法都是把信号视作振荡信号的组合来进行分析的，因此用复数表示信号具有重要的实用意义.

1.13.2　信号与系统科学计算和仿真软件简介

1. MATLAB

MATLAB是一款具有科学计算、数据可视化及系统建模和仿真等功能的商业数学软件，主要包括MATLAB和Simulink两大部分. 目前，MATLAB已经成为国际科学界最具影响力和最具活力的科学计算软件，拥有丰富的内建函数和工具箱，在数据分析、无线通信、深度学习、图像处理与计算机视觉、信号处理、量化金融与风险管理、机器人和控制系统等领域得到广泛使用.

MATLAB这个名字由matrix和laboratory两个词的前3个字母组合而成，意为矩阵实验室. MATLAB的基本数据单位是矩阵，其指令表达式与数学、工程中常用的形式十分相似，故用MATLAB来解算问题非常简洁. MATLAB除了具有强大的数值计算能力外，其符号计算能力也非常出色. MATLAB具有符号数学工具箱（Symbolic Math Toolbox），它可以利用符号对象（可以是常数、变量、表达式）在不考虑符号所对应的具体数值的情况进行代数分析和符号计算，例如解代数方程、微分方程、微分、积分和进行矩阵运算等. 因为符号计算得到的结果是解析表达式，所以它是一种精确计算，不易形成误差积累. MATLAB提供了丰富的数据可视化工具，可以通过绘制2D或3D图表、动画、视频等形式展现数据的特征.

MATLAB提供的信号处理工具箱（Signal Processing Toolbox）可实现信号分析和可视化、信号生成和预处理、信号测量和特征提取、信号变换、相关性和建模、数字和模拟滤波器设计、频谱分析、时频分析、信号的机器学习和深度学习延伸等功能，是信号分析和处理的一种强大工具.

2. Python

Python 是一种结合了解释性、编译性、互动性和面向对象的脚本语言. 目前，Python是人工智能和机器学习领域中最流行的语言之一，许多深度学习框架，例如TensorFlow、PyTorch、

Keras等，都是用Python编写的．Python也被用在Web前端和后端编程中，并逐步扩展到移动应用程序领域，甚至在更大的嵌入式系统中．

Python 作为一种通用计算机程序设计语言，其特性如下．

（1）开源和免费

Python 是一种开源语言，而且完全免费，没有任何许可证费用．

（2）易学易用

Python 语法简洁易懂，很容易学习和上手．而且，Python 的语法非常灵活，可以支持面向对象编程、函数式编程等多种编程范式．

（3）函数库丰富

Python具有丰富和强大的库．扩展库NumPy、SciPy和Matplotlib分别为Python提供了快速数组处理、数值运算和绘图功能．除了MATLAB的一些专业性很强的工具箱还无法被替代之外，MATLAB的大部分常用功能都可以在Python世界中找到相应的扩展库．Python语言及其众多的扩展库所构成的开发环境十分适合工程技术、科研人员处理实验数据、制作图表，甚至开发科学计算应用程序．

📝 习题

 基础题

1-1 【复数的直角坐标到极坐标转换】请将下列直角坐标形式表示的复数表示成极坐标形式．

（1）$1+j$ （2）$1-\sqrt{3}j$ （3）$-j$ （4）-1

1-2 【复数的极坐标到直角坐标转换】请将下列极坐标形式表示的复数表示成直角坐标形式．

（1）$\sqrt{2}e^{j\frac{\pi}{4}}$ （2）$2e^{j\frac{\pi}{3}}$ （3）$e^{-j\frac{\pi}{2}}$ （4）$e^{j\pi}$

1-3 【连续信号的周期】求下列各信号的周期T．

（1）$\cos(10t)+\cos(25t)$ （2）e^{j10t} （3）$\left[5\sin(8t)\right]^2$

1-4 【正弦信号的表示和运算】已知正弦信号$x(t)=\sin(t)$，请完成以下要求，并在（1）（2）（3）的波形图中，用阴影标出（4）（5）（6）所求积分表征的图形面积．

（1）画出$x(t)$的波形图． （2）画出$x(2t)$的波形图． （3）画出$x^2(t)$的波形图．

（4）求$\int_0^\pi x(t)\mathrm{d}t$． （5）求$\int_0^{\frac{\pi}{2}} x(2t)\mathrm{d}t$． （6）求$\int_0^\pi x^2(t)\mathrm{d}t$．

1-5 【升余弦脉冲的波形图和能量】升余弦脉冲定义为

$$x(t)=\begin{cases} \dfrac{1}{2}\left[1+\cos(\omega t)\right] & \left(-\dfrac{\pi}{\omega}\leqslant t\leqslant \dfrac{\pi}{\omega}\right) \\ 0 & 其他t \end{cases}.$$

（1）画出$x(t)$的波形．

（2）求$x(t)$的能量．

1-6 【连续信号的波形变换】已知题图1-6所示信号$f(t)$，画出下列信号的波形图．

（1）$f(t-1)$ （2）$f(3t)$

（3）$f(3t-1)$ （4）$f(-3t-1)$

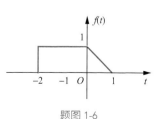

题图1-6

1-7【利用单位阶跃信号表示其他信号】利用 $u(t)$ 写出题图1-7所示各波形对应的函数式.

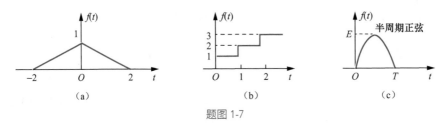

题图 1-7

1-8【奇异函数的表示和性质】求以下各式的值.

（1）$\int_{-\infty}^{+\infty} f(t-\tau)\delta(\tau)\mathrm{d}\tau$　　（2）$\int_{-\infty}^{+\infty} \delta(t-1)u(t-0.5)\mathrm{d}t$　　（3）$\int_{-\infty}^{+\infty} \mathrm{e}^{-t}\delta(t+2)\mathrm{d}t$

（4）$\int_{-\infty}^{+\infty} \delta(2t)\mathrm{d}t$　　（5）$\int_{-\infty}^{t} \sin\tau\delta\left(\tau-\dfrac{\pi}{6}\right)\mathrm{d}\tau$　　（6）$\int_{-\infty}^{t} \mathrm{e}^{-2\tau}\delta(2\tau)\mathrm{d}\tau$

1-9【典型连续信号的表示】绘出下列时间函数的波形图，注意它们的区别（其中 $t_0=\dfrac{\pi}{2\omega}$）.

（1）$f_1(t)=\sin(\omega t)\cdot u(t)$　　　　　　（2）$f_2(t)=\sin\left[\omega(t-t_0)\right]\cdot u(t)$

（3）$f_3(t)=\sin(\omega t)\cdot u(t-t_0)$　　　　（4）$f_4(t)=\sin\left[\omega(t-t_0)\right]\cdot u(t-t_0)$

1-10【典型连续信号的波形图】画出下列信号的波形图.

（1）$f_1(t)=\mathrm{e}^{-t}u(t)$　　　　　　　　（2）$f_2(t)=t\mathrm{e}^{-t}u(t)$

（3）$f_3(t)=\delta(t)-\delta(t-2)$　　　　　　（4）$f_4(t)=u(t)-2u(t-1)+u(t-2)$

（5）$f_5(t)=\mathrm{e}^{-(t-1)}\left[u(t-1)-u(t-2)\right]$　　（6）$f_6(t)=\dfrac{\sin(t-\pi)}{t-\pi}$

（7）$f_7(t)=\sqrt{2}\mathrm{e}^{-t}\sin\left(\dfrac{\pi}{4}-t\right)u(t)$　　（8）$f_8(t)=\dfrac{\mathrm{d}}{\mathrm{d}t}\cdot\left[\cos(t)\cdot u(t)\right]$

1-11【考研真题-偶分量和奇分量】已知信号 $x(t)=\mathrm{e}^{-t}u(t)$，画出 $x(t)$ 及其偶分量和奇分量的波形图.

1-12【偶分量和奇分量】若 $x_\mathrm{e}(t)$ 和 $x_\mathrm{o}(t)$ 是一个实信号 $x(t)$ 的偶分量和奇分量，证明 $\int_{-\infty}^{+\infty} x_\mathrm{e}(t)x_\mathrm{o}(t)\mathrm{d}t=0$.

1-13【能量信号与功率信号】判断下列信号哪些是能量信号，哪些是功率信号，并计算它们的能量或平均功率.

（1）$f_1(t)=4\mathrm{e}^{-4t}u(t)$　　（2）$f_2(t)=\mathrm{e}^{-|t|}\cos(2t)$　　（3）$f_3(t)=\cos(2\pi t)+3\sin(3\pi t)$

1-14【序列的表示和运算】分别绘出以下各序列的图形.

（1）$x_1[n]=u[n]-u[n-3]$　　　　　　（2）$x_2[n]=n\left[u[n]-u[n-5]\right]$

（3）$x_3[n]=x_2[2n]$　　　　　　　　　（4）$x_4[n]=x_3\left[\dfrac{n}{2}\right]$

（5）$x_5[n]=-nu[-n]$　　　　　　　　　（6）$x_6[n]=\cos\left(\dfrac{\pi}{2}n\right)\left[u[n]-u[n-4]\right]$

1-15【序列的表示和运算】已知序列 $x[n]$ 如题图1-15所示.

（1）使用序列形式表示 $x[n]$.

（2）使用单位脉冲序列加权与移位之和表示 $x[n]$.

（3）求序列 $x[n]$ 的能量.

1-16 【序列的周期】确定下列信号是否为周期信号. 如果是，确定其基波周期.

（1）$x_1[n] = \cos\left(\dfrac{1}{4}n\right)$　　　　　　　　（2）$x_2[n] = \cos\left(\dfrac{\pi}{2}n\right) + \sin\left(\dfrac{\pi}{3}n\right)$

1-17 【考研真题-离散信号的波形变换】某离散信号定义如下

$$x[n] = \begin{cases} 1 & n = 1,2 \\ -1 & n = -1,-2 \\ 0 & n = 0, |n|>2 \end{cases},$$

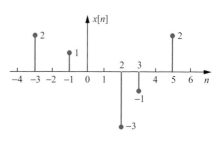

题图 1-15

请画出 $x[n]$ 和 $y[n] = x[2n+3]$ 的波形图.

1-18 【连续系统的线性】对于由下列方程描述的系统，其输入为 $x(t)$，输出为 $y(t)$，请确定哪些系统是线性的，哪些系统不是线性的.

（1）$\dfrac{dy}{dt} + 2y(t) = x(t)$　　　　（2）$\dfrac{dy}{dt} + 2y(t) = x^2(t)$　　　　（3）$3y(t) + 2 = x(t)$

（4）$\dfrac{dy}{dt} + (\sin t)y(t) = \dfrac{dx}{dt} + 2x(t)$　　　　（5）$y(t) = \displaystyle\int_{-\infty}^{t} x(\tau)\,d\tau$　　　　（6）$\dfrac{dy}{dt} + 2y(t) = x(t)\dfrac{dx}{dt}$

1-19 【连续系统的时不变性】对于由下列方程描述的系统，其输入为 $x(t)$，输出为 $y(t)$，请确定哪些系统是时不变系统，哪些系统不是时不变系统，说明其理由.

（1）$y(t) = x(t-2)$　　（2）$y(t) = x(-t)$　　（3）$y(t) = \left(\dfrac{dx}{dt}\right)^2$　　（4）$y(t) = \displaystyle\int_{-5}^{5} x(\tau)\,d\tau$

1-20 【连续系统的因果性】对于由下列方程描述的系统，其输入为 $x(t)$，输出为 $y(t)$，请判断哪些系统是因果的，哪些系统是非因果的.

（1）$y(t) = x(t-2)$　　（2）$y(t) = x(-t)$　　（3）$y(t) = x(t+2)$　　（4）$y(t) = x^2(t)$

1-21 【连续系统的可逆性】对于由下列方程描述的系统，其输入为 $x(t)$，输出为 $y(t)$，请判断哪些系统是可逆的，哪些系统是不可逆的. 对于可逆系统，求出它的逆系统的输入—输出关系. 对于不可逆系统，指出使该系统产生相同响应的两个激励信号.

（1）$y(t) = x(t-5)$　　（2）$y(t) = \displaystyle\int_{-\infty}^{t} x(\tau)\,d\tau$　　（3）$y(t) = \dfrac{dx(t)}{dt}$　　　　（4）$y(t) = x(2t)$

1-22 【连续系统的线性、时不变性和因果性】已知系统的激励为 $x(t)$，响应为 $y(t)$，判断下列系统是否为线性的、时不变的、因果的，写出判断过程.

（1）$y(t) = x(at)$，$a>0$　　　　　　　　（2）$y(t) = x(t)u(t)$

习题1-23讲解（信号经过非线性系统）

1-23 【信号经过非线性系统】将正弦信号 $x(t) = 3\cos(200t + \pi/6)$ 通过输入—输出关系为 $y(t) = x^2(t)$ 的平方率器件. 利用三角恒等式 $\cos^2\theta = \dfrac{\cos 2\theta + 1}{2}$，证明：输出 $y(t)$ 中包含一个直流和一个正弦分量，并指出输出信号中的直流分量和交流分量，交流分量的角频率是多少.

1-24 【由框图列写微分方程】根据题图1-24所示系统框图列写出系统的微分方程.

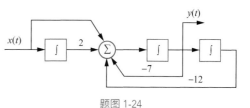

题图 1-24

1-25 【调制器和微分器】请列出描述题图1-25所示系统输入-输出关系的方程. 两个响应是一样的吗?

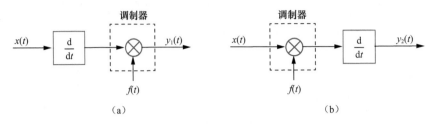

题图 1-25

1-26 【线性时不变系统的性质】有一线性时不变系统，当激励为 $x_1(t) = u(t)$ 时，响应为 $y_1(t) = e^{-\alpha t}u(t)$，试求当激励为 $x_2(t) = \delta(t-\tau)$ 时，响应 $y_2(t)$ 的表达式.（假定起始时刻系统无储能.）

1-27 【由框图列写差分方程】列出描述题图1-27所示因果离散系统的差分方程.

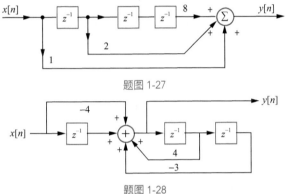

题图 1-27

1-28 【由框图列写差分方程】离散系统如题图1-28所示，列出系统的差分方程式.

1-29 【离散系统的性质】下列每个系统中 $x[n]$ 表示激励，$y[n]$ 表示响应. 每个激励与响应的关系是否为线性的? 是否为时不变的?

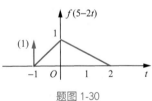

题图 1-28

（1）$y[n] = 2x[n] + 3$

（2）$y[n] = x[n]\cos\left(\dfrac{\pi}{8}n\right)$

（3）$y[n] = \big[x[n]\big]^2$

（4）$y[n] = \displaystyle\sum_{m=-\infty}^{n} x[m]$

▶ **提高题**

1-30 【冲激信号的波形变换】已知 $f(5-2t)$ 的波形如题图1-30所示，请画出 $f(t)$ 的波形，注意冲激函数波形变换后的强度.

1-31 【信号的奇偶性和周期性】一个非周期信号定义为 $x(t) = \cos(\pi t)u(t)$，其中 $u(t)$ 是连续阶跃函数. 这个信号的偶分量是周期的吗? 陈述理由.

1-32 【信号的奇分量和偶分量】证明：因果信号（仅在 $t > 0$ 有值）$f(t)$ 的奇分量 $f_o(t)$ 和偶分量 $f_e(t)$ 之间存在关系 $f_o(t) = f_e(t)\operatorname{sgn}(t)$.

1-33 【共轭对称分量】一个信号的共轭对称分量，或埃尔米特（Hermitian）分量定义为 $x_{ce}(t) = \dfrac{x(t) + x^*(-t)}{2}$. 证明：$x_{ce}(t)$ 的实部是偶函数，$x_{ce}(t)$ 的虚部是奇函数.

1-34 【共轭反对称分量】一个信号的共轭反对称分量，或反埃尔米特（Skew-Hermitian）分量定义为 $x_{co}(t) = \dfrac{x(t) - x^*(-t)}{2}$. 证明：$x_{co}(t)$ 的实部是奇函数，$x_{co}(t)$ 的虚部是偶函数.

1-35 【考研真题-信号的表示】无线通信中，发射机和接收机速度上的差异将引起信号频率上的平移，称为多普勒（Doppler）效应．下面考虑一个复指数信号 $x(t) = e^{j\omega_0 t}$，假设有两条传输路径，一条路径没有改变信号，而另一条路径引起了信号的频移和衰减，从而导致接收信号为 $y(t) = e^{j\omega_0 t} + \alpha e^{j\omega_0 t} e^{j\phi t}$，其中，$\alpha$ 是衰减因子，ϕ 是多普勒频移，ϕ 一般远小于信号频率．令 $\omega_0 = \pi$，$\phi = \dfrac{\pi}{100}$，$\alpha = 0.7$．如果将 $y(t)$ 写成 $y(t) = A(t) e^{j[\omega_0 t + \theta(t)]}$，其中 $A(t)$ 和 $\theta(t)$ 均为实函数，求 $A(t)$ 的表达形式．

1-36 【考研真题-抽样：连续信号到离散信号的转换】给定一个连续信号

$$x_a(t) = (1 - |t|)\big[u(t+1) - u(t-1)\big].$$

（1）画出 $x_a(t)$ 的波形图．

（2）以 $T_s = 0.5$ 为抽样间隔均匀抽样得到离散时间信号 $x[n] = x_a(nT_s)$，请画出 $x[n]$ 的图形．

（3）请画出 $\dfrac{\mathrm{d}x_a(t)}{\mathrm{d}t}$ 的波形图．

1-37 【序列的功率】计算信号 $x[n] = \cos\left(\dfrac{\pi}{2}n\right) + \sin\left(\dfrac{\pi}{3}n\right)$ 的平均功率．

▶ **计算机实践题**

C1-1 【判断系统的时不变性】$e(t)$ 表示输入信号，$r(t)$ 表示输出信号，试判断系统 $r(t) = e(2t)$ 是否为时不变的．构造实例利用 MATLAB 编程验证系统的时不变性．

C1-2 【离散复指数信号】请产生离散复指数信号 $x[n] = \left(0.8e^{j\frac{\pi}{8}}\right)^n$，$0 \le n \le 32$，并绘制其图形．

C1-3 【信号的波形和能量】利用计算机编程绘制信号 $x(t) = e^{-|t|}\cos(2t)$ 的波形，并求该信号的能量．

C1-4 【准周期信号】已知 $x_1(t) = \cos(t)$，$x_2(t) = \sin(\pi t)$，$x_3(t) = x_1(t) + x_2(t)$．

（1）确定 $x_1(t)$ 和 $x_2(t)$ 的基波周期 T_1 和 T_2．

（2）证明：$x_3(t)$ 不是周期的，若它是周期的，则要求对于整数 k_1 和 k_2，有 $T_3 = k_1 T_1 = k_2 T_2$．

（3）求信号 $x_1(t)$、$x_2(t)$、$x_3(t)$ 的功率 P_{x_1}、P_{x_2}、P_{x_3}．

C1-5 【正交信号的能量】已知题图 C1-5 所示的信号 $x(t)$ 和 $y(t)$，请画出信号 $x(t) + y(t)$ 和 $x(t) - y(t)$ 的波形，求信号 $x(t)$、$y(t)$、$x(t) + y(t)$ 和 $x(t) - y(t)$ 的能量，并计算 $\displaystyle\int_{-\infty}^{+\infty} x(t) y(t)\,\mathrm{d}t$．对这些结果你能作何评论？

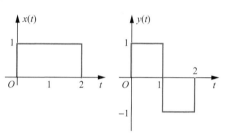

（a）

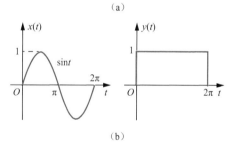

（b）

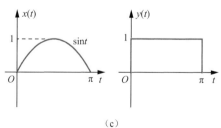

（c）

题图 C1-5

重点习题答案
速查

第 **2** 章

系统的时域分析

　　给定激励和起始条件，根据描述系统的模型求系统的响应，被称为系统分析. 本章研究系统的时域分析方法，这种方法不需要做任何变换，系统的分析与计算全部在时域内进行，物理概念清楚，是学习各种变换域分析方法的基础. 如果没有特殊说明，本章及后续章节所指系统均限定为线性时不变系统.

　　本章首先回顾微分方程的工程经典解法；然后针对有起点信号激励系统带来的新问题，分别引入零输入响应与零状态响应求解的方法；最后重点阐述零状态响应求解的核心——单位冲激响应的求解方法，以及利用单位冲激响应计算零状态响应的卷积积分运算. 对于离散系统，可采用类似的方法，先利用经典法解差分方程，再引入单位脉冲响应，进而利用卷积和求任意信号激励下的零状态响应.

本章学习目标

（1）掌握线性常系数微分方程/差分方程的经典解法，深入领会解的物理意义.

（2）了解零输入响应/零状态响应的基本概念.

（3）掌握单位冲激响应/单位脉冲响应的定义、物理意义及典型系统的单位冲激响应/单位脉冲响应的求解方法，领会利用单位冲激响应/单位脉冲响应表征系统的方法.

（4）掌握卷积/卷积和的定义、性质及利用卷积/卷积和求系统零状态响应的方法.

（5）初步了解系统的特征函数和变换表示.

2.1 连续系统的响应

我们在1.10节已经学习过，很多物理量之间往往存在微分运算关系，可以利用微分方程建立系统的数学模型．最简单的微分方程即线性常系数常微分方程（简称定常系统）．设激励信号为 $x(t)$，响应信号为 $y(t)$，形式上通常把响应信号和激励信号分置方程左右两侧，按照微分阶数从高到低的顺序依次排列，得到一个高阶微分方程：

$$a_n \frac{\mathrm{d}^n y(t)}{\mathrm{d}t^n} + a_{n-1} \frac{\mathrm{d}^{n-1} y(t)}{\mathrm{d}t^{n-1}} + \cdots + a_1 \frac{\mathrm{d}y(t)}{\mathrm{d}t} + a_0 y(t)$$

$$= b_m \frac{\mathrm{d}^m x(t)}{\mathrm{d}t^m} + b_{m-1} \frac{\mathrm{d}^{m-1} x(t)}{\mathrm{d}t^{m-1}} + \cdots + b_1 \frac{\mathrm{d}x(t)}{\mathrm{d}t} + b_0 x(t)，\qquad（2.1.1）$$

其中，$a_n a_0 \neq 0$．若信号加入前系统无初始储能，则可以将其看作一个线性时不变系统．

2.1.1 用经典法解微分方程

微分方程一般可以采用分离变量法等数学基础解法进行求解．

数学基础解法有普遍适用性，但是处理高阶微分方程时，逐阶求解运算非常烦琐．在积累了很多具体问题的求解经验后，人们发现常微分方程左右两侧的形式对最终解的影响具有一定的独立性，可以分开考虑，由此形成了工程经典解法，简称经典法．其特点是，根据微分方程左右两侧的形式，直接判断解中有哪些函数项，将函数项组合起来得到解的一般形式，最后确定函数项的系数．

线性常系数微分方程求解的数学基础解法

1. 齐次解

保留微分方程左侧，将右侧设为0，得到齐次方程：

$$a_n \frac{\mathrm{d}^n y(t)}{\mathrm{d}t^n} + a_{n-1} \frac{\mathrm{d}^{n-1} y(t)}{\mathrm{d}t^{n-1}} + \cdots + a_1 \frac{\mathrm{d}y(t)}{\mathrm{d}t} + a_0 y(t) = 0. \qquad（2.1.2）$$

在1.3.1小节我们学习过，e指数函数的微分和积分还是e指数函数．方程（2.1.2）只包含输出及其导数项，所以齐次方程的形式解可以预设为 $A\mathrm{e}^{\alpha t}$，需要进一步确定 α 和 A 的取值．将 $A\mathrm{e}^{\alpha t}$ 代入方程（2.1.2），可得

$$a_n A\alpha^n \mathrm{e}^{\alpha t} + a_{n-1} A\alpha^{n-1} \mathrm{e}^{\alpha t} + \cdots + a_1 A\alpha \mathrm{e}^{\alpha t} + a_0 A\mathrm{e}^{\alpha t} = 0,$$

其中的公因子 $A\mathrm{e}^{\alpha t} \neq 0$，所以可得

$$a_n \alpha^n + a_{n-1}\alpha^{n-1} + \cdots + a_1\alpha + a_0 = 0. \qquad（2.1.3）$$

方程（2.1.3）共有 n 个根，其中根 α_k（$k = 1, 2, \cdots, n$）给定后，$y_k(t) = A\mathrm{e}^{\alpha_k t}$ 将满足方程（2.1.2）．可以看到，α_k 仅与方程本身的形式和系数有关，与外加激励无关，故 α_k 称为系统的特征根，它们具有频率的量纲，也称为系统的"固有频率"（或"自由频率""自然频率"），方程（2.1.3）被称为特征方程．对上面得到的解 $y_k(t) = A\mathrm{e}^{\alpha_k t}$ 进行线性组合，即可得到齐次方程的解，通常称为齐次解（homogeneous solution），用 $y_{\mathrm{h}}(t)$ 表示．齐次解表示了系统的自由响应（natural response），仅依赖于系统本身，特征根决定了自由响应的全部形式．

常见齐次解形式如表2.1.1所示．

表 2.1.1　常微分方程齐次解形式

特征根类型	齐次解包含函数项
单实根 α_1	$c_1 \cdot e^{\alpha_1 t}$
2 重根 $\alpha_1 = \alpha_2$	$c_1 \cdot t e^{\alpha_1 t} + c_2 \cdot e^{\alpha_1 t}$
3 重根 $\alpha_1 = \alpha_2 = \alpha_3$	$c_1 \cdot t^2 e^{\alpha_1 t} + c_2 \cdot t e^{\alpha_1 t} + c_3 \cdot e^{\alpha_1 t}$
共轭复根 $\alpha_1 = \alpha_2^* = \beta + j\omega$	$c_1 \cdot e^{\alpha_1 t} + c_1^* \cdot e^{\alpha_2 t} = c_1 \cdot e^{\alpha_1 t} + \left[c_1 \cdot e^{\alpha_1 t} \right]^*$ 或 $c_3 \cdot e^{\beta t} \cos \omega t + c_4 \cdot e^{\beta t} \sin \omega t$

多重根和共轭复根对应的齐次解的说明

2. 特解

当微分方程右侧有非 0 项时，微分方程的完全解中还有特解（particular solution），用 $y_{\mathrm{p}}(t)$ 表示．特解的形式只与激励函数的形式有关，对应系统的强迫响应（forced response）．本书主要考虑方程右侧由几种初等函数组成的情况，如表 2.1.2 所示，其特点是函数的某阶微分项为 0，或某阶微分项与原函数形式相同．

因为特解是原方程的解，所以可以将特解代入原微分方程，利用系数平衡法求得特解函数项的系数．

表 2.1.2　微分方程特解形式表

微分方程右侧函数	特解包含函数项
常数函数 E	c_1
正整数幂函数 t^n	$c_1 \cdot t^n + c_2 \cdot t^{n-1} + \cdots + c_n \cdot t + c_{n+1}$
三角函数 $\sin(\omega t)$ 或 $\cos(\omega t)$	$c_1 \cdot \cos(\omega t) + c_2 \cdot \sin(\omega t)$
指数函数 $e^{\beta t}$，β 不是特征根	$c_1 \cdot e^{\beta t}$
指数函数 $e^{\alpha t}$，α 是特征根	$c_1 \cdot t e^{\alpha t}$

3. 完全解

通过表 2.1.1 和表 2.1.2 可以快速得出微分方程的齐次解和特解的一般形式，将两部分组合在一起即可得到完全解的一般形式

$$y(t) = y_{\mathrm{h}}(t) + y_{\mathrm{p}}(t),\qquad(2.1.4)$$

最后需要根据一组已知的系统状态确定齐次解的系数，得到完全解．在实际的系统分析中，激励信号通常不是一直作用于系统的，而是在某一时刻才开始接入．为了便于运算，可以把接入时刻定义为 0 时刻点．正常情况下，完成系统分析之前无法知道激励影响下的响应情况，所以只有 0 时刻点的系统状态可以作为已知条件出现．对于因果系统，根据已知的系统状态、系统数学模型及接入的激励信号，就能够完全确定激励接入以后任意时刻系统的响应．对于式（2.1.1）所示的 n 阶系统，系统状态由 n 个独立条件给定，它们可以是系统响应的各阶导数值．

由于激励信号的作用，响应 $y(t)$ 及其各阶导数有可能在 $t=0$ 时刻发生跳变，为区分跳变前后的状态，以 0_- 表示激励接入之前的瞬时，以 0_+ 表示激励接入之后的瞬时．与此对应，给出 0_- 时刻和 0_+ 时刻两组状态，即

$$y^{(k)}(0_-) = \left[y(0_-), \frac{\mathrm{d}y(0_-)}{\mathrm{d}t}, \cdots, \frac{\mathrm{d}^{n-1}y(0_-)}{\mathrm{d}t^{n-1}} \right].\qquad(2.1.5)$$

这组数据称为 "0_- 状态" 或 "起始状态"，它包含了计算未来响应所需要的过去全部信息．另一组数据是

$$y^{(k)}(0_+) = \left[y(0_+), \frac{\mathrm{d}y(0_+)}{\mathrm{d}t}, \cdots, \frac{\mathrm{d}^{n-1}y(0_+)}{\mathrm{d}t^{n-1}} \right].\qquad(2.1.6)$$

这组数据称为 "0_+ 状态" 或 "初始条件"．也可称为 "导出的起始状态"．

【例2.1.1】 有一个 RC 电路如图 2.1.1 所示，开关 S 在 $t=0$ 时闭合，开关闭合前电容电压为

$v_C\left(0_-\right)=0\ \text{V}$ ，求开关闭合后的电阻电压 $v_R\left(t\right)$ （ $t>0$ ）.

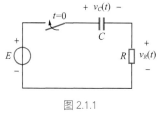

图 2.1.1

解 利用经典法求解时，可以将激励看作 $x\left(t\right)=E$ （ $t>0$ ）. 电路中电阻元件和电容元件是串联的，流过它们的电流相等，可列写如下方程：

$$\frac{v_R\left(t\right)}{R}=C\frac{\mathrm{d}}{\mathrm{d}t}v_C\left(t\right), \tag{2.1.7}$$

电路的电压关系为：

$$v_C\left(t\right)+v_R\left(t\right)=x\left(t\right), \tag{2.1.8}$$

对方程（2.1.8）两端求导，并代入方程（2.1.7）后整理，将电阻电压记作输出 $y\left(t\right)$ ，可得微分方程：

$$\frac{\mathrm{d}}{\mathrm{d}t}y\left(t\right)+\frac{1}{RC}y\left(t\right)=\frac{\mathrm{d}}{\mathrm{d}t}x\left(t\right). \tag{2.1.9}$$

系统的特征方程为

$$\alpha+\frac{1}{RC}=0,$$

特征根为

$$\alpha=-\frac{1}{RC},$$

故齐次解为

$$y_{\mathrm{h}}\left(t\right)=c\mathrm{e}^{-\frac{t}{RC}}.$$

在 $t>0$ 时，将 $x\left(t\right)=E$ 代入方程（2.1.9），得到方程的右侧为0，故特解为 $y_{\mathrm{p}}\left(t\right)=0$ ，所以方程的完全解为

$$y\left(t\right)=y_{\mathrm{h}}\left(t\right)+y_{\mathrm{p}}\left(t\right)=c\mathrm{e}^{-\frac{t}{RC}}\quad t>0. \tag{2.1.10}$$

下面求系数 c 的值，需要利用电阻的初始状态 $v_R\left(0_+\right)=y\left(0_+\right)$. 在 $t=0$ 时电路发生换路，根据换路定则，可得

$$v_C\left(0_+\right)=v_C\left(0_-\right)=0\ \text{V},$$

即在 $t=0_+$ 时，电源的电压都施加在电阻上，得到

$$v_R\left(0_+\right)=y\left(0_+\right)=E,$$

将其代入方程（2.1.10），可得

$$c=E,$$

由此得到系统的全响应为

$$y\left(t\right)=v_R\left(t\right)=E\mathrm{e}^{-\frac{t}{RC}}\quad t>0.$$

设电容 $C=1\ \text{F}$ ，电阻 $R=1\ \Omega$ ，电压源电压 $E=1\ \text{V}$ ，绘制全响应曲线如图2.1.2所示. 需

要说明的是，在现代弱电领域的电子电路中，常见的电容元件多为 pF~μF量级，本书为了突出原理性关系，简化运算及单位换算难度，元件值一般设置为国际单位制同量级.

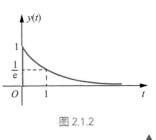

图 2.1.2

从图2.1.2可以看出，开关闭合后，电压源通过电阻给电容充电，由于电容上的电压逐步趋于饱和，故充电电流逐渐减小，电阻电压逐步趋于稳态值0.

利用经典法解有起始点激励信号的微分方程时，通常需要判断从 $y(0_-)$ 到 $y(0_+)$ 是否有跳变，从而确定初始状态 $y(0_+)$，这是用经典法进行系统分析的一个问题. 第5章在利用拉普拉斯变换解微分方程时，可以直接利用起始条件求待定系数，绕过了求跳变的过程，所以本书对更复杂的求跳变问题不做进一步展开.

【例2.1.2】 已知描述某二阶连续系统的微分方程为

$$\frac{\mathrm{d}^2}{\mathrm{d}t^2}y(t)+3\frac{\mathrm{d}}{\mathrm{d}t}y(t)+2y(t)=x(t)，$$

其中，输入信号为 $x(t)=-20\sin(2t)$（$t>0$），初始状态为 $y(0_+)=6$，$y'(0_+)=-2$，求 $y(t)$.

解 （1）求齐次解. 系统的特征方程为

$$\alpha^2+3\alpha+2=0，$$

特征根为

$$\alpha_1=-2，\quad \alpha_2=-1，$$

齐次解的一般形式为

$$y_h(t)=c_1\cdot\mathrm{e}^{-2t}+c_2\cdot\mathrm{e}^{-t}.$$

（2）根据激励函数得到特解的一般形式. 激励函数包含一个三角函数，根据表2.1.2，对应特解的一般形式为

$$y_p(t)=c_3\cdot\cos 2t+c_4\cdot\sin 2t.$$

（3）利用系数平衡法求系数. 将

$$\begin{cases} y_p(t)=c_3\cdot\cos(2t)+c_4\cdot\sin(2t) \\ y_p{'}(t)=-2c_3\cdot\sin(2t)+2c_4\cdot\cos(2t) \\ y_p{''}(t)=-4c_3\cdot\cos(2t)-4c_4\cdot\sin(2t) \end{cases}$$

代入方程

$$y_p{''}(t)+3\cdot y_p{'}(t)+2\cdot y_p(t)=-20\sin(2t)，$$

可得

$$(-2c_4-6c_3)\cdot\sin(2t)+(-2c_3+6c_4)\cdot\cos(2t)=-20\sin(2t)，$$

根据方程左右两侧不同函数项的系数相平衡，可得

$$\begin{cases} -6c_3 - 2c_4 = -20 \\ -2c_3 + 6c_4 = 0 \end{cases},$$

解得

$$\begin{cases} c_3 = 3 \\ c_4 = 1 \end{cases}.$$

所以特解为

$$y_p(t) = 3 \cdot \cos 2t + \sin 2t \quad t > 0.$$

系统的完全解可表示为

$$y(t) = y_h(t) + y_p(t) = c_1 \cdot e^{-2t} + c_2 \cdot e^{-t} + 3 \cdot \cos 2t + \sin 2t \quad t > 0$$

（4）将初始状态 $y(0_+) = 6$、$y'(0_+) = -2$ 代入完全解求齐次解系数，可得

$$\begin{cases} y(0_+) = c_1 \cdot e^{-2t} + c_2 \cdot e^{-t} + 3 \cdot \cos 2t + \sin 2t \big|_{t=0_+} = c_1 + c_2 + 3 = 6 \\ y'(0_+) = -2c_1 \cdot e^{-2t} - c_2 \cdot e^{-t} - 6 \cdot \sin 2t + 2 \cdot \cos 2t \big|_{t=0_+} = -2c_1 - c_2 + 2 = -2 \end{cases},$$

解得

$$\begin{cases} c_1 = 1 \\ c_2 = 2 \end{cases}.$$

即完全解为

$$y(t) = y_h(t) + y_p(t) = e^{-2t} + 2e^{-t} + 3\cos 2t + \sin 2t \quad t > 0.$$

利用如下MATLAB代码绘制齐次解、特解和全响应曲线如图2.1.3所示.

```
t = linspace (0, 10, 201);
yh = exp (-2 * t) + 2 * exp (-t);
yp = 3 * cos (2 * t) + sin (2 * t);
y = yh + yp;
handle = plot (t, yh, 'b:', t, yp, 'r--', t, y, 'k');
set (handle, 'linewidth', 1.5);
xlabel ('t');
legend ('y_h (t)', 'y_p (t)', 'y (t)');
```

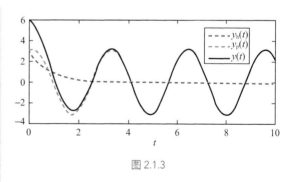

图 2.1.3

从响应的结果看，可以将响应划分为"瞬态（暂态）响应（transient response）"和"稳态响应（steady state response）"的组合.

（1）当 $t \to \infty$ 时，响应趋近于0的分量称为瞬态响应或暂态响应，记为 $y_t(t)$. 例如，在例2.1.2中，$e^{-2t} + 2e^{-t}$ 是暂态响应.

（2）当 $t \to \infty$ 时，保留下来的分量称为稳态响应，记为 $y_{ss}(t)$. 例如，在例2.1.2中，$3\cos 2t + \sin 2t$ 是稳态响应.

从图2.1.3可以明显看出，暂态响应随着时间的增加逐渐减小. 输入正弦（类）信号经过系统后引起的强迫响应仍然是正弦（类）信号，在暂态响应趋于0后，呈现为稳态响应.

2.1.2　零输入响应和零状态响应

将信号从不同角度进行分解，往往能给系统分析带来便利. 2.1.1小节把微分方程的完全解分为两部分——齐次解（自由响应）和特解（强迫响应），以及暂态响应和稳态响应. 另外一种广泛采用的分解方式是根据系统能量的来源不同进行划分，可将响应分解为"零输入响应（zero input response）"和"零状态响应（zero state response）". 本小节针对连续系统的求解进行概念介绍，离散系统的处理有类似的方法.

零输入响应的定义：没有外加激励信号的作用，只由起始状态（起始时刻系统储能）所产生的响应，以 $y_{zi}(t)$ 表示.

零状态响应的定义：不考虑起始时刻系统储能的作用（起始状态等于0），由系统外加激励信号所产生的响应，以 $y_{zs}(t)$ 表示.

在LTI系统分析中，引入零状态响应具有以下重要意义.

（1）实际系统往往更注重由激励信号引起的响应，即零状态响应.

（2）按零输入响应和零状态响应进行划分有利于更好地研究系统的线性和时不变性.

1）零状态线性：当起始状态为0时，系统的零状态响应对于各激励信号呈线性.

2）零输入线性：当激励为0时，系统的零输入响应对于各起始状态呈线性.

3）在起始状态为0时，若输入信号有延迟，则零状态响应也有相应的延迟.

【例2.1.3】 已知一个线性时不变因果系统，在相同初始条件下，当激励为因果信号 $x(t)$ 时，其全响应为 $y_1(t) = 2e^{-3t} + \sin 2t$（$t > 0$），当激励为 $2x(t)$ 时，其全响应为 $y_2(t) = e^{-3t} + 2\sin 2t$（$t > 0$）. 求当初始条件增大1倍，激励为 $0.5x(t-1)$ 时系统的响应.

解　设仅由起始状态引起的零输入响应为 $y_{zi}(t)$，仅由 $x(t)$ 激励系统产生的零状态响应为 $y_{zs}(t)$，则

$$y_1(t) = y_{zi}(t) + y_{zs}(t),$$

$$y_2(t) = y_{zi}(t) + 2y_{zs}(t).$$

代入已知条件，可求得

$$y_{zi}(t) = 3e^{-3t} \quad t > 0,$$

$$y_{zs}(t) = \left[-e^{-3t} + \sin 2t\right]u(t).$$

根据系统的线性和时不变性，可得响应为

$$y(t) = 2y_{zi}(t) + 0.5y_{zs}(t-1)$$
$$= 6e^{-3t} + 0.5\left[-e^{-3(t-1)} + \sin(2t-2)\right]u(t-1) \quad t > 0.$$

从微分方程求零输入响应时，由于输入为0，故响应中没有特解项，只有齐次解项；由于系统内部结构没有发生改变，因而系统的状态在零点不会发生变化，所以求齐次解系数时直接使用起始条件即可. 零状态响应的求解过程往往比较烦琐，2.3节将利用卷积积分法求系统的零状态响应.

2.2 连续系统的冲激响应与阶跃响应

在处理系统的响应问题时，把全响应分解为零输入响应与零状态响应进行分析，可以有效利用系统的线性和时不变性简化不同信号激励下的响应求解. 根据第1章的讨论，我们知道信号可以分解为单位冲激信号的线性组合，只要求得了单位冲激信号的零状态响应，就可以通过不同的组合方式得到激励信号经过系统的零状态响应. 本节讲解连续系统的冲激响应和阶跃响应，2.3节将在冲激响应的基础上利用卷积求系统的零状态响应.

2.2.1 冲激响应

1. 定义

我们把激励信号为单位冲激信号 $\delta(t)$ 时系统产生的零状态响应称为单位冲激响应，简称冲激响应（impulse response），通常用 $h(t)$ 来表示. 冲激响应是连续系统的时域描述，反映了连续系统的时域特性.

2. 典型系统的冲激响应

表2.2.1列出了部分典型系统的冲激响应.

表 2.2.1 典型系统的冲激响应

系统类型	系统框图	输入—输出关系	冲激响应
数乘器	$x(t) \xrightarrow{\ a\ } y(t)$	$y(t) = ax(t)$	$a\delta(t)$
微分器	$x(t) \to \boxed{\dfrac{\mathrm{d}}{\mathrm{d}t}} \to y(t)$	$y(t) = \dfrac{\mathrm{d}\,x(t)}{\mathrm{d}t}$	$\dfrac{\mathrm{d}\delta(t)}{\mathrm{d}t} = \delta'(t)$
积分器	$x(t) \to \boxed{\int} \to y(t)$	$y(t) = \displaystyle\int_{-\infty}^{t} x(\tau)\mathrm{d}\tau$	$\displaystyle\int_{-\infty}^{t} \delta(\tau)\mathrm{d}\tau = u(t)$
延时器	$x(t) \to \boxed{\tau} \to y(t)$	$y(t) = x(t-\tau)$	$\delta(t-\tau)$

3. 由微分方程求冲激响应

对于用线性常系数微分方程描述的因果系统，它的冲激响应满足微分方程

$$\sum_{n=0}^{N} a_n \cdot h^{(n)}(t) = \sum_{m=0}^{M} b_m \cdot \delta^{(m)}(t) \quad a_N a_0 \neq 0, \tag{2.2.1}$$

以及起始状态 $h^{(n)}(0_-) = 0$ $(n = 0, 1, \cdots, N-1)$. 关于该方程的解，分时间段讨论如下.

（1）$t < 0$

由于 $h(t)$ 是因果系统的零状态响应，因此 $h(t) = 0$.

（2）$t > 0$

由于 $\delta(t)$ 及其各阶导数在 $t > 0$ 时都等于0，因而式（2.2.1）右侧 $t > 0$ 时的自由项恒等于0，这样冲激响应 $h(t)$ 的形式与齐次解的形式相同，即

$$h(t) = y_{\mathrm{h}}(t) \quad t > 0, \tag{2.2.2}$$

（3）$t = 0$

式（2.2.1）右侧存在 $\delta(t)$ 及其导函数项，所以根据方程成立的条件可知，方程左侧也应该

包含这些函数项．进而容易推断，$\delta^{(M)}(t)$ 必然只存在于左侧的最高阶微分项 $h^{(N)}(t)$ 中，否则就会导致 $h^{(N)}(t)$ 中包含比 $\delta^{(M)}(t)$ 更高阶的冲激项，与方程右侧不匹配．由 $h^{(N)}(t)$ 中包含 $\delta^{(M)}(t)$ 可知，$h(t)$ 中应包含 $\delta^{(M-N)}(t)$ 项，当 $M \geq N$ 时，就表现为 $\delta(t)$ 及其各阶微分项．

通过上述分析，可以得到因果系统单位冲激响应一般形式为

$$\begin{cases} h(t) = y_{\mathrm{h}}(t)u(t) & M < N \\ h(t) = y_{\mathrm{h}}(t)u(t) + \sum_{i=0}^{M-N} c_i \cdot \delta^{(i)}(t) & M \geq N \end{cases} \quad (2.2.3)$$

其中 $y_{\mathrm{h}}(t)u(t)$ 对应齐次解项．

【例2.2.1】 描述某因果系统的微分方程：

$$\frac{\mathrm{d}^2}{\mathrm{d}t^2}y(t) + 3\frac{\mathrm{d}}{\mathrm{d}t}y(t) + 2y(t) = x(t),$$

求该系统的冲激响应 $h(t)$．

解　该因果系统的冲激响应 $h(t)$ 应满足方程

$$\frac{\mathrm{d}^2}{\mathrm{d}t^2}h(t) + 3\frac{\mathrm{d}}{\mathrm{d}t}h(t) + 2h(t) = \delta(t), \quad (2.2.4)$$

该系统中响应最高阶 $N=2$，激励最高阶 $M=0$，$N>M$，这种情况下 $h(t)$ 不包含 $\delta(t)$ 及其导函数项，$h(t)$ 的一般形式为

$$h(t) = \left(c_1 \cdot \mathrm{e}^{-2t} + c_2 \cdot \mathrm{e}^{-t}\right)u(t). \quad (2.2.5)$$

由此可得到 $h(t)$ 的一阶和二阶导函数，分别为

$$\frac{\mathrm{d}h(t)}{\mathrm{d}t} = \left(-2c_1 \cdot \mathrm{e}^{-2t} - c_2 \cdot \mathrm{e}^{-t}\right)u(t) + (c_1 + c_2)\delta(t),$$

$$\frac{\mathrm{d}^2h(t)}{\mathrm{d}t^2} = \left(4c_1 \cdot \mathrm{e}^{-2t} + c_2 \cdot \mathrm{e}^{-t}\right)u(t) + (-2c_1 - c_2)\delta(t) + (c_1 + c_2)\delta'(t).$$

若将 $h(t)$、$\frac{\mathrm{d}h(t)}{\mathrm{d}t}$ 和 $\frac{\mathrm{d}^2h(t)}{\mathrm{d}t^2}$ 代入式（2.2.4），通过比较不同函数项的系数，即可求得待定系数 c_1 和 c_2．实际上，齐次解项 e^{-2t} 和 e^{-t} 代入方程恒为零，可以不必代入，将 $h(t)$、$\frac{\mathrm{d}h(t)}{\mathrm{d}t}$ 和 $\frac{\mathrm{d}^2h(t)}{\mathrm{d}t^2}$ 中的 $\delta(t)$ 及其导函数项代入式（2.2.4）即可，这种求待定系数的方法称为冲激函数平衡法，由此可得

$$(c_1 + c_2)\delta'(t) + (-2c_1 - c_2)\delta(t) + 3(c_1 + c_2)\delta(t) = \delta(t).$$

通过比较方程两侧 $\delta'(t)$ 和 $\delta(t)$ 的系数，可得

$$\begin{cases} c_1 + c_2 = 0 \\ c_1 + 2c_2 = 1 \end{cases},$$

解得

$$\begin{cases} c_1 = -1 \\ c_2 = 1 \end{cases},$$

因而冲激响应为

$$h(t)=\left(-\mathrm{e}^{-2t}+\mathrm{e}^{-t}\right)u(t).$$

下面的MATLAB代码用于计算该系统的冲激响应并绘制其图形.

```
A = [1 3 2];
B = [1];
% 绘制冲激响应图
impulse（B, A）;
```

MATLAB执行结果如图2.2.1所示.

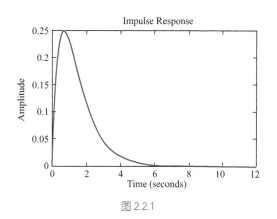

图 2.2.1

【例2.2.2】 某因果系统的微分方程为

$$\frac{\mathrm{d}}{\mathrm{d}t}y(t)+2y(t)=\frac{\mathrm{d}}{\mathrm{d}t}x(t)+x(t),$$

求该系统的冲激响应 $h(t)$.

解　方法一　令激励信号 $x(t)=\delta(t)$，得到冲激响应方程

$$\frac{\mathrm{d}}{\mathrm{d}t}h(t)+2h(t)=\delta'(t)+\delta(t).$$

该系统中 $N=1$ ，$M=1$ ，$N=M$ ，冲激响应 $h(t)$ 的一般形式为

$$h(t)=c_1\mathrm{e}^{-2t}u(t)+c_2\delta(t).$$

对其两侧求导，可得

$$\frac{\mathrm{d}}{\mathrm{d}t}h(t)=-2c_1\mathrm{e}^{-2t}u(t)+c_1\delta(t)+c_2\delta'(t),$$

将 $h(t)$ 和 $\frac{\mathrm{d}}{\mathrm{d}t}h(t)$ 中的 $\delta(t)$ 及其导函数项代入冲激响应方程，可得

$$c_1\delta(t)+c_2\delta'(t)+2c_2\delta(t)=\delta'(t)+\delta(t).$$

利用冲激函数平衡法，可得

$$\begin{cases}c_1=-1\\c_2=1\end{cases},$$

所以冲激响应为

$$h(t)=-\mathrm{e}^{-2t}u(t)+\delta(t).$$

　　方法二　设冲激响应方程右侧仅有 $\delta(t)$，构建一个右侧形式更加简单的方程，对应的冲激

响应用$\hat{h}(t)$表示，可得

$$\frac{\mathrm{d}}{\mathrm{d}t}\hat{h}(t)+2\cdot\hat{h}(t)=\delta(t)，$$

此时方程左侧最高微分阶数一定大于右侧，响应仅包含齐次解项，不包含$\delta(t)$及其导函数，得到$\hat{h}(t)$的一般形式为

$$\hat{h}(t)=c_1\cdot\mathrm{e}^{-2t}u(t).$$

根据LTI系统的线性和时不变性，冲激响应$h(t)$为$\hat{h}(t)$的线性组合

$$h(t)=\frac{\mathrm{d}}{\mathrm{d}t}\hat{h}(t)+\hat{h}(t).$$

这种方法称为齐次解法，$\hat{h}(t)$的解仅包含齐次解项. 由方程$\sum_{n=0}^{N}a_n\cdot\hat{h}^{(n)}(t)=\delta(t)$（$a_N=1$）可知，只有响应的最高阶项$\hat{h}^{(N)}(t)$包含$\delta(t)$，因此也只有次高阶$\hat{h}^{(N-1)}(t)$在0点处包含跳变，即

$$\begin{cases}\hat{h}^{(N-1)}(0_+)=1\\ \hat{h}(0_+)=\hat{h}'(0_+)=\cdots=\hat{h}^{(N-2)}(0_+)=0\end{cases}. \qquad (2.2.6)$$

将$\hat{h}(t)$代入初始状态$\hat{h}(0_+)=1$，可得

$$\hat{h}(0_+)=c_1\cdot\mathrm{e}^{-2t}\Big|_{t\to0_+}=c_1=1，$$

求得

$$\hat{h}(t)=\mathrm{e}^{-2t}u(t)，$$

可得

$$h(t)=\frac{\mathrm{d}}{\mathrm{d}t}\hat{h}(t)+\hat{h}(t)=-\mathrm{e}^{-2t}u(t)+\delta(t).$$

初始状态的
确定方法

4. 由冲激响应分析系统的性质

（1）系统的因果性

一个系统若由激励信号引起的响应不会早于激励的出现时间，则可称这个系统为因果系统. 若激励信号在$t=0$时刻出现，则因果系统的响应信号只在$t\geqslant0$区域内有值，在$t<0$区域内可认为是0. 讨论系统的因果性时，通常要排除掉起始状态的干扰，也就是仅考虑零状态响应与激励信号的时间关系. 系统满足因果性的充要条件为，其冲激响应满足

$$h(t)=h(t)u(t). \qquad (2.2.7)$$

类似地，若一个信号$f(t)$满足

$$f(t)=f(t)u(t)，\qquad (2.2.8)$$

则可称之为因果信号. 同时，将满足$f(t)=f(t)u(-t)$的信号称为反因果信号.

（2）系统的稳定性

如果系统对任意有界的输入都只产生有界的输出，则称该系统为有界输入有界输出意义下的

稳定系统. 对于这样的系统, 若输入不发散, 则输出也不会发散. 从工程的角度来说, 一个实用系统在所有可能的条件下都保持稳定是至关重要的. 系统满足稳定性的充要条件为, 其冲激响应 $h(t)$ 是绝对可积的, 可以表示为

$$\int_{-\infty}^{+\infty} \left| h(t) \right| \mathrm{d}t \leqslant M ,\qquad (2.2.9)$$

系统稳定性
充要条件的
证明

其中, M 为有界正实数.

（3）系统的记忆性

若一个系统在任意时刻的输出仅与同一时刻的输入值有关, 它就是无记忆的. 对于连续LTI系统, 若在 $t \neq 0$ 时 $h(t) = 0$, 则系统是无记忆的. 这样一个无记忆系统的输入—输出关系为

$$y(t) = Kx(t) ,\qquad (2.2.10)$$

其冲激响应为

$$h(t) = K\delta(t) ,\qquad (2.2.11)$$

其中, K 为某一常数.

2.2.2 阶跃响应

系统在单位阶跃信号 $u(t)$ 作用下的零状态响应, 称为单位阶跃响应, 简称阶跃响应（step response）, 通常用 $g(t)$ 来表示.

对于LTI系统, 因为其满足微积分性质, 已知 $u(t) = \int_{-\infty}^{t} \delta(\tau) \mathrm{d}\tau$, 可以通过如下关系由冲激响应求系统的阶跃响应：

$$g(t) = \int_{-\infty}^{t} h(\tau) \mathrm{d}\tau .\qquad (2.2.12)$$

【例2.2.3】 已知因果系统的微分方程为：

$$\frac{\mathrm{d}^2 y(t)}{\mathrm{d}t^2} + 7\frac{\mathrm{d}y(t)}{\mathrm{d}t} + 10y(t) = \frac{\mathrm{d}^2 x(t)}{\mathrm{d}t^2} + 6\frac{\mathrm{d}x(t)}{\mathrm{d}t} + 4x(t),$$

其冲激响应为 $h(t) = \delta(t) + \left(-\dfrac{4}{3}\mathrm{e}^{-2t} + \dfrac{1}{3}\mathrm{e}^{-5t} \right) u(t)$, 求该系统的阶跃响应.

解 将冲激响应代入式（2.2.12）, 得

$$g(t) = \int_{-\infty}^{t} h(\tau)\, \mathrm{d}\tau = \int_{-\infty}^{t} \left[\delta(\tau) + \left(-\frac{4}{3}\mathrm{e}^{-2\tau} + \frac{1}{3}\mathrm{e}^{-5\tau} \right) u(\tau) \right] \mathrm{d}\tau ,$$

其中, 第1项可直接求出, 为 $u(t)$. 在求积分 $\int_{-\infty}^{t} \left(-\dfrac{4}{3}\mathrm{e}^{-2\tau} + \dfrac{1}{3}\mathrm{e}^{-5\tau} \right) u(\tau)\, \mathrm{d}\tau$ 时, 可利用式（1.5.7）求解, 由于被积函数中的 $u(\tau)$ 只有 $\tau > 0$ 时不为0, 故将积分的下限改写为0, 同时注意到积分上限应大于下限, 即 $t > 0$, 将该约束写在积分结果中, 则阶跃响应为

$$g(t)=u(t)+\left[\int_0^t\left(-\frac{4}{3}e^{-2\tau}+\frac{1}{3}e^{-5\tau}\right)d\tau\right]u(t),$$

$$=u(t)+\left(-\frac{4}{3}\cdot\frac{1}{-2}e^{-2\tau}+\frac{1}{3}\cdot\frac{1}{-5}e^{-5\tau}\right)\bigg|_0^t u(t),$$

$$=u(t)+\frac{2}{3}\left(e^{-2t}-1\right)u(t)-\frac{1}{15}\left(e^{-5t}-1\right)u(t),$$

$$=\left(\frac{2}{3}e^{-2t}-\frac{1}{15}e^{-5t}+\frac{2}{5}\right)u(t).$$

2.3 卷积

2.3.1 卷积的定义

卷积的定义

第1章介绍了信号的脉冲分量分解，可以将连续信号分解为无穷多个时移单位冲激信号的线性组合，即

$$x(t)=\int_{-\infty}^{+\infty}x(\tau)\delta(t-\tau)d\tau. \tag{2.3.1}$$

这可以理解为在时间轴的任意 τ 位置都有强度为 $x(\tau)d\tau$ 的冲激信号，把全时间轴上的冲激信号叠加起来，或者说把任意 τ 位置处的冲激信号 $\delta(t-\tau)$ 以 $x(\tau)d\tau$ 为系数线性组合起来，就得到了 $x(t)$．这种分解和组合的方法提供了一种求系统零状态响应的一般性思路：分解—求响应—线性组合．

下面的分析中用 $H[\cdot]$ 表示信号经过系统求响应．根据式（2.3.1），信号 $x(t)$ 激励系统的零状态响应为

$$y_{zs}(t)=H\big[x(t)\big]=H\left[\int_{-\infty}^{+\infty}x(\tau)\delta(t-\tau)d\tau\right].$$

根据系统的线性，信号先线性组合再经过系统等于先经过系统再线性组合，即

$$y_{zs}(t)=\int_{-\infty}^{+\infty}x(\tau)H\big[\delta(t-\tau)\big]d\tau.$$

已知 $h(t)=H\big[\delta(t)\big]$，根据系统的时不变性，信号先时移再经过系统等于先经过系统再时移，由此可得

$$y_{zs}(t)=\int_{-\infty}^{+\infty}x(\tau)h(t-\tau)d\tau. \tag{2.3.2}$$

这种运算称为卷积积分，简称卷积（convolution）．利用卷积，系统的零状态响应 $y_{zs}(t)$ 可以表示为

$$y_{zs}(t)=x(t)*h(t)=\int_{-\infty}^{+\infty}x(\tau)h(t-\tau)d\tau. \tag{2.3.3}$$

卷积运算的符号"*"也可以写为"⊗"．式（2.3.3）的积分项包含两个变量：一个是积分变量 τ，另一个是函数自变量 t．在进行积分运算时，函数自变量可以视为一个常数，积分运算完成后，函数自变量仍有可能存在．积分变量则只存在于积分项中，运算完成后就不存在了．

2.3.2 卷积的性质

1. 代数性质

卷积运算本质上是信号先相乘再积分. 由于积分运算是一种线性运算, 所以乘法运算的某些代数定律也适用于卷积运算. 由卷积的代数性质可以得到互联LTI系统的运算规律.

（1）分配律

$$f_1(t)*\left[f_2(t)+f_3(t)\right]=f_1(t)*f_2(t)+f_1(t)*f_3(t). \tag{2.3.4}$$

分配律用于系统分析, 相当于并联系统的冲激响应等于组成并联系统的各子系统冲激响应之和, 如图2.3.1所示, $h(t)=h_1(t)+h_2(t)$.

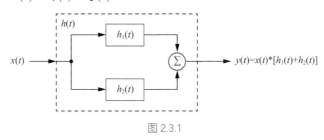

图 2.3.1

（2）结合律

$$f_1(t)*f_2(t)*f_3(t)=f_1(t)*\left[f_2(t)*f_3(t)\right]. \tag{2.3.5}$$

结合律用于系统分析, 相当于级联系统的冲激响应等于组成级联系统的各子系统冲激响应的卷积, 如图2.3.2所示, $h(t)=h_1(t)*h_2(t)$.

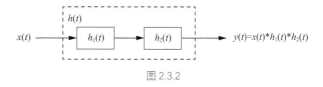

图 2.3.2

（3）交换律

$$f_1(t)*f_2(t)=f_2(t)*f_1(t). \tag{2.3.6}$$

综合考虑交换律和结合律, 可以发现级联子系统可以交换次序, 多个子系统的运算也具有同样的性质, 即结果和各子系统的排列次序无关.

卷积交换律的证明

这种性质只是针对LTI系统的, 非LTI系统一般不具有此性质. 例如, 有2个子系统分别为 $y(t)=x^2(t)$ 和 $y(t)=2x(t)$, 第1个子系统是非线性的, 某信号 $x_1(t)$ 先经过第1个系统再经过第2个系统, 结果为 $2x_1^2(t)$, 若信号 $x_1(t)$ 先经过第2个系统, 即放大2倍后再经过第1个系统, 则结果为 $\left[2x_1(t)\right]^2=4x_1^2(t)$.

2. 时移性质

若 $g(t)=f_1(t)*f_2(t)$, 则

$$g(t-t_0)=f_1(t-t_0)*f_2(t)=f_1(t)*f_2(t-t_0). \tag{2.3.7}$$

可见信号先时移再卷积与先卷积再时移的结果相同, 如图2.3.3所示, 这里将 $f_1(t)$ 看作输入信号, 将 $f_2(t)$ 看作系统的冲激响应.

需要注意的是, 若将卷积 $g(t)=f_1(t)*f_2(t)$ 中所有的 t 替换为 $t-t_0$, 将得到错误的结果:

$$g(t)=f_1(t)*f_2(t)\xrightarrow{\text{错误}}g(t-t_0)=f_1(t-t_0)*f_2(t-t_0).$$

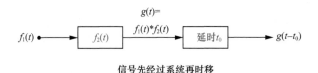

信号先经过系统再时移

图 2.3.3

从式（2.3.2）给出的卷积定义式可以看出，虽然 $f_1(t)*f_2(t)$ 中出现了两个自变量 t，但其运算式 $\int_{-\infty}^{+\infty} f_1(\tau)f_2(t-\tau)\mathrm{d}\tau$ 实际上只包含一个自变量 t．在处理包含时移的卷积运算时，建议将所有的时移统一移出，以便更清晰地展示其与已知卷积的关系．

$$f_1(t-t_1)*f_2(t-t_2)=f_1(t)*f_2(t)*\delta(t-t_1-t_2)=g(t-t_1-t_2)．\tag{2.3.8}$$

3. 微积分性质

对于有起点信号 $f_1(t)$ 和 $f_2(t)$，若 $g(t)=f_1(t)*f_2(t)$，则

$$g'(t)=f_1'(t)*f_2(t)=f_1(t)*f_2'(t)．\tag{2.3.9}$$

可见信号先进行1次微分再卷积与先卷积再进行1次微分的结果相同，如图2.3.4所示．

卷积微分性质
的证明

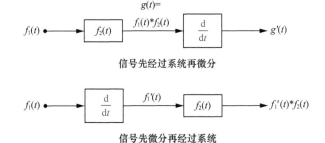

图 2.3.4

微积分性质的推论：对于有起点信号 $f(t)$ 和 $h(t)$，若 $g(t)=f(t)*h(t)$，则

$$g^{(m+n)}(t)=f^{(m)}(t)*h^{(n)}(t)，\tag{2.3.10}$$

即卷积结果的微积分阶数等于参与卷积运算的信号微积分阶数之和．

4. 与单位冲激信号和单位阶跃信号卷积

（1）与单位冲激信号卷积

$$f(t)*\delta(t)=\int_{-\infty}^{+\infty} f(\tau)\delta(t-\tau)\mathrm{d}\tau=f(t)．\tag{2.3.11}$$

恒等系统（系数为1的数乘器）的冲激响应为 $\delta(t)$，信号与单位冲激信号卷积相当于信号经过了恒等系统，结果为其本身．

（2）与单位阶跃信号卷积

$$f(t)*u(t)=\int_{-\infty}^{+\infty} f(\tau)u(t-\tau)\mathrm{d}\tau=\int_{-\infty}^{t} f(\tau)\mathrm{d}\tau．\tag{2.3.12}$$

积分器的冲激响应为 $u(t)$，信号与单位阶跃信号卷积相当于信号经过了一个理想积分器，结果为其变上限积分.

2.3.3 卷积的计算

1. 解析法

由式（2.3.2）给出的卷积定义式中，积分的下限和上限分别是 $-\infty$ 和 $+\infty$，实际计算中需要根据信号的具体持续时间来确定积分的上下限.

【例2.3.1】 某一阶RC电路的冲激响应为 $h(t)=\mathrm{e}^{-t}u(t)$，求该系统的阶跃响应，即计算卷积

$$g(t) = u(t) * \mathrm{e}^{-t}u(t).$$

解析法求
卷积

解　$g(t) = u(t) * \mathrm{e}^{-t}u(t)$

$$= \int_{-\infty}^{+\infty} u(\tau)\mathrm{e}^{-(t-\tau)}u(t-\tau)\mathrm{d}\tau,$$

该积分式包含 $u(\tau)u(t-\tau)$，单位阶跃函数只有宗量大于0时其函数值才不为0，$u(\tau)u(t-\tau)$ 若取非0值需要满足 $\begin{cases} \tau > 0 \\ t-\tau > 0 \end{cases}$，因此可得

$$\begin{cases} 0 < \tau < t & ① \\ t > 0 & ② \end{cases}.$$

根据式①把积分上下限分别调整为0和 t，根据式②对积分结果的存续期间进行限定，将 $t>0$ 转化为积分结果乘以 $u(t)$，即

$$g(t) = \int_0^t 1 \cdot \mathrm{e}^{-(t-\tau)}\mathrm{d}\tau \cdot u(t)$$

$$= \mathrm{e}^{-t}\int_0^t \mathrm{e}^{\tau}\mathrm{d}\tau \cdot u(t)$$

$$= \mathrm{e}^{-t}\cdot\left(\mathrm{e}^{t}-1\right)\cdot u(t)$$

$$= \left(1-\mathrm{e}^{-t}\right)\cdot u(t).$$

2. 图解法

把卷积积分的过程用波形图表示出来，可以帮助我们对卷积积分产生更直观的理解. 下面通过例题说明图解法求卷积的步骤和运算规律.

【例2.3.2】 求卷积 $s(t) = f_1(t) * f_2(t)$，其中 $f_1(t)=2\left[u(t)-u(t-1)\right]$ 和 $f_2(t)=u(t)-u(t-1)$.

解　（1）把信号 $f_1(t)$ 和 $f_2(t)$ 转到以积分变量 τ 为横坐标的坐标系中，$f_1(t)$ 转为 $f_1(\tau)$，$f_2(t)$ 转为 $f_2(t-\tau)$，如图2.3.5所示. 因为 $f_2(t-\tau)$ 可以写作 $f_2\left[-(\tau-t)\right]$，所以其图形是 $f_2(-\tau)$ 向右平移 t.

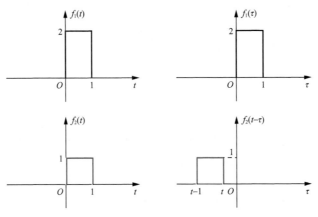

图 2.3.5

（2）当 t 改变时，$f_2(t-\tau)$ 的波形在以 τ 为横坐标的坐标系中移动. t 在积分中可被看作为一个参变量，其每取一个值，都对应一个确定的被积函数 $f_1(\tau)f_2(t-\tau)$，对其以积分变量 τ 进行积分的结果（即以 τ 为横坐标的坐标系中 $f_1(\tau)f_2(t-\tau)$ 的波形面积），就是 t 时刻的卷积结果 $s(t)$. 如图2.3.6所示，这里取了 $t=0, 0.5, 1, 1.5, 2$ 几个典型值，分别得到了被积函数的波形 $f_1(\tau)f_2(t-\tau)$，而波形面积（阴影表示）即 $s(t)$ 在相应时刻的取值.

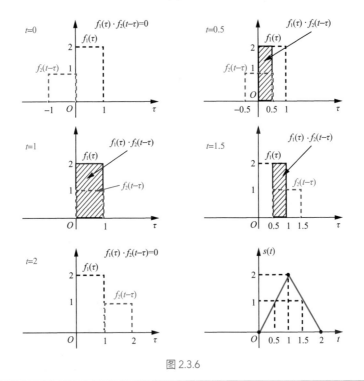

图 2.3.6

通过图解法，很容易得到卷积积分的边界性质：

设 $f_1(t)$ 和 $f_2(t)$ 为有限长信号，$f_1(t)$ 的存续区间为 $[A, B]$，$f_2(t)$ 的存续区间为 $[C, D]$，则 $f_1(t)*f_2(t)$ 的存续区间为 $[A+C, B+D]$.

图2.3.7所示为卷积的边界性质说明.

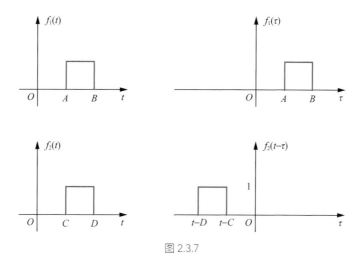

图 2.3.7

从图2.3.7可以得出如下结论.

（1）$f_1(\tau)$ 存续区间为 $[A, B]$，$f_2(t-\tau)$ 的存续区间则变为 $[t-D, t-C]$.

（2）当 $t-C<A$，或 $t-D>B$ 时，$f_1(\tau)$ 和 $f_2(t-\tau)$ 的非0区间不重合，$f_1(\tau)f_2(t-\tau)=0$，积分后结果为0.

（3）仅在 $A+C \leqslant t \leqslant B+D$ 时，$f_1(\tau)$ 和 $f_2(t-\tau)$ 的非0区间有重合，被积函数 $f_1(\tau)f_2(t-\tau)$ 不恒为0，$g(t)$ 可能有非0值.

3. 利用性质求卷积

卷积的图解法

【例2.3.3】 在例2.3.1中，若将激励信号替换为矩形脉冲 $f(t)=u(t)-u(t-T)$，$T>0$ 为一个常数，求系统的零状态响应 $r_{zs}(t)$.

解 在例2.3.1中，已经求得系统的阶跃响应，即在单位阶跃信号 $u(t)$ 激励下系统的零状态响应为 $g(t)=(1-\mathrm{e}^{-t})u(t)$，则根据系统的线性和时不变性（对应卷积的分配律和时移性质），可以得到在矩形脉冲 $f(t)=u(t)-u(t-T)$ 激励下系统的零状态响应为

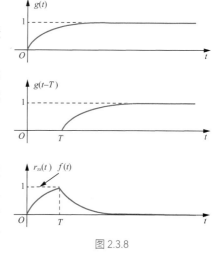

$$r_{zs}(t)=g(t)-g(t-T)=(1-\mathrm{e}^{-t})u(t)-\left[1-\mathrm{e}^{-(t-T)}\right]u(t-T).$$

图2.3.8所示为 $g(t)$、$g(t-T)$ 和 $r_{zs}(t)$ 的波形. 在 $r_{zs}(t)$ 的波形图中同时给出了输入信号 $f(t)$ 的波形. 可以看出，信号经过系统后，输出信号波形的上升沿和下降沿变得更平滑，我们将在第4章中利用频域分析法进一步分析这种现象产生的原因.

图 2.3.8

下面总结一下卷积的物理意义. 通过将任意连续信号分解成矩形脉冲分量，利用系统的线性和时不变性将分量信号分别加入系统求响应，再将各自产生的响应叠加即可得到系统的近似输

卷积的引出和物理意义

出．若矩形脉冲的宽度为无穷小，则结果为系统的零状态响应．从式（2.3.2）可以看出：τ 是信号作用的时刻，t 是响应的观察时刻，t 时刻的输出为 τ 时刻的输入 $x(\tau)$ 的加权积分，$t \neq \tau$ 时权值 $h(t-\tau)$ 不为0体现了系统的记忆性，系统的输出不但和当前的输入有关，和其他时刻的输入也有关．如果系统是因果的，则输出仅与先前的输入有关，因为因果系统 $t < \tau$，即 $t - \tau < 0$ 时 $h(t-\tau) = 0$．

2.4　离散系统的响应

大量离散系统的输入-输出关系可以用差分方程描述：

$$\sum_{i=0}^{N} a_i y[n-i] = \sum_{j=0}^{M} b_j x[n-j] \qquad a_N a_0 \neq 0. \tag{2.4.1}$$

差分方程的习惯性写法与微分方程有相似之处，都是把输入和输出分置方程两侧，按照差分阶数顺序排列，不同点则在于差分方程中的阶数顺序是从低到高．差分方程有一种独特的求解方式，称为迭代法，即根据已知初始条件和方程，迭代计算出每一个样值．

【例2.4.1】 已知 $y[n] - 0.9y[n-1] = u[n]$，且 $y[-1] = 0$，求 $y[n]$．

解　把 $n = 0$ 代入方程，可得

$$y[0] = 0.9y[-1] + 1 = 1 ;$$

把 $n = 1$ 代入方程，可得

$$y[1] = 0.9y[0] + 1 = 1.9 ;$$

把 $n = 2$ 代入方程，可得

$$y[2] = 0.9y[1] + 1 = 2.71 ;$$

把 $n = 3$ 代入方程，可得

$$y[3] = 0.9y[2] + 1 = 3.439 ;$$

……

迭代法的思路非常简单，非常适合用于差分方程的计算机求解，但是缺点也很明显：它无法得到封闭的解析形式结果，通常只是用于求初值，或进行结果验证．差分方程的经典求解方法也要分别求齐次解和特解，基本思路与微分方程的求解一致，只是解的具体函数形式不同．

差分方程的齐次解也是把方程右侧置为0以齐次化，然后利用特征方程求出特征根，并得到齐次解的一般形式．对于齐次差分方程

$$a_0 y[n] + a_1 y[n-1] + \cdots + a_{N-1} y[n-N+1] + a_N y[n-N] = 0 , \tag{2.4.2}$$

其特征方程为

$$a_0 r^N + a_1 r^{N-1} + \cdots + a_{N-1} r + a_N \cdot 1 = 0 . \tag{2.4.3}$$

特征方程的幂次数并非对应差分项的阶数，而是最高阶数与对应差分项阶数的差值．由特征方程解得特征根后，根据特征根的类型可以得到对应的齐次解的一般形式，如表2.4.1所示．

可见差分方程齐次解的一般形式主要是以特征根为底的指数序列，只是在多重根和共轭复根时会有些变化．在线性时不变系统的差分方程中，零输入响应方程就是一个齐次方程，仅包含齐次解．

表 2.4.1 差分方程齐次解形式表

特征根类型	齐次解包含函数项
单实根 r_1	$c_1(r_1)^n$
单实根 r_1, r_2	$c_1(r_1)^n + c_2(r_2)^n$
二重根 $r_1 = r_2$	$(c_1 n + c_0)(r_1)^n$
共轭复根 $r_{1,2} = E\,e^{\pm j\Omega}$	$[c_1\cos(\Omega n) + c_2\sin(\Omega n)]E^n$

【例2.4.2】 已知系统差分方程为 $y[n]+2y[n-1]=x[n]$，初始条件为 $y[-1]=1$，求系统零输入响应．

解 设零输入响应为 $y_{zi}[n]$，则零输入响应方程为

$$y_{zi}[n]+2y_{zi}[n-1]=0 ，$$

其特征方程为 $r+2=0$，特征根 $r=-2$，对应的齐次解一般形式为

$$y_{zi}[n]=C_1(-2)^n ，$$

把初始条件 $y[-1]=1$ 代入解得 $C_1=-2$，所以零输入响应为

$$y_{zi}[n]=-2\cdot(-2)^n ．$$

此处建议保留这种系数乘以函数项的形式，这是为了使运算结果的组成结构更加清晰．

差分方程的特解与微分方程的特解类似，都是由激励侧的函数形式决定的，并且激励信号仍然只考虑有限的几种初等函数，即常数、指数、正整数幂函数、三角函数．这几种函数形式对应的特解大体与激励信号同一类型．差分方程特解形式如表2.4.2所示．

不过，当激励信号为有起点序列时，其特解对应的就不是这种形式了，这里不再赘述经典解法如何处理有起点序列的差分方程求解，而是直接按照零状态响应与零输入响应划分思路，引入以单位脉冲响应为核心的普遍性求解方法．

表 2.4.2 差分方程特解形式表

差分方程右侧函数	特解包含函数项
常数函数 E	K
指数函数 a^n	$A\cdot a^n$
正整数幂函数 n^k	$A_k n^k + A_{k-1}n^{k-1} + \cdots + A_1 n + A_0$
三角函数 $\sin(\Omega n)$ 或 $\cos(\Omega n)$	$A_1\cos(\Omega n) + A_2\sin(\Omega n)$

2.5 离散系统的脉冲响应

单位脉冲响应，就是激励信号为单位脉冲时系统的零状态响应，简称脉冲响应．因为离散信号可以写为单位脉冲的移位和加权组合，即线性组合，而且形如式（2.4.1）的常系数差分方程描述的系统都是线性时不变系统，所以只需求得单位脉冲响应，那么任意激励信号的响应都可以使用单位脉冲响应移位和加权组合得到．

根据式（2.4.1）所描述的系统差分方程，可以得到系统的单位脉冲响应方程

$$\sum_{i=0}^{N} a_i h[n-i] = \sum_{j=0}^{M} b_j \delta[n-j] \quad a_N a_0 \neq 0.$$ （2.5.1）

这个方程的求解方法至少有两种．

（1）根据方程激励侧与响应侧阶数差直接写出对应的单位脉冲响应的一般形式，即

$$h[n] = y_h[n] u[n] + \sum_{i=0}^{M-N} A_i \delta[n-i],$$ （2.5.2）

其中，$y_h[n]$ 是差分方程特征根所对应的齐次解形式，$\sum_{i=0}^{M-N} A_i \delta[n-i]$ 是可能存在的单位脉冲项，存在个数由激励侧与响应侧的阶数差决定．然后利用 $h[n]$ 的零状态条件迭代出几个初值，代入一般形式中求系数．

（2）把方程进一步化为齐次单位脉冲响应方程

$$\sum_{i=0}^{N} a_i \hat{h}[n-i] = \delta[n] \quad a_N a_0 \neq 0,$$ （2.5.3）

齐次单位脉冲响应 $\hat{h}[n]$ 的一般形式是固定的，即

$$\hat{h}[n] = y_h[n] u[n].$$ （2.5.4）

求得系数后，再根据线性时不变性质，把 $\hat{h}[n]$ 按照原激励侧的线性组合方式组合起来，就得到脉冲响应

$$h[n] = \sum_{j=0}^{M} b_j \hat{h}[n-j].$$ （2.5.5）

【例2.5.1】 已知系统差分方程为 $y[n] - \dfrac{1}{2} y[n-1] = x[n] + x[n-1]$，求系统的脉冲响应．

解 脉冲响应方程为

$$h[n] - \frac{1}{2} h[n-1] = \delta[n] + \delta[n-1],$$

其齐次解形式为

$$y_h[n] = A \cdot \left(\frac{1}{2} \right)^n,$$

方法一 激励侧与响应侧差分阶数相等，包含一阶单位脉冲项，$h[n]$ 的一般形式为

$$h[n] = B_1 \left(\frac{1}{2} \right)^n u[n] + B_2 \delta[n],$$

其中，有两个未知系数．

利用迭代法求得 $h[n]$ 的两个初值：

把 $n = 0$ 代入方程，可得 $h[0] - 0.5h[-1] = \delta[0] + \delta[-1]$，解得 $h[0] = 1$；

把 $n = 1$ 代入方程，可得 $h[1] - 0.5h[0] = \delta[1] + \delta[0]$，解得 $h[1] = 1.5$．

把初值代入 $h[n]$ 的一般形式，得到

$$\begin{cases} h[0] = B_1 + B_2 = 1 \\ h[1] = 0.5B_1 = 1.5 \end{cases},$$

解得

$$\begin{cases} B_1 = 3 \\ B_2 = -2 \end{cases},$$

所以系统脉冲响应为

$$h[n] = 3 \cdot \left(\frac{1}{2}\right)^n u[n] - 2 \cdot \delta[n].$$

方法二　脉冲响应方程激励侧替换为 $\delta[n]$ 得到齐次脉冲响应方程

$$\hat{h}[n] - \frac{1}{2}\hat{h}[n-1] = \delta[n].$$

$\hat{h}[n]$ 的一般形式为

$$\hat{h}[n] = C\left(\frac{1}{2}\right)^n u[n],$$

其中，有一个未知系数.

利用迭代法求得 $\hat{h}[n]$ 的一个初值：

把 $n = 0$ 代入方程，可得 $\hat{h}[0] - 0.5\hat{h}[-1] = \delta[0]$，解得 $\hat{h}[0] = 1$.

把初值代入 $\hat{h}[n]$ 一般形式，得到 $C = 1$. 所以 $\hat{h}[n] = \left(\frac{1}{2}\right)^n u[n]$. 把 $\hat{h}[n]$ 按照原激励侧结构组合起来得到系统单位脉冲响应为

$$h[n] = \hat{h}[n] + \hat{h}[n-1] = \left(\frac{1}{2}\right)^n u[n] + \left(\frac{1}{2}\right)^{n-1} u[n-1].$$

可以把方法二的结果变形，得到

$$\left(\frac{1}{2}\right)^n u[n] + \left(\frac{1}{2}\right)^{n-1} u[n-1] = \left(\frac{1}{2}\right)^n u[n] + 2 \cdot \left(\frac{1}{2}\right)^n \left[u[n] - \delta[n]\right]$$

$$= 3 \cdot \left(\frac{1}{2}\right)^n u[n] - 2 \cdot \delta[n].$$

可见两种方法得到的单位脉冲响应是相同的. 请注意，离散信号的表达形式多种多样，并没有固定的格式标准或化简要求. 一般情况下，要尽量按照运算逻辑保留原始结构，以方便认读.

2.6　卷积和

2.6.1　卷积和的定义

任意离散信号都可以表示为单位脉冲信号的加权移位之和，所以信号 $x[n]$ 可以写为 $\delta[n]$ 的

线性组合

$$x[n] = \sum_{m=-\infty}^{+\infty} x[m]\delta[n-m].$$

（2.6.1）

只要计算出 $\delta[n]$ 激励系统的单位脉冲响应 $h[n]$，那么根据系统的线性和时不变性质，激励信号 $x[n]$ 对应的响应就应该是

$$y[n] = \sum_{m=-\infty}^{+\infty} x[m]h[n-m].$$

（2.6.2）

于是就得到了一种利用单位脉冲响应求任意激励信号响应的通用方法．我们把 $y[n]$、$x[n]$、$h[n]$ 三者的这种运算关系定义为卷积和运算，表示为

$$y[n] = x[n]*h[n] = \sum_{m=-\infty}^{+\infty} x[m]h[n-m].$$

（2.6.3）

卷积和运算与连续系统中的卷积积分有非常大的相似性，所以在介绍卷积和的过程中，一些共性的内容不再重复展开讲述．

2.6.2　卷积和的运算和性质

基本的卷积和运算包括任意离散信号与单位脉冲信号的卷积和运算

$$x[n]*\delta[n] = \sum_{m=-\infty}^{+\infty} x[m]\delta[n-m] = x[n],$$

（2.6.4）

与时移单位脉冲信号的卷积和运算

$$x[n]*\delta[n-k] = x[n-k],$$

（2.6.5）

因果信号的卷积和运算

$$\left(x_1[n]u[n]\right)*\left(x_2[n]u[n]\right) = u[n] \cdot \sum_{m=0}^{n} x_1[m]x_2[n-m].$$

（2.6.6）

▼

【说明】

根据卷积和定义有

$$\left(x_1[n]u[n]\right)*\left(x_2[n]u[n]\right) = \sum_{m=-\infty}^{+\infty} x_1[m]u[m]x_2[n-m]u[n-m]$$
$$= \sum_{m=-\infty}^{+\infty} x_1[m]x_2[n-m]u[m]u[n-m],$$

根据 $u[m]u[n-m]$ 取非零值的条件可以得到

$$\begin{cases} m \geqslant 0 \\ m \leqslant n \end{cases} \Rightarrow \begin{cases} 0 \leqslant m \leqslant n & ① \\ n \geqslant 0 & ② \end{cases}$$

式①的影响是求和上下限分别化为 0 和 n，式②的影响是结果包含 $u[n]$．

▲

1. 卷积和的代数性质

卷积和的代数运算性质与卷积积分类似，包括交换律、分配律和结合律．

（1）交换律

$$f_1[n]*f_2[n]=f_2[n]*f_1[n].\qquad(2.6.7)$$

（2）分配律

$$f_1[n]*\big[f_2[n]+f_3[n]\big]=f_1[n]*f_2[n]+f_1[n]*f_3[n].\qquad(2.6.8)$$

（3）结合律

$$f_1[n]*f_2[n]*f_3[n]=f_1[n]*\big[f_2[n]*f_3[n]\big].\qquad(2.6.9)$$

2. 卷积和的移位和边界性质

卷积和的移位性质是指若 $y[n]=x[n]*h[n]$，则

$$y[n-m_1-m_2]=x[n-m_1]*h[n-m_2].\qquad(2.6.10)$$

卷积和的运算表达式含有2个变量，但实际求和运算式中只有1个变量．所以也不能做所有变量同时平移的操作．

卷积和的边界性质基于移位性质，具体表示为若 $x[n]$ 的有值区间为 $[A,B]$，$h[n]$ 的有值区间为 $[C,D]$，则 $y[n]=x[n]*h[n]$ 的有值区间为 $[A+C,B+D]$．卷积和与卷积积分不同的是，如果 $x[n]$ 的样值个数为 N_1，$h[n]$ 的样值个数为 N_2，那么其卷积和 $y[n]$ 的样值个数为 N_1+N_2-1，而并非简单的宽度相加．

3. 对位相乘求和法

对于有限长序列的卷积和运算，还有一种非常简便的计算方法，即通过类似乘法竖式的形式快速得到卷积和序列，称为对位相乘求和法．其步骤为

（1）两序列右对齐，列乘法竖式；

（2）逐个样值对应相乘但不进位；

（3）同列乘积值相加得到卷积和；

（4）根据边界性质确定序列起点，在卷积和中标出 $n=0$ 的位置．

【例2.6.1】 已知 $x_1[n]=\left\{\begin{matrix}4\\\uparrow\\{\scriptstyle n=0}\end{matrix},\ 3,\ 2,\ 1\right\}$，$x_2[n]=\left\{\begin{matrix}3\\\uparrow\\{\scriptstyle n=0}\end{matrix},\ 2,\ 1,\right\}$，求 $y[n]=x_1[n]*x_2[n]$．

解　列乘法竖式为

$x_1[n]:$			$\underset{\underset{n=0}{\uparrow}}{4}$	3	2	1	
$\times\quad x_2[n]:$				$\underset{\underset{n=0}{\uparrow}}{3}$	2	1	
			4	3	2	1	
		8	6	4	2		
$+$	12	9	6	3			
$y[n]:$	$\underset{\underset{n=0}{\uparrow}}{12}$	17	16	10	4	1	

根据卷积和边界性质可知，$y[n]$ 的第1个非0样值对应的位置为 $n=0$．

信号在传输过程中受到信道或探测器的影响，往往会引入噪声或干扰．为了减小噪声和干

扰，信号抽样后可以采用离散系统对信号进行处理，在信号处理过程中信号的频谱也会发生变化．现实中这种系统称为数字滤波器．这里的时域分析便于观察信号处理前后的直观变化，频域分析的基本原理我们将在第6章学习．

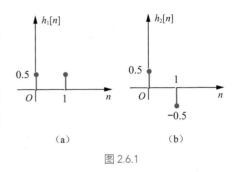

图 2.6.1

下面通过MATLAB仿真研究一个叠加了噪声的正弦波信号 $x[n]$ 的滤波问题，采用2个系统的脉冲响应 $h_1[n]$ 和 $h_2[n]$ 的图形分别如图2.6.1（a）、（b）所示．

图2.6.2所示为信号 $x[n]$ 及经过系统 $h_1[n]$ 和 $h_2[n]$ 处理后 $y_1[n]$ 和 $y_2[n]$ 的波形．信号 $x[n]$ 经过系统 $h_1[n]$ 时，相邻的两个样值取平均，突出了二者的相同部分，淡化了差异，导致输出信号 $y_1[n]$ 的波形与 $x[n]$ 相比更平滑；信号 $x[n]$ 经过系统 $h_2[n]$ 时，相邻的两个样值做差分运算，突出了相邻样值间的差异，导致输出信号 $y_2[n]$ 的波形与 $x[n]$ 相比毛刺更尖锐．简单调整脉冲响应就获得了不同的处理效果，这体现了数字系统的优势．

数字滤波的
计算机代码

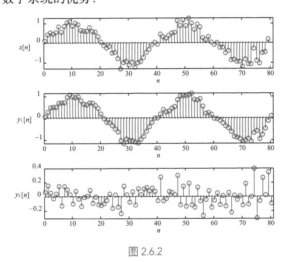

图 2.6.2

2.7 系统的特征函数和变换表示

2.7.1 连续系统的特征函数

假设信号 $x(t)$ 是一个全时域的e指数信号，可表示为

$$x(t) = \mathrm{e}^{s_0 t} , \tag{2.7.1}$$

其中，s_0 为某复数值．将其加入冲激响应为 $h(t)$ 的系统，则系统的输出可以利用卷积表示为

$$
\begin{aligned}
y(t) &= \mathrm{e}^{s_0 t} * h(t) \\
&= \int_{-\infty}^{+\infty} h(\tau) \mathrm{e}^{s_0(t-\tau)} \mathrm{d}\tau \\
&= \mathrm{e}^{s_0 t} \int_{-\infty}^{+\infty} h(\tau) \mathrm{e}^{-s_0 \tau} \mathrm{d}\tau \\
&= H(s_0) \mathrm{e}^{s_0 t} .
\end{aligned}
\tag{2.7.2}
$$

这里

$$H(s)=\int_{-\infty}^{+\infty}h(\tau)\mathrm{e}^{-s\tau}\mathrm{d}\tau.\tag{2.7.3}$$

当 $s=s_0$ 时，式（2.7.3）所示积分应取有界值. 从式（2.7.2）可以看出，信号 $\mathrm{e}^{s_0 t}$ 经过系统后只是被乘上了一个复系数 $H(s_0)$，所以 $\mathrm{e}^{s_0 t}$ 为系统的特征函数，对应的特征值为 $H(s_0)$. 式（2.7.3）为冲激响应 $h(t)$ 的双边拉普拉斯变换，或者称为连续系统的系统函数，我们将在第5章学习.

对于式（2.7.3），若 $s=\mathrm{j}\omega$ 积分有界，则 $\mathrm{e}^{\mathrm{j}\omega t}$ 也是任意系统的特征函数，系统的相应输出为

$$y(t)=H(\mathrm{j}\omega)\mathrm{e}^{\mathrm{j}\omega t},\tag{2.7.4}$$

其中

$$H(\mathrm{j}\omega)=\int_{-\infty}^{+\infty}h(\tau)\mathrm{e}^{-\mathrm{j}\omega\tau}\mathrm{d}\tau.\tag{2.7.5}$$

式（2.7.5）为冲激响应的傅里叶变换，或连续系统的频率响应特性，我们将在第3章和第4章学习这些知识.

2.7.2　离散系统的特征函数

对于离散系统，我们也采用类似的分析方法. 研究全时域复指数信号

$$x[n]=z_0^n,\tag{2.7.6}$$

其中，z_0 为某复数. 将其加入脉冲响应为 $h[n]$ 的系统，系统的输出为

$$\begin{aligned}y[n]&=z_0^n*h[n]\\&=\sum_{m=-\infty}^{+\infty}z_0^{n-m}h[m]\\&=z_0^n\sum_{m=-\infty}^{+\infty}h[m]z_0^{-m}\\&=H(z_0)z_0^n.\end{aligned}\tag{2.7.7}$$

其中

$$H(z)=\sum_{m=-\infty}^{+\infty}h[m]z^{-m}.\tag{2.7.8}$$

若式（2.7.8）中的求和在 $z=z_0$ 时收敛，则系统的输出可以简单地表示为输入信号 z_0^n 与一个和 z_0 有关的复数值 $H(z_0)$ 的乘积. 信号 z_0^n 为此离散系统的特征函数，与其对应的特征值为 $H(z_0)$. $H(z)$ 即为 $h[n]$ 的z变换，或离散系统的系统函数，我们将在第6章学习该知识.

若式（2.7.8）当 $z=\mathrm{e}^{\mathrm{j}n\Omega}$ 时求和有界，则 $\mathrm{e}^{\mathrm{j}n\Omega}$ 也是离散系统的特征函数，系统的相应输出为

$$y[n]=H(\mathrm{e}^{\mathrm{j}\Omega})\mathrm{e}^{\mathrm{j}n\Omega}.\tag{2.7.9}$$

式（2.7.9）为脉冲响应 $h[n]$ 的离散时间傅里叶变换，即离散系统的频率响应特性，我们将在第6章学习该知识.

2.7.3　系统的变换域分析

从上述分析可以看出，信号 e^{st} 和 $\mathrm{e}^{\mathrm{j}\omega t}$ 为连续系统的特征函数，序列 z^n 和 $\mathrm{e}^{\mathrm{j}n\Omega}$ 为离散系统的

特征函数，这类信号经过系统所得的响应仅仅是输入信号与其对应的特征值的乘积．因此，可将信号分解为这些特征函数的线性组合，系统响应即为这些分量信号响应的线性组合．特征函数的形式不同，对应的变换也不同，如表2.7.1所示．

表 2.7.1　基本特征函数与变换的关系

特征函数	变换名称	章号
$e^{j\omega t}$	连续信号的傅里叶变换	3
e^{st}	拉普拉斯变换	5
z^n	z变换	6
$e^{jn\Omega}$	序列的傅里叶变换	6

2.8　本章小结

本章主要介绍系统的时域分析方法，在讲解线性常系数微分方程/差分方程经典解法的基础上，引入了冲激响应/脉冲响应用于表示系统：对于任意输入信号，在连续系统情况下，把连续信号表示成移位的单位冲激信号的加权积分，导出了求系统零状态响应的卷积；在离散系统情况下，类似地把离散信号表示成一组移位的单位脉冲的加权和，导出了求系统零状态响应的卷积和．本章通过卷积/卷积和的性质揭示了系统的性质，最后研究了系统的特征函数和变换表示，为后续学习变换域分析打下必要的基础．

2.9　知识拓展

卷积运算是本章的一个学习重点．从例2.3.2可以看出，两个函数的卷积操作就是将一个函数翻转，然后进行滑动后与另一个函数相乘，再将结果积分（累加）产生一个新函数的过程．这个新函数本质上是一个累积值，具有全局的概念，因果系统的输出不仅跟当前时刻输入信号的响应有关，也跟过去所有时刻输入信号的响应有关，考虑了过去所有输入的效果．一个信号与系统的脉冲响应（卷积函数）运算会使输入信号的波形发生变化，这常被称为滤波．卷积操作往往具有信号变换、特征提取等效果，不同的卷积函数产生的效果不同，例2.6.1通过卷积函数的参数变化分别实现了平滑和差分的作用效果．

卷积作为一种运算/算子，广泛应用于概率论、统计学、声学、光谱学、信号处理、计算机视觉等众多领域．

2.9.1　数字图像处理中的卷积

数字图像一般用二维矩阵描述，利用卷积的数字图像处理就是把图像每个像素周边的，甚至是整个图像的像素都考虑进来，对当前像素进行某种加权处理．离散化的二维卷积定义为

$$f[m, n] * g[m, n] = \sum_{j=-\infty}^{\infty} \sum_{i=-\infty}^{\infty} f[i, j] g[m-i, n-j]. \tag{2.9.1}$$

与一维卷积类似，上述运算也是两个二维函数做翻转、相乘和积分（累加）运算，但在后一种情况下，一个输入需要在两个维度上各翻转一次，如果是离散数据（矩阵形式），可以理解为

绕中心旋转180°（即行和列同时翻转）．二维卷积就是卷积矩阵在图像上按行滑动遍历像素时相乘、求和的过程，最终得到一幅新的图像，如图2.9.1所示．

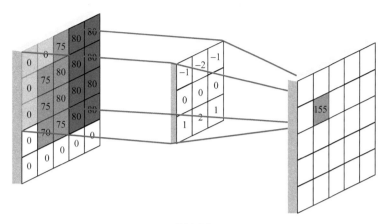

图 2.9.1

图2.9.1中，代表灰度图像的二维矩阵与相对较小的滤波矩阵（也称为卷积掩模或卷积核）进行卷积．不同的卷积核相当于不同的滤波器，可以实现多种处理效果．对于彩色图像，3个颜色通道（RGB）需要分别处理．下面展示均值模糊和边缘检测的处理效果，处理前后的图片分别如图2.9.2和图2.9.3所示．

图 2.9.2

（a）

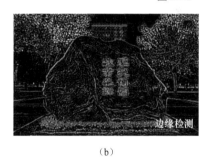

（b）

图 2.9.3

（1）均值模糊

将当前像素和周围像素取平均，消除相邻像素之间的差异，该方法可以用于图像去噪．

图2.9.3（a）中卷积核 $g_1 = \dfrac{1}{9}\begin{bmatrix} 1 & 1 & 1 \\ 1 & 1 & 1 \\ 1 & 1 & 1 \end{bmatrix}$，矩阵的值和为1保证了卷积后的图片亮度不变．

（2）边缘检测

图2.9.3（b）中的边缘信息有着比周围像素更高的对比度，通过卷积增强了对比度，起到了识别边缘的目的．卷积核 $g_2 = \begin{bmatrix} -1 & -1 & -1 \\ -1 & 8 & -1 \\ -1 & -1 & -1 \end{bmatrix}$ 与周围像素做差值运算，用于提取图像中像素与周

围像素的差异，起到边缘检测的效果．周围像素强度相同的像素在卷积后的图像上显示为黑色，强度差异越大，像素在卷积后的图像上亮度越高．

2.9.2　卷积神经网络之多层卷积

卷积神经网络（convolutional neural network，CNN）是人工神经网络的一种，近年来在深度学习领域可谓锋芒毕露，成为计算机视觉、语音识别等众多人工智能应用的基石．1998年，杨立昆提出了一种5层的CNN结构，得到了广泛使用，其结构如图2.9.4所示．这个系统相较一般LTI系统更复杂，包括非线性运算单元，并且参数也是自适应调整的，可以看作时变系统．

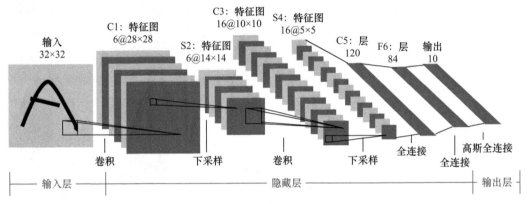

图 2.9.4

CNN的结构一般包含输入层、隐藏层和输出层．其中，隐藏层包含多个卷积层、下采样层、全连接层等，是完成特征提取和分类识别的主体．CNN采用多个级联卷积层，卷积核沿着该层的输入矩阵滑动进行卷积运算，生成抽象的特征图（feature map）不断将结果传递给下一层，形成了类似于生物视觉皮层组织对特定刺激产生反应的多层感知器．

类似于相关运算，CNN的卷积核可以计算矩阵中每个位置与该模式的相似程度．CNN卷积核通过自动学习来自我优化，这种数据驱动的方式能通过复杂模式的卷积核进行学习，以胜任复杂数据分析，并具有良好的泛化能力．

经过多层卷积堆叠，CNN每一层输出的特征图上的像素在输入图片上映射的区域，也就是特征图上的一个点对应输入图片上的区域，类似于生物体特定区域的刺激可以影响感觉细胞的电活动，这就是CNN中的感受野，如图2.9.5所示．随着卷积层的增加，感受野越大，提取的信息也越复杂、抽象，最开始的层主要提取简单的边缘、纹理信息，而深层特征多为高维信息．

CNN通过多层卷积将简单模式组合成复杂模式，在提取复杂特征方面已经被证明是非常有效的，使其在图像分类、目标检测、语义分割、自然语言处理和立体视觉等数据处理方面都取得了巨大的成功．

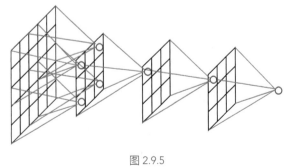

图 2.9.5

📝 **习题**

▶ **基础题**

2-1 【微分方程的齐次解】已知系统的微分方程为 $\dfrac{\mathrm{d}^2 y(t)}{\mathrm{d}t^2} + 2\dfrac{\mathrm{d}y(t)}{\mathrm{d}t} + 2y(t) = x(t)$，写出该系统齐次解的形式解（不必求出待定系数）.

2-2 【连续系统全响应求解】给定系统的微分方程 $\dfrac{\mathrm{d}^2 y(t)}{\mathrm{d}t^2} + 3\dfrac{\mathrm{d}y(t)}{\mathrm{d}t} + 2y(t) = \dfrac{\mathrm{d}x(t)}{\mathrm{d}t} + 3x(t)$，若激励信号和初始状态分别为 $x(t) = u(t)$，$y(0_+) = 1$，$y'(0_+) = 3$，求该系统的全响应（$t > 0$）. 提示：在 $t > 0$ 时，$x(t) = 1$，可视为常数.

2-3 【零输入响应和零状态响应】某线性时不变因果系统，已知激励 $x_1(t) = u(t)$ 时的全响应是 $y_1(t) = \left(3\mathrm{e}^{-t} + \mathrm{e}^{-2t}\right)u(t)$，激励 $x_2(t) = 2u(t)$ 时的全响应是 $y_2(t) = 5\mathrm{e}^{-t}u(t)$，求激励为 0 时的全响应 $y(t)$.

2-4 【响应的划分】描述某因果系统的微分方程为

$$\frac{\mathrm{d}^2 y(t)}{\mathrm{d}t^2} + 3\frac{\mathrm{d}y(t)}{\mathrm{d}t} + 2y(t) = \frac{\mathrm{d}x(t)}{\mathrm{d}t} + 3x(t),$$

激励信号和起始状态分别为 $x(t) = u(t)$，$y(0_-) = 1$，$y'(0_-) = 2$.

（1）求该系统的零输入响应.

（2）若该系统的全响应可以表示为 $y(t) = 2\mathrm{e}^{-t} - \dfrac{5}{2}\mathrm{e}^{-2t} + \dfrac{3}{2}$（$t \geqslant 0$），求该系统的自由响应、强迫响应、暂态响应、稳态响应、零状态响应、冲激响应和阶跃响应.

2-5 【冲激响应】写出下列微分方程描述的因果系统的冲激响应的形式解（不必求出待定系数）.

（1）$\dfrac{\mathrm{d}^2}{\mathrm{d}t^2} y(t) + 3\dfrac{\mathrm{d}}{\mathrm{d}t} y(t) + 2y(t) = x(t)$

（2）$\dfrac{\mathrm{d}^2}{\mathrm{d}t^2} y(t) + 3\dfrac{\mathrm{d}}{\mathrm{d}t} y(t) + 2y(t) = \dfrac{\mathrm{d}^2}{\mathrm{d}t^2} x(t) + x(t)$

2-6 【求冲激响应和阶跃响应】描述某因果连续系统的微分方程为 $\dfrac{\mathrm{d}}{\mathrm{d}t} y(t) + 3y(t) = 2\dfrac{\mathrm{d}}{\mathrm{d}t} x(t)$.

（1）求系统的冲激响应 $h(t)$.

（2）求系统的阶跃响应 $g(t)$.

2-7 【利用解析法求卷积】应用解析法（即直接根据卷积的定义求积分）求信号 $f_1(t) = u(t+2)$ 和 $f_2(t) = \mathrm{e}^{-t}u(t-1)$ 的卷积积分.

2-8 【两个 e 指数函数的卷积】已知某线性时不变连续系统，其冲激响应为 $h(t) = \mathrm{e}^{-2t}u(t)$，求对应于输入 $x(t) = \mathrm{e}^{-t}u(t)$ 的响应 $y(t)$.

2-9 【利用图解法求卷积】已知信号 $f(t) = 2\left[u(t) - u(t-1)\right]$.

（1）用图解法求 $s(t) = f(t) * f(t)$. 请画出中间步骤涉及的图形 $f(\tau)$ 及 $f(t-\tau)$.

（2）请画出 $s(t)$ 的波形.

（3）通过图解法的求解过程分析 $s(t)$ 的最大值出现在哪里.

2-10 【卷积的微积分性质】对于题图 2-10 所示的函数，请应用卷积的微积分

习题 2-9 讲解
（利用图解法
求卷积）

性质计算卷积 $s(t) = f_1(t) * f_2(t)$ ，并画出 $s(t)$ 的波形.

2-11 【卷积和相乘】已知信号 $f_1(t) = u(t+1) - u(t-1)$ ， $f_2 = \delta(t+5) + \delta(t-5)$.

（1）画出 $f_1(t)$ 和 $f_2(t)$ 的波形.

（2）卷积 $s_1(t) = f_1(t) * f_2(t)$ ，利用 $f_1(t)$ 表示 $s_1(t)$ ，并画出 $s_1(t)$ 的波形.

（3）已知 $w(t) = u(t+5) - u(t-5)$ ， $s_2(t) = s_1(t)$ $w(t)$ ，画出 $w(t)$ 和 $s_2(t)$ 的波形.

（4）卷积 $s(t) = s_2(t) * f_2(t)$ ，利用 $s_2(t)$ 表示 $s(t)$ ，并画出 $s(t)$ 的波形.

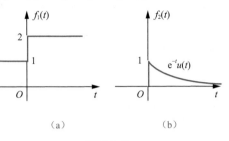

题图 2-10

2-12 【两个连续系统级联】两个冲激响应都为 $h(t)$ 的线性时不变系统级联，如题图2-12所示. 对给定输入 $x(t) = u(t)$ ，求 $y(1)$ ，即对级联系统求阶跃响应在 $t = 1$ 时刻的值.

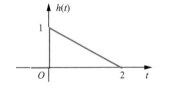

题图 2-12

2-13 【系统互联】题图2-13所示系统由子系统 $h_1(t)$ 、 $h_2(t)$ 和 $h_3(t)$ 组成.

（1）用 $h_1(t)$ 、 $h_2(t)$ 和 $h_3(t)$ 表示该系统的冲激响应 $h(t)$.

（2）当 $h_1(t) = \delta(t-1)$ （延时器）， $h_2(t) = -\delta(t)$ （反相器）， $h_3(t) = u(t)$ （积分器）时，求 $h(t)$.

2-14 【一阶系统脉冲响应】已知离散因果系统的差分方程为 $y[n] - \dfrac{1}{3} y[n-1] = x[n]$ ，求该系统的脉冲响应.

2-15 【离散系统阶跃响应】已知离散系统的差分方程为 $y[n] - 0.9 y[n-1] = x[n]$ ，求

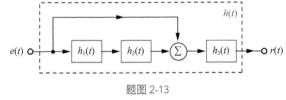

题图 2-13

该系统的阶跃响应，并划分出零输入响应、零状态响应、暂态响应、稳定响应、自由响应和强迫响应.

2-16 【离散系统的因果性和稳定性】画出下列系统脉冲响应的图形，并判断系统的因果性和稳定性.

（1） $h[n] = \dfrac{1}{3} \big[\delta[n+1] + \delta[n] + \delta[n-1] \big]$

（2） $h[n] = 0.8^n u[n]$

2-17 【利用性质计算卷积和】 $x[n]$ 是系统的激励函数， $h[n]$ 是某离散线性时不变系统的脉冲响应，它们的图形分别如题图2-17（a）、（b）所示，利用性质

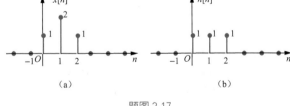

题图 2-17

$\delta[n-n_1] * \delta[n-n_2] = \delta[n-n_1-n_2]$ ，求 $x[n]$ 和 $h[n]$ 的卷积和.

2-18 【考研真题-卷积和】已知 $x_1[n] = \left(\dfrac{1}{2}\right)^n \left[u[n] - u[n-4]\right]$，$x_2[n] = \left\{1, \underset{\underset{n=0}{\uparrow}}{1}, 1\right\}$，求 $y[n] = x_1[n] * x_2[n]$，并画出 $x_1[n]$ 和 $y[n]$ 的图形.

2-19 【用解析法求卷积和】$x[n] = \alpha^n u[n]$（$0 < \alpha < 1$），$h[n] = \beta^n u[n]$（$0 < \beta < 1$），$\alpha \neq \beta$，利用解析法求 $x[n]$ 和 $h[n]$ 的卷积和.

2-20 【对位相乘法求和求卷积和】已知线性时不变系统的脉冲响应以及输入 $h[n] = x[n] = u[n] - u[n-4]$，利用对位相乘法求和求卷积和 $y[n] = x[n] * h[n]$，并绘出 $y[n]$ 的图形.

2-21 【考研真题-离散系统互联】一个互联线性时不变离散系统如题图2-21所示，它的子系统的脉冲响应分别为 $h_1[n] = \delta[n] + 2\delta[n-1] + \delta[n-2]$，$h_2[n] = u[n]$，$h_3[n] = u[n-3]$. 联系 $y[n]$ 和 $x[n]$ 的总系统的脉冲响应记为 $h[n]$.

（1）将 $h[n]$ 用 $h_1[n]$、$h_2[n]$ 和 $h_3[n]$ 表示出来.
（2）用（1）的结果具体计算 $h[n]$，并画出 $h[n]$ 的波形.

题图 2-21

▶ 提高题

2-22 【考研真题-冲激响应】已知连续线性时不变系统

$$y(t) = \frac{1}{T} \int_{t-T/2}^{t+T/2} x(\tau)\,\mathrm{d}\tau,$$

其中，$T > 0$，求系统的冲激响应并画出其波形.

2-23 【卷积的时域尺度变换性质】若 $x(t) * g(t) = c(t)$，证明：$x(at) * g(at) = \left|\dfrac{1}{a}\right| c(at)$. 这是卷积的时域尺度变换性质，即如果 $x(t)$ 和 $g(t)$ 都以因子 a 进行时域尺度变换，则它们的卷积也以因子 a 进行时域尺度变换（并乘以 $|1/a|$）.

2-24 【考研真题-典型连续信号的表示和卷积】已知题图2-24所示三角形脉冲 $x(t)$，请画出当 $T = 1.5$ 时周期冲激脉冲序列 $\delta_\mathrm{T}(t) = \sum\limits_{n=-\infty}^{+\infty} \delta(t - nT)$ 和 $y(t) = x(t) * \delta_\mathrm{T}(t)$ 的波形.

2-25 【卷积的计算】已知某RC电路的冲激响应为 $h(t) = \mathrm{e}^{-t} u(t)$，计算卷积 $y(t) = h(t) * h(-t)$，并指出 $y(t)$ 的最大值所在时间点，以及 $y(t)$ 波形的对称性（奇函数或偶函数）.

2-26 【正弦信号经过一阶系统】对某冲激响应为 $h(t) = \mathrm{e}^{-2t} u(t)$ 的线性时不变系统，求输入为 $x(t) = \sin 3t \cdot u(t)$ 时系统的零状态响应 $y(t)$.

2-27 【上升时间】系统的上升时间一般定义为单位阶跃响应从其稳态值的10%上升到90%所需的时间，是反映系统响应速度的指标. 题图2-27所示为一个线性时不变系统的冲激响应 $h(t)$，在图示之外的区间上，$h(t) = 0$. 本题将单位阶跃信号加入时刻到开始达到稳态所需的时间定义为上升时间，求该系统的上升时间 T_r.

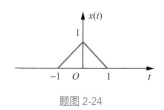

题图 2-24

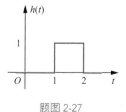

题图 2-27

2-28 【差分方程求解】由差分方程 $y[n]-2y[n-1]+y[n-2]=x[n]$ 描述的因果离散系统，输入为 $x[n]=u[n]$，起始状态为 $y[-1]=y[-2]=0$，求该系统的响应.

2-29 【离散系统的稳定性】证明：脉冲响应绝对可和是离散系统稳定的必要条件. 提示：设法找到一个有界的输入 $x[n]$，使得对某些时刻 n_0，有 $|y[n_0]|=\sum\limits_{m=-\infty}^{+\infty}|h[m]|$.

2-30 【考研真题-连续卷积与卷积和综合】在数字通信系统设计中，设计者通常采用均衡器来补偿信道特性不理想造成的失真，以减少系统接收端采样时刻的码间干扰. 该均衡器可以采用横向滤波器来实现，可视为一个线性时不变系统，其单位冲激响应为 $g_{\mathrm{E}}(t)=\sum\limits_{m=-\infty}^{+\infty}w[m]\delta(t-mT_{\mathrm{b}})$，

这里 $w[n]=\left\{\dfrac{2}{9},\ \underset{\underset{n=0}{\uparrow}}{\dfrac{8}{9}},\ -\dfrac{2}{9}\right\}$ 为横向滤波器的系数，$T_{\mathrm{b}}>0$ 表示比特间隔，$\delta(t)$ 为单位冲激函数.

题图2-30所示为系统的具体实现框图，其中 $h_1(t)$ 表示均衡前数字通信系统的冲激响应，该系统可看作一个线性时不变系统. 对 $h_1(t)$ 进行抽样，得到的离散序列为 $h_{1\mathrm{d}}[n]=h_1(t)\big|_{t=nT_{\mathrm{b}}}$，这里设 $h_{1\mathrm{d}}[n]=\left\{-\dfrac{1}{4},\ \underset{\underset{n=0}{\uparrow}}{1},\ \dfrac{1}{4}\right\}$. 如题图2-30所示，具有均衡器的数字通信系统的冲激响应为 $h(t)$，对

习题2-30讲解
（考研真题-连续卷积与卷积和综合）

$h(t)$ 进行抽样，得到一个离散序列 $h_{\mathrm{d}}[n]=h(t)\big|_{t=nT_{\mathrm{b}}}$. 为了衡量采样时刻码间干扰的大小，定义一个参数，称为峰值畸变，可表示为 $D=\dfrac{1}{h_{\mathrm{d}}[0]}\sum\limits_{\substack{n=-\infty\\n\neq0}}^{+\infty}|h_{\mathrm{d}}[n]|$. 求上述系统的峰值畸变.

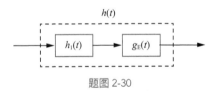

题图 2-30

▶计算机实践题

C2-1 【连续系统的仿真】对于题图C2-1所示电路，其微分方程可以表示为

$$\frac{\mathrm{d}v_C(t)}{\mathrm{d}t}+av_C(t)=ax(t),$$

其中，$a=\dfrac{1}{RC}$. 在下面的仿真中设 $RC=0.001\ \mathrm{s}$，抽样频率 $f_{\mathrm{s}}=16000$ 样值/s，利用计算机仿真绘制下列激励信号及其响应在 0~0.05 s 的波形.

（1）$x(t)=\cos(500t)$　　　　（2）$x(t)=u[\cos(500t)]$

（3）$x(t)=\cos(2000t)$　　　　（4）$x(t)=u[\cos(2000t)]$

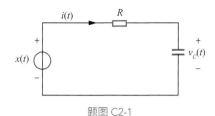

题图 C2-1

C2-2【冲激响应】对于题图C2-2所示电路，其微分方程可以表示为

$$\frac{\mathrm{d}^2 v_C(t)}{\mathrm{d}t^2} + \frac{R}{L}\frac{\mathrm{d}v_C(t)}{\mathrm{d}t} + \frac{1}{LC}v_C(t) = \frac{1}{LC}x(t),$$

设 $L = 1\,\mathrm{H}$，$C = 1\,\mathrm{F}$，通过计算机仿真观察电阻 R 取下列数值时系统的冲激响应在 $0\sim 50\,\mathrm{s}$ 的波形.

（1）$R = 0\ \Omega$ 　　　　（2）$R = 0.2\ \Omega$ 　　　　（3）$R = 2\ \Omega$ 　　　　（4）$R = 5\ \Omega$

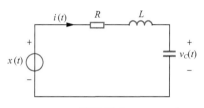

题图 C2-2

C2-3【卷积的数值计算】为了利用数值方法计算两个连续信号 $x_a(t)$ 和 $h_a(t)$ 的卷积 $y_a(t) = x_a(t) * h_a(t)$，需要对连续信号进行抽样. 记 $x[n] = x_a(nT_s)$，$h[n] = h_a(nT_s)$，T_s 为两个样值的时间间隔，则卷积可利用样值的卷积和近似表示为

$$y_a(nT_s) \approx y[n] = T_s\left(x[n] * h[n]\right),$$

设 $x_a(t) = u(t) - u(t-5)$，$h_a(t) = \mathrm{e}^{-t}u(t)$.

（1）利用解析法求出 $y_a(t) = x_a(t) * h_a(t)$.

（2）利用不同的抽样间隔 T_s 计算在 $0\sim 10\,\mathrm{s}$ 的连续卷积的近似结果，并与理论结果进行比较.

重点习题答案
速查

第**3**章

连续信号的频域分析

第1章和第2章我们分别学习了信号的时域描述、运算以及信号经过系统的时域分析方法. 信号 $e^{j\omega t}$ 可以看作数学上的单频信号，在2.7节我们看到，其经过系统后的响应为 $e^{j\omega t}$ 和一个与其频率 ω 有关的复数相乘，这体现了系统的频率响应特性. 因为系统具有对不同频率成分作用不同的特性，所以可以将信号分解成不同的频率成分，分别通过系统，求得各自响应后再叠加，由此引入了信号和系统的频域分析方法.

最具代表性的频域分析方法是傅里叶分析，最早是由傅里叶在《热的解析理论》中提出的. 傅里叶提出并证明了周期函数可以展开为成谐波关系的三角函数的级数，即傅里叶级数，其作为最强有力的数学工具之一深深影响了整个现代物理学，并在信号处理、通信、图像处理及人工智能等领域有着深远影响及广泛应用.

本章介绍信号的频域分析，第4章将介绍系统的频域分析. 本章将在介绍信号正交函数展开的基础上，引入周期信号的傅里叶级数表示，即将周期信号表示成不同频率的正弦（或虚指数）信号之和，即信号的频域分布；进而将频谱表示法延伸到非周期信号，引入傅里叶变换，借助奇异函数打破傅里叶变换存在的"绝对可积"条件限制，将其适用范围推广到更多信号，如周期信号、阶跃函数等，从而形成统一的傅里叶变换分析法.

傅里叶变换的
应用实例

⟳ 本章学习目标

（1）了解正交函数集，了解完备正交函数集的概念.

（2）掌握三角函数形式傅里叶级数展开方法.

（3）掌握三角函数形式傅里叶级数与谐波形式傅里叶级数的转换方法，掌握单边频谱图（幅频图和相频图）的画法和意义.

（4）掌握复指数形式傅里叶级数的意义和双边频谱图（幅频图和相频图）的画法和意义.

（5）掌握信号功率谱系数的概念及与傅里叶级数分解对应的帕塞瓦尔定理.

（6）掌握傅里叶变换的定义和物理意义，掌握典型信号的傅里叶变换方法.

（7）熟练掌握傅里叶变换的基本性质，理解时域变化与频域变化的对应关系.

（8）掌握周期信号傅里叶变换的特点和求解方法.

（9）了解相关运算和相关定理.

（10）掌握信号能量谱密度的概念，了解信号功率谱密度的概念，掌握傅里叶变换形式的帕塞瓦尔定理.

3.1 信号的正交函数分解

信号表示与矢量表示之间存在许多相似之处. 类比矢量分解的思路, 不仅可以使一些信号分析的抽象问题便于理解, 而且使我们从数学中"矢量空间"的视角探讨在信号表示、分析与处理中遇到的更深层次问题, 借助矢量正交和正交分解方法, 本节介绍信号的正交函数分解, 为读者后续学习信号的傅里叶级数做铺垫.

3.1.1 矢量正交与正交分解

1. 矢量的正交

假设二维矢量空间中有两个矢量 V_1 和 V_2, 当用矢量 V_2 来近似表示 V_1 时, 有

$$V_1 \approx C_{12} V_2 , \tag{3.1.1}$$

其中, C_{12} 是一个标量, 表示用 V_2 近似表示 V_1 时的系数. 此时, 用矢量 $C_{12} V_2$ 近似表示 V_1 产生的表示误差记为误差矢量 V_e, 有

$$V_e = V_1 - C_{12} V_2 . \tag{3.1.2}$$

式 (3.1.2) 中 3 个矢量构成了矢量三角形. 如图 3.1.1 (a) 所示, 由矢量 V_1 的顶端向矢量 V_2 作垂线, 在矢量 V_2 的方向上得到 V_1 的投影分量 $C_{12} V_2$ 用来近似表示 V_1, 垂线构成的矢量即为当前的误差矢量 V_e.

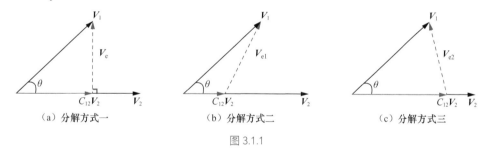

（a）分解方式一　　　　　（b）分解方式二　　　　　（c）分解方式三

图 3.1.1

图 3.1.1 (a) 所示的用垂直投影分量来近似表示 V_1, 如图 3.1.1 (b) 和图 3.1.1 (c) 所示, 矢量 V_1 可以利用 V_2 表示为不同的近似结果 $C_{12} V_2$ 和 $C_{12} V_2$, 产生的误差矢量分别为 V_{e1} 和 V_{e2}.

可以想象, 随着 C_{12} 的大小变化, 可以产生不同的近似表示, 但存在一种表示方式可以使矢量 $C_{12} V_2$ 尽可能接近 V_1, 即该表示方式产生的误差矢量最小. 从图 3.1.1 中可明显看出, 在 3 个误差矢量 V_e、V_{e1} 和 V_{e2} 中, V_e 的模长最短, 因为它是从矢量 V_1 顶端引到 V_2 的垂线. 由此可见, $C_{12} V_2$ 是唯一能满足误差矢量最小要求的投影分量, 即垂直投影得到的 $C_{12} V_2$ 可以最佳近似表示矢量 V_1.

进一步从数学上讨论误差矢量. 定义垂直投影分量 $C_{12} V_2$ 中的 C_{12} 为投影系数, 矢量 V_1 和 V_2 的模分别用 $\|V_1\|_2$ 和 $\|V_2\|_2$ 表示, 两矢量的夹角为 θ. 此时, 矢量 V_1、$C_{12} V_2$ 和 V_e 构成了直角三角形, 由直角三角形的斜边公式可得

$$C_{12} \|V_2\|_2 = \|V_1\|_2 \cos\theta = \frac{\|V_2\|_2 \|V_1\|_2 \cos\theta}{\|V_2\|_2} ,$$

其中 $\|V_k\|_2$ 为矢量 $V_k (k=1,2)$ 的二范数, 表示矢量的模长.

矢量分解与
误差的关系

进而有

$$C_{12} = \frac{V_1 \cdot V_2}{V_2 \cdot V_2}. \tag{3.1.3}$$

利用解析法也能得到上述 C_{12} 的表达式．仍以二维矢量为例，在 V_1 和 V_2 两矢量所处的平面中任意选定一个直角坐标系，并令坐标轴的单位矢量为 i 和 j，于是 V_1 和 V_2 可表示为

$$V_1 = V_{11}i + V_{12}j ,$$

$$V_2 = V_{21}i + V_{22}j ,$$

此时，误差矢量 V_e 为

$$V_e = V_1 - C_{12}V_2 = (V_{11} - C_{12}V_{21})i + (V_{12} - C_{12}V_{22})j ,$$

下面求使误差矢量 V_e 的模长 $\|V_e\|_2$ 最小的参数 C_{12}．因为 $\|V_e\|_2$ 的取值为非负数，所以为使 $\|V_e\|_2$ 最小，令 $\|V_e\|_2^2$ 最小即可，有

$$\|V_e\|_2^2 = (V_{11} - C_{12}V_{21})^2 + (V_{12} - C_{12}V_{22})^2 = \sum_{k=1}^{2}(V_{1k} - C_{12}V_{2k})^2 . \tag{3.1.4}$$

式（3.1.4）是 $\|V_e\|_2^2$ 关于 C_{12} 的函数，采用函数求极值的方法对变量 C_{12} 求偏导，有

$$\frac{\partial}{\partial C_{12}} \sum_{k=1}^{2}(V_{1k} - C_{12}V_{2k})^2 = 0 ,$$

$$\sum_{k=1}^{2}(-2V_{1k}V_{2k} + 2C_{12}V_{2k}^2) = 0.$$

因此使 $\|V_e\|_2^2$ 为最小值，即 $\|V_e\|_2$ 为最小值的 C_{12} 为

$$C_{12} = \frac{\sum_{k=1}^{2} V_{1k}V_{2k}}{\sum_{k=1}^{2} V_{2k}^2} = \frac{V_1 \cdot V_2}{V_2 \cdot V_2}. \tag{3.1.5}$$

投影系数 C_{12} 是用矢量 V_2 表示 V_1 时 V_2 的系数，标志着矢量 V_1 与 V_2 的相似程度．$C_{12}V_2$ 的物理意义是矢量 V_1 在 V_2 方向上的投影分量，当矢量夹角 $\theta=0°$ 时，投影分量最大，投影系数 C_{12} 取得最大值；随着 θ 增大，C_{12} 逐渐减小；当 $\theta = 90°$ 时，$C_{12} = 0$．$C_{12} = 0$ 表示矢量 V_1 在矢量 V_2 方向上没有分量，此时称 V_1 和 V_2 为正交矢量，即 $V_1 \perp V_2$．因此，得出两矢量正交的条件为

$$V_1 \cdot V_2 = 0 . \tag{3.1.6}$$

矢量正交表明两矢量无关，上述结论同样可以推广到 n 维矢量空间．

2. 矢量的正交分解

现在我们换个思路考虑矢量的分解问题，将其理解为矢量 V_1 可以分解为一个投影分量 $C_{12}V_2$ 和一个误差矢量 V_e，即

$$V_1 = C_{12}V_2 + V_e . \tag{3.1.7}$$

根据前面所学，我们知道矢量 V_2 和 V_e 相互正交，这两个矢量构成了一个二维矢量空间的"正交矢量集"．不止矢量 V_1，二维空间中的任意矢量均可分解为这两个矢量的线性组合，即二维矢量的正交分解．同时，二维空间中的任意一组相互正交的矢量均可组成"正交矢量集"．

将此概念推广，一个三维空间中的矢量可以由三维的正交矢量集线性组合来表示，但不能

用二维正交矢量集去表示三维空间的矢量．正如只用一个矢量 V_2 近似表示二维矢量 V_1 会产生误差，三维矢量空间需要三个正交矢量来构成"完备正交矢量集"，才可用来无误差表示三维矢量．n 维矢量空间同理．

3.1.2　信号的正交函数分解

1. 实信号的正交性

本小节我们通过 3.1.1 小节中研究矢量正交的方法来学习两实信号正交的概念．假设有两个定义在 $(t_1,\,t_2)$ 时间段的实信号 $f_1(t)$ 和 $f_2(t)$，当用 $f_2(t)$ 近似表示 $f_1(t)$ 时，有

$$f_1(t) \approx C_{12} f_2(t) \qquad t \in (t_1,\,t_2)，\tag{3.1.8}$$

误差信号为

$$f_e(t) = f_1(t) - C_{12} f_2(t) \qquad t \in (t_1,\,t_2)．\tag{3.1.9}$$

3.1.1 小节中定义最佳投影系数 C_{12} 使误差矢量长度最小，这里我们同样规定 C_{12} 的取值使 $C_{12} f_2(t)$ 近似表示 $f_1(t)$ 时造成的误差 $f_e(t)$ "最小"．这里所说的"误差最小"不是指平均误差最小，因为有可能正误差和负误差在平均过程中相互抵消，以至于不能正确反映两函数的近似程度．通常选取误差的均方值（或称方均值）最小，这时可认为获得了最佳近似表示．误差的均方值常称为方均误差，即信号在区间 $(t_1,\,t_2)$ 的平均功率，可表示为

$$\begin{aligned}
\overline{\varepsilon^2} &= \frac{1}{t_2 - t_1} \int_{t_1}^{t_2} \left[f_e(t) \right]^2 \mathrm{d}t \\
&= \frac{1}{t_2 - t_1} \int_{t_1}^{t_2} \left[f_1(t) - C_{12} f_2(t) \right]^2 \mathrm{d}t
\end{aligned}\tag{3.1.10}$$

此时，求方均误差最小的问题转化为使 $\overline{\varepsilon^2}$ 取最小值时 C_{12} 的取值，同样采用函数求极值的方法来解决．

令

$$\frac{\mathrm{d}}{\mathrm{d}C_{12}} \overline{\varepsilon^2} = 0，$$

则有

$$\frac{\mathrm{d}}{\mathrm{d}C_{12}} \left[\int_{t_1}^{t_2} \left[f_1(t) - C_{12} f_2(t) \right]^2 \mathrm{d}t \right] = 0，$$

交换微分和积分的次序，整理可得

$$\int_{t_1}^{t_2} \left[-2 f_1(t) f_2(t) + 2 C_{12} f_2^2(t) \right] \mathrm{d}t = 0，$$

得出

$$C_{12} = \frac{\displaystyle\int_{t_1}^{t_2} f_1(t) f_2(t) \mathrm{d}t}{\displaystyle\int_{t_1}^{t_2} f_2^2(t) \mathrm{d}t}．\tag{3.1.11}$$

实信号正交分解与方均误差的关系

C_{12} 表示的是 $f_1(t)$ 中 $f_2(t)$ 的含量，称为 $f_1(t)$ 中 $f_2(t)$ 分量的系数，也称为 $f_1(t)$ 在 $f_2(t)$ 上的投影系数．方均误差越小，表明信号 $f_1(t)$ 和 $f_2(t)$ 越相似，$C_{12} f_2(t)$ 可以更准确地用来逼近

$f_1(t)$. 如果 $C_{12}=0$，则说明 $f_1(t)$ 不包含 $f_2(t)$ 分量，这种情况称为 $f_1(t)$ 与 $f_2(t)$ 正交，于是得出 $f_1(t)$ 与 $f_2(t)$ 正交的条件为

$$\int_{t_1}^{t_2} f_1(t) f_2(t) \mathrm{d}t = 0 . \qquad (3.1.12)$$

满足此条件时，我们称 $f_1(t)$ 和 $f_2(t)$ 在 (t_1, t_2) 区间内互为正交信号或正交函数. 注意，这是信号正交的充分条件，但不是必要条件，如果扩展到全时域情况，式（3.1.11）的分子不为0但是有界，分母趋于无穷，两个信号也是正交的.

容易证明，$f_1(t)$ 减去 $C_{12}f_2(t)$ 后就不再包含 $f_2(t)$ 分量了，即 $f_e(t) = f_1(t) - C_{12}f_2(t)$ 与 $f_2(t)$ 相互正交.

【例3.1.1】 已知信号 $f_1(t)$ 和 $f_2(t)$ 表示如下：

$$f_1(t) = \begin{cases} +1 & 0 < t < \pi \\ -1 & \pi < t < 2\pi \end{cases}, \qquad f_2(t) = \sin(t) \qquad 0 \leqslant t \leqslant 2\pi .$$

在区间 $(0, 2\pi)$ 内，在方均误差最小原则下求实信号 $f_1(t)$ 中的 $f_2(t)$ 分量.

解 设

$$f_1(t) = C_{12} f_2(t) + f_e(t) ,$$

由式（3.1.11）可知，为使方均误差最小，C_{12} 应满足

$$C_{12} = \frac{\int_0^{2\pi} f_1(t) \sin t \, \mathrm{d}t}{\int_0^{2\pi} \sin^2 t \, \mathrm{d}t} = \frac{4}{\pi} .$$

所以，在区间 $(0, 2\pi)$ 内，实信号 $f_1(t)$ 含有的 $f_2(t)$ 分量为 $\frac{4}{\pi} f_2(t)$，如图3.1.2所示.

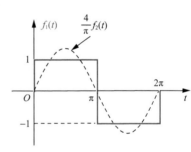

图 3.1.2

【例3.1.2】 在区间 $(0, 2\pi)$ 内，求正弦函数 $\sin(t)$ 中的余弦函数 $\cos(t)$ 分量.

解 设

$$\sin(t) = C_{12} \cos(t) + f_e(t) ,$$

由于

$$\cos(t)\sin(t) = \frac{\sin(2t)}{2} ,$$

可得

$$\int_0^{2\pi} \cos(t)\sin(t) \mathrm{d}t = \int_0^{2\pi} \frac{\sin(2t)}{2} \mathrm{d}t = 0 ,$$

由式（3.1.11）可知

$$C_{12} = \frac{\int_0^{2\pi} \cos(t)\sin(t)\,\mathrm{d}t}{\int_0^{2\pi} \cos^2(t)\,\mathrm{d}t} = 0,$$

说明正弦函数 $\sin(t)$ 在一个周期内不包含余弦函数 $\cos(t)$ 分量，或者说 $\cos(t)$ 与 $\sin(t)$ 两函数在一个周期内是正交的.

▲

2. 正交函数集

前面我们讨论了函数 $f_1(t)$ 用函数 $f_2(t)$ 近似表示的情况，进而讨论了两个函数正交的特殊情况. 那么如何用 n 个函数构成的函数集来近似表示信号 $f(t)$ 呢？

假设有 n 个函数 $\varphi_1(t), \varphi_2(t), \cdots, \varphi_n(t)$，若它们在区间 (t_1, t_2) 内满足如下条件

$$\int_{t_1}^{t_2} \varphi_i(t)\varphi_j(t)\,\mathrm{d}t = \begin{cases} 0 & i \neq j \\ K_r \neq 0 & i = j \end{cases}, \tag{3.1.13}$$

则称此函数集为正交函数集.

令任一函数 $f(t)$ 在区间 (t_1, t_2) 内由这 n 个相互正交的函数的线性组合来近似表示：

$$f(t) \approx C_1\varphi_1(t) + C_2\varphi_2(t) + \cdots + C_n\varphi_n(t)$$
$$= \sum_{r=1}^{n} C_r\varphi_r(t) \tag{3.1.14}$$

此时产生的方均误差为

$$\overline{\varepsilon^2} = \frac{1}{t_2 - t_1}\int_{t_1}^{t_2}\left[f(t) - \sum_{r=1}^{n} C_r\varphi_r(t)\right]^2 \mathrm{d}t. \tag{3.1.15}$$

需要求取一组系数 $\{C_r\}$（$r = 1, 2, \cdots, n$）使方均误差 $\overline{\varepsilon^2}$ 取得最小值，采用上面求实信号 $f_1(t)$ 用 $f_2(t)$ 最佳近似表示时的 C_{12} 值的方法，可求得用此正交函数集来近似表示函数 $f(t)$ 时，$f(t)$ 在各个基函数 $\varphi_r(t)$ 上的投影系数

$$C_r = \frac{\int_{t_1}^{t_2} f(t)\varphi_r(t)\,\mathrm{d}t}{\int_{t_1}^{t_2} \varphi_r^2(t)\,\mathrm{d}t} \quad r = 1, 2, \cdots, n. \tag{3.1.16}$$

当按照式（3.1.16）选取投影系数 C_r 时，将 C_r 代回方均误差 $\overline{\varepsilon^2}$ 表达式（3.1.15）得到该近似条件下的方均误差

$$\overline{\varepsilon^2} = \frac{1}{t_2 - t_1}\int_{t_1}^{t_2}\left[f(t) - \sum_{r=1}^{n} C_r\varphi_r(t)\right]^2 \mathrm{d}t$$

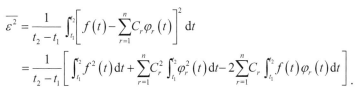

$$= \frac{1}{t_2 - t_1}\left[\int_{t_1}^{t_2} f^2(t)\,\mathrm{d}t + \sum_{r=1}^{n} C_r^2 \int_{t_1}^{t_2} \varphi_r^2(t)\,\mathrm{d}t - 2\sum_{r=1}^{n} C_r \int_{t_1}^{t_2} f(t)\varphi_r(t)\,\mathrm{d}t\right].$$

由 $\int_{t_1}^{t_2} \varphi_r^2(t)\,\mathrm{d}t = K_r$，$\int_{t_1}^{t_2} f(t)\varphi_r(t)\,\mathrm{d}t = C_r K_r$ 得到

$$\overline{\varepsilon^2} = \frac{1}{t_2 - t_1}\left[\int_{t_1}^{t_2} f^2(t)\,\mathrm{d}t - \sum_{r=1}^{n} C_r^2 K_r\right]. \tag{3.1.17}$$

若式（3.1.13）中 $K_r = 1$，则称此函数集为"规范化正交函数集"（或"归一化正交函数集"）. 当把函数 $f(t)$ 近似为规范化正交函数的线性组合时，投影系数 C_r 和方均误差 $\overline{\varepsilon^2}$ 可分别表示为

$$C_r = \int_{t_1}^{t_2} f(t)\varphi_r(t)\mathrm{d}t \quad r \leqslant n , \qquad (3.1.18)$$

$$\overline{\varepsilon^2} = \frac{1}{t_2 - t_1}\left[\int_{t_1}^{t_2} f^2(t)\mathrm{d}t - \sum_{r=1}^{n} C_r^2\right] . \qquad (3.1.19)$$

【例3.1.3】 证明：三角函数集 $\{\sin(k\omega_1 t),\ \cos(k\omega_1 t)\}$ $(k=0,\ 1,\ 2,\ \cdots)$ 在区间 $(0,T)\left(T = \dfrac{2\pi}{\omega_1}\right)$ 内是正交函数集.

证明　设 n 和 m 为正整数，由三角函数积化和差公式，得

$$\sin(n\omega_1 t)\sin(m\omega_1 t) = \frac{1}{2}\left\{-\cos\left[(n+m)\omega_1 t\right] + \cos\left[(n-m)\omega_1 t\right]\right\} ,$$

$$\cos(n\omega_1 t)\cos(m\omega_1 t) = \frac{1}{2}\left\{\cos\left[(n+m)\omega_1 t\right] + \cos\left[(n-m)\omega_1 t\right]\right\} ,$$

于是有

$$\int_0^T \sin(n\omega_1 t)\sin(m\omega_1 t)\mathrm{d}t = \begin{cases} 0 & n \neq m \\ \dfrac{1}{2}T & n = m \end{cases} ,$$

$$\int_0^T \cos(n\omega_1 t)\cos(m\omega_1 t)\mathrm{d}t = \begin{cases} 0 & n \neq m \\ \dfrac{1}{2}T & n = m \end{cases} ,$$

$$\int_0^T \sin(n\omega_1 t)\cos(m\omega_1 t)\mathrm{d}t = 0 .$$

当 $n = 0$ 时，$\sin(n\omega_1 t) = 0,\ \cos(n\omega_1 t) = 1$，1 与函数集中 $n \neq 0$ 对应的项都是正交的.

所以该函数集满足条件式（3.1.13），是正交函数集.

3. 复信号的正交性

上述讨论均限定信号为实信号，当 $f_1(t)$ 和 $f_2(t)$ 为复信号时，同样用 $C_{12}f_2(t)$ 近似表示 $f_1(t)$，此时投影系数 C_{12} 变为

$$C_{12} = \frac{\int_{t_1}^{t_2} f_1(t)f_2^*(t)\mathrm{d}t}{\int_{t_1}^{t_2} f_2(t)f_2^*(t)\mathrm{d}t} . \qquad (3.1.20)$$

两个复信号正交的条件为

$$\int_{t_1}^{t_2} f_1(t)f_2^*(t)\mathrm{d}t = 0 . \qquad (3.1.21)$$

若在区间 (t_1, t_2) 内，复变函数集 $\{\varphi_r(t)\}$ $(r = 1, 2, \cdots, n)$ 满足关系

$$\int_{t_1}^{t_2} \varphi_i(t)\varphi_j^*(t)\mathrm{d}t = \begin{cases} 0 & i \neq j \\ K_r \neq 0 & i = j \end{cases} . \qquad (3.1.22)$$

两个复信号正交条件证明

则此复变函数集为正交函数集.

【例3.1.4】 证明：指数函数集 $\left\{ \mathrm{e}^{jk\omega_1 t} \right\}$ （ $k = 0, \pm 1, \pm 2, \cdots$ ）在区间$(0, T)$（其中 $T = \dfrac{2\pi}{\omega_1}$ ）内是正交函数集.

证明 令 n, m 为任意整数，$g_n(t) = \mathrm{e}^{jn\omega_1 t}$ ，$g_m(t) = \mathrm{e}^{jm\omega_1 t}$ ，则

$$\int_0^T g_n(t) g_m^*(t) \mathrm{d}t = \int_0^T \mathrm{e}^{jn\omega_1 t} \mathrm{e}^{-jm\omega_1 t} \mathrm{d}t = \int_0^T \mathrm{e}^{j(n-m)\omega_1 t} \mathrm{d}t ，$$

当 $n = m$ 时

$$\int_0^T \mathrm{e}^{j(n-m)\omega_1 t} \mathrm{d}t = \int_0^T 1 \mathrm{d}t = T ，$$

当 $n \neq m$ 时

$$\int_0^T \mathrm{e}^{j(n-m)\omega_1 t} \mathrm{d}t = \int_0^T \cos\left[(n-m)\omega_1 t\right] \mathrm{d}t + j \int_0^T \sin\left[(n-m)\omega_1 t\right] \mathrm{d}t = 0,$$

说明函数集中任意两个不相同的函数都是正交的，满足式（3.1.22）中复函数集为正交函数集的定义，所以该函数集是正交函数集.

3.1.3 完备正交函数集

在线性代数中我们学到过 n 维空间中的任一矢量可以由 n 个相互正交的矢量线性组合而成. 而3.1.2小节中用正交函数集 $\left\{ \varphi_r(t) \right\}$ （ $r = 1, 2, \cdots, n$ ）来最佳近似表示 $f(t)$ 仍产生了方均误差 $\overline{\varepsilon^2}$ ，如式（3.1.19）所示. 原因是连续信号 $f(t)$ 的维度为无穷大，其每一个分量都代表着一个维度，使用包含有限个元素的正交函数集来表示维度为无穷大的信号 $f(t)$ 必然会产生误差. 那么是否存在元素数量 n 为无穷的正交函数集 $\left\{ \varphi_r(t) \right\}$ （ $r = 1, 2, \cdots, n$ ），可以通过其线性组合无误差地表示 $f(t)$？若 $f(t)$ 满足条件

$$f(t) = \lim_{n \to +\infty} \sum_{r=1}^n C_r \varphi_r(t), \tag{3.1.23}$$

则产生的方均误差为

$$\overline{\varepsilon^2} = \frac{1}{t_2 - t_1} \lim_{n \to +\infty} \int_{t_1}^{t_2} \left[f(t) - \sum_{r=1}^n C_r \varphi_r(t) \right]^2 \mathrm{d}t = 0 . \tag{3.1.24}$$

满足上述两式的正交函数集称为该信号空间的完备正交函数集，其中的函数称为基函数. 对于连续信号，其对应空间的完备正交函数集的元素个数往往是无穷的. 由式（3.1.17）可得，如果 $\overline{\varepsilon^2} = 0$ ，则有

$$\int_{t_1}^{t_2} f^2(t) \mathrm{d}t = \sum_{r=1}^n C_r^2 K_r . \tag{3.1.25}$$

若采用规范化完备正交函数集，有 $K_r = 1$ （ $r = 1, 2, \cdots, n$ ），则

$$\int_{t_1}^{t_2} f^2(t) \mathrm{d}t = \sum_{r=1}^n C_r^2 . \tag{3.1.26}$$

式（3.1.25）和式（3.1.26）的约束关系被称为帕塞瓦尔（Parseval）定理，其中

$K_r = \int_{t_1}^{t_2} \varphi_r(t)\varphi_r(t)\mathrm{d}t$，表示基函数的能量．帕塞瓦尔定理表明：一个信号所含有的能量（功率）恒等于此信号在完备正交函数集中各分量的能量（功率）之和．

连续信号空间中的 $\{\sin(k\omega_1 t),\ \cos(k\omega_1 t)\}$（$k = 0, 1, 2, \cdots$）是最常用到的完备正交函数集，它是3.2节介绍的三角函数形式傅里叶级数展开的基函数．除了三角函数集构成的完备正交函数集外，勒让德（Legendre）多项式 $p_n(t) = \left\{ \dfrac{1}{2^n n!} \dfrac{\mathrm{d}^n}{\mathrm{d}t^n}\left(t^2 - 1\right)^n \right\}$（$n = 0, 1, 2, \cdots$）在 $(-1,1)$ 区间内是

信号空间

完备正交函数集，沃尔什（Walsh）函数集 $\{\varphi_n(t)\}$ 在 $(0,1)$ 区间内也是完备正交函数集．还有切比雪夫（Chebyshev）多项式、雅可比（Jacobi）多项式、埃尔米特（Hermite）多项式、贝塞尔（Bessel）函数和小波（Wavelet）变换基函数等，它们都可以构成完备正交函数集．由不同的完备正交函数集可以引出不同的信号变换类型，从不同空间分析和处理信号．

3.2 周期信号的傅里叶级数分析

3.2.1 三角函数形式的傅里叶级数

1. 定义

周期信号可以表示为呈谐波关系的三角函数的线性组合，即可以利用完备正交三角函数集 $\{\sin(k\omega_1 t),\ \cos(k\omega_1 t)\}$（$k = 0, 1, 2, \cdots$）来表示，此线性组合称为三角函数形式的傅里叶级数．对于周期信号 $f(t)$，其周期为 T，基波角频率 $\omega_1 = \dfrac{2\pi}{T}$，则其傅里叶级数表示式为

$$f(t) = a_0 + \sum_{k=1}^{+\infty}\left[a_k\cos(k\omega_1 t) + b_k\sin(k\omega_1 t)\right]. \tag{3.2.1}$$

式（3.2.1）中傅里叶系数 a_0、a_k、b_k 的计算可以利用投影系数公式，并且在计算过程中，没有必要做全时域积分，任取一个周期 T 内的信号求系数即可，可利用式（3.2.2）进行计算：

$$\begin{cases} a_0 = \dfrac{\int_T f(t)\cdot 1\,\mathrm{d}t}{\int_T 1\cdot 1\,\mathrm{d}t} = \dfrac{1}{T}\int_T f(t)\,\mathrm{d}t \\[3mm] a_k = \dfrac{\int_T f(t)\cdot\cos(k\omega_1 t)\,\mathrm{d}t}{\int_T \cos^2(k\omega_1 t)\,\mathrm{d}t} = \dfrac{2}{T}\int_T f(t)\cos(k\omega_1 t)\,\mathrm{d}t \\[3mm] b_k = \dfrac{\int_T f(t)\cdot\sin(k\omega_1 t)\,\mathrm{d}t}{\int_T \sin^2(k\omega_1 t)\,\mathrm{d}t} = \dfrac{2}{T}\int_T f(t)\sin(k\omega_1 t)\,\mathrm{d}t \end{cases} \tag{3.2.2}$$

周期信号要进行傅里叶级数展开，必须满足狄利克雷（Dirichlet）条件：

（1）在一个周期内，如果有间断点存在，则间断点的数目应该是有限个；

（2）在一个周期内，极大值和极小值的个数应该是有限个；

（3）在一个周期内，信号是绝对可积的，即 $\int_{t_0}^{t_0+T}|f(t)|\,\mathrm{d}t$ 等于有限值．

在无特殊说明的情况下，本书所讨论的周期信号均指满足狄利克雷条件的周期信号，后文不再专门注明这一限定条件.

2. 谐波形式的傅里叶级数

将三角函数形式的傅里叶级数同频分量合并，可以得到正弦及余弦形式的傅里叶级数

$$f(t) = c_0 + \sum_{k=1}^{+\infty} c_k \cos(k\omega_1 t + \varphi_k) , \tag{3.2.3}$$

$$f(t) = d_0 + \sum_{k=1}^{+\infty} d_k \sin(k\omega_1 t + \theta_k) . \tag{3.2.4}$$

式（3.2.3）和式（3.2.4）中，各项傅里叶系数与式（3.2.1）中各项傅里叶系数的关系如式（3.2.5）所示.

$$\begin{cases} a_0 = c_0 = d_0 \\ c_k = d_k = \sqrt{a_k^2 + b_k^2} \\ a_k = c_k \cos\varphi_k = d_k \sin\theta_k \\ b_k = -c_k \sin\varphi_k = d_k \cos\theta_k \\ \tan\theta_k = \dfrac{a_k}{b_k} \\ \tan\varphi_k = -\dfrac{b_k}{a_k} \end{cases} . \tag{3.2.5}$$

式（3.2.3）表示，任何周期信号均可以表示为直流、基波、谐波分量之和. 这些分量的角频率为基波角频率 ω_1 的整数倍. 我们称 ω_1 为基波角频率，$2\omega_1$ 为二次谐波角频率，$k\omega_1$ 为 k 次谐波角频率；相应的 c_0 为直流分量，c_1 为基波分量的振幅，c_k 为 k 次谐波分量的振幅；φ_1 为基波初相位，φ_k 为 k 次谐波初相位. 各分量的幅度 c_k 和相位 φ_k 均为 $k\omega_1$ 的函数.

3. 单边频谱

为了简单、直观地表示各频率分量振幅和相位随频率变化的情况，可以由上述振幅 c_k、相位 φ_k 与各次谐波角频率 $k\omega_1$（$k = 0, 1, 2, \cdots$）的关系绘制出频谱图，称为单边频谱. 周期信号的频谱只会出现在0和 ω_1 的整数倍频率点之上，这种频谱称为离散谱，它是周期信号频谱的主要特点.

3.2.2 指数函数形式的傅里叶级数

1. 定义

根据欧拉公式，可以由谐波形式的傅里叶级数推导出指数函数形式的傅里叶级数，此时对应的基底函数为指数函数集 $\{e^{jk\omega_1 t}\}$（$k = 0, \pm 1, \pm 2, \cdots$）.

$$\begin{aligned} f(t) &= c_0 + \sum_{k=1}^{+\infty} c_k \cos(k\omega_1 t + \varphi_k) \\ &= c_0 + \sum_{k=1}^{+\infty} c_k \cdot \frac{e^{j(k\omega_1 t + \varphi_k)} + e^{-j(k\omega_1 t + \varphi_k)}}{2} \\ &= c_0 + \sum_{k=1}^{+\infty} \frac{c_k e^{j\varphi_k}}{2} \cdot e^{jk\omega_1 t} + \sum_{k=-\infty}^{-1} \frac{c_{-k} e^{j\varphi_{-k}}}{2} \cdot e^{jk\omega_1 t} \\ &= \sum_{k=-\infty}^{+\infty} F_k \cdot e^{jk\omega_1 t} . \end{aligned} \tag{3.2.6}$$

式（3.2.6）中傅里叶系数 F_k 的计算公式为

$$F_k = \frac{1}{T} \int_{t_0}^{t_0+T} f(t) \mathrm{e}^{-\mathrm{j}k\omega_1 t} \mathrm{d}t. \tag{3.2.7}$$

F_k 通常为一个复数，可将其表示为模及辐角的形式：

$$F_k = |F_k| \, \mathrm{e}^{\mathrm{j}\varphi_k}. \tag{3.2.8}$$

F_k 与三角函数形式的傅里叶系数的关系为

$$
\begin{cases}
F_0 = c_0 = d_0 = a_0 \\
F_k = |F_k| \, \mathrm{e}^{\mathrm{j}\varphi_k} = \dfrac{1}{2}(a_k - \mathrm{j}b_k) \\
F_{-k} = |F_{-k}| \, \mathrm{e}^{-\mathrm{j}\varphi_k} = \dfrac{1}{2}(a_k + \mathrm{j}b_k) \\
|F_k| = |F_{-k}| = \dfrac{1}{2}c_k = \dfrac{1}{2}d_k = \dfrac{1}{2}\sqrt{a_k^2 + b_k^2} \\
\tan \varphi_k = -\dfrac{b_k}{a_k} \\
F_k + F_{-k} = a_k \\
b_k = \mathrm{j}(F_k - F_{-k}) \\
c_k^2 = d_k^2 = a_k^2 + b_k^2 = 4F_k F_{-k}
\end{cases} \tag{3.2.9}
$$

2. 双边频谱

与三角函数形式的傅里叶级数类似，根据指数函数形式傅里叶系数的模和辐角，也可以画出指数形式表示的信号频谱图，称为双边频谱，其自变量 ω 的取值范围为 $-\infty \sim +\infty$．

由于复指数的引入，双边频谱有了负频率，然而负频率在工程应用中是不存在的，只是一种数学上的表示．同时可以看出，对于实数周期信号而言，幅度谱是偶对称的，而相位谱是奇对称的．

对比周期信号的单边频谱（三角函数形式）和双边频谱（指数函数形式），可以看出两种谱线的表示方法实质上是一样的，不同之处在于单边频谱中每一个谱线代表一个频率分量，而双边频谱中，每个分量"一分为二"，正、负频率上对应的两个频率分量相加才得到一个真正的频率分量．

【例3.2.1】 已知周期信号

$$f(t) = 1 + \sqrt{2}\cos(\omega_1 t) + \sqrt{2}\sin(\omega_1 t) - \cos\left(2\omega_1 t + \frac{5\pi}{4}\right) + \frac{1}{2}\sin(3\omega_1 t),$$

画出其单边和双边频谱．

解 将 $f(t)$ 整理成余弦谐波形式，注意振幅取非负值，其符号可通过初相位进行调节．

$$f(t) = 1 + 2\cos\left(\omega_1 t - \frac{\pi}{4}\right) + \cos\left(2\omega_1 + \frac{\pi}{4}\right) + \frac{1}{2}\cos\left(3\omega_1 t - \frac{\pi}{2}\right),$$

由此可以绘制出其单边幅度谱和相位谱，如图3.2.1所示．

进一步将 $f(t)$ 展开成指数函数形式，与三角函数形式类

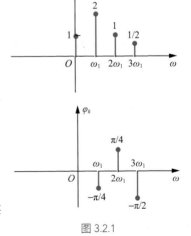

图 3.2.1

似，指数函数形式的模的取值同样是非负的，可得

$$f(t)=1+\left(e^{-j\omega_1 t+j\frac{\pi}{4}}+e^{j\omega_1 t-j\frac{\pi}{4}}\right)+\frac{1}{2}\left(e^{-j2\omega_1 t-j\frac{\pi}{4}}+e^{j2\omega_1 t+j\frac{\pi}{4}}\right)+\frac{1}{4}\left(e^{-j3\omega_1 t+j\frac{\pi}{2}}+e^{j3\omega_1 t-j\frac{\pi}{2}}\right),$$

其双边频谱如图3.2.2所示．

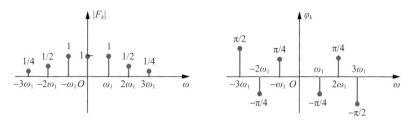

图 3.2.2

从图3.2.2可以看出，该信号对应的基波分量应该为 $k=1$ 和 $k=-1$ 的两个分量之和，即

$$f_1(t)=\underbrace{e^{-j\frac{\pi}{4}}e^{j\omega_1 t}}_{k=1}+\underbrace{e^{j\frac{\pi}{4}}e^{-j\omega_1 t}}_{k=-1}=2\cos\left(\omega_1 t-\frac{\pi}{4}\right).$$

3.2.3　函数的对称性与傅里叶系数的关系

在将周期信号分解为傅里叶级数的时候，当信号是实函数且满足某种对称关系时，傅里叶级数中某些项将呈现一些规律．我们将周期信号的对称性分成偶函数、奇函数、奇谐函数3种情况进行讨论．

1. 偶函数

偶函数形式的周期信号波形关于纵轴对称，即满足

$$f(t)=f(-t). \tag{3.2.10}$$

图3.2.3所示为一个偶函数周期信号．

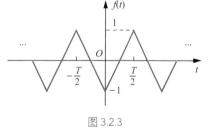

图 3.2.3

此时，$f(t)\cos(k\omega_1 t)$ 为偶函数，而 $f(t)\sin(k\omega_1 t)$ 为奇函数，于是三角函数形式的傅里叶系数为

$$\begin{cases} a_k=\dfrac{2}{T}\displaystyle\int_{-\frac{T}{2}}^{\frac{T}{2}}f(t)\cos(k\omega_1 t)\mathrm{d}t=\dfrac{4}{T}\displaystyle\int_0^{\frac{T}{2}}f(t)\cos(k\omega_1 t)\mathrm{d}t \\[3mm] b_k=\dfrac{2}{T}\displaystyle\int_{-\frac{T}{2}}^{\frac{T}{2}}f(t)\sin(k\omega_1 t)\mathrm{d}t=0 \end{cases}. \tag{3.2.11}$$

由式（3.2.11）可知，偶函数的三角函数形式傅里叶级数不含正弦分量，只含余弦及直流分量．同时，通过式（3.2.9）中三角函数形式与指数函数形式傅里叶级数的系数关系可知

$$F_k=F_{-k}=\frac{a_k}{2},$$

即偶函数周期信号指数函数形式的傅里叶系数 F_k 为实数．

2. 奇函数

奇函数形式的周期信号，其波形关于原点对称，即满足

$$f(t) = -f(-t) \qquad (3.2.12)$$

图3.2.4所示为一个奇函数周期信号.

此时，$f(t)\cos(k\omega_1 t)$ 为奇函数，而 $f(t)\sin(k\omega_1 t)$ 为偶函数，于是傅里叶系数为

$$\begin{cases} a_0 = \dfrac{1}{T} \int_{-\frac{T}{2}}^{\frac{T}{2}} f(t)\mathrm{d}t = 0 \\[3mm] a_k = \dfrac{2}{T} \int_{-\frac{T}{2}}^{\frac{T}{2}} f(t)\cos(k\omega_1 t)\mathrm{d}t = 0 \\[3mm] b_k = \dfrac{2}{T} \int_{-\frac{T}{2}}^{\frac{T}{2}} f(t)\sin(k\omega_1 t)\mathrm{d}t = \dfrac{4}{T} \int_{0}^{\frac{T}{2}} f(t)\sin(k\omega_1 t)\mathrm{d}t \end{cases} \qquad (3.2.13)$$

由式（3.2.13）可知，奇函数的三角函数形式傅里叶级数只含正弦分量，不含余弦分量及直流分量.

3. 奇谐函数

奇谐函数形式的周期信号，其任意半个周期的波形可以由它前面半个周期的波形沿横轴反折得到，即满足

$$f(t) = -f\left(t \pm \frac{T}{2}\right). \qquad (3.2.14)$$

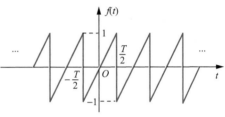

图 3.2.4

图3.2.5所示为一个奇谐函数形式周期信号.

此时计算其三角函数形式的傅里叶系数

$$\begin{aligned} a_k &= \frac{2}{T} \int_{-\frac{T}{2}}^{\frac{T}{2}} f(t)\cos(k\omega_1 t)\mathrm{d}t \\ &= \frac{2}{T} \int_{-\frac{T}{2}}^{0} f(t)\cos(k\omega_1 t)\mathrm{d}t + \frac{2}{T} \int_{0}^{\frac{T}{2}} f(t)\cos(k\omega_1 t)\mathrm{d}t \\ &= \frac{2}{T} \int_{-\frac{T}{2}}^{0} -f\left(t+\frac{T}{2}\right)\cos\left[k\omega_1\left(t+\frac{T}{2}-\frac{T}{2}\right)\right]\mathrm{d}t + \frac{2}{T} \int_{0}^{\frac{T}{2}} f(t)\cos(k\omega_1 t)\mathrm{d}t \\ &= \frac{2}{T} \int_{-\frac{T}{2}}^{0} -f\left(t+\frac{T}{2}\right)\cos\left[k\omega_1\left(t+\frac{T}{2}\right)\right]\cos(k\pi)\mathrm{d}t + \frac{2}{T} \int_{0}^{\frac{T}{2}} f(t)\cos(k\omega_1 t)\mathrm{d}t \\ &= \left[1-\cos(k\pi)\right]\frac{2}{T} \int_{0}^{\frac{T}{2}} f(t)\cos(k\omega_1 t)\mathrm{d}t \\ &= \begin{cases} 0 & k\text{为偶数} \\[2mm] \dfrac{4}{T} \displaystyle\int_{0}^{\frac{T}{2}} f(t)\cos(k\omega_1 t)\mathrm{d}t & k\text{为奇数} \end{cases} \end{aligned} \qquad (3.2.15)$$

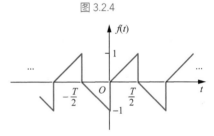

图 3.2.5

同理，可得

$$b_k = \begin{cases} 0 & k\text{为偶数} \\[2mm] \dfrac{4}{T} \displaystyle\int_{0}^{\frac{T}{2}} f(t)\sin(k\omega_1 t)\mathrm{d}t & k\text{为奇数} \end{cases}. \qquad (3.2.16)$$

可以看出，奇谐函数只含正、余弦分量的奇次谐波项，而不含偶次谐波项.

除了函数奇偶性与傅里叶级数的对应规律外，傅里叶级数还具有线性、时移性、时间反转、尺度变换等性质，利用这些性质可以更好地理解时域波形与频谱的对应关系. 考虑到这些性质与

奇谐函数的频
谱特性

傅里叶变换性质类似，这里略去傅里叶级数的性质介绍.

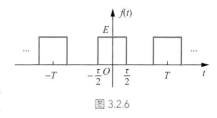

图 3.2.6

3.2.4 周期矩形脉冲信号的频谱

下面以周期矩形脉冲信号为例，分析周期信号的频谱及其特点. 图3.2.6所示为一个脉冲宽度为 τ 、脉冲幅度为 E 、以 T 为周期的周期信号，其中 $\tau < T$.

信号的基波角频率为 $\omega_1 = \dfrac{2\pi}{T}$ ，其三角函数形式的傅里叶级数展开式为

$$f(t) = a_0 + \sum_{k=1}^{+\infty} \left[a_k \cos(k\omega_1 t) + b_k \sin(k\omega_1 t) \right] ,$$

其中，直流分量为

$$a_0 = \frac{1}{T} \int_{-\frac{T}{2}}^{\frac{T}{2}} f(t)\,\mathrm{d}t = \frac{E\tau}{T} .$$

由于该函数为偶函数，故正弦分量为0，即 $b_k = 0$（ $k = 1, 2, \cdots$ ）. 第 k 次余弦谐波分量的系数为

$$a_k = \frac{2}{T} \int_{-\frac{T}{2}}^{\frac{T}{2}} f(t)\cos(k\omega_1 t)\,\mathrm{d}t ,$$

代入 $f(t)$ 的具体形式，再积分，得

$$a_k = \frac{2E}{T} \int_{-\frac{\tau}{2}}^{\frac{\tau}{2}} \cos(k\omega_1 t)\,\mathrm{d}t$$

$$= \frac{2E}{T} \frac{1}{k\omega_1} \sin(k\omega_1 t) \Big|_{-\frac{\tau}{2}}^{\frac{\tau}{2}} = \frac{2E}{T} \frac{2}{k\omega_1} \sin\left(\frac{k\omega_1 \tau}{2}\right) ,$$

分子和分母同乘以 τ ，得

$$a_k = \frac{2E\tau}{T} \frac{2}{k\omega_1 \tau} \sin\left(\frac{k\omega_1 \tau}{2}\right) = \frac{2E\tau}{T} \cdot \mathrm{Sa}\left(\frac{k\omega_1 \tau}{2}\right) , \tag{3.2.17}$$

其中，Sa 为抽样函数.

三角函数形式的傅里叶级数可以表示为

$$f(t) = \frac{E\tau}{T} + \frac{2E\tau}{T} \sum_{k=1}^{+\infty} \mathrm{Sa}\left(\frac{k\omega_1 \tau}{2}\right) \cos(k\omega_1 t) . \tag{3.2.18}$$

将其表示成谐波形式的傅里叶级数为

$$f(t) = c_0 + \sum_{k=1}^{+\infty} c_k \cos(k\omega_1 t + \varphi_k) . \tag{3.2.19}$$

因为 $c_k \geqslant 0$ ， $\mathrm{Sa}\left(\dfrac{k\omega_1 \tau}{2}\right)$ 为实函数，所以当 $\mathrm{Sa}\left(\dfrac{k\omega_1 \tau}{2}\right) \geqslant 0$ 时，有

$$\mathrm{Sa}\left(\frac{k\omega_1 \tau}{2}\right) = \left| \mathrm{Sa}\left(\frac{k\omega_1 \tau}{2}\right) \right| ,$$

当 $\mathrm{Sa}\left(\dfrac{k\omega_1 \tau}{2}\right) < 0$ 时，有

$$\text{Sa}\left(\frac{k\omega_1\tau}{2}\right) = -\left|\text{Sa}\left(\frac{k\omega_1\tau}{2}\right)\right| = \text{e}^{j\pi}\left|\text{Sa}\left(\frac{k\omega_1\tau}{2}\right)\right| = \text{e}^{-j\pi}\left|\text{Sa}\left(\frac{k\omega_1\tau}{2}\right)\right|.$$

所以余弦谐波分量的系数为

$$\begin{cases} c_0 = \dfrac{E\tau}{T} \\[2mm] c_k = \dfrac{2E\tau}{T}\left|\text{Sa}\left(\dfrac{k\omega_1\tau}{2}\right)\right| \\[2mm] \varphi_k = \begin{cases} 0 & c_k > 0 \\ \pi\text{或}-\pi & c_k < 0 \end{cases} \end{cases}.$$

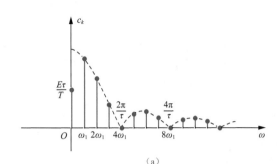

（a）

对应的单边频谱如图3.2.7所示，其中 $T = 4\tau$.

利用欧拉公式将式（3.2.18）所示三角函数形式的傅里叶级数展开为指数函数形式的傅里叶级数

$$f(t) = \sum_{k=-\infty}^{+\infty} F_k \text{e}^{jk\omega_1 t}, \qquad (3.2.20)$$

其中

$$F_k = \frac{E\tau}{T}\text{Sa}\left(\frac{k\omega_1\tau}{2}\right).$$

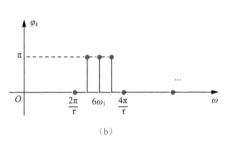

（b）

图 3.2.7

由于 F_k 具有实函数形式，故可以直接在一张图中画出其对应的双边频谱，如图3.2.8所示，其中 $T = 4\tau$.

周期矩形脉冲
信号的频谱

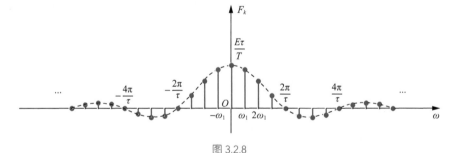

图 3.2.8

由周期矩形脉冲信号的频谱可以得出以下结论.

（1）周期矩形脉冲信号的频谱分布在离散的频率点 $k\omega_1$ 上，谱线间隔为 $\omega_1 = \dfrac{2\pi}{T}$，这称为傅里叶级数的离散性和谐波性. ω_1 与周期矩形脉冲信号的周期成反比，周期越长，谱线间隔越小.

（2）频谱中各谐波分量的大小与脉冲幅度 E 和脉冲宽度 τ 成正比，与脉冲周期 T 成反比.

（3）频谱中各谱线的幅度按照 $\text{Sa}\left(\dfrac{k\omega_1\tau}{2}\right)$ 包络线的规律变化，当 $\omega = m\dfrac{2\pi}{\tau}$（$m = \pm1, \pm2, \cdots$）时，谱线的包络线经过零点.

（4）在整个频率范围内，各个频率分量的幅度虽然有一定的起伏，但是整体随着频率的升高而减小，这称为傅里叶级数的收敛性.

由于傅里叶级数中的各函数项是相互正交的，各函数项的平均功率分别为

$$a_k \cos\left(k\omega_1 t\right) \to \frac{1}{2} a_k^2, \qquad\qquad b_k \sin\left(k\omega_1 t\right) \to \frac{1}{2} b_k^2,$$

$$c_k \cos\left(k\omega_1 t + \varphi_k\right) \to \frac{1}{2} c_k^2, \qquad F_k \mathrm{e}^{\mathrm{j}k\omega_1 t} \to \left|F_k\right|^2,$$

周期和脉宽对周期矩形脉冲信号频谱的影响

因此，周期信号的功率可以转换到频域上进行计算，即用傅里叶级数展开式各项的功率求和，可以表示为

$$P = a_0{}^2 + \frac{1}{2}\sum_{k=1}^{+\infty}\left(a_k^2 + b_k^2\right) = c_0^2 + \frac{1}{2}\sum_{k=1}^{+\infty}c_k^2 = \sum_{k=-\infty}^{+\infty}\left|F_k\right|^2. \tag{3.2.21}$$

式（3.2.21）表明，周期信号的平均功率等于傅里叶级数展开各谐波分量有效值的平方和，即时域和频域的能量守恒. 式（3.2.21）为帕塞瓦尔定理的推广. 一般将 $\left|F_k\right|^2 - \omega$ 图形称为功率谱系数图.

在实际应用中，往往取信号的前 K 次谐波来逼近原信号：

$$S_K\left(t\right) = a_0 + \sum_{k=1}^{K}\left[a_k \cos\left(k\omega_1 t\right) + b_k \sin\left(k\omega_1 t\right)\right]. \tag{3.2.22}$$

式（3.2.22）称为傅里叶有限级数合成，其与原函数比较存在一定的误差. 定义误差函数

$$\varepsilon_K\left(t\right) = f\left(t\right) - S_K\left(t\right),$$

而方均误差为

$$\begin{aligned} E_K &= \overline{\varepsilon_K^2\left(t\right)} = P - \left[a_0^2 + \frac{1}{2}\sum_{k=1}^{K}\left(a_k^2 + b_k^2\right)\right] \\ &= P - \left[c_0^2 + \frac{1}{2}\sum_{k=1}^{K}c_k^2\right] = P - \sum_{k=-K}^{K}\left|F_k\right|^2. \end{aligned} \tag{3.2.23}$$

从式（3.2.23）可以看出，K 越大，方均误差越小，即误差函数的平均功率越小.

借助于式（3.2.18），利用如下MATLAB代码绘制周期矩形脉冲信号傅里叶有限级数合成信号波形，如图3.2.9所示.

```
E = 1;
tau = 0.5;
T = 1;
w1 = 2 * pi / T;
t = linspace (-T/2, T/2, 501);
S = E * tau / T * ones (size (t));
K = 79;
for k = 1 : K
    ak = 2 * E * tau/ T * sinc (k * w1 * tau /2 /pi);
    S = S + ak * cos (k * w1 * t);
    plot (t, S, 'LineWidth', 1.5);
    xlabel ('t');
    ylabel ('S_K(t)');
    pause (0.05);
end
```

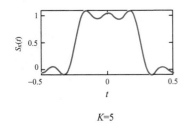
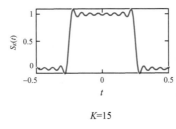
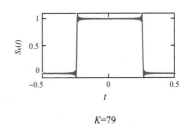

$K=5$　　　　　　　　$K=15$　　　　　　　　$K=79$

图 3.2.9

从图3.2.9可以看出，选取傅里叶级数的项数 K 越大，所合成的波形越接近原周期信号，但是在不连续点附近的峰起不会随着 K 的增大而消失，而是越来越接近不连续点，大约有9%的超量．1898年，美国物理学家米切尔森（Albert Michelson）利用自制的谐波分析仪来合成信号，在测试方波信号时，发现了这种现象．著名的数学物理学家吉布斯（Josiah Gibbs）研究了这一结果，并于1899年发表了他的看法，对这种现象产生的原因进行了解释，故这种现象称为吉布斯现象．我们在4.3节学习理想低通滤波器时将继续讨论这个问题．

吉布斯现象
简介

3.2.5　带宽

实际应用中我们利用频带宽度（简称带宽）表示信号频谱的集中程度．由图3.2.8所示频谱图可以看出，虽然矩形脉冲的频谱具有无穷多个频率分量，但从0到频谱Sa函数包络的第1个过零点包含了信号的大部分能量．将0和第1个过零点之间的频带宽度定义为该信号的第1过零点带宽，可表示为

更多傅里叶
有限级数的
知识

$$B = \frac{2\pi}{\tau}. \qquad (3.2.24)$$

注意，对于实信号，负频率分量是正频率分量的数学共轭项，在讨论频带宽度时，只考虑正频率段的宽度即可．

更多带宽相关
的知识

【例3.2.2】 已知图3.2.6所示的周期矩形脉冲信号中，脉宽 $\tau = \frac{1}{20}$ s，周期 $T = \frac{1}{4}$ s，计算频谱主瓣内信号的功率占比．

解　可以先在时域上计算周期矩形脉冲信号的总平均功率

$$P = \frac{1}{T} \int_{-\frac{T}{2}}^{\frac{T}{2}} f^2(t) \mathrm{d}t = \frac{1}{T} \int_{-\frac{\tau}{2}}^{\frac{\tau}{2}} E^2 \mathrm{d}t = 0.2E^2 ,$$

因为 $\dfrac{\frac{2\pi}{\tau}}{\frac{2\pi}{T}} = \frac{T}{\tau} = 5$，所以频谱主瓣内的信号功率为

$$P_5 = \sum_{k=-5}^{5} |F_k|^2 \approx 0.181E^2 .$$

可见主瓣内信号功率约占信号总平均功率的90%．

3.3 非周期信号的频谱——傅里叶变换

对于周期信号，可以用傅里叶级数展开的方法找出其所包含的所有频率分量. 但是实际中大量信号都不是周期的. 如图3.3.1所示，当周期 T 趋于无穷大时，周期信号就转化为了非周期的单脉冲信号，而此时谱线的间隔 ω_1 就会趋于无穷小，这样离散频谱则成为连续频谱. 同时，谱线的模值 $|F_k|$ 趋于0，此时前面所述的频谱将失去应有的意义. 但是从物理概念上考虑，一个信号必然含有一定的能量，无论信号怎样分解，其所包含能量是不变的. 所以不管周期增大至何种程度，频谱的分布依然存在. 或者从数学角度分析，极限情况下，无限多的无穷小量之和，仍可等于一个有限值，此有限值的大小取决于信号的能量. 基于上述原因，非周期信号的频域分析不能采用先前的频谱表示法，于是人们引入了傅里叶变换来表示非周期信号的频谱分布.

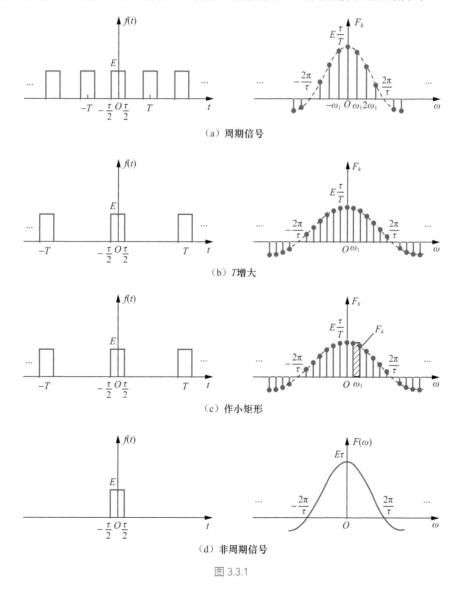

图 3.3.1

设有一个周期信号 $f(t)$ 及其频谱 F_k 如图3.3.1所示，将 $f(t)$ 展开成指数形式的傅里叶级数

$$f(t) = \sum_{k=-\infty}^{+\infty} F_k \mathrm{e}^{\mathrm{j}k\omega_1 t} . \qquad (3.3.1)$$

可以把一个非周期信号 $f(t)$ 视作周期 T 无限大的周期信号，其谱系数为

$$F_k = \frac{1}{T} \int_T f(t) \mathrm{e}^{-\mathrm{j}k\omega_1 t} \, \mathrm{d}t . \qquad (3.3.2)$$

周期 T 无限大造成的影响是 F_k 和基波角频率 ω_1 全都趋于0. $F_k \to 0$ 使得谱系数不再适合用于此处的频谱分析，于是引入新的函数 $F_k T$：

$$F_k T = \frac{2\pi F_k}{\omega_1} = \int_T f(t) \mathrm{e}^{-\mathrm{j}k\omega_1 t} \, \mathrm{d}t . \qquad (3.3.3)$$

对于非周期信号，当周期 $T \to +\infty$，基波角频率 $\omega_1 \to 0$，谱线间隔 $\Delta(k\omega_1) = \omega_1 \to \mathrm{d}\omega$，而离散频率 $k\omega_1$ 变成连续频率 ω. 在此极限情况下，$F_k \to 0$，但 $\dfrac{2\pi F_k}{\omega_1}$ 可以趋于有限值，变成有限函数，通常记作 $F(\omega)$，于是得到

$$F(\omega) = \lim_{\omega_1 \to 0} \frac{2\pi F_k}{\omega_1} = \lim_{T \to +\infty} TF_k = \lim_{T \to +\infty} \int_T f(t) \mathrm{e}^{-\mathrm{j}k\omega_1 t} \, \mathrm{d}t = \int_{-\infty}^{+\infty} f(t) \mathrm{e}^{-\mathrm{j}\omega t} \, \mathrm{d}t . \qquad (3.3.4)$$

这就是傅里叶变换的定义. 因 $F_k T = \dfrac{2\pi F_k}{\omega_1} = \dfrac{F_k}{f_1}$，$f_1 = \dfrac{\omega_1}{2\pi}$，可以理解为单位频段内的谱系数，即频谱密度，所以傅里叶变换 $F(\omega)$ 又称为频谱密度函数. 若以 $\dfrac{F_k}{\omega_1}$ 的幅度为高，以间隔 ω_1 为宽作一个小矩形，如图3.3.1（c）所示，则该小矩形的面积等于 $\omega = k\omega_1$ 处的频谱值 F_k.

同样，对于式（3.3.1）的傅里叶级数，考虑到谱线间隔 $\Delta(k\omega_1) = \omega_1$，其可以改写为

$$f(t) = \sum_{k=-\infty}^{+\infty} \frac{F_k}{\omega_1} \mathrm{e}^{\mathrm{j}k\omega_1 t} \Delta(k\omega_1) . \qquad (3.3.5)$$

在极端情况下，式（3.3.5）中对各量取极限的形式，即 $k\omega_1 \to \omega$，$\Delta(k\omega_1) \to \mathrm{d}\omega$，$\dfrac{F_k}{\omega_1} \to \dfrac{F(\omega)}{2\pi}$，$\displaystyle\sum_{k=-\infty}^{+\infty} \to \int_{-\infty}^{+\infty}$，于是傅里叶级数变为积分形式，即

$$f(t) = \frac{1}{2\pi} \int_{-\infty}^{+\infty} F(\omega) \mathrm{e}^{\mathrm{j}\omega t} \, \mathrm{d}\omega . \qquad (3.3.6)$$

式（3.3.4）和式（3.3.6）是利用周期信号的傅里叶级数通过极限方法导出的非周期信号的频谱表示式，称为傅里叶变换. 通常式（3.3.4）称为傅里叶正变换（Fourier transform），式（3.3.6）称为傅里叶逆变换（inverse Fourier transform），为书写方便，习惯上采取如下符号

$$\begin{cases} F(\omega) = \displaystyle\int_{-\infty}^{+\infty} f(t) \mathrm{e}^{-\mathrm{j}\omega t} \mathrm{d}t = \mathscr{F}\left[f(t)\right] \\ f(t) = \dfrac{1}{2\pi} \displaystyle\int_{-\infty}^{+\infty} F(\omega) \mathrm{e}^{\mathrm{j}\omega t} \mathrm{d}\omega = \mathscr{F}^{-1}\left[F(\omega)\right] \end{cases} . \qquad (3.3.7)$$

二者组成了傅里叶变换对，也可以写作

$$f(t) \xleftrightarrow{\ \mathscr{F}\ } F(\omega) \qquad (3.3.8)$$

傅里叶变换中，$F(\omega)$ 是 $f(t)$ 的频谱密度函数，它一般是复函数，可以写作

$$F(\omega) = \left|F(\omega)\right| \mathrm{e}^{\mathrm{j}\varphi(\omega)} \qquad (3.3.9)$$

其中，$\left|F(\omega)\right|$ 是 $F(\omega)$ 的模，它代表信号中各频率分量的相对大小. $\varphi(\omega)$ 是 $F(\omega)$ 的相位函数，它表示信号中各频率分量之间的相位关系. 为了与周期信号的频谱相一致，习惯上我们也把 $\left|F(\omega)\right|-\omega$ 曲线和 $\varphi(\omega)-\omega$ 曲线分别称为非周期信号的幅度频谱和相位频谱.

从理论上说，式（3.3.4）所示的傅里叶积分收敛时，即满足狄利克雷条件时，傅里叶变换才能存在，此时要求信号 $f(t)$ 在全时域满足绝对可积条件

$$\int_{-\infty}^{+\infty}\left|f(t)\right|\mathrm{d}t < +\infty \tag{3.3.10}$$

需要强调的是，狄利克雷条件是傅里叶变换存在的充分条件，而不是必要条件，例如信号 $\mathrm{Sa}(\omega_c t)$ 不满足绝对可积条件，但是满足平方可积条件，该信号存在傅里叶变换. 在后续章节中我们将会看到，借助奇异函数（如冲激函数）可使许多不满足绝对可积条件的信号存在傅里叶变换，实现傅里叶变换在周期函数和非周期函数的统一表示.

3.4 典型非周期信号的傅里叶变换

3.4.1 矩形脉冲信号

矩形脉冲信号的时域表达式为

$$f(t) = E\left[u\left(t+\frac{\tau}{2}\right) - u\left(t-\frac{\tau}{2}\right)\right],$$

其傅里叶变换为

$$
\begin{aligned}
F(\omega) &= \int_{-\infty}^{+\infty} f(t)\mathrm{e}^{-\mathrm{j}\omega t}\mathrm{d}t = \int_{-\frac{\tau}{2}}^{\frac{\tau}{2}} E\mathrm{e}^{-\mathrm{j}\omega t}\mathrm{d}t \\
&= \frac{E}{-\mathrm{j}\omega}\mathrm{e}^{-\mathrm{j}\omega t}\bigg|_{-\frac{\tau}{2}}^{\frac{\tau}{2}} = \frac{2E}{\omega}\cdot\frac{1}{2\mathrm{j}}\left(\mathrm{e}^{\mathrm{j}\frac{\tau\omega}{2}} - \mathrm{e}^{-\mathrm{j}\frac{\tau\omega}{2}}\right) \\
&= E\tau\frac{2}{\tau\omega}\sin\left(\frac{\tau\omega}{2}\right) = E\tau\,\mathrm{Sa}\left(\frac{\tau}{2}\cdot\omega\right).
\end{aligned}
\tag{3.4.1}
$$

偶对称的矩形脉冲信号的傅里叶变换 $F(\omega)$ 是一个关于 ω 的实函数，因此可以用 $F(\omega)-\omega$ 图形表示其频谱，如图3.4.1所示，其第1过零点带宽为 $\frac{2\pi}{\tau}$.

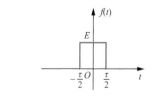

但是更多情况下，$F(\omega)$ 是复函数，其图形必须分为幅频图 $\left|F(\omega)\right|-\omega$ 曲线和相频图 $\varphi(\omega)-\omega$ 曲线来表示，矩形脉冲信号的幅频图和相频图分别如图3.4.2（a）、（b）所示.

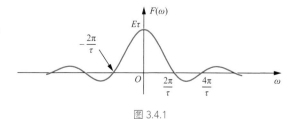

图 3.4.1

3.4.2　单边指数信号

傅里叶变换能够分析的指数信号特指单边指数衰减信号，例如，右边指数衰减信号

$$f(t) = E\mathrm{e}^{-\alpha t}u(t) \quad \alpha > 0 ，$$

其傅里叶变换为

$$
\begin{aligned}
F(\omega) &= \int_{-\infty}^{+\infty} f(t)\mathrm{e}^{-\mathrm{j}\omega t}\,\mathrm{d}t \\
&= \int_{-\infty}^{+\infty} E\mathrm{e}^{-\alpha t}u(t)\mathrm{e}^{-\mathrm{j}\omega t}\,\mathrm{d}t = \int_{0}^{+\infty} E\mathrm{e}^{-(\alpha+\mathrm{j}\omega)t}\,\mathrm{d}t \\
&= \frac{E}{-(\alpha+\mathrm{j}\omega)}\mathrm{e}^{-(\alpha+\mathrm{j}\omega)t}\Big|_{0}^{+\infty} \qquad （3.4.2） \\
&= \frac{E}{\alpha+\mathrm{j}\omega}.
\end{aligned}
$$

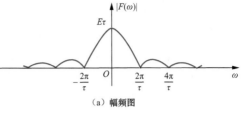

（a）幅频图

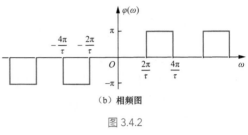

（b）相频图

图 3.4.2

计算过程中使用到了一个极限

$$\lim_{t\to+\infty} \mathrm{e}^{-(\alpha+\mathrm{j}\omega)t} = 0 .$$

这个极限是由指数的实部 α 决定的，与 ω 无关．单边指数衰减信号及其频谱如图3.4.3所示．其 $|F(\omega)|$ 取值随着 ω 的增大而减小，当 $\omega = \alpha$ 时，$|F(\omega)| = \dfrac{1}{\sqrt{2}}|F(0)|$，称为频谱密度的半功率点．

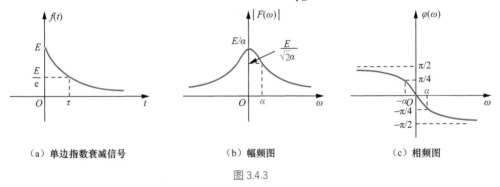

（a）单边指数衰减信号　　　　（b）幅频图　　　　（c）相频图

图 3.4.3

3.4.3　直流信号

绘制单边指数
信号频谱图

直流信号 $f(t) = 1$ 不是绝对可积信号，不能通过傅里叶变换的定义直接求解．可以使用矩形脉冲信号来逼近求解．设矩形脉冲信号为

$$f_1(t) = u(t+\tau) - u(t-\tau) ，$$

其傅里叶变换为

$$F_1(\omega) = \mathscr{F}\big[f_1(t)\big] = 2\tau\,\mathrm{Sa}(\tau\omega) ，$$

直流信号可以表示为

$$f(t) = \lim_{\tau\to+\infty} f_1(t) ，$$

所以其傅里叶变换为

$$F(\omega) = \lim_{\tau \to +\infty} 2\tau \operatorname{Sa}(\tau\omega),\qquad (3.4.3)$$

这个极限是冲激函数的一种逼近形式:

$$F(\omega) = \lim_{\tau \to +\infty} 2\tau \operatorname{Sa}(\tau\omega) = 2\pi \cdot \lim_{\tau \to +\infty} \frac{\tau}{\pi} \operatorname{Sa}(\tau\omega) = 2\pi \cdot \delta(\omega).\qquad (3.4.4)$$

3.4.4　符号函数

由于符号函数不满足绝对可积条件, 可构造一个双边指数衰减信号:

$$f_1(t) = -\mathrm{e}^{\alpha t} u(-t) + \mathrm{e}^{-\alpha t} u(t) \qquad \alpha > 0,$$

符号函数可以在 $\alpha \to 0_+$ 时, 用 $f_1(t)$ 来逼近

$$\operatorname{sgn}(t) = \lim_{\alpha \to 0_+} f_1(t).$$

双边指数衰减信号 $f_1(t)$ 的傅里叶变换为

$$
\begin{aligned}
F_1(\omega) &= \int_{-\infty}^{0} -\mathrm{e}^{\alpha t}\mathrm{e}^{-\mathrm{j}\omega t}\mathrm{d}t + \int_{0}^{+\infty} \mathrm{e}^{-\alpha t}\,\mathrm{e}^{-\mathrm{j}\omega t}\mathrm{d}t \\
&= \frac{-1}{\alpha - \mathrm{j}\omega} + \frac{1}{\alpha + \mathrm{j}\omega} \\
&= \frac{-\mathrm{j}2\omega}{\alpha^2 + \omega^2}.
\end{aligned}
$$

由于 α 从单侧逼近不影响极限值, 所以符号函数的傅里叶变换为

$$F(\omega) = \lim_{\alpha \to 0_+} F_1(\omega) = \lim_{\alpha \to 0_+} \frac{-\mathrm{j}2\omega}{\alpha^2 + \omega^2} = \frac{2}{\mathrm{j}\omega}.\qquad (3.4.5)$$

3.4.5　单位冲激信号及冲激偶

单位冲激信号的傅里叶变换容易根据定义计算得到:

$$\mathscr{F}\left[\delta(t)\right] = \int_{-\infty}^{+\infty} \delta(t)\mathrm{e}^{-\mathrm{j}\omega t}\,\mathrm{d}t = \int_{-\infty}^{+\infty} \delta(t)\mathrm{d}t = 1.\qquad (3.4.6)$$

上述结果同样也可由矩形脉冲取极限得到, 当脉宽 τ 逐渐变窄时, 其频谱必然展宽. 若 $\tau \to 0$, 而 $E\tau = 1$, 此时矩形脉冲就变成了 $\delta(t)$, 其相应的频谱 $F(\omega)$ 等于常数1.

可见, 单位冲激信号的频谱等于常数, 也就是说, 在整个频率范围内频谱是均匀分布的. 显然, 在时域中变化异常剧烈的冲激函数包含幅度相等的所有频率分量. 因此, 这种频谱常称为"均匀谱"或"白色谱", 如图3.4.4所示.

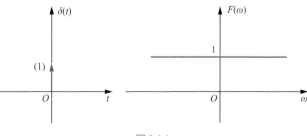

图 3.4.4

冲激偶信号的傅里叶变换也容易根据冲激偶的性质得到:

$$\mathscr{F}\left[\delta'(t)\right] = \int_{-\infty}^{+\infty} \delta'(t) e^{-j\omega t}\, dt = -\left(-j\omega e^{-j\omega t}\right)\Big|_{t=0} = j\omega\,. \tag{3.4.7}$$

另外，阶跃函数、升余弦脉冲、高斯函数、抽样函数等典型信号的频谱我们将在3.5节中利用傅里叶变换的性质进行求解和分析.

3.5 傅里叶变换的基本性质

3.5.1 线性

若n个信号的傅里叶变换分别为$\mathscr{F}\left[f_i(t)\right] = F_i(\omega)$（$i = 1, 2, \cdots, n$），则

$$\mathscr{F}\left[\sum_{i=1}^{n} a_i f_i(t)\right] = \sum_{i=1}^{n} a_i F_i(\omega)\,. \tag{3.5.1}$$

【例3.5.1】 根据直流信号和符号函数的傅里叶变换求阶跃信号的傅里叶变换.

解 已知

$$u(t) = \frac{1}{2} + \frac{1}{2}\operatorname{sgn}(t)\,,$$

根据线性，可得

$$\begin{aligned}
F(\omega) &= \mathscr{F}\left[u(t)\right] = \mathscr{F}\left[\frac{1}{2} + \frac{1}{2}\operatorname{sgn}(t)\right]\\
&= \frac{1}{2}\mathscr{F}[1] + \frac{1}{2}\mathscr{F}\left[\operatorname{sgn}(t)\right]\\
&= \pi\delta(\omega) + \frac{1}{j\omega}\,.
\end{aligned}$$

阶跃信号如图3.5.1（a）所示，其幅频图如图3.5.1（b）所示.

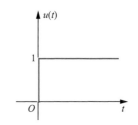

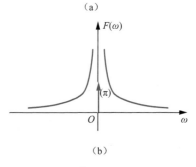

图 3.5.1

3.5.2 对称性质

若存在傅里叶变换$\mathscr{F}\left[f(t)\right] = F(\omega)$，则

$$\mathscr{F}\left[F(t)\right] = 2\pi f(-\omega)\,. \tag{3.5.2}$$

阶跃信号傅里叶变换式的另一种证明

证明 由傅里叶变换定义式$F(\omega) = \int_{-\infty}^{+\infty} f(t) e^{-j\omega t}\, dt$ 可知

$$F(t) = \int_{-\infty}^{+\infty} f(\omega) e^{-j\omega t} d\omega$$

$$= \int_{-\infty}^{+\infty} f(-\omega) e^{j\omega t} d\omega$$

$$= \frac{1}{2\pi} \int_{-\infty}^{+\infty} 2\pi f(-\omega) e^{j\omega t} d\omega,$$

所以 $\mathscr{F}^{-1}\left[2\pi f(-\omega)\right] = F(t)$，即 $\mathscr{F}\left[F(t)\right] = 2\pi f(-\omega)$.

【例3.5.2】 已知 $\mathscr{F}\left[\mathrm{sgn}(t)\right] = \dfrac{2}{j\omega}$，求 $\mathscr{F}\left[\dfrac{1}{t}\right]$.

解 根据对称性

$$\mathscr{F}\left[\frac{2}{jt}\right] = -2\pi\,\mathrm{sgn}(\omega),$$

两侧乘以系数 $\dfrac{j}{2}$，得

$$\mathscr{F}\left[\frac{1}{t}\right] = -j\pi\,\mathrm{sgn}(\omega).$$

【例3.5.3】 求信号 $\mathrm{Sa}(\omega_c t)$ 的傅里叶变换.

解 利用傅里叶变换的定义直接积分难以计算 $\mathrm{Sa}(\omega_c t)$ 的频谱，但是我们知道矩形脉冲信号的傅里叶变换就是 Sa 函数，所以考虑使用傅里叶变换的对称性质，构造一个合适的矩形脉冲信号辅助计算.

已知脉宽为 τ 的矩形脉冲 $G_\tau(t)$ 的傅里叶变换为

$$F_1(\omega) = \mathscr{F}\left[G_\tau(t)\right] = \tau\,\mathrm{Sa}\left(\frac{\tau}{2}\cdot\omega\right),$$

则根据对称性质可知

$$\mathscr{F}\left[\mathrm{Sa}\left(\frac{\tau}{2}\cdot t\right)\right] = \frac{1}{\tau}\cdot 2\pi G_\tau(-\omega),$$

令 $\dfrac{\tau}{2} = \omega_c$，得到

抽样信号的
频谱

$$\mathscr{F}\left[\mathrm{Sa}(\omega_c\cdot t)\right] = \frac{\pi}{\omega_c}\cdot G_{2\omega_c}(\omega) = \frac{\pi}{\omega_c}\left[u(\omega+\omega_c) - u(\omega-\omega_c)\right].$$

可见信号 $\mathrm{Sa}(\omega_c t)$ 具有一个低通型的矩形频谱，其带宽为 ω_c.

3.5.3 共轭和共轭对称性

傅里叶变换的共轭性，是指若存在傅里叶变换对 $\mathscr{F}\left[f(t)\right] = F(\omega)$，则

$$\mathscr{F}\left[f^*\left(t\right)\right]=F^*\left(-\omega\right).$$ （3.5.3）

证明　$f^*\left(t\right)$ 的傅里叶变换为

$$\int_{-\infty}^{+\infty}f^*\left(t\right)\mathrm{e}^{-\mathrm{j}\omega t}\mathrm{d}t,$$ （3.5.4）

对式（3.5.4）两侧取2次共轭，得

$$\left[\int_{-\infty}^{+\infty}f\left(t\right)\mathrm{e}^{\mathrm{j}\omega t}\mathrm{d}t\right]^*=F^*\left(-\omega\right).$$

一般情况下，$F\left(\omega\right)$ 是复函数，可以表示为极坐标形式，也可以表示为直角坐标形式：

$$F\left(\omega\right)=\left|F\left(\omega\right)\right|\mathrm{e}^{\mathrm{j}\varphi\left(\omega\right)}=R\left(\omega\right)+\mathrm{j}X\left(\omega\right).$$ （3.5.5）

若 $f\left(t\right)$ 为实信号，则有 $f^*\left(t\right)=f\left(t\right)$，所以 $F^*\left(-\omega\right)=F\left(\omega\right)$，或者

$$F^*\left(\omega\right)=F\left(-\omega\right).$$ （3.5.6）

此性质称为共轭对称性质，满足如下对称关系

$$\begin{cases}R\left(\omega\right)=R\left(-\omega\right)\\X\left(\omega\right)=-X\left(-\omega\right)\\\left|F\left(\omega\right)\right|=\left|F\left(-\omega\right)\right|\\\varphi\left(\omega\right)=-\varphi\left(-\omega\right)\end{cases}.$$ （3.5.7）

证明　实信号可分解为奇分量和偶分量，即 $f\left(t\right)=f_\mathrm{e}\left(t\right)+f_\mathrm{o}\left(t\right)$，则

$$F\left(\omega\right)=\int_{-\infty}^{+\infty}f\left(t\right)\mathrm{e}^{-\mathrm{j}\omega t}\mathrm{d}t$$

$$=\int_{-\infty}^{+\infty}\left[f_\mathrm{e}\left(t\right)+f_\mathrm{o}\left(t\right)\right]\cdot\left[\cos\left(\omega t\right)-\mathrm{j}\sin\left(\omega t\right)\right]\mathrm{d}t,$$

而 $\int_{-\infty}^{+\infty}f_\mathrm{o}\left(t\right)\cos\left(\omega t\right)\mathrm{d}t$ 和 $\int_{-\infty}^{+\infty}f_\mathrm{e}\left(t\right)\sin\left(\omega t\right)\mathrm{d}t$ 都是奇函数在对称区间内的积分等于0. 所以

$$R\left(\omega\right)=2\int_0^{+\infty}f_\mathrm{e}\left(t\right)\cos\left(\omega t\right)\mathrm{d}t$$

$$X\left(\omega\right)=-2\int_0^{+\infty}f_\mathrm{o}\left(t\right)\sin\left(\omega t\right)\mathrm{d}t,$$

说明 $R\left(\omega\right)$ 为关于 ω 的偶函数，$X\left(\omega\right)$ 为奇函数. 所以 $\left|F\left(\omega\right)\right|=\sqrt{R^2\left(\omega\right)+X^2\left(\omega\right)}$ 为偶函数，$\tan\varphi\left(\omega\right)=\dfrac{X\left(\omega\right)}{R\left(\omega\right)}$ 为奇函数，即 $\varphi\left(\omega\right)$ 为奇函数.

实信号的傅里叶变换具有如下规律，称为傅里叶变换的奇偶虚实性：

（1）如果 $f\left(t\right)$ 是偶函数，其奇分量为0，则其傅里叶变换的虚部 $X\left(\omega\right)=0$，其变换式就是一个实偶函数 $R\left(\omega\right)$；

（2）如果 $f\left(t\right)$ 是奇函数，其偶分量为0，则其傅里叶变换的实部 $R\left(\omega\right)=0$，其变换式就是一个虚奇函数 $\mathrm{j}X\left(\omega\right)$.

3.5.4　尺度变换性质

若存在傅里叶变换 $\mathscr{F}\big[f(t)\big]=F(\omega)$，则

$$\mathscr{F}\big[f(at)\big]=\frac{1}{|a|}F\left(\frac{\omega}{a}\right). \tag{3.5.8}$$

傅里叶变换尺度变换性质说明

当 $a>1$ 时，信号在时域上压缩，等效于在频域上扩展．在数字通信中，为了提高通信速率，需要采用更窄的脉冲进行传输，代价是增加了信号的带宽，需要系统提供相应的带宽以适应信号的传输．

若 $a=-1$，可以看到信号在时域倒置，其频谱也会倒置

$$\mathscr{F}\big[f(-t)\big]=F(-\omega). \tag{3.5.9}$$

傅里叶变换尺度变换性质的证明

这说明信号倒置后幅度谱不变，但相位谱是原信号相位谱的倒置，这和信号倒置即过去和未来对调的物理概念是一致的．

3.5.5　时移性质

若存在傅里叶变换 $\mathscr{F}\big[f(t)\big]=F(\omega)$，则

$$\mathscr{F}\big[f(t-t_0)\big]=F(\omega)\mathrm{e}^{-\mathrm{j}\omega t_0}. \tag{3.5.10}$$

该性质表明信号发生时移，其幅度谱是不变的，但是相位谱产生附加变化（相移），该相移是一个关于 ω 的线性函数．

证明　根据傅里叶变换的定义有

$$\int_{-\infty}^{+\infty}f(t-t_0)\mathrm{e}^{-\mathrm{j}\omega t}\,\mathrm{d}t=\mathrm{e}^{-\mathrm{j}\omega t_0}\int_{-\infty}^{+\infty}f(t-t_0)\mathrm{e}^{-\mathrm{j}\omega(t-t_0)}\,\mathrm{d}t$$

$$=\mathrm{e}^{-\mathrm{j}\omega t_0}\int_{-\infty}^{+\infty}f(t)\mathrm{e}^{-\mathrm{j}\omega t}\,\mathrm{d}t$$

$$=F(\omega)\mathrm{e}^{-\mathrm{j}\omega t_0}.$$

【例 3.5.4】　求如图 3.5.2 所示三脉冲信号的频谱．

解　该三脉冲信号可以用门函数表示为

$$f(t)=E\big[G_\tau(t+T)+G_\tau(t)+G_\tau(t-T)\big],$$

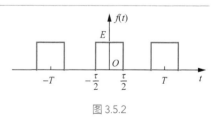

图 3.5.2

已知门函数的傅里叶变换

$$F_0(\omega)=\mathscr{F}\big[G_\tau(t)\big]=\tau\,\mathrm{Sa}\left(\frac{\tau}{2}\omega\right),$$

根据时移性质可得

$$\mathscr{F}\big[f(t)\big]=E\cdot F_0(\omega)\big[\mathrm{e}^{\mathrm{j}T\omega}+1+\mathrm{e}^{-\mathrm{j}T\omega}\big]$$

$$=E\tau\,\mathrm{Sa}\left(\frac{\tau}{2}\omega\right)\big[1+2\cos(T\omega)\big].$$

非周期信号演变为周期信号的频谱变化

3.5.6 频移性质

若存在傅里叶变换 $\mathscr{F}\big[f(t)\big] = F(\omega)$，则

$$\begin{cases} \mathscr{F}\big[f(t)\mathrm{e}^{\mathrm{j}\omega_0 t}\big] = F(\omega - \omega_0) \\ \mathscr{F}\big[f(t)\mathrm{e}^{-\mathrm{j}\omega_0 t}\big] = F(\omega + \omega_0) \end{cases} \tag{3.5.11}$$

傅里叶变换的频移性质计算机仿真

证明 根据傅里叶变换的定义有

$$\begin{aligned} \mathscr{F}\big[f(t)\mathrm{e}^{\mathrm{j}\omega_0 t}\big] &= \int_{-\infty}^{+\infty}\big[f(t)\mathrm{e}^{\mathrm{j}\omega_0 t}\big]\mathrm{e}^{-\mathrm{j}\omega t}\,\mathrm{d}t \\ &= \int_{-\infty}^{+\infty}f(t)\mathrm{e}^{-\mathrm{j}(\omega-\omega_0)t}\,\mathrm{d}t \\ &= F(\omega - \omega_0). \end{aligned}$$

【例3.5.5】 已知 $F_0(\omega) = \mathscr{F}\big[f_0(t)\big]$，求信号 $f(t) = f_0(t)\cos(\omega_0 t)$ 的频谱.

解 根据欧拉公式，三角函数可以展开为复指数形式

$$f(t) = \frac{1}{2}f_0(t)\mathrm{e}^{\mathrm{j}\omega_0 t} + \frac{1}{2}f_0(t)\mathrm{e}^{-\mathrm{j}\omega_0 t},$$

根据频移性质，其频谱为

$$F(\omega) = \frac{1}{2}F_0(\omega - \omega_0) + \frac{1}{2}F_0(\omega + \omega_0). \tag{3.5.12}$$

可见，信号与三角函数信号相乘，其频谱会被搬移至三角函数信号的角频率附近. 频移性质是通信系统实现调制和解调的理论基础.

【例3.5.6】 升余弦脉冲信号的表达式为

$$f(t) = \frac{E}{2}\left[1 + \cos\left(\frac{\pi t}{\tau}\right)\right] \quad 0 \leqslant |t| \leqslant \tau,$$

其波形如图3.5.3所示.

解 因为

$$f(t) = \frac{E}{2}\left[1 + \cos\left(\frac{\pi t}{\tau}\right)\right]\cdot\big[u(t+\tau) - u(t-\tau)\big],$$

设 $f_0(t) = \dfrac{E}{2}\big[u(t+\tau) - u(t-\tau)\big]$，所以 $f(t)$ 的傅里叶变换为

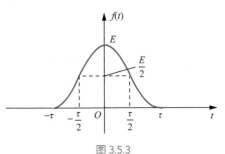

图 3.5.3

升余弦脉冲信号的频谱

$$F(\omega) = F_0(\omega) + \frac{1}{2}F_0\left(\omega - \frac{\pi}{\tau}\right) + \frac{1}{2}F_0\left(\omega + \frac{\pi}{\tau}\right),$$

其中

$$F_0(\omega) = \tau E \mathrm{Sa}(\omega\tau).$$

可以看出，$F(\omega)$ 是由 3 项构成的，它们是矩形脉冲的频谱 $F_0(\omega)$ 及其沿频率轴分别向右和向左

平移 $\dfrac{\pi}{\tau}$ 的形式 $\dfrac{1}{2}F_0\left(\omega - \dfrac{\pi}{\tau}\right)$ 和 $\dfrac{1}{2}F_0\left(\omega + \dfrac{\pi}{\tau}\right)$，如图 3.5.4 所示.

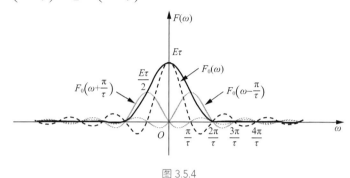

图 3.5.4

由此可见，升余弦脉冲信号 $f(t)$ 的频谱比矩形脉冲信号的频谱更加集中，主瓣宽度为 $\dfrac{2\pi}{\tau}$，

是矩形脉冲 $f_0(t)$ 频谱主瓣宽度的 2 倍. 升余弦脉冲在通信和信号处理领域有广泛的应用，在通信领域一般用于基本码元信号波形，在信号处理领域一般用作升余弦窗，对信号进行截断处理.

3.5.7　时域微分性质

若存在傅里叶变换 $\mathscr{F}[f(t)] = F(\omega)$，则

$$\mathscr{F}[f'(t)] = \mathrm{j}\omega F(\omega). \tag{3.5.13}$$

证明　根据傅里叶逆变换定义

$$f(t) = \frac{1}{2\pi}\int_{-\infty}^{+\infty} F(\omega)\mathrm{e}^{\mathrm{j}\omega t}\mathrm{d}\omega,$$

对两侧做微分可得

$$\begin{aligned}
f'(t) &= \frac{\mathrm{d}}{\mathrm{d}t}\left[\frac{1}{2\pi}\int_{-\infty}^{+\infty} F(\omega)\mathrm{e}^{\mathrm{j}\omega t}\mathrm{d}\omega\right] \\
&= \frac{1}{2\pi}\int_{-\infty}^{+\infty} F(\omega)\frac{\mathrm{d}}{\mathrm{d}t}\left[\mathrm{e}^{\mathrm{j}\omega t}\right]\mathrm{d}\omega, \\
&= \frac{1}{2\pi}\int_{-\infty}^{+\infty} \mathrm{j}\omega F(\omega)\mathrm{e}^{\mathrm{j}\omega t}\mathrm{d}\omega
\end{aligned}$$

所以有

$$\mathscr{F}[f'(t)] = \mathrm{j}\omega F(\omega).$$

微分运算对
噪声的放大
作用

【例3.5.7】 求 $\dfrac{1}{t^2}$ 的傅里叶变换.

解　已知

$$\mathscr{F}\left[\frac{1}{t}\right] = -\mathrm{j}\pi\,\mathrm{sgn}\left(\omega\right),$$

根据傅里叶变换时域微分性质，可得

$$\mathscr{F}\left[\frac{1}{t^2}\right] = -\mathscr{F}\left[\frac{\mathrm{d}}{\mathrm{d}t}\left(\frac{1}{t}\right)\right] = -\mathrm{j}\omega\cdot\left[-\mathrm{j}\pi\,\mathrm{sgn}\left(\omega\right)\right] = -\pi\omega\,\mathrm{sgn}\left(\omega\right).$$

3.5.8　频域微分性质

若存在傅里叶变换 $\mathscr{F}\left[f\left(t\right)\right] = F\left(\omega\right)$，则

$$\mathscr{F}\left[tf\left(t\right)\right] = \mathrm{j}\frac{\mathrm{d}F\left(\omega\right)}{\mathrm{d}\omega}. \tag{3.5.14}$$

证明　根据傅里叶变换的定义，对频谱密度函数做微分可得

$$\begin{aligned}
\frac{\mathrm{d}}{\mathrm{d}\omega}F\left(\omega\right) &= \frac{\mathrm{d}}{\mathrm{d}\omega}\left[\int_{-\infty}^{+\infty}f\left(t\right)\mathrm{e}^{-\mathrm{j}\omega t}\,\mathrm{d}t\right] \\
&= \int_{-\infty}^{+\infty}f\left(t\right)\frac{\mathrm{d}}{\mathrm{d}\omega}\left(\mathrm{e}^{-\mathrm{j}\omega t}\right)\mathrm{d}t, \\
&= \int_{-\infty}^{+\infty}\left[-\mathrm{j}tf\left(t\right)\right]\mathrm{e}^{-\mathrm{j}\omega t}\,\mathrm{d}t
\end{aligned}$$

所以

$$\mathscr{F}\left[-\mathrm{j}tf\left(t\right)\right] = \frac{\mathrm{d}F\left(\omega\right)}{\mathrm{d}\omega}.$$

【例3.5.8】 高斯函数定义为 $g\left(t\right) = \dfrac{1}{\sqrt{2\pi}}\mathrm{e}^{-\frac{t^2}{2}}$，已知该信号的面积为1，即 $\dfrac{1}{\sqrt{2\pi}}\displaystyle\int_{-\infty}^{+\infty}\mathrm{e}^{-\frac{t^2}{2}}\,\mathrm{d}t = 1$，利用时域微分性质和频域微分性质求高斯函数的傅里叶变换.

解　$g\left(t\right)$ 对时间的导数为

$$\frac{\mathrm{d}}{\mathrm{d}t}g\left(t\right) = \frac{-t}{\sqrt{2\pi}}\mathrm{e}^{-\frac{t^2}{2}} = -tg\left(t\right), \tag{3.5.15}$$

根据时域微分性质有

$$\frac{\mathrm{d}}{\mathrm{d}t}g\left(t\right) \overset{\mathscr{F}}{\longleftrightarrow} \mathrm{j}\omega G\left(\omega\right),$$

因此，由式（3.5.15）可得

$$-tg(t) \overset{\mathscr{F}}{\longleftrightarrow} \mathrm{j}\omega G(\omega) . \tag{3.5.16}$$

根据频域微分性质有

$$-\mathrm{j}tg(t) \overset{\mathscr{F}}{\longleftrightarrow} \frac{\mathrm{d}}{\mathrm{d}\omega}G(\omega) ,$$

即得

$$-tg(t) \overset{\mathscr{F}}{\longleftrightarrow} \frac{1}{\mathrm{j}} \cdot \frac{\mathrm{d}}{\mathrm{d}\omega}G(\omega) . \tag{3.5.17}$$

由于式（3.5.16）和式（3.5.17）的左侧相等，因此右侧也必定相等．于是

$$\frac{\mathrm{d}}{\mathrm{d}\omega}G(\omega) = -\omega G(\omega) .$$

这是 $G(\omega)$ 的微分方程表示，它与式（3.5.15）中的 $g(t)$ 的微分方程表示有相同的数学形式．因此，$G(\omega)$ 的函数形式与 $g(t)$ 的一样，即

$$G(\omega) = C\mathrm{e}^{-\frac{\omega^2}{2}} ,$$

常数 C 由下式确定

$$G(0) = \int_{-\infty}^{+\infty} g(t)\mathrm{d}t = \frac{1}{\sqrt{2\pi}} \int_{-\infty}^{+\infty} \mathrm{e}^{-\frac{t^2}{2}}\mathrm{d}t = 1 .$$

因此可得 $C=1$．从而可以得出结论，高斯函数的傅里叶变换也是高斯函数，即

$$\frac{1}{\sqrt{2\pi}}\mathrm{e}^{-\frac{t^2}{2}} \overset{\mathscr{F}}{\longleftrightarrow} \mathrm{e}^{-\frac{\omega^2}{2}} .$$

若信号 $f(t) = E\mathrm{e}^{-\left(\frac{t}{\tau}\right)^2}$，则根据傅里叶变换的线性和尺度变换性质，可得其傅里叶变换为

$$F(\omega) = \sqrt{\pi}E\tau \cdot \mathrm{e}^{-\left(\frac{\omega\tau}{2}\right)^2} .$$

高斯函数 $f(t)$ 的波形图如图3.5.5（a）所示，其频谱图如图3.5.5（b）所示，可以明显看到时宽和带宽成反比的特性．

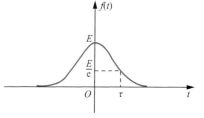

（a）波形图

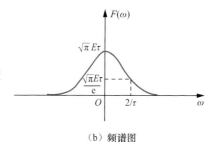

（b）频谱图

图 3.5.5

3.5.9 积分性质

若存在傅里叶变换 $\mathscr{F}[f(t)] = F(\omega)$，则

$$\mathscr{F}\left[\int_{-\infty}^{t} f(\tau)\mathrm{d}\tau\right] = \pi F(0)\delta(\omega) + \frac{F(\omega)}{\mathrm{j}\omega} . \tag{3.5.18}$$

证明 利用傅里叶变换定义式可得

$$\mathscr{F}\left[\int_{-\infty}^{t}f(\tau)\mathrm{d}\tau\right]=\int_{-\infty}^{+\infty}\left[\int_{-\infty}^{t}f(\tau)\mathrm{d}\tau\right]\mathrm{e}^{-\mathrm{j}\omega t}\mathrm{d}t$$

$$=\int_{-\infty}^{+\infty}\left[\int_{-\infty}^{+\infty}f(\tau)u(t-\tau)\mathrm{d}\tau\right]\mathrm{e}^{-\mathrm{j}\omega t}\mathrm{d}t,$$

交换积分次序，得

$$\mathscr{F}\left[\int_{-\infty}^{t}f(\tau)\mathrm{d}\tau\right]=\int_{-\infty}^{+\infty}f(\tau)\int_{-\infty}^{+\infty}u(t-\tau)\mathrm{e}^{-\mathrm{j}\omega t}\mathrm{d}t\mathrm{d}\tau$$

$$=\int_{-\infty}^{+\infty}f(\tau)\left[\pi\delta(\omega)+\frac{1}{\mathrm{j}\omega}\right]\mathrm{e}^{-\mathrm{j}\omega\tau}\mathrm{d}\tau$$

$$=\left[\pi\delta(\omega)+\frac{1}{\mathrm{j}\omega}\right]\int_{-\infty}^{+\infty}f(\tau)\mathrm{e}^{-\mathrm{j}\omega\tau}\mathrm{d}\tau$$

$$=\left[\pi\delta(\omega)+\frac{1}{\mathrm{j}\omega}\right]\cdot F(\omega)$$

$$=\pi F(0)\delta(\omega)+\frac{F(\omega)}{\mathrm{j}\omega}.$$

【例3.5.9】 求图3.5.6所示信号 $f(t)$ 的傅里叶变换.

解 已知

$$f(t)=\int_{-\infty}^{t}G_{\tau}(\tau)\mathrm{d}\tau,$$

且

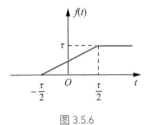

图 3.5.6

$$\mathscr{F}\left[G_{\tau}(t)\right]=\tau\mathrm{Sa}\left(\frac{\tau}{2}\omega\right),$$

所以根据傅里叶变换的时域积分性质有

$$F(\omega)=\tau\mathrm{Sa}\left(\frac{\tau}{2}\omega\right)\left[\pi\delta(\omega)+\frac{1}{\mathrm{j}\omega}\right]$$

$$=\tau\pi\delta(\omega)+\frac{\tau}{\mathrm{j}\omega}\mathrm{Sa}\left(\frac{\tau}{2}\omega\right)$$

3.5.10 卷积定理

这是通信领域和信号处理领域中应用最广泛的傅里叶变换性质之一.

时域卷积定理描述时域卷积积分运算在频域中所对应的运算法则. 若 $\mathscr{F}\left[f_{1}(t)\right]=F_{1}(\omega)$ ，$\mathscr{F}\left[f_{2}(t)\right]=F_{2}(\omega)$ ，则

$$\mathscr{F}\left[f_{1}(t)*f_{2}(t)\right]=F_{1}(\omega)\cdot F_{2}(\omega). \tag{3.5.19}$$

频域卷积定理描述时域信号相乘运算在频域中所对应的运算法则:

$$\mathscr{F}\left[f_1(t)\cdot f_2(t)\right]=\frac{1}{2\pi}F_1(\omega)*F_2(\omega). \tag{3.5.20}$$

证明 卷积积分运算的定义是

$$f_1(t)*f_2(t)=\int_{-\infty}^{+\infty}f_1(\tau)f_2(t-\tau)\mathrm{d}\tau,$$

代入傅里叶变换的定义式中为

$$\mathscr{F}\left[f_1(t)*f_2(t)\right]=\int_{-\infty}^{+\infty}\left[\int_{-\infty}^{+\infty}f_1(\tau)f_2(t-\tau)\mathrm{d}\tau\right]\mathrm{e}^{-\mathrm{j}\omega t}\mathrm{d}t,$$

交换积分次序,得

$$\begin{aligned}\mathscr{F}\left[f_1(t)*f_2(t)\right]&=\int_{-\infty}^{+\infty}f_1(\tau)\left[\int_{-\infty}^{+\infty}f_2(t-\tau)\mathrm{e}^{-\mathrm{j}\omega t}\mathrm{d}t\right]\mathrm{d}\tau\\&=\int_{-\infty}^{+\infty}f_1(\tau)\mathrm{e}^{-\mathrm{j}\omega\tau}\mathrm{d}\tau\cdot F_2(\omega)\\&=F_1(\omega)\cdot F_2(\omega).\end{aligned}$$

若一线性时不变系统的冲激响应为 $h(t)$,激励信号为 $x(t)$,零状态响应为 $y(t)$,则其时域关系满足 $y(t)=x(t)*h(t)$. 设 $\mathscr{F}\left[y(t)\right]=Y(\omega)$, $\mathscr{F}\left[x(t)\right]=X(\omega)$, $\mathscr{F}\left[h(t)\right]=H(\omega)$,则根据时域卷积定理,三者在频域上的关系为

$$Y(\omega)=X(\omega)\cdot H(\omega). \tag{3.5.21}$$

可以看到,转到频域后,线性时不变系统对激励信号的影响变得非常直观、简洁.

很多运算可以利用一个简单的系统模型来表示. 例如,微分器的冲激响应为 $\delta'(t)$,其傅里叶变换为 $\mathrm{j}\omega$,那么傅里叶变换微分性质可以表示为

$$\mathscr{F}\left[f(t)*\delta'(t)\right]=\mathscr{F}\left[f(t)\right]\cdot\mathscr{F}\left[\delta'(t)\right]=\mathrm{j}\omega F(\omega).$$

积分器的冲激响应为 $u(t)$,其傅里叶变换为 $\pi\delta(\omega)+\dfrac{1}{\mathrm{j}\omega}$,那么傅里叶变换积分性质可以表示为

$$\mathscr{F}\left[\int_{-\infty}^{t}f(\tau)\mathrm{d}\tau\right]=\mathscr{F}\left[f(t)*u(t)\right]=F(\omega)\left[\pi\delta(\omega)+\frac{1}{\mathrm{j}\omega}\right].$$

延时器的冲激响应为 $\delta(t-\tau)$,其傅里叶变换为 $\mathrm{e}^{-\mathrm{j}\omega\tau}$,那么傅里叶变换时移性质可以表示为

$$\mathscr{F}\left[f(t-\tau)\right]=\mathscr{F}\left[f(t)*\delta(t-\tau)\right]=F(\omega)\mathrm{e}^{-\mathrm{j}\omega\tau}.$$

3.6 周期信号的傅里叶变换

我们对周期信号可以利用傅里叶级数展开的方法进行频域分析,而对非周期信号则可以通过傅里叶变换求频谱密度函数进行频域分析. 引入以冲激信号为代表的广义函数后,绝对可积不再是傅里叶变换存在的必要条件,周期信号也可以进行傅里叶变换了,所以傅里叶变换就成了一种

既能分析周期信号频谱，又能分析非周期信号频谱的通用方法.

3.6.1 典型周期信号的傅里叶变换

1. 三角函数

最简单的周期信号是单频三角函数信号，如 $\cos(\omega_0 t)$，可以利用欧拉公式将其展开为复指数形式：

$$\cos(\omega_0 t) = \frac{1}{2}\left(e^{j\omega_0 t} + e^{-j\omega_0 t}\right). \tag{3.6.1}$$

结合直流信号的傅里叶变换 $\mathscr{F}[1] = 2\pi\delta(\omega)$ 以及频移性质，可得

$$\mathscr{F}\left[\cos(\omega_0 t)\right] = \pi\left[\delta(\omega+\omega_0) + \delta(\omega-\omega_0)\right], \tag{3.6.2}$$

同理可得

$$\mathscr{F}\left[\sin(\omega_0 t)\right] = j\pi\left[\delta(\omega+\omega_0) - \delta(\omega-\omega_0)\right]. \tag{3.6.3}$$

余弦信号和正弦信号的频谱分别如图3.6.1和图3.6.2所示.

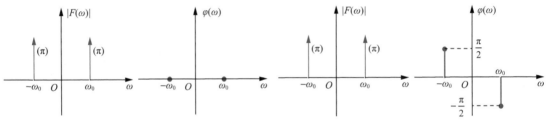

图 3.6.1   图 3.6.2

2. 周期冲激脉冲序列

定义周期为 T 的冲激脉冲序列为

$$\delta_{\mathrm{T}}(t) = \sum_{n=-\infty}^{+\infty} \delta(t-nT), \tag{3.6.4}$$

求其傅里叶变换，可以先把这个周期信号做傅里叶级数展开，展开式为

$$\delta_{\mathrm{T}}(t) = \sum_{k=-\infty}^{+\infty} F_k \cdot e^{jk\omega_1 t}, \tag{3.6.5}$$

其中 $\omega_1 = \dfrac{2\pi}{T}$，谱系数为

$$F_k = \frac{1}{T}\int_{-\frac{T}{2}}^{\frac{T}{2}} \delta(t) e^{-jk\omega_1 t}\,\mathrm{d}t = \frac{1}{T}, \tag{3.6.6}$$

所以

$$\delta_{\mathrm{T}}(t) = \frac{1}{T}\sum_{k=-\infty}^{+\infty} e^{jk\omega_1 t}. \tag{3.6.7}$$

同样，结合直流信号的傅里叶变换 $\mathscr{F}[1] = 2\pi\delta(\omega)$ 及频移性质，可得

$$\mathscr{F}\left[e^{jk\omega_1 t}\right] = 2\pi\delta(\omega-k\omega_1), \tag{3.6.8}$$

所以 $\delta_{\mathrm{T}}(t)$ 的傅里叶变换为

冲激脉冲序列
的傅里叶级数
合成

$$F(\omega) = \frac{1}{T} \sum_{k=-\infty}^{+\infty} 2\pi \delta(\omega - k\omega_1) = \omega_1 \sum_{k=-\infty}^{+\infty} \delta(\omega - k\omega_1) . \quad (3.6.9)$$

可见，时域周期冲激脉冲序列的频谱同样是周期冲激脉冲序列，如图3.6.3所示．时域上的周期越长，频域上的谱线间隔越小，冲激强度也越小．

3.6.2　一般周期信号的傅里叶变换

对于一般周期信号 $f(t)$，其周期为 T，那么傅里叶变换的求解有两种思路．

一种思路是首先把周期信号做傅里叶级数展开

$$f(t) = \sum_{k=-\infty}^{+\infty} F_k \cdot e^{jk\omega_1 t} , \quad (3.6.10)$$

然后根据式（3.6.8）可得

$$F(\omega) = \sum_{k=-\infty}^{+\infty} 2\pi \cdot F_k \cdot \delta(\omega - k\omega_1) . \quad (3.6.11)$$

另一种思路是把周期信号用1个周期 $f_0(t)$ 的形式表示，则原周期信号可表示为

$$f(t) = f_0(t) * \delta_T(t) , \quad (3.6.12)$$

若 $F_0(\omega) = \mathscr{F}[f_0(t)]$，则根据卷积定理有

$$F(\omega) = F_0(\omega) \cdot \omega_1 \sum_{k=-\infty}^{+\infty} \delta(\omega - k\omega_1) = \sum_{k=-\infty}^{+\infty} \omega_1 \cdot F_0(k\omega_1) \delta(\omega - k\omega_1) . \quad (3.6.13)$$

一般周期信号的傅里叶变换过程如图3.6.4所示．

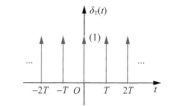

（a）时域周期冲激脉冲序列

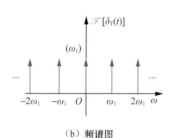

（b）频谱图

图 3.6.3

一般周期信号
的傅里叶变换

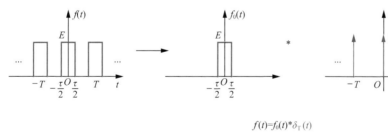

$$f(t) = f_0(t) * \delta_T(t)$$

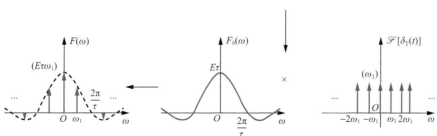

$$F(\omega) = F_0(\omega) \cdot \omega_1 \sum_{k=-\infty}^{+\infty} \delta(\omega - k\omega_1)$$

图 3.6.4

【例3.6.1】 求图3.6.5（a）所示周期矩形脉冲信号的傅里叶变换.

解　方法一　选择周期矩形脉冲信号中的1个周期内信号，设为 $f_0(t)$，如图3.6.5（b）所示，则

$$f(t) = f_0(t) * \delta_{\mathrm{T}}(t).$$

求其傅里叶变换可得

$$F_0(\omega) = \mathscr{F}[f_0(t)] = E\tau \mathrm{Sa}\left(\frac{\tau}{2} \cdot \omega\right).$$

根据傅里叶变换时域卷积定理有

$$F(\omega) = E\tau \mathrm{Sa}\left(\frac{\tau}{2} \cdot \omega\right) \cdot \frac{2\pi}{T} \sum_{k=-\infty}^{+\infty} \delta(\omega - k\omega_1)$$

$$= \sum_{k=-\infty}^{\infty} 2\pi \frac{E\tau}{T} \cdot \mathrm{Sa}\left(\frac{k\omega_1 \tau}{2}\right) \delta(\omega - k\omega_1).$$

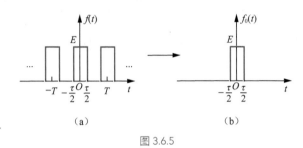

图 3.6.5

其中

$$\omega_1 = \frac{2\pi}{T}.$$

方法二　还可以先求出周期矩形脉冲信号的傅里叶级数. 已知 $f_0(t)$ 的傅里叶变换为

$$F_0(\omega) = E\tau \mathrm{Sa}\left(\frac{\tau}{2} \cdot \omega\right),$$

则可以求出周期矩形脉冲信号的傅里叶系数

$$F_k = \frac{1}{T} F_0(\omega)\bigg|_{\omega = k\omega_1} = \frac{E\tau}{T} \mathrm{Sa}\left(\frac{k\omega_1 \tau}{2}\right),$$

这样 $f(t)$ 的傅里叶级数为

$$f(t) = \frac{E\tau}{T} \sum_{k=-\infty}^{+\infty} \mathrm{Sa}\left(\frac{k\omega_1 \tau}{2}\right) e^{jk\omega_1 t},$$

再由式（3.6.11）便可得到 $f(t)$ 的傅里叶变换 $F(\omega)$，即

$$F(\omega) = 2\pi \sum_{k=-\infty}^{+\infty} F_k \delta(\omega - k\omega_1)$$

$$= E\tau\omega_1 \sum_{k=-\infty}^{+\infty} \mathrm{Sa}\left(\frac{k\omega_1 \tau}{2}\right) \delta(\omega - k\omega_1).$$

从此可以看出，单脉冲的频谱是连续函数，而周期信号的频谱是离散函数. 对于 $F(\omega)$ 来说，它包含间隔为 ω_1 的冲激序列，其强度的包络线的形状与单脉冲频谱的形状相同.

另外，通过例3.6.1方法二求 $f(t)$ 的傅里叶级数和傅里叶变换的结果，也可以看出傅里叶级数与傅里叶变换在频域分析中的区别和联系，如表3.6.1所示. 傅里叶级数展开无法分析非周期信号频谱，而引入广义函数之后，傅里叶变换可以分析周期信号频谱，所以傅里叶变换频域分析方法适用范围更广. 同时，周期信号有傅里叶级数展开和傅里叶变换两种频域分析方法，要注意它们的区别.

表 3.6.1　傅里叶级数频谱与傅里叶变换频谱

信号形式	傅里叶级数频谱	傅里叶变换频谱
非周期信号	不存在	
周期信号		

3.7　能量谱和功率谱

3.7.1　相关

1. 相关系数

在信号分析中，有时需要比较两个信号的相似性，仅从波形上往往很难说明它们的相似程度，因此我们引入相关系数作为信号相似性的统一描述. 实信号 $x(t)$ 和 $y(t)$ 的相关系数定义为

$$\rho_{x,y} = \frac{\displaystyle\int_{-\infty}^{+\infty} x(t)\,y(t)\,\mathrm{d}t}{\left[\displaystyle\int_{-\infty}^{+\infty} x^2(t)\,\mathrm{d}t \int_{-\infty}^{+\infty} y^2(t)\,\mathrm{d}t\right]^{\frac{1}{2}}}. \qquad (3.7.1)$$

通过柯西-施瓦茨不等式可知

$$\left|\int_{-\infty}^{+\infty} x(t)\,y(t)\,\mathrm{d}t\right| \leqslant \left[\int_{-\infty}^{+\infty} x^2(t)\,\mathrm{d}t \int_{-\infty}^{+\infty} y^2(t)\,\mathrm{d}t\right]^{\frac{1}{2}}, \qquad (3.7.2)$$

更多相关系数的知识

相关系数满足

$$\left|\rho_{x,y}\right| \leqslant 1. \qquad (3.7.3)$$

特别地，当 $\rho_{x,y}=1$ 时， $x(t)$ 和 $y(t)$ 线性相关，形状完全相似；当 $\rho_{x,y}=-1$ 时， $x(t)$ 和 $y(t)$ 线性相关，形状完全相反；当 $\rho_{x,y}=0$ 时， $x(t)$ 和 $y(t)$ 线性无关，形状完全不同.

相关系数对两个确定信号的波形相似性进行了表征，但在某些情况下，信号之间可能存在时延差，例如，雷达接收到两个不同距离目标的反射信号，此时需要专门研究两信号在时移过程中的相关性，为此我们又引入相关函数的概念.

2. 相关函数

相关函数描述的是信号在时移过程中的相似性. 两个不同的信号或同一信号因为时移产生时延差，其相关性分别用互相关函数和自相关函数表征.

两信号 $x(t)$ 和 $y(t)$ 为能量信号，其互相关函数定义为

$$R_{xy}(\tau) = \int_{-\infty}^{+\infty} x(t)y^*(t-\tau)\mathrm{d}t = \int_{-\infty}^{+\infty} x(t+\tau)y^*(t)\mathrm{d}t , \tag{3.7.4}$$

$$R_{yx}(\tau) = \int_{-\infty}^{+\infty} y(t)x^*(t-\tau)\mathrm{d}t = \int_{-\infty}^{+\infty} y(t+\tau)x^*(t)\mathrm{d}t . \tag{3.7.5}$$

若 $x(t)$ 和 $y(t)$ 均为实信号，其互相关函数可以简化为

$$R_{xy}(\tau) = \int_{-\infty}^{+\infty} x(t)y(t-\tau)\mathrm{d}t = \int_{-\infty}^{+\infty} x(t+\tau)y(t)\mathrm{d}t , \tag{3.7.6}$$

$$R_{yx}(\tau) = \int_{-\infty}^{+\infty} y(t)x(t-\tau)\mathrm{d}t = \int_{-\infty}^{+\infty} y(t+\tau)x(t)\mathrm{d}t . \tag{3.7.7}$$

若信号 $x(t)$ 和 $y(t)$ 为功率信号，其互相关函数定义为

$$R_{xy}(\tau) = \lim_{T\to+\infty}\frac{1}{T}\int_{-\frac{T}{2}}^{\frac{T}{2}} x(t)y^*(t-\tau)\mathrm{d}t = \lim_{T\to+\infty}\frac{1}{T}\int_{-\frac{T}{2}}^{\frac{T}{2}} x(t+\tau)y^*(t)\mathrm{d}t , \tag{3.7.8}$$

$$R_{yx}(\tau) = \lim_{T\to+\infty}\frac{1}{T}\int_{-\frac{T}{2}}^{\frac{T}{2}} y(t)x^*(t-\tau)\mathrm{d}t = \lim_{T\to+\infty}\frac{1}{T}\int_{-\frac{T}{2}}^{\frac{T}{2}} y(t+\tau)x^*(t)\mathrm{d}t . \tag{3.7.9}$$

若 $x(t)$ 和 $y(t)$ 均为实信号，其互相关函数可以简化为

$$R_{xy}(\tau) = \lim_{T\to+\infty}\frac{1}{T}\int_{-\frac{T}{2}}^{\frac{T}{2}} x(t)y(t-\tau)\mathrm{d}t = \lim_{T\to+\infty}\frac{1}{T}\int_{-\frac{T}{2}}^{\frac{T}{2}} x(t+\tau)y(t)\mathrm{d}t , \tag{3.7.10}$$

$$R_{yx}(\tau) = \lim_{T\to+\infty}\frac{1}{T}\int_{-\frac{T}{2}}^{\frac{T}{2}} y(t)x(t-\tau)\mathrm{d}t = \lim_{T\to+\infty}\frac{1}{T}\int_{-\frac{T}{2}}^{\frac{T}{2}} y(t+\tau)x(t)\mathrm{d}t . \tag{3.7.11}$$

若上述公式中 $x(t) = y(t)$，则互相关函数就成了自相关函数，对于能量信号有

$$R(\tau) = \int_{-\infty}^{+\infty} x(t)x^*(t-\tau)\mathrm{d}t = \int_{-\infty}^{+\infty} x(t+\tau)x^*(t)\mathrm{d}t, \tag{3.7.12}$$

对于功率信号有

$$R(\tau) = \lim_{T\to+\infty}\frac{1}{T}\int_{-\frac{T}{2}}^{\frac{T}{2}} x(t)x^*(t-\tau)\mathrm{d}t = \lim_{T\to+\infty}\frac{1}{T}\int_{-\frac{T}{2}}^{\frac{T}{2}} x(t+\tau)x^*(t)\mathrm{d}t. \tag{3.7.13}$$

若 $x(t)$ 为实信号，对于能量信号，则自相关函数可简化为

$$R(\tau) = \int_{-\infty}^{+\infty} x(t)x(t-\tau)\mathrm{d}t = \int_{-\infty}^{+\infty} x(t+\tau)x(t)\mathrm{d}t. \tag{3.7.14}$$

若 $x(t)$ 为实信号，对于功率信号，则自相关函数可简化为

$$R(\tau) = \lim_{T\to+\infty}\frac{1}{T}\int_{-\frac{T}{2}}^{\frac{T}{2}} x(t)x(t-\tau)\mathrm{d}t = \lim_{T\to+\infty}\frac{1}{T}\int_{-\frac{T}{2}}^{\frac{T}{2}} x(t+\tau)x(t)\mathrm{d}t. \tag{3.7.15}$$

3. 相关函数的性质

为了使讨论更便捷，假定信号均为实信号.

（1）

$$R_{xy}(\tau) = R_{yx}(-\tau) . \tag{3.7.16}$$

证明　已知

$$R_{xy}(\tau) = \int_{-\infty}^{+\infty} x(t) y(t-\tau) \mathrm{d}t \,,$$

$$R_{yx}(\tau) = \int_{-\infty}^{+\infty} y(t) x(t-\tau) \mathrm{d}t \,,$$

令 $t = \lambda + \tau$，则

$$R_{xy}(\tau) = \int_{-\infty}^{+\infty} x(\lambda+\tau) y(\lambda) \mathrm{d}\lambda = R_{yx}(-\tau) \,.$$

（2）自相关函数为偶函数，即

$$R(\tau) = R(-\tau) \,. \tag{3.7.17}$$

证明　　$$R(-\tau) = \int_{-\infty}^{+\infty} x(t) x(t+\tau) \mathrm{d}t = R(\tau) \,.$$

（3）$R(0) = \int_{-\infty}^{+\infty} x^2(t) \mathrm{d}t = E.$

该式中 $R(0)$ 为 $x(t)$ 的能量. 若 $x(t)$ 为功率信号，则 $R(0)$ 为 $x(t)$ 的功率.

（4）$R(0) \geqslant R(\tau)$.

证明　因为

$$\int_{-\infty}^{+\infty} \left[x(t) - x(t+\tau) \right]^2 \mathrm{d}t \geqslant 0 \,,$$

则

$$\int_{-\infty}^{+\infty} \left[x(t) - x(t+\tau) \right]^2 \mathrm{d}t$$
$$= \int_{-\infty}^{+\infty} \left[x^2(t) - 2x(t)x(t+\tau) + x^2(t+\tau) \right] \mathrm{d}t$$
$$= \int_{-\infty}^{+\infty} x^2(t) \mathrm{d}t - 2\int_{-\infty}^{+\infty} x(t)x(t+\tau) \mathrm{d}t + \int_{-\infty}^{+\infty} x^2(t+\tau) \mathrm{d}t$$
$$= R(0) - 2R(\tau) + R(0) \geqslant 0 \,,$$

所以

$$R(0) \geqslant R(\tau) \,. \tag{3.7.18}$$

（5）周期函数的自相关函数也是周期函数.

证明　已知

$$R(\tau) = \frac{1}{T} \int_{-\frac{T}{2}}^{\frac{T}{2}} f(t) f(t+\tau) \mathrm{d}t \,, \tag{3.7.19}$$

其中，T 为周期. 将 $f(t)$ 用傅里叶级数的形式表示为

$$f(t) = \sum_{k=-\infty}^{+\infty} F_k \mathrm{e}^{jk\omega_1 t} \,,$$

其中 $\omega_1 = \dfrac{2\pi}{T}$ ，并代入式（3.7.19），得

$$R(\tau) = \frac{1}{T}\int_{-\frac{T}{2}}^{\frac{T}{2}}\left[\sum_{k_1=-\infty}^{+\infty}F_{k_1}\mathrm{e}^{\mathrm{j}k_1\omega_1 t}\right]\left[\sum_{k_2=-\infty}^{+\infty}F_{k_2}\mathrm{e}^{\mathrm{j}k_2\omega_1(t+\tau)}\right]\mathrm{d}t$$

$$= \sum_{k_1=-\infty}^{+\infty}\sum_{k_2=-\infty}^{+\infty}F_{k_1}F_{k_2}\mathrm{e}^{\mathrm{j}k_2\omega_1\tau}\frac{1}{T}\int_{-\frac{T}{2}}^{\frac{T}{2}}\mathrm{e}^{\mathrm{j}(k_1+k_2)\omega_1 t}\mathrm{d}t,$$

其中

$$\frac{1}{T}\int_{-\frac{T}{2}}^{\frac{T}{2}}\mathrm{e}^{\mathrm{j}(k_1+k_2)\omega_1 t}\mathrm{d}t = \begin{cases} 0 & k_1 \neq -k_2 \\ 1 & k_1 = -k_2 \end{cases},$$

且

$$F_{-k} = F_k^*,$$

因此，式（3.7.19）可以简化成

$$R(\tau) = \sum_{k=-\infty}^{+\infty}\left|F_k\right|^2 \mathrm{e}^{\mathrm{j}k\omega_1\tau}. \tag{3.7.20}$$

其为与 $f(t)$ 具有相同周期的周期函数.

4. 相关定理

若 $\mathscr{F}\left[x(t)\right] = X(\omega)$ ，$\mathscr{F}\left[y(t)\right] = Y(\omega)$ ，则 $\mathscr{F}\left[R_{xy}(\tau)\right] = X(\omega)Y^*(\omega)$.

证明

$$\mathscr{F}\left[R_{xy}(\tau)\right] = \int_{-\infty}^{+\infty}R_{xy}(\tau)\mathrm{e}^{-\mathrm{j}\omega\tau}\mathrm{d}\tau$$

$$= \int_{-\infty}^{+\infty}\left[\int_{-\infty}^{+\infty}x(t)y^*(t-\tau)\mathrm{d}t\right]\mathrm{e}^{-\mathrm{j}\omega\tau}\mathrm{d}\tau,$$

交换积分的次序，得

$$\mathscr{F}\left[R_{xy}(\tau)\right] = \int_{-\infty}^{+\infty}x(t)\left[\int_{-\infty}^{+\infty}y^*(t-\tau)\mathrm{e}^{-\mathrm{j}\omega\tau}\mathrm{d}\tau\right]\mathrm{d}t$$

$$= \int_{-\infty}^{+\infty}x(t)Y^*(\omega)\mathrm{e}^{-\mathrm{j}\omega t}\mathrm{d}t \tag{3.7.21}$$

$$= X(\omega)Y^*(\omega).$$

由式（3.7.21）可以看出，两信号的互相关函数的傅里叶变换等于第 1 个信号的傅里叶变换与第 2 个信号的傅里叶变换取共轭的乘积. 同理，若 $x(t) = y(t)$ ，对于自相关函数 $R(\tau)$ 有

$$\mathscr{F}\left[R(\tau)\right] = \left|X(\omega)\right|^2. \tag{3.7.22}$$

对比相关的概念和卷积的定义，可以看出二者非常相似. 以能量信号为例，$x(t)$ 与 $y(t)$ 的卷积为

$$x(t)y(t) = \int_{-\infty}^{+\infty}x(\tau)y(t-\tau)\mathrm{d}\tau,$$

而其互相关函数为

$$R_{xy}(t) = \int_{-\infty}^{+\infty} x(\tau) y^*(\tau - t) \mathrm{d}\tau ,$$

由其表达式不难看出

$$R_{xy}(t) = x(t) y^*(-t) .$$

3.7.2　能量谱和功率谱

对于一个确定信号来说,信号的频谱(幅度谱和相位谱)可以用来描述信号的幅度以及相位在不同频率分量处的变化情况. 但是当实际系统传输和处理大量信号时,这些信号的相位谱几乎是完全随机的,而信号的幅度谱往往具有相对固定的频带特征. 在这种情况下,利用信号的统计特性去描述信号更合适,即针对能量信号和功率信号,对所有时刻的信号,或存在于足够大的时间段(尤其是与测量持续时间相关的时间段)的信号,分别采用能量谱密度(energy spectral density,ESD)与功率谱密度(power spectral density,PSD)来描述信号的能量和功率在频域中的分布情况.

1. 能量谱

对于能量信号 $f(t)$ 而言,其自相关函数

$$R(\tau) = \int_{-\infty}^{+\infty} f(t) f^*(t - \tau) \mathrm{d}t ,$$

而

$$R(0) = \int_{-\infty}^{+\infty} f(t) f^*(t) \mathrm{d}t = \int_{-\infty}^{+\infty} \left| f(t) \right|^2 \mathrm{d}t.$$

已知

$$\mathscr{F}\left[f(t) \right] = F(\omega) ,$$

$$\mathscr{F}\left[R(\tau) \right] = \left| F(\omega) \right|^2 ,$$

所以

$$R(\tau) = \frac{1}{2\pi} \int_{-\infty}^{+\infty} \left| F(\omega) \right|^2 \mathrm{e}^{\mathrm{j}\omega\tau} \mathrm{d}\omega , \qquad (3.7.23)$$

以及

$$R(0) = \int_{-\infty}^{+\infty} \left| f(t) \right|^2 \mathrm{d}t = \frac{1}{2\pi} \int_{-\infty}^{+\infty} \left| F(\omega) \right|^2 \mathrm{d}\omega$$
$$= \int_{-\infty}^{+\infty} \left| F_1(f) \right|^2 \mathrm{d}f. \qquad (3.7.24)$$

其中 $F_1(f) = F(2\pi f)$.

式(3.7.24)说明,对于能量信号,时域内 $\left| f_1(t) \right|^2$ 所覆盖的面积等于频域内 $\left| F_1(f) \right|^2$ 所覆盖的面积,且等于自相关函数在零点的函数值,该关系称为帕塞瓦尔定理. 式(3.7.24)中 $\left| F(\omega) \right|^2$ 反映了信号的能量在频域的分布情况,因此称为能量谱密度,简称能量谱. 通常将 $f(t)$ 的能量谱记作 $\mathcal{E}(\omega)$,表示为

$$\mathcal{E}(\omega) = \left| F(\omega) \right|^2 . \qquad (3.7.25)$$

由定义易知,对于实信号, $\mathcal{E}(\omega)$ 为实偶函数.

帕塞瓦尔定理
总结

【例3.7.1】 求积分 $S = \int_{-\infty}^{+\infty} \text{Sa}^2(t)\,\mathrm{d}t$.

解 这个积分很难直接求解，可以看出这是在求信号 $\text{Sa}(t)$ 的能量. 在学习傅里叶变换的对称性质时我们曾计算过信号 $\text{Sa}(t)$ 的频谱:

$$F(\omega) = \mathscr{F}\big[\text{Sa}(t)\big] = \pi\big[u(\omega+1) - u(\omega-1)\big].$$

根据帕塞瓦尔定理，信号 $\text{Sa}(t)$ 的能量也可以通过能量谱密度得到:

$$
\begin{aligned}
S &= \frac{1}{2\pi}\int_{-\infty}^{+\infty}\big|F(\omega)\big|^2\,\mathrm{d}\omega \\
&= \frac{1}{2\pi}\int_{-1}^{1}\pi^2\,\mathrm{d}\omega \\
&= \pi.
\end{aligned}
$$

2. 功率谱

对于功率信号 $f(t)$，考虑其截断信号 $f_{\text{T}}(t)$，从 $f(t)$ 中截取 $|t| \leqslant \dfrac{T}{2}$ 的部分，表示为

$$f_{\text{T}}(t) = \begin{cases} f(t) & |t| \leqslant \dfrac{T}{2} \\[2mm] 0 & |t| \geqslant \dfrac{T}{2} \end{cases}. \tag{3.7.26}$$

若 T 为有限值，则 $f_{\text{T}}(t)$ 为能量信号. 令

$$\mathscr{F}\big[f_{\text{T}}(t)\big] = \big|F_{\text{T}}(\omega)\big|. \tag{3.7.27}$$

此时，$f_{\text{T}}(t)$ 的能量 E_{T} 可以表示为

$$
\begin{aligned}
E_{\text{T}} &= \int_{-\infty}^{+\infty}\big|f_{\text{T}}(t)\big|^2\,\mathrm{d}t = \int_{-\frac{T}{2}}^{\frac{T}{2}}\big|f(t)\big|^2\,\mathrm{d}t \\
&= \frac{1}{2\pi}\int_{-\infty}^{+\infty}\big|F_{\text{T}}(\omega)\big|^2\,\mathrm{d}\omega
\end{aligned} \tag{3.7.28}
$$

当 $T \to +\infty$ 时，$f(t)$ 的平均功率

$$P = \lim_{T\to+\infty}\frac{1}{T}\int_{-\frac{T}{2}}^{\frac{T}{2}}\big|f(t)\big|^2\,\mathrm{d}t = \frac{1}{2\pi}\int_{-\infty}^{+\infty}\lim_{T\to+\infty}\frac{\big|F_{\text{T}}(\omega)\big|^2}{T}\,\mathrm{d}\omega, \tag{3.7.29}$$

若极限 $\displaystyle\lim_{T\to+\infty}\frac{\big|F_{\text{T}}(\omega)\big|^2}{T}$ 存在，则称其为 $f(t)$ 的功率谱密度，简称功率谱，记作 $\mathscr{P}(\omega)$，表示为

$$\mathscr{P}(\omega) = \lim_{T\to+\infty}\frac{\big|F_{\text{T}}(\omega)\big|^2}{T}, \tag{3.7.30}$$

则 $f(t)$ 的平均功率可以重写成

$$P = \frac{1}{2\pi}\int_{-\infty}^{+\infty}\mathscr{P}(\omega)\,\mathrm{d}\omega. \tag{3.7.31}$$

可以证明，当功率信号为周期信号时，其功率谱为

$$\mathscr{P}(\omega) = 2\pi \sum_{k=-\infty}^{+\infty} \left| F_k \right|^2 \delta(\omega - k\omega_1) . \tag{3.7.32}$$

由式（3.7.30）可知，功率谱密度反映了单位频带内信号的平均功率随信号的频率变化情况.

接下来讨论信号的功率谱密度与其自相关函数的关系，定义功率信号的自相关函数

$$R(\tau) = \lim_{T \to +\infty} \frac{1}{T} \int_{-\frac{T}{2}}^{\frac{T}{2}} f(t) f^*(t-\tau) \mathrm{d}t , \tag{3.7.33}$$

其傅里叶变换为

$$\mathscr{F}\left[R(\tau) \right] = \int_{-\infty}^{+\infty} \left[\lim_{T \to +\infty} \frac{1}{T} \int_{-\frac{T}{2}}^{\frac{T}{2}} f(t) f^*(t-\tau) \mathrm{d}t \right] \mathrm{e}^{-\mathrm{j}\omega\tau} \mathrm{d}\tau .$$

交换积分次序，可得

$$
\begin{aligned}
\mathscr{F}\left[R(\tau) \right] &= \lim_{T \to +\infty} \frac{1}{T} \int_{-\frac{T}{2}}^{\frac{T}{2}} f(t) \left[\int_{-\infty}^{+\infty} f^*(t-\tau)\, \mathrm{e}^{-\mathrm{j}\omega\tau} \mathrm{d}\tau \right] \mathrm{d}t \\
&= \lim_{T \to +\infty} \frac{1}{T} \int_{-\frac{T}{2}}^{\frac{T}{2}} f(t) F_{\mathrm{T}}^*(\omega) \mathrm{e}^{-\mathrm{j}\omega t} \mathrm{d}t \\
&= \lim_{T \to +\infty} \frac{1}{T} F_{\mathrm{T}}^*(\omega) F_{\mathrm{T}}(\omega) \\
&= \lim_{T \to +\infty} \frac{1}{T} \left| F_{\mathrm{T}}(\omega) \right|^2
\end{aligned}
\tag{3.7.34}
$$

由此可知，功率信号的自相关函数与其功率谱密度为傅里叶变换对，即

$$R(\tau) = \frac{1}{2\pi} \int_{-\infty}^{+\infty} \mathscr{P}(\omega) \mathrm{e}^{\mathrm{j}\omega\tau} \mathrm{d}\omega , \tag{3.7.35}$$

$$\mathscr{P}(\omega) = \int_{-\infty}^{+\infty} R(\tau) \mathrm{e}^{-\mathrm{j}\omega\tau} \mathrm{d}\tau . \tag{3.7.36}$$

式（3.7.35）和式（3.7.36）描述的关系称为维纳-欣钦（Wiener-Khinchine）关系（或定理）.

查看维纳-欣钦定理更多信息

【例3.7.2】 求余弦信号 $f(t) = E\cos(\omega_0 t)$ 的功率谱及自相关函数.

余弦函数的功率谱及其自相关函数

解

$$f(t) = E\cos(\omega_0 t) = \frac{E}{2}\left(\mathrm{e}^{\mathrm{j}\omega_0 t} + \mathrm{e}^{-\mathrm{j}\omega_0 t} \right) ,$$

其傅里叶系数为

$$F_1 = F_{-1} = \frac{E}{2} ， \text{其余项系数为} 0$$

根据式（3.7.32），其功率谱为

$$\mathscr{P}(\omega) = \frac{\pi}{2} E^2 \left[\delta(\omega - \omega_0) + \delta(\omega + \omega_0) \right] ,$$

对其取逆变换，得到自相关函数为

$$R(\tau) = \frac{1}{2\pi} \int_{-\infty}^{+\infty} \mathscr{P}(\omega) \mathrm{e}^{\mathrm{j}\omega\tau} \mathrm{d}\omega$$

$$= \frac{E^2}{4} \int_{-\infty}^{+\infty} \left[\delta(\omega - \omega_0) + \delta(\omega + \omega_0) \right] \mathrm{e}^{\mathrm{j}\omega\tau} \mathrm{d}\omega$$

$$= \frac{E^2}{4} \left(\mathrm{e}^{\mathrm{j}\omega_0\tau} + \mathrm{e}^{-\mathrm{j}\omega_0\tau} \right) = \frac{E^2}{2} \cos(\omega_0\tau).$$

3.8 本章小结

　　本章主要介绍连续信号的频域分析，首先从信号的正交函数分解角度讲述周期信号的傅里叶级数展开，包括三角函数（同频率合并后为简谐形式）和指数函数两种形式，对应信号正交分解的两个常用完备正交函数集. 不同频率的三角函数和复指数函数就是1个周期函数中蕴含的基本的频率分量. 信号周期决定了谱线间隔，而信号周期为无穷大时，频谱间隔趋向无穷小，便产生了基于积分的连续谱分析——傅里叶变换. 绝对可积条件是信号存在傅里叶变换的充分条件. 通过对典型非周期信号的傅里叶变换及傅里叶变换性质的学习，读者可进一步加深对傅里叶变换的认识. 其中，非常重要的一个性质是卷积定理，即信号在时域相乘对应其频谱在频域卷积，信号在时域卷积对应其频谱在频域相乘. 人们借助奇异函数（如冲激函数）将傅里叶变换从非周期信号拓展到周期信号，从而形成了统一的傅里叶变换分析法. 本章最后介绍了相关、能量谱和功率谱的概念. 学习本章时应注意理解时域与变换域的关系，领略傅里叶变换之美. 第4章我们将学习系统的频域分析以及傅里叶变换的初步应用.

3.9 知识拓展

3.9.1 傅里叶及傅里叶分析法简介

　　让·巴普蒂斯·约瑟夫·傅里叶（Baron Jean Baptiste Joseph Fourier）1768年3月21日出生于法国中部的欧塞尔，毕业于巴黎高等师范学校，是法国著名的数学家、物理学家，巴黎科学院院士. 其肖像如图3.9.1所示.

　　傅里叶级数和积分是一项美妙的研究成果，它是处理科学和工程等诸多方面问题的不可或缺的工具. 麦克斯韦尔（Maxwell）盛赞傅里叶级数，并誉之为"一首伟大的数学史诗". 它是电气工程、通信、信号处理等领域的核心理论，然而最初科学界对它的接受却不是一帆风顺. 实际上，当时傅里叶想要把他的研究成果作为一篇论文发表出来都难以实现.

　　傅里叶和他的同伴们在数学和物理学方面的最初研究都集中在连续时间内的现象. 对于离散信号与系统的傅里叶分析方法却有着它们自己的历史根基，并且也有众多的应用领域，尤其离散时间的概念和方法是数值分析这门学科的基础. 用于处理离散点集以产生数值近似的内插、积分和微

图 3.9.1

分等方面的公式远在17世纪的牛顿时代就被研究过. 另外, 已知天体的一组观测数据、预测天体运动的问题在18世纪和19世纪曾吸引包括高斯（Gauss）在内的许多著名科学家和数学家从事调和时间序列的研究, 而大量的初始工作能在离散信号与系统下完成, 这为傅里叶级数提供了第二个舞台.

在20世纪60年代中期, 一种称为快速傅里叶变换（fast Fourier transform，FFT）的算法被引入. 这一算法在1965年被库利（Cooley）和图基（Tukey）独立发现, 但其实它也有相当长的历史. 事实上, FFT算法在高斯的手稿中已经出现. 它之所以成为重要的近代发现, 是因为FFT算法被证明非常适合于高效数字实现, 它将计算变换所需要的时间减少了几个数量级. 有了FFT算法, 在利用傅里叶级数和变换时, 许多过去看来不切实际的想法突然变得实际起来, 使离散信号与系统分析技术的发展加速向前迈进.

3.9.2　时频分析与小波变换简介

傅里叶变换是一个从 $-\infty$ 到 $+\infty$ 的全时域积分变换, 所得频谱表达式中已经没有了时间变量. 因此, 基于傅里叶变换分析方法的一个重要缺陷是时间信息的缺失, 故只能反映各频率成分在整个时间范围内的总体大小, 不能准确地反映信号的瞬时或局部频率变化, 这对于心电图、脑电图、股票价格波动等需要关注局部细节变化的随机信号分析是不太适合的.

1. 短时傅里叶变换

针对傅里叶变换时间信息缺失的问题, 1946年丹尼斯·加博（Dennis Gabor）提出了加窗傅里叶变换, 也称为短时傅里叶变换（short time Fourier transform，STFT）.

短时傅里叶变换相较于傅里叶变换增加了时域窗函数对信号的截取（与信号相乘, 称为加窗）过程：通过滑动时域窗函数把信号划分成若干个小段, 每个时段内信号的频率成分是相对固定的（可以认为是平稳的）, 窗函数的位置带来了信号的时间信息. 信号 $x(t)$ 的短时傅里叶变换可以表示为

$$X(t',\omega) = \int_{-\infty}^{+\infty}\big[x(t)w(t-t')\big]\mathrm{e}^{-\mathrm{j}\omega t}\mathrm{d}t .$$

其中, $x(t)$ 为原信号, $w(t)$ 为时域窗函数, t' 表示窗函数的中心位置所在的时间. 短时傅里叶变换的本质是滑动时域窗函数, 对截取的局部信号做频谱分析.

短时傅里叶逆变换公式为

$$x(t) = \frac{1}{A}\int_{-\infty}^{+\infty}\int_{-\infty}^{+\infty}X(t',\omega)\mathrm{e}^{\mathrm{j}\omega t}w(t-t')\mathrm{d}\omega\mathrm{d}t' ,$$

其中, $A = \int_{-\infty}^{+\infty}w^2(t)\mathrm{d}t$.

图3.9.2所示为短时傅里叶变换中常用的时域窗函数：矩形窗、三角窗和高斯窗.

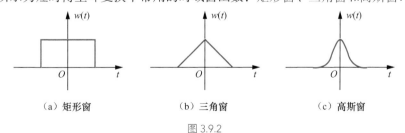

（a）矩形窗　　　　　（b）三角窗　　　　　（c）高斯窗

图 3.9.2

高斯窗的表达式为

$$w(t) = \frac{1}{2\sqrt{\pi a}}\mathrm{e}^{-\frac{t^2}{4a}} .$$

这里 a 为窗口宽度，采用高斯窗的短时傅里叶变换又称为加博变换.

信号加窗带来了信号的时间信息，窄窗口更有利于定位信号，使短时傅里叶变换有较高的时间分辨率，窗口越宽，时间分辨率越低. 由于低频信号变化很慢，周期很长，需要较长时间才能体现其变化规律，因此用窄窗口很难感知低频信号的频率信息，频率分辨率较低. 增加窗口宽度，获得的信号频率信息变得丰富，频率分辨率就会提高. 当窗口无限宽时，短时傅里叶变换即为傅里叶变换，此时可以获得信号完美的频谱分布. 可见，短时傅里叶变换需要权衡时间分辨率和频率分辨率来确定窗函数，如图3.9.3所示.

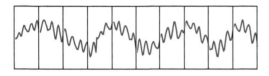 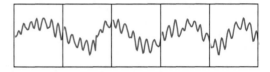

（a）窗太窄，频率分辨率低　　　　　　　　　　（b）窗太宽，时间分辨率低

图 3.9.3

短时傅里叶变换实现了对信号的时频分析，但该方法仍有很大缺陷. 窗函数一旦确定则在整个变换过程中将保持恒定，因此短时傅里叶变换本质上是一种固定分辨率的分析方法，不能很好地适应频谱分量随时间变化的复杂信号分析.

2. 小波变换

为了解决短时傅里叶变换分辨率固定的问题，1984年前后，让·莫莱特（Jean Morlet）等提出了小波变换（wavelet transform，WT）的概念，1909年阿尔弗雷德·哈尔（Alfred Haar）提出的Haar小波是一种最简单的小波. 小波变换继承和发展了短时傅里叶变换局部化的思想，同时又克服了窗口宽度不随频率变化等缺点，能够提供一个随频率改变的"时间—频率"窗口，在时频两域都具有表征信号局部特征的能力，是进行信号时频分析和处理的理想工具.

若函数 $\psi(t)$ 在勒贝格可测函数空间满足绝对可积和平方可积，即

$$\int_{-\infty}^{+\infty} |\psi(t)| \,\mathrm{d}t < +\infty , \quad \int_{-\infty}^{+\infty} |\psi(t)|^2 \,\mathrm{d}t < +\infty ,$$

且 $\psi(t)$ 的傅里叶变换 $\Psi(\omega)$ 满足容许条件（admissibility condition），即

$$C_\psi = \int_{-\infty}^{+\infty} \frac{|\Psi(\omega)|^2}{|\omega|} \,\mathrm{d}\omega < +\infty ,$$

则称函数 $\psi(t)$ 是小波母函数，其中前两个条件表明母函数是幅值、能量有限的，第三个条件表明其连续可积且快速衰减.

不同于傅里叶变换通过一系列正弦函数的线性组合来合成信号，小波变换使用的是一组小波函数，并且是由小波母函数经过不同程度的平移和伸缩后得到的，其一般形式为

$$\psi_{a,b}(t) = \frac{1}{\sqrt{a}} \psi\left(\frac{t-b}{a}\right) \qquad a,b \in \mathbf{R} ,$$

式中，$a > 0$，为尺度参数，b 为平移参数，系数 $\dfrac{1}{\sqrt{a}}$ 确保变换后的信号在任意尺度上都有相同的能量.

连续小波变换（continuous wavelet transform，CWT）的定义为

$$\mathrm{CWT}_x(a,\,b) = \int_{-\infty}^{+\infty} x(t)\psi_{a,b}^*(t)\,\mathrm{d}t = \frac{1}{\sqrt{a}} \int_{-\infty}^{+\infty} x(t)\psi^*\left(\frac{t-b}{a}\right)\mathrm{d}t ,$$

其中，$\psi_{a,b}(t)$ 是小波函数且通常能量为1，$\psi_{a,b}^{*}(t)$ 是 $\psi_{a,b}(t)$ 的复共轭.

小波变换实现信号时频分析的原理与短时傅里叶变换相似，也是用时域窗函数作用于原信号，变换结果被划分在时域内的不同片段. 不过，相较于短时傅里叶变换，小波变换过程中窗口可变，因此小波变换既具有局部分析能力，又支持多分辨率分析.

连续小波逆变换的定义如下

$$x(t) = \frac{1}{C_{\psi}} \int_{0}^{+\infty} \int_{-\infty}^{+\infty} a^{-2} \mathrm{CWT}_x(a, b) \psi_{a,b}(t) \mathrm{d}b \mathrm{d}a.$$

与傅里叶变换类比不难理解，小波变换是由一组小波函数的线性组合来表征原信号，小波函数集 $\{\psi_{a,b}(t) \mid a > 0,\ a \in \mathbf{R},\ b \in \mathbf{R}\}$ 是其基函数集. 小波变换的结果是关于尺度参数 a 和平移参数 b 的函数，a 表明可以使用不同尺度的小波基函数考察信号，这是小波变换实现多分辨率分析的关键. b 用于控制小波基函数的作用位置，为小波变换结果带来时间信息. 事实上，傅里叶变换可以被视为连续小波变换的一种特殊情况，即固定小波母函数 $\psi(t) = \mathrm{e}^{\mathrm{j}\omega t}$. 此时，母函数只有频率差别，没有伸缩和平移变化，也就失去了时间信息.

▼

【例3.9.1】 MATLAB提供了实现短时傅里叶变换的函数spectrogram，以及实现信号连续小波变换的函数cwt，利用这两个函数对语音信号进行时频分析.

解　MATLAB代码如下所示. 利用MATLAB绘制的语音信号波形图、语谱图和小波系数幅度图分别如图3.9.4 ~ 图3.9.6所示.

```
% MATLAB内置数据，"MATLAB"的音频
load mtlb;
% Fs: 抽样率, mtlb: 音频信号
N = length(mtlb); Ts = 1/Fs; t = (0 : N-1) * Ts;
% 绘制信号的波形图
plot(t*1e3, mtlb); axis tight;
xlabel('时间 (ms)'); ylabel('声压');
% 播放声音
sound(mtlb, Fs);
ns = 100;                              % 数据分段数
ov = 0.5;                              % 重叠的比例
lsc = floor(N/(ns-(ns-1)*ov));         % 每段的长度
win = hamming(lsc);                    % 数据窗
nov = floor(ov*lsc);                   % 重叠的点数
nff = 2^nextpow2(lsc);                 % 快速傅里叶变换的点数

% 短时傅里叶变换，绘制语谱图
figure;
spectrogram(mtlb, win, nov, nff, Fs,'yaxis');
```

```
xlabel('时间 (ms)'); ylabel('频率 (kHz)');

% 连续小波变换，绘制小波时频局域图
figure;
% 窗函数为'morse'
cwt(mtlb, 'morse',Fs);
xlabel('时间 (ms)'); ylabel('频率 (kHz)'); title('小波
    系数幅度');
% 颜色条
cb = colorbar; cb.Label.String = '幅度';
```

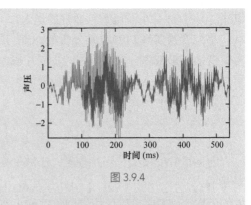

图 3.9.4

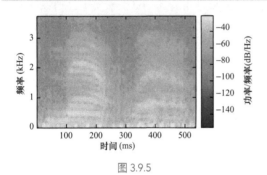

图 3.9.5

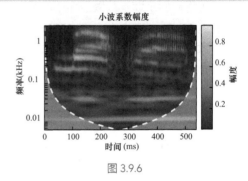

图 3.9.6

图3.9.6的两个坐标轴分别为时间和频率（分别与 b 和 a 对应）. 尺度参数 a 的意义类似于频率参数，尺度参数 a 越大，意味着小波拉伸程度越大，小波基函数变化越慢，相应的变换结果反映原信号低频成分信息. 从小波变换得到的二维分析图不仅能知道原信号中有哪些频率成分，还可以知道具体频率成分出现的时刻. 可以看出图3.9.6较图3.9.5在高频部分具有更精细的结构.

小波变换对于分析信号频谱特征的瞬时变化非常有用，通过伸缩和平移等运算功能对信号进行多尺度分析，有效克服了短时傅里叶变换处理非平稳信号的不足. 同时，小波变换的小波基函数可以有不同的类型，使用不同的小波母函数可以对不同的场景进行信息提取. 目前，小波分析已经在语音/图像信号去噪、图像压缩、生物指纹验证、DNA和蛋白质分析、股票等金融数据分析、网络流量分析、计算机图形和多重分形分析、工业监控故障诊断、分子动力学、天体物理学、光学、湍流分析和量子力学等诸多领域得到广泛应用.

小波变换的
步骤说明

📝 习题

▶ 基础题

3-1 【信号的正交性】对于题图3-1所示的每一组信号，用 $x_2(t)$ 近似表示 $x_1(t)$ 使方均误差最小，求投影系数 C_{12}，并判断信号 $x_1(t)$ 和 $x_2(t)$ 的正交性.

3-2 【信号的正交分解，方均误差】用二次方程 $at^2 + bt + c$ 来近似表示函数 e^t，在区间 $(-1,1)$ 内使方均误差最小，求系数 a、b 和 c.

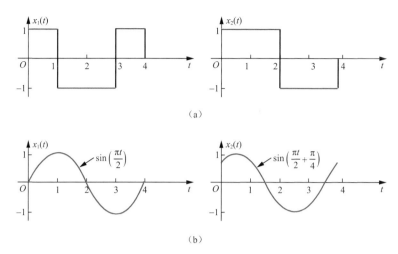

(b)

题图 3-1

3-3 【周期信号的傅里叶级数】求题图3-3所示对称周期矩形信号的傅里叶级数（三角函数形式与指数函数形式）.

3-4 【傅里叶系数】试求下列连续时间周期信号 $x(t)$ 的傅里叶级数表示，并计算它们的傅里叶系数 X_k . 概略画出每一组系数的模 $|X_k|$ 和相位 φ_k ，并加以必要的标注.

（1） $x(t)=\cos\left[\pi(t-1)/4\right]$

（2） $x(t)=\left[1+\cos(2\pi t)\right]\cos(6\pi t+\pi/4)$

（3） $x(t)=\sin^2(2\pi t)$

（4） $x(t)=\sum\limits_{n=-\infty}^{+\infty}\left[\delta(t-2n)-\delta(t-1-2n)\right]$

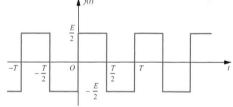

题图 3-3

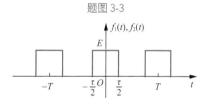

题图 3-5

3-5 【频谱图及其特点】若周期矩形信号 $f_1(t)$ 和 $f_2(t)$ 波形如题图3-5所示，$f_1(t)$ 的参数为 $\tau=0.5\,\mu s$，$T=1\,\mu s$，$E=1\,V$，$f_2(t)$ 的参数为 $\tau=1.5\,\mu s$，$T=3\,\mu s$，$E=3\,V$，求：

（1） $f_1(t)$ 的谱线间隔和带宽（第1零点位置），频率单位kHz；

（2） $f_2(t)$ 的谱线间隔和带宽；

（3） $f_1(t)$ 和 $f_2(t)$ 的基波幅度之比；

（4） $f_1(t)$ 基波与 $f_2(t)$ 三次谐波幅度之比.

3-6 【傅里叶级数性质】利用信号的对称性，定性判断题图3-6所示各周期信号的傅里叶级数所含的频率分量.

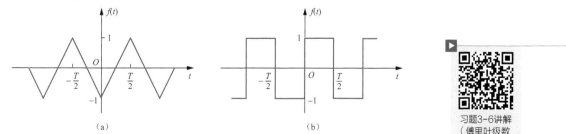

习题3-6讲解（傅里叶级数性质）

题图 3-6

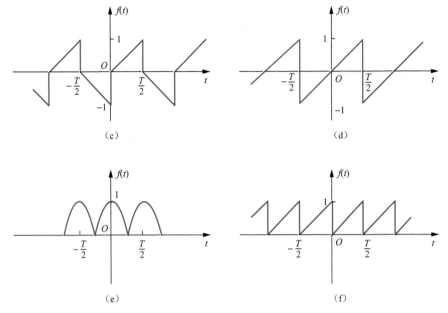

题图 3-6（续）

3-7【傅里叶变换的定义】试求题图3-7所示连续时间信号 $x(t)$ 的频谱 $X(\omega)$，并概略画出其幅度谱 $\left|X(\omega)\right|$ 和相位谱 $\varphi(\omega)$．

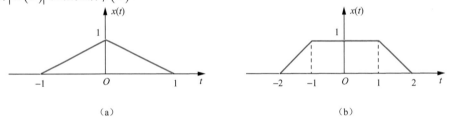

题图 3-7

3-8【单边指数信号的傅里叶变换】当一个新信号能用某个信号表示时，利用傅里叶变换的性质求新信号的傅里叶变换是很方便的．

（1）试求连续时间信号 $x_0(t) = \mathrm{e}^{-t}\left[u(t) - u(t-1)\right]$ 的傅里叶变换 $X_0(\omega)$．

（2）试直接利用（1）中已求得的 $X_0(\omega)$，并利用傅里叶变换的性质求出题图3-8所示的每一个信号 $x_i(t)$ 的傅里叶变换 $X_i(\omega)$，$i = 1,2,3$．

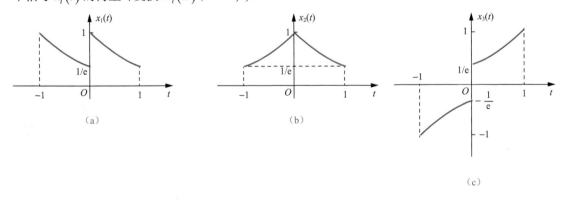

题图 3-8

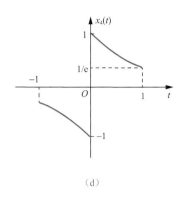

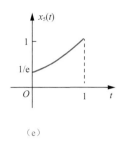

（e）

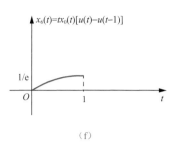

（f）

（d）

题图 3-8（续）

3-9 【傅里叶变换的性质】设 $F(\omega)$ 是题图3-9所示连续信号 $f(t)$ 的傅里叶变换，试在不求出 $F(\omega)$ 的情况下，完成下列计算或作图.

（1）求 $F(\omega)$ 的辐角. （2）求 $F(0)$ 的值. （3）求 $\int_{-\infty}^{+\infty}F(\omega)\mathrm{d}\omega$ 的值.

（4）求 $\int_{-\infty}^{+\infty}\omega F(\omega)\mathrm{d}\omega$ 的值.（5）求 $\int_{-\infty}^{+\infty}\left|F(\omega)\right|^2\mathrm{d}\omega$ 的值. （6）求 $\int_{-\infty}^{+\infty}F(\omega)\mathrm{e}^{\mathrm{j}2\omega}\mathrm{d}\omega$ 的值.

（7）概略画出 $\mathrm{Re}\{F(\omega)\}$ 的傅里叶逆变换的时间函数图形.

（8）概略画出 $F\left(\dfrac{\omega}{2}\right)\mathrm{e}^{-\mathrm{j}\omega}$ 的傅里叶逆变换的时间函数图形.

3-10 【傅里叶变换】试利用连续信号傅里叶变换的性质，以及我们熟知的傅里叶变换对，确定下列时间函数的连续信号傅里叶变换，对于有"*"号标注的小题，概略画出幅度谱和相位谱图形. 其中大部分小题可以利用傅里叶变换的性质，用多种方法求解.

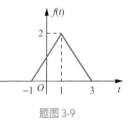

题图 3-9

*（1）$f(t)=\cos\left[\pi(t+1/4)\right]+\mathrm{j}\sin(2\pi t)$ （2）$f(t)=\mathrm{e}^{-2t}\left[u(t+2)-u(t-2)\right]$

（3）$f(t)=\left[t\mathrm{e}^{-2t}\cos(4t)\right]u(t)$ *（4）$f(t)=\cos^2(\pi t/T)$

*（5）$f(t)=\mathrm{e}^{1-t}u(t-1)$ （6）$f(t)=\mathrm{e}^{-a|t-2|}$ $a>0$

（7）$f(t)=(2t+1)\mathrm{e}^{-t}u(t-1)$ （8）$f(t)=\left[1+\cos(\omega_0 t)\right]\mathrm{e}^{-at}u(t)$ $a>0$

（9）$f(t)$ 如题图3-10所示

*（10）$f(t)=\begin{cases}\left|\sin(\pi t)\right|, & |t|\leqslant 1\\ 0, & |t|>1\end{cases}$ （11）$f(t)=\dfrac{\sin^2(\pi t)}{\pi^2 t^2}$

*（12）$f(t)=\left[\dfrac{\sin(\pi t)}{\pi t}\right]\left[\dfrac{\sin\left[\pi(t-1)\right]}{\pi(t-1)}\right]$

3-11 【傅里叶变换的性质】已知

$$f(t)\overset{\mathscr{F}}{\longleftrightarrow}F(\omega),$$

下列时间函数中 $a,b\in\mathbf{R}$，试用 $F(\omega)$ 表示它们的傅里叶变换.

题图 3-10

（1）$f(at+b)$ （2）$\dfrac{\mathrm{d}}{\mathrm{d}t}f(at+b)$ （3）$(at+b)f(at+b)$

（4）$f^2(t)$ （5）$f(6-3t)$ （6）$(at^2+bt+c)f(t)$

（7）$\left[1+mf\left(t\right)\right]\cos\left(\omega_0 t\right)$　（8）$\int_{-\infty}^{t}\tau f\left(\tau\right)\mathrm{d}\tau$　（9）$t\dfrac{\mathrm{d}}{\mathrm{d}t}f\left(t\right)$

（10）$\int_{-\infty}^{+\infty}f\left(\tau+t\right)f^*\left(a\tau-b\right)\mathrm{d}\tau$

3-12【傅里叶变换的性质】设 $X\left(\omega\right)=\mathscr{F}\left[x\left(t\right)\right]$，且有 $F\left(\omega\right)=\mathscr{F}\left[f\left(t\right)\right]$，若时间函数 $f\left(t\right)=\dfrac{\mathrm{d}^2 x\left(t\right)}{\mathrm{d}t^2}$，并已知 $X\left(\omega\right)=\begin{cases}1 & |\omega|<1\\0 & |\omega|>1\end{cases}$，试求：

（1）$\int_{-\infty}^{+\infty}\left|f\left(t\right)\right|^2\mathrm{d}t$ 的值；　　　（2）$f\left(\dfrac{t}{4}\right)$ 的傅里叶逆变换.

3-13【傅里叶变换的性质】函数 $f\left(t\right)$ 可以表示成偶函数 $f_\mathrm{e}\left(t\right)$ 与奇函数 $f_\mathrm{o}\left(t\right)$ 之和，试证明：

（1）若 $f\left(t\right)$ 是实函数，且 $\mathscr{F}[f\left(t\right)]=F\left(\omega\right)$，则

$$\mathscr{F}\left[f_\mathrm{e}\left(t\right)\right]=\mathrm{Re}\left[F\left(\omega\right)\right]$$
$$\mathscr{F}\left[f_\mathrm{o}\left(t\right)\right]=\mathrm{jIm}\left[F\left(\omega\right)\right];$$

（2）若 $f\left(t\right)$ 是复函数，可表示为

$$f\left(t\right)=f_\mathrm{r}\left(t\right)+\mathrm{j}f_\mathrm{i}\left(t\right),$$

且

$$\mathscr{F}\left[f\left(t\right)\right]=F\left(\omega\right),$$

则

$$\mathscr{F}\left[f_\mathrm{r}\left(t\right)\right]=\frac{1}{2}\left[F\left(\omega\right)+F^*\left(-\omega\right)\right]$$
$$\mathscr{F}\left[f_\mathrm{i}\left(t\right)\right]=\frac{1}{2\mathrm{j}}\left[F\left(\omega\right)-F^*\left(-\omega\right)\right],$$

其中，$F^*\left(-\omega\right)=\mathscr{F}\left[f^*\left(t\right)\right]$.

3-14【傅里叶变换的性质】利用微分性质求题图3-14所示半波正弦脉冲 $f\left(t\right)$ 及其二阶导数 $\dfrac{\mathrm{d}^2 f\left(t\right)}{\mathrm{d}t^2}$ 的频谱.

3-15【傅里叶变换的性质】已知 $\mathscr{F}\left[\mathrm{e}^{-\alpha t}u\left(t\right)\right]=\dfrac{1}{\alpha+\mathrm{j}\omega}$.

（1）求 $f\left(t\right)=t\mathrm{e}^{-\alpha t}u\left(t\right)$ 的傅里叶变换.

（2）证明：$tu\left(t\right)$ 的傅里叶变换为 $\mathrm{j}\pi\delta'\left(\omega\right)+\dfrac{1}{\left(\mathrm{j}\omega\right)^2}$. 提示：利用频域微分性质.

3-16【卷积定理】若 $f\left(t\right)$ 的频谱 $F\left(\omega\right)$ 如题图3-16所示，利用卷积定理概略画出 $f\left(t\right)\cos\left(\omega_0 t\right),f\left(t\right)\mathrm{e}^{\mathrm{j}\omega_0 t},f\left(t\right)\cos\left(\omega_1 t\right)$ 的频谱（注明频谱的边界频率）.

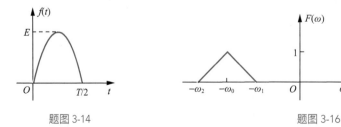

题图 3-14　　　　　　　　　　　　　　　題图 3-16

3-17 【周期信号的傅里叶变换】已知题图3-17中的单个梯形脉冲 $f_1(t)$ 的傅里叶变换为

$$F_1(\omega) = \frac{8E}{\omega^2(T-\tau)}\sin\left[\frac{(T+\tau)\omega}{4}\right]\sin\left[\frac{(T-\tau)\omega}{4}\right] = \frac{(T+\tau)E}{2}\operatorname{Sa}\left[\frac{(T+\tau)\omega}{4}\right]\operatorname{Sa}\left[\frac{(T-\tau)\omega}{4}\right],$$

求题图3-17所示周期梯形脉冲的傅里叶变换，并画出它的频谱示意图.

3-18 【周期信号的傅里叶变换】已知单个余弦脉冲的傅里叶变换为

$$F_1(\omega) = \frac{2\pi E T_1}{\pi^2 - (\omega T_1)^2}\cos\left(\frac{\omega T_1}{2}\right),$$

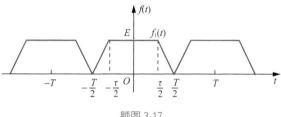

题图 3-17

求题图3-18所示周期全波余弦信号和周期半波余弦信号的傅里叶变换，并画出它们的频谱示意图.

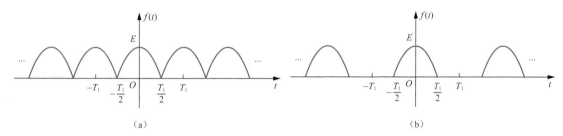

题图 3-18

3-19 【相关函数】试求下列连续信号的自相关函数.

（1）$x(t) = \cos(\omega_0 t)$.

（2）题图3-19（a）所示的信号 $x(t)$.

（3）题图3-19（b）所示的信号 $x(t)$.

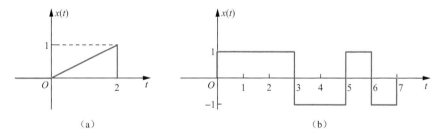

题图 3-19

3-20 【功率谱】试确定下列信号的功率，并画出它们的功率谱图形.

（1）$A\cos(2000\pi t) + B\sin(200\pi t)$.

（2）$[A + \sin(200\pi t)]\cos(2000\pi t)$.

（3）$A\cos(200\pi t)\cos(2000\pi t)$.

▶ **提高题**

3-21 【考研真题-能量和能量谱】已知信号 $x(t)$ 的波形如题图3-21所示.

（1）计算并画出其能量谱密度 $E(\omega)$，请标明关键点坐标.

（2）计算 $x(t)$ 的能量 E_x.

3-22 【考研真题-方均误差】波形如题图3-22所示，试用 $\sin(t)$ 在区间 $(0,\ 2\pi)$ 内近似表示此信号，求能得到的最小方均误差.

3-23 【考研真题-帕塞瓦尔定理】已知信号 $x(t)=A_1\cos(\omega_1 t)$，$y(t)=A_2\cos(\omega_2 t)$，求信号 $z(t)=x(t)+y(t)$ 的平均功率.

3-24 【考研真题-帕塞瓦尔定理】信号 $x(t)$ 的带宽还可以定义为包含信号能量90%的频带宽度，用符号 W_{90} 表示，即

$$\frac{1}{2\pi}\int_{-W_{90}}^{W_{90}}\left|X(\omega)\right|^2\mathrm{d}\omega=0.9E_x,$$

式中 E_x 为信号 $x(t)$ 的能量. 求信号 $x(t)=\mathrm{e}^{-\alpha t}u(t)$（$\alpha>0$）的 W_{90}.

3-25 【双边指数信号的傅里叶变换】双边指数信号可表示为 $f(t)=\mathrm{e}^{-\alpha|t|}$（$-\infty<t<+\infty$），其中 $\alpha>0$.

（1）请画出该信号的波形.

（2）求信号 $f(t)$ 的傅里叶变换，并画出该信号的频谱图.

3-26 【双边信号的傅里叶逆变换】求 $X(\omega)=\dfrac{1}{(\alpha+\mathrm{j}\omega)^2}$（$\alpha>0$）的傅里叶逆变换 $x(t)$. 当 $\alpha=1$ 时画出 $x(t)$ 的波形.

3-27 【调制信号的傅里叶变换】求题图3-27所示三角形调幅信号的频谱.

3-28 【二维傅里叶变换】本章介绍了一维信号的傅里叶变换表示法，也可以推广到含两个独立变量的信号，形成二维傅里叶变换方法，这种方法在图像处理等应用中起着重要作用. 本题涉及二维傅里叶变换的某些基本概念. 假设 $f(t_1,t_2)$ 是含两个独立变量 t_1 和 t_2 的二维连续函数，则 $f(t_1,t_2)$ 的二维连续傅里叶变换定义为

$$F(\omega_1,\omega_2)=\int_{-\infty}^{+\infty}\int_{-\infty}^{+\infty}f(t_1,t_2)\mathrm{e}^{-(\mathrm{j}\omega_1 t_1+\omega_2 t_2)}\mathrm{d}t_1\mathrm{d}t_2,$$

并可写成

$$F(\omega_1,\omega_2)=\int_{-\infty}^{+\infty}\left[\int_{-\infty}^{+\infty}f(t_1,t_2)\mathrm{e}^{-\mathrm{j}\omega_1 t_1}\mathrm{d}t_1\right]\mathrm{e}^{-\mathrm{j}\omega_2 t_2}\mathrm{d}t_2.$$

上述二维连续傅里叶变换可通过两个逐次的一维连续傅里叶变换来实现，即先对 t_1 进行一维连续傅里叶变换得到 $F_1(\omega_1,t_2)$，再对 $F_1(\omega_1,t_2)$ 进行一维连续傅里叶变换得到 $F(\omega_1,\omega_2)$.

（1）利用上述概念确定二维连续傅里叶逆变换的公式，即用 $F(\omega_1,\omega_2)$ 表示 $f(t_1,t_2)$.

（2）试求 $f(t_1,t_2)=\mathrm{e}^{-|t_1|-|t_2|}$ 的二维连续傅里叶变换.

（3）试求 $f(t_1,t_2)=\mathrm{e}^{-t_1+2t_2}u(t_1)u(-t_2)$ 的二维连续傅里叶变换.

（4）已知某二维信号的二维连续傅里叶变换 $F(\omega_1,\ \omega_2)$ 为

$$F(\omega_1,\omega_2)=\begin{cases}1 & |\omega_1|<1,\ |\omega_2|<1\\0 & |\omega_1|>1,\ |\omega_2|>1\end{cases},$$

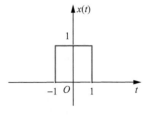

题图 3-21

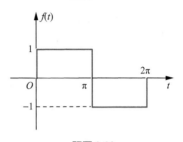

题图 3-22

习题3-23讲解（考研真题-帕塞瓦尔定理）

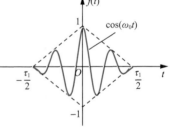

题图 3-27

试求它的二维连续傅里叶逆变换 $f(t_1, t_2)$.

3-29【工程中傅里叶变换的近似处理】在工程中有时需要确定由实验给出的信号的频谱，如一组测量数据或示波器显示的波形，这些信号往往难以表示成闭合表达式. 这些情况下，可以用数值方法得到傅里叶变换的近似表达式，其近似程度可达到任意的精度. 一种用一阶多项式近似的傅里叶变换计算方法如下：如果信号 $x(t)$ 足够光滑，可以用分段直线函数 $\varphi(t)$ 来近似表示它. 如题图3-29（a）所示，图中 t_i 代表各直线段的起点和终点，x_i 是相应时刻 $x(t)$ 的信号值. 由于 $\varphi(t) \approx x(t)$，因此 $\varphi(t)$ 的傅里叶变换 $\Phi(\omega)$ 近似于 $x(t)$ 的频谱 $X(\omega)$.

（1）试证明 $\Phi(\omega) = \dfrac{1}{\omega^2} \sum_i X_i \mathrm{e}^{-\mathrm{j}\omega t_i}$，并用 x_i 确定式中 X_i 的值.

（2）假定 $\varphi(t)$ 是题图3-29（b）所示的梯形，试求其傅里叶变换 $\Phi(\omega)$.

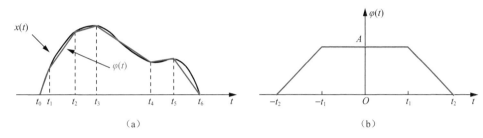

（a）　　　　　　　　　　　　　　　（b）

题图 3-29

3-30【周期信号的傅里叶变换】已知信号 $x(t) = \displaystyle\sum_{n=-\infty}^{+\infty} \mathrm{e}^{-|t-2n|}$，这是一个周期 $T = 2$ 的周期信号.

（1）求 $x_0(t) = x(t)\big[u(t) - u(t-2)\big]$ 的傅里叶变换 $X_0(\omega)$.

（2）利用 $X_0(\omega)$ 求 $x(t)$ 的傅里叶变换 $X(\omega)$.

3-31【傅里叶级数与谐振电路】我们学习电路课时已知，LC电路具有选择频率的作用，当输入正弦信号频率与LC电路的谐振频率一致时，将产生较强的输出响应，而当输入正弦信号频率适当偏离时，输出响应相对值很弱，几乎为0（相当于窄带通滤波器）. 利用这一原理可从非正弦周期信号中选择所需的正弦频率成分. 题图3-31所示RLC并联电路和电流源 $i_1(t)$ 都是理想模型.

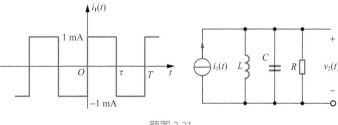

题图 3-31

已知电路的谐振频率为 $f_0 = \dfrac{1}{2\pi\sqrt{LC}} = 100\ \mathrm{kHz}$，$\omega_0 = 2\pi f_0$，$R = 100\ \mathrm{k\Omega}$，谐振电路品质因数 $Q = \dfrac{R}{\omega_0 L} = \dfrac{\omega_0 C}{R} = R\sqrt{\dfrac{C}{L}}$ 足够高时可滤除邻近频率成分. $i_1(t)$ 为周期矩形波，幅度为 $1\ \mathrm{mA}$. 当 $i_1(t)$ 的参数 τ、T 为下列情况时，概略画出输出电压 $v_2(t)$ 的波形，并注明幅度值.

（1）$\tau = 5\ \mu\mathrm{s}$, $T = 10\ \mu\mathrm{s}$.

（2）$\tau = 10\ \mu\mathrm{s}$, $T = 20\ \mu\mathrm{s}$.

（3）$\tau = 15\ \mu\mathrm{s}$, $T = 30\ \mu\mathrm{s}$.

3-32 【傅里叶变换的定义】已知连续信号 $f(t)$ 的傅里叶变换为 $F(\omega)$，证明：

$$\frac{\sum\limits_{n=-\infty}^{+\infty} f(nT)}{\sum\limits_{k=-\infty}^{+\infty} F(k\omega_1)} = \frac{1}{T},$$

其中，$\omega_1 = \dfrac{2\pi}{T}$。

3-33 【傅里叶变换应用—测不准原理】对于信号 $x(t)$，定义其等效时宽为

$$T_d = \left[\frac{\int_{-\infty}^{+\infty} t^2 |x(t)|^2 \, dt}{\int_{-\infty}^{+\infty} |x(t)|^2 \, dt}\right]^{\frac{1}{2}}$$

等效带宽为

$$B_\omega = \left[\frac{\int_{-\infty}^{+\infty} \omega^2 |X(\omega)|^2 \, d\omega}{\int_{-\infty}^{+\infty} |X(\omega)|^2 \, d\omega}\right]^{\frac{1}{2}}$$

（1）证明：对于任一信号，时宽—带宽积是有下界的，并且服从关系

$$T_d B_\omega \geqslant \frac{1}{2}。$$

这种限制表明，不可能同时减小信号的持续时间和带宽。高斯脉冲是唯一满足这个关系式等号成立的信号。该式应用于现代物理中又称为测不准原理，它说明一个电子的准确位置和准确动量不能同时确定。这个结果可以推广到带宽和时宽：带宽和时宽的乘积总是以一个常数为下界，这个常数取决于带宽和时宽的定义。

（2）矩形脉冲可以表示为

$$x(t) = \begin{cases} 1 & |t| < T_0 \\ 0 & |t| > T_0 \end{cases},$$

利用测不准原理求 $x(t)$ 的有限带宽的下限。

3-34 【傅里叶变换应用—逆变器】逆变器是将直流电变成交流电的装置，实现逆变器的一个简单的方法是给直流电源加一个周期转换开关，对输出进行滤波，去除开关信号中的高次谐波分量。题图3-34所示的开关每1/100秒转换一次位置，即断开或闭合。

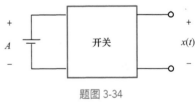

题图 3-34

（1）请画出输出信号 $x(t)$ 的波形。

（2）转换效率定义：输出信号 $x(t)$ 在50 Hz的频率分量的功率与有效输入直流功率的比值。请计算转换效率。

（3）如何从输出信号中提取出频率为50 Hz的频率分量？

▶ **计算机实践题**

C3-1 【双边指数周期信号的傅里叶变换】已知信号 $x(t) = \sum\limits_{n=-\infty}^{+\infty} e^{-|t-2n|}$。

（1）证明：$x(t)$ 具有偶对称特性。

（2）证明：$x(t)$ 为周期信号，周期为2.

（3）求信号 $x(t)$ 在区间 $t \in (0, 1)$ 的闭合表达式，并利用MATLAB画出区间 $t \in (-1, 1)$ 内信号 $x(t)$ 的图形.

（4）在区间 $t \in (-3, 3)$ 利用MATLAB在同一张图中画出 $x(t)$、$x_1(t) = e^{-|t|}$、$x_1(t-2)$、$x_1(t+2)$ 的图形.

（5）求信号 $x_1(t)$ 的傅里叶变换 $X_1(\omega)$.

（6）求信号 $x(t)$ 的傅里叶变换 $X(\omega)$，利用MATLAB画出 $X(\omega)$ 的频谱图，并画出以 π 为周期进行频域抽样的离散样值.

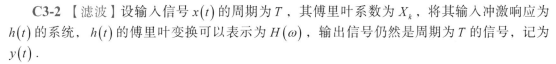

习题C3-1讲解（双边指数周期信号的傅里叶变换）

C3-2　【滤波】设输入信号 $x(t)$ 的周期为 T，其傅里叶系数为 X_k，将其输入冲激响应为 $h(t)$ 的系统，$h(t)$ 的傅里叶变换可以表示为 $H(\omega)$，输出信号仍然是周期为 T 的信号，记为 $y(t)$.

（1）证明：$y(t)$ 的傅里叶系数 $Y_k = H(k\omega_1)X_k$，$\omega_1 = \dfrac{2\pi}{T}$.

（2）输入方波信号 $x(t)$ 的波形如题图C3-2（a）所示，求其傅里叶级数表达式. 利用计算机编程合成前 N 项的波形.

（3）将该方波加入题图C3-2（b）所示的RC电路，假设 $T_0/T = 1/4$，$T = 1\,\text{s}$，$RC = 0.1\,\text{s}$，求输出信号的傅里叶级数表达式. 利用计算机编程实现前 N 项傅里叶级数合成，并绘制波形.

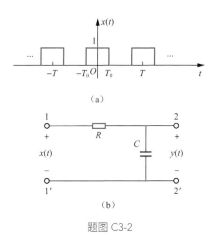

（a）

（b）

题图 C3-2

重点习题答案速查

第 **4** 章

连续系统的频域分析

通过引入傅里叶变换，我们对信号与系统的分析可以从时域分析过渡到频域分析. 傅里叶变换在通信系统和电子信息系统中应用非常广泛. 本章不考虑系统的内部结构，单纯从系统的输入—输出关系进行连续系统的频率响应特性分析，同时介绍系统的物理可实现性和应用于通信系统中的几个重要概念：滤波、抽样、调制. 在学习中请注意时频域对照，深刻领会傅里叶变换的物理意义.

☾ 本章学习目标

（1）掌握系统频率响应的概念，掌握通过系统频率响应特性求单频激励信号的稳态响应的方法.

（2）掌握无失真传输系统、理想低通滤波器的时域和频域表达方式，掌握在频域上求响应的方法.

（3）掌握抽样信号的频谱特点和抽样定理.

（4）掌握调制与解调的基本原理和基本方法，掌握信号在调制解调过程中时域、频域的变化情况.

（5）了解多路复用的基本概念，了解频分复用和时分复用的基本原理.

（6）掌握希尔伯特变换的定义和物理意义，了解其应用.

（7）了解物理可实现系统的时域和频域约束特性.

4.1 系统的频率响应特性

4.1.1 傅里叶变换形式的系统函数

系统的频率响应特性

如图4.1.1所示，稳定的线性时不变系统的冲激响应为 $h(t)$，在信号 $x(t)$ 的激励下产生的响应为 $y(t)$，有如下关系

$$y(t) = x(t)*h(t). \tag{4.1.1}$$

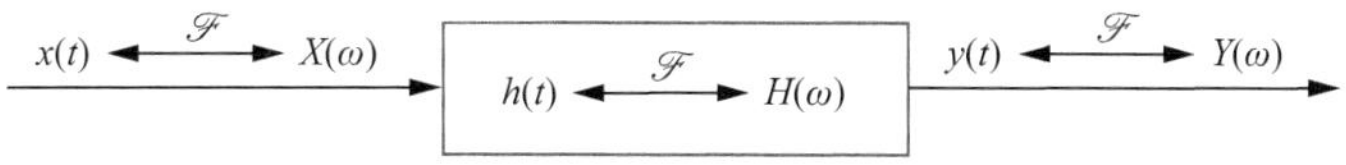

$$x(t) \xrightarrow{\ \mathscr{F}\ } X(\omega) \longrightarrow \boxed{h(t) \xleftarrow{\ \mathscr{F}\ } H(\omega)} \longrightarrow y(t) \xrightarrow{\ \mathscr{F}\ } Y(\omega)$$

图 4.1.1

对式（4.1.1）两边分别进行傅里叶变换，由傅里叶变换的时域卷积定理，可以得到如下的关系

$$Y(\omega) = X(\omega)H(\omega). \tag{4.1.2}$$

将输出信号与输入信号的傅里叶变换之比定义为傅里叶变换形式的系统函数，可表示为

$$H(\omega) = \frac{Y(\omega)}{X(\omega)}. \tag{4.1.3}$$

为了进一步从频谱改变的角度分析系统对信号的影响，将 $X(\omega)$、$H(\omega)$ 和 $Y(\omega)$ 分别用极坐标形式表示为

$$X(\omega) = \left|X(\omega)\right| e^{j\varphi_X(\omega)}, \tag{4.1.4}$$

$$H(\omega) = \left|H(\omega)\right| e^{j\varphi(\omega)}, \tag{4.1.5}$$

$$Y(\omega) = \left|Y(\omega)\right| e^{j\varphi_Y(\omega)}. \tag{4.1.6}$$

将式（4.1.4）～式（4.1.6）代入式（4.1.2），可得如下关系：

$$\left|Y(\omega)\right| = \left|X(\omega)\right|\left|H(\omega)\right|, \tag{4.1.7}$$

$$\varphi_Y(\omega) = \varphi_X(\omega) + \varphi(\omega). \tag{4.1.8}$$

上述分析表明，系统的功能是对信号的各频率分量分别进行加权，故将关系 $H(\omega)$-ω 称为系统的频率响应特性．其中 $\left|H(\omega)\right|$-ω 称为系统的幅度频率响应特性（简称幅频特性），$\varphi(\omega)$-ω 称为系统的相位频率响应特性（简称相频特性）．

系统的频率响应特性的物理意义：输入信号的每个频率分量的幅度由 $\left|H(\omega)\right|$ 加权，并且产生了 $\varphi(\omega)$ 的相位差（相移）；对应地，信号在时域产生幅度变化和时移．

为了让读者更好地体会傅里叶分析方法的运用，下面再按照分解—求响应—叠加的步骤来分析信号经过系统求响应的过程，如图4.1.2所示．

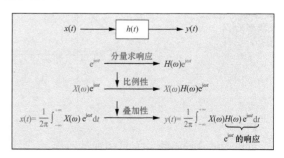

图 4.1.2

在第3章，我们将信号 $x(t)$ 通过傅里叶变换 $X(\omega)$，分解为 $e^{j\omega t}$ 的线性组合，即

$$x(t) = \frac{1}{2\pi} \int_{-\infty}^{+\infty} X(\omega) e^{j\omega t} d\omega. \tag{4.1.9}$$

另外我们在2.7节曾学习过，信号 $e^{j\omega t}$ 是连续系统的特征函数，将其加入冲激响应为 $h(t)$ 的系统，产生的响应为

$$y_{\omega}(t) = H(\omega) e^{j\omega t}, \tag{4.1.10}$$

其中，$H(\omega)$ 为 $h(t)$ 的傅里叶变换，即

$$H(\omega) = \int_{-\infty}^{+\infty} h(\tau) e^{-j\omega\tau} d\tau. \tag{4.1.11}$$

结合式（4.1.9）和式（4.1.10），利用系统的线性可以得到 $x(t)$ 经过系统的响应为各频率分量 $e^{j\omega t}$ 经过系统产生响应的线性组合（加权积分），即

$$y(t) = \frac{1}{2\pi} \int_{-\infty}^{+\infty} X(\omega) \underbrace{H(\omega) e^{j\omega t}}_{e^{j\omega t}\text{的响应}} d\omega. \tag{4.1.12}$$

这样，由式（4.1.12）同样可以得到式（4.1.2）.

系统的频域分析方法物理概念清晰，分析难度一般远低于时域分析方法，在电路分析、通信系统、控制系统等领域有着广泛的应用.

【例4.1.1】 图4.1.3所示电路中，$v_1(t)$ 为输入信号，$v_2(t)$ 为输出信号，求该系统的频率响应特性.

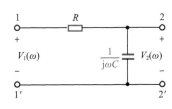

图 4.1.3

解 系统的频域模型如图4.1.4所示.
则系统函数为

$$H(\omega) = \frac{V_2(\omega)}{V_1(\omega)} = \frac{\dfrac{1}{j\omega C}}{R + \dfrac{1}{j\omega C}} = \frac{\dfrac{1}{RC}}{j\omega + \dfrac{1}{RC}} = \frac{\alpha}{j\omega + \alpha},$$

其中 $\alpha = \dfrac{1}{RC}$. 系统的幅频特性和相频特性如图4.1.5所示.

图 4.1.4

RC低通滤波器的冲激响应和频率响应特性

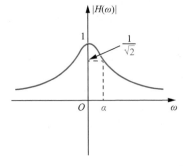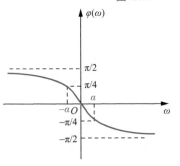

图 4.1.5

可以看出，该系统具有低通滤波特性.

4.1.2　利用系统函数求响应

有了系统函数 $H(\omega)$，在求响应时便可以避开时域的微分方程求解或卷积运算，采用频域相乘运算，并借助于傅里叶变换与逆变换进行时频域转换.

【例4.1.2】 将激励信号 $x(t)=\cos(\omega_0 t)$ 通过一个系统函数为 $H(\omega)$ 的线性时不变系统，求其稳态响应 $y(t)$.

解　根据欧拉公式

$$\cos(\omega_0 t)=\frac{\mathrm{e}^{\mathrm{j}\omega_0 t}+\mathrm{e}^{-\mathrm{j}\omega_0 t}}{2},$$

利用系统的线性，可以先求 $\mathrm{e}^{\mathrm{j}\omega_0 t}$ 的响应. 根据式（4.1.10）可得

$$\begin{aligned}
y_1(t)&=\mathrm{e}^{\mathrm{j}\omega_0 t}H(\omega_0)\\
&=\mathrm{e}^{\mathrm{j}\omega_0 t}\left|H(\omega_0)\right|\mathrm{e}^{\mathrm{j}\varphi(\omega_0)}\\
&=\mathrm{e}^{\mathrm{j}\left[\omega_0 t+\varphi(\omega_0)\right]}\left|H(\omega_0)\right|.
\end{aligned}$$

同理，可得 $\mathrm{e}^{-\mathrm{j}\omega_0 t}$ 经过系统的响应

$$y_2(t)=\mathrm{e}^{-\mathrm{j}\omega_0 t}H(-\omega_0)=\mathrm{e}^{-\mathrm{j}\omega_0 t}\left|H(-\omega_0)\right|\mathrm{e}^{\mathrm{j}\varphi(-\omega_0)}.$$

对于冲激响应为实函数的系统，其频率响应特性 $H(\omega)$ 的幅频特性为偶函数，相频特性为奇函数，所以

$$y_2(t)=\mathrm{e}^{-\mathrm{j}\left[\omega_0 t+\varphi(\omega_0)\right]}\left|H(\omega_0)\right|.$$

根据系统的线性，$\cos(\omega_0 t)$ 经过系统的稳态响应为

$$\begin{aligned}
y(t)&=y_1(t)+y_2(t)\\
&=\frac{1}{2}\mathrm{e}^{\mathrm{j}\left[\omega_0 t+\varphi(\omega_0)\right]}\left|H(\omega_0)\right|+\frac{1}{2}\mathrm{e}^{-\mathrm{j}\left[\omega_0 t+\varphi(\omega_0)\right]}\left|H(\omega_0)\right|\\
&=\left|H(\omega_0)\right|\cos\left[\omega_0 t+\varphi(\omega_0)\right].
\end{aligned}$$

从例4.1.2可以看出，对于余弦（正弦）函数而言，通过线性时不变系统之后，输出仍然为同频率的余弦（正弦）函数，对应系统的稳态响应. 系统只改变了余弦（正弦）输入信号的幅度和相位，即对该频率的信号进行了幅度加权和相位修正，但不会改变频率，也不会增加新的频率成分. 因此，在求解单频信号或有限个频率成分的信号通过线性时不变系统的响应时，就可以直接利用这一结论进行求解.

正弦信号激励
下系统的稳态
响应

【例4.1.3】 对于例4.1.1中图4.1.3所示的电路，在输入端1-1′加矩形脉冲 $v_1(t)$，如图4.1.6所示，利用傅里叶变换分析法求输出端2-2′的电压 $v_2(t)$.

解　在例4.1.1中已经求得系统函数

$$H(\omega) = \frac{V_2(\omega)}{V_1(\omega)} = \frac{\alpha}{\mathrm{j}\omega + \alpha} \qquad \alpha = \frac{1}{RC},$$

激励信号 $v_1(t)$ 的傅里叶变换为

$$V_1(\omega) = \frac{E}{\mathrm{j}\omega}\left(1 - \mathrm{e}^{-\mathrm{j}\omega\tau}\right)$$

$$= E\tau \frac{\sin\left(\dfrac{\omega\tau}{2}\right)}{\dfrac{\omega\tau}{2}} \mathrm{e}^{-\mathrm{j}\frac{\omega\tau}{2}} = \mathrm{e}^{-\mathrm{j}\frac{\omega\tau}{2}} E\tau \,\mathrm{Sa}\left(\frac{\omega\tau}{2}\right).$$

由此可得响应 $v_2(t)$ 的傅里叶变换

$$V_2(\omega) = V_1(\omega)H(\omega).$$

信号 $v_1(t)$ 经过系统 $H(\omega)$ 后得到 $v_2(t)$，信号的幅频特性如图4.1.7所示，可以看出高频分量显著减少，这对时域输出波形有什么影响呢？

为便于进行傅里叶逆变换以求得 $v_2(t)$，可将 $V_2(\omega)$ 表示为

$$V_2(\omega) = \frac{\alpha}{\alpha + \mathrm{j}\omega} \cdot \frac{E}{\mathrm{j}\omega}\left(1 - \mathrm{e}^{-\mathrm{j}\omega\tau}\right)$$

$$= E\left(\frac{1}{\mathrm{j}\omega} - \frac{1}{\alpha + \mathrm{j}\omega}\right)\left(1 - \mathrm{e}^{-\mathrm{j}\omega\tau}\right) \qquad,$$

$$= \frac{E}{\mathrm{j}\omega}\left(1 - \mathrm{e}^{-\mathrm{j}\omega\tau}\right) - \frac{1}{\alpha + \mathrm{j}\omega}\left(1 - \mathrm{e}^{-\mathrm{j}\omega\tau}\right)$$

于是有

$$v_2(t) = E\left[u(t) - u(t-\tau)\right] - E\left[\mathrm{e}^{-\alpha t}u(t) - \mathrm{e}^{-\alpha(t-\tau)}u(t-\tau)\right]$$

$$= E\left(1 - \mathrm{e}^{-\alpha t}\right)u(t) - E\left[1 - \mathrm{e}^{-\alpha(t-\tau)}\right]u(t-\tau)$$

输出信号 $v_2(t)$ 波形如图4.1.8所示.

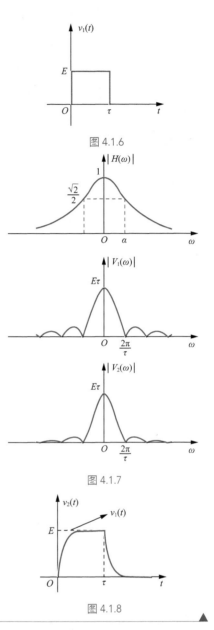

图 4.1.6

图 4.1.7

图 4.1.8

RC低通电路带宽对输入矩形脉冲波形的影响

由图4.1.8可见，经过系统后信号频谱的高频分量比低频分量出现更严重的衰减. 显然，输出信号的波形与输入信号相比产生了失真，这表现在输出信号波形的上升和下降特性上. 输入信号在 $t=0$ 时刻急剧上升，在 $t=\tau$ 时刻急剧下降，这种急速变化意味着有很高频率的分量. 由于系统不允许高频分量通过，输出电压不能迅速变化，因此信号不再表现为矩形脉冲，波形以指数规律逐渐上升和下降. 如果减小滤波器的时间常数（$\tau = RC$），则此低通滤波系统带宽（$\alpha = \dfrac{1}{RC} = \dfrac{1}{\tau}$）增加，允许更多的高频分量通过，响应波形的上升、下降时间就会缩短. 当然，系统函数的相位特性也会影响响应波形的变化.

以上分析利用傅里叶变换形式的系统函数 $H(\omega)$，从频谱改变的角度解释了激励波形与响应

波形的差异，物理概念比较清楚，但求解过程比较烦琐. 第5章我们将学习拉普拉斯变换，其求解形式更简洁.

引出 $H(\omega)$ 的重要意义在于从频域角度研究信号传输基本特性、建立滤波器的基本概念并理解频响特性的物理意义. 这些理论在信号传输和滤波器设计等实际问题中具有重要的指导意义.

4.2　无失真传输

在4.1节的分析中可以看到，若系统的响应波形与激励波形不相同，信号在传输中将产生失真. 根据信号变换过程中是否产生新的频率成分，系统失真可以分为线性失真和非线性失真.

【例4.2.1】 系统 $y(t)=x^2(t)$ 为非线性系统，求当输入信号为 $\cos(\omega_0 t)$ 时系统的响应.

解　根据输入—输出关系 $y(t)=x^2(t)$ ，当输入信号为 $\cos(\omega_0 t)$ 时可得输出信号为

$$y(t)=x^2(t)=\cos^2(\omega_0 t)=\frac{1+\cos(2\omega_0 t)}{2}.$$

对比输入信号和输出信号可以看出，该系统产生了新的频率分量：0频率（直流）和原信号的2倍频率分量，这是由系统的非线性造成的.

由于线性系统不产生新的频率分量，线性系统引起的信号失真主要有幅度失真和相位失真两方面. 我们在例4.1.2中分析了单频信号 $\cos(\omega_0 t)$ 经过系统的稳态响应，可表示为

$$y_{ss}(t)=\left|H(\omega_0)\right|\cos\left[\omega_0 t+\varphi(\omega_0)\right]=\left|H(\omega_0)\right|\cos\left[\omega_0(t-t_0)\right], \tag{4.2.1}$$

其中

$$t_0=-\frac{\varphi(\omega_0)}{\omega_0}. \tag{4.2.2}$$

对于非单频信号，若信号中各频率分量的幅度被不同程度加权则会产生幅度失真；若各频率分量产生的相移不与频率成正比，即不同频率分量的时移不同，则会产生相位失真. 一般而言，如果一个信号在通过系统之后，所有频率分量的幅度加权一致且时移相同，那么可以认为信号只是发生了幅值缩放、时间偏移（延迟），即无失真. 如果一个系统对任意激励信号的响应都没有产生失真，则称这个系统为无失真传输系统，这个系统对任意输入信号仅有放大（衰减）或延迟的作用，即无失真传输系统满足

$$y(t)=Kx(t-t_0), \tag{4.2.3}$$

其中，K 和 t_0 均为常数，如图4.2.1所示.

由上述响应和激励的关系，可以得到无失真传输系统的冲激响应为

$$h(t)=K\delta(t-t_0), \tag{4.2.4}$$

其系统函数为

$$H(\omega)=Ke^{-j\omega t_0}. \tag{4.2.5}$$

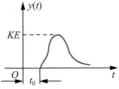

图 4.2.1

$H(\omega)$ 的频谱如图4.2.2所示，其幅频特性为常数 K ，具有全通特性，其相频特性为 $-\omega t_0$ ，具有线性，图形是一条过原点的直线，各频率分量通过系统的时移均为常数 t_0 .

满足上述时域、频域响应条件的系统即为无失真传输系统. 对于一般频率分量而言

$$\tau_{\mathrm{p}}(\omega) = -\frac{\varphi(\omega)}{\omega} . \qquad (4.2.6)$$

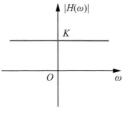
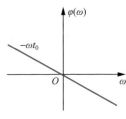

图 4.2.2

这反映了系统由于相移而对不同频率分量造成的时移情况，称为相时延（phase delay）.

在通信系统中，信号经调制会产生带通信号（具有一定带宽的连续频率成分）. 一般用群时延（group delay）来描述调制信号包络的时移情况，也称为包络延时，可表示为.

$$\tau_{\mathrm{g}}(\omega) = -\frac{\mathrm{d}\varphi(\omega)}{\mathrm{d}\omega} . \qquad (4.2.7)$$

【例4.2.2】 双音多频（dual tone multi frequency，DTMF）拨号是由贝尔实验室开发的信令方式. 数字按键电话机通过承载语音的模拟电话线传送电话拨号信息. DTMF键盘频率如图4.2.3所示，每行对应1个低频，每列对应1个高频. 每按1个键就发送1个高频和1个低频的正弦信号组合，例如，按键3对应的频率组合为697 Hz和1477 Hz. 交换机可以对这些频率组合进行解码并确定所对应的按键.

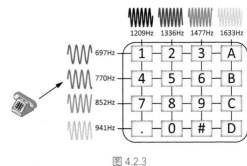

图 4.2.3

要求以传输数字3为例，构造一个全通系统. 低频分量和高频分量的群时延不同，在传输中会带来不同的时移，利用MATLAB编程仿真DTMF信号通过多个相同的系统因时移而不断变化的过程.

解 数字3对应的DTMF信号可以被建模为

$$x(t) = \sin(2\pi f_1 t) + \sin(2\pi f_2 t) ,$$

其中 $f_1 = 697\mathrm{Hz}$ ， $f_2 = 1447\mathrm{Hz}$. 构建一个全通系统

$$H(\omega) = \mathrm{e}^{\mathrm{j}\varphi(\omega)} .$$

为了将两个叠加在一起的频率分量分开，将 f_1 和 f_2 两个频率点设置成具有不同的群时延， f_1 频率点的群时延为0， f_2 频率点的群时延为 τ_0 ，表示如下：

$$\tau_{\mathrm{g}}\left(\omega\right) = \tau_0 \mathrm{e}^{-\left(\frac{\omega-\omega_2}{\omega_0}\right)^2}.$$

其中，$\omega_2 = 2\pi f_2$，为群时延钟形峰的峰值位置，τ_0 用来调整群时延的大小，在 ω_2 点群时延大小为 τ_0，ω_0 可用来调整钟形峰的尖锐程度. 由于系统的相频特性为奇对称，设 $\varphi(0) = 0$，根据群时延和相频特性的关系

$$\tau_{\mathrm{g}}\left(\omega\right) = -\frac{\mathrm{d}\varphi\left(\omega\right)}{\mathrm{d}\omega},$$

可得

$$\varphi\left(\omega\right) = \int_0^\omega \tau_{\mathrm{g}}\left(\lambda\right)\mathrm{d}\lambda, \ \omega > 0.$$

　　在仿真中为了观察系统群时延不同对信号的影响，将多个子系统 $H(\omega)$ 级联在一起，如图4.2.4所示.

图 4.2.4

　　仿真中为了波形显示更平滑，给输入信号增加一个升余弦包络线. 使输入信号依次通过图4.2.4所示的系统，观察响应的变化. MATLAB执行结果如图4.2.5所示. 可以明显看出，叠加在一起的正弦波逐步因时移而出现了分离.

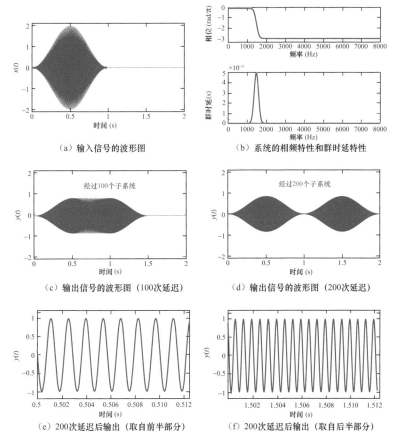

图 4.2.5

DTMF信号经过相位失真系统

4.3　理想低通滤波器

在通信系统、控制系统和电力系统中，一种重要的组成部件是滤波器（filter）. 从式（4.1.2）可以看出，信号经过系统后，频谱会受系统的影响，这称为滤波. 只允许一定频率范围内的频率成分正常通过，而阻止另一部分频率成分通过的系统，称为频率选择性滤波器. 按照滤波器幅频特性的不同，可以将其划分为低通滤波器、高通滤波器、带通滤波器、带阻滤波器、全通滤波器等类型. 实际上滤波器的作用除频率选择外，还包括延时、均衡、信号成型等许多方面. 另外，对滤波器的特性分析有时还要从相频特性着手，也可以从系统的时域特性上进行分析.

4.3.1　理想低通滤波器的频域特性

理想低通滤波器能够实现以某一特定的截止频率 ω_c 为界，对低于这一频率的信号进行无失真传输，而对高于该频率的信号完全抑制. 在工程中，低通滤波器的主要应用包括滤除信号中的高频分量，从而保留其低频部分. 虽然理想低通滤波器在实际工程中不可能实现，但对其特性的研究有助于对某些物理现象的进一步理解，也可为实际滤波器的分析和设计提供参考价值.

理想低通滤波器的特性为低频保持，高频抑制，结合无失真传输系统的定义，对于理想低通滤波器而言，其频谱在低频也有"无失真"的特点，即其系统函数的表达式为

$$H(\omega) = \begin{cases} e^{-j\omega t_0} & |\omega| < \omega_c \\ 0 & |\omega| > \omega_c \end{cases}, \qquad (4.3.1)$$

$$\begin{cases} |H(\omega)| = \begin{cases} 1 & |\omega| < \omega_c \\ 0 & |\omega| > \omega_c \end{cases} \\ \varphi(\omega) = -t_0\omega \end{cases} \qquad (4.3.2)$$

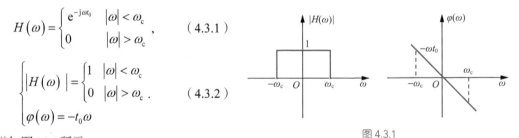

图 4.3.1

其频谱如图4.3.1所示.

可见，理想低通滤波器的幅频响应特点是在0至截止频率 ω_c 的一段低频带内，各频率分量的幅度加权相同，而高于截止频率 ω_c 的频率分量不会产生响应，即高频分量被滤除. 理想低通滤波器的相频响应同样是线性的，即所有频率分量的时移一致，确保通过系统时通带内的信号不失真.

4.3.2　理想低通滤波器的时域特性

1. 理想低通滤波器的冲激响应

根据理想低通滤波器的频率响应特性，可以得到其冲激响应. 首先利用例3.5.3的结果，可得 $H_0(\omega) = u(\omega + \omega_c) - u(\omega - \omega_c)$ 的傅里叶逆变换为

$$h_0(t) = \frac{\omega_c}{\pi} \text{Sa}(\omega_c t),$$

再利用傅里叶变换的时移性质，可得

$$h(t) = h_0(t - t_0) = \frac{\omega_c}{\pi} \text{Sa}\big[\omega_c(t - t_0)\big]. \qquad (4.3.3)$$

其图形如图4.3.2所示.

从 $h(t)$ 的时域信号图形可以看出, 理想低通滤波器的冲激响应覆盖全时域, 在 $t < 0$ 区间也有响应, 因此理想低通滤波器为非因果系统.

图 4.3.2

2. 理想低通滤波器的阶跃响应

阶跃信号的傅里叶变换为

$$X(\omega) = \mathscr{F}\left[u(t)\right] = \pi\delta(\omega) + \frac{1}{j\omega} ,$$

于是有

$$Y(\omega) = H(\omega)X(\omega) = \left[\pi\delta(\omega) + \frac{1}{j\omega}\right]e^{-j\omega t_0} \qquad -\omega_c < \omega < \omega_c .$$

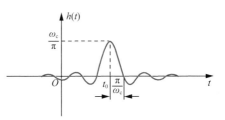

理想低通滤波波器的冲激响应

通过逆变换求阶跃响应:

$$\begin{aligned}
y(t) &= \frac{1}{2\pi}\int_{-\omega_c}^{\omega_c}\left[\pi\delta(\omega) + \frac{1}{j\omega}\right]e^{-j\omega t_0}e^{j\omega t}\,d\omega \\
&= \frac{1}{2} + \frac{1}{2\pi}\int_{-\omega_c}^{\omega_c}\frac{e^{j\omega(t-t_0)}}{j\omega}\,d\omega \\
&= \frac{1}{2} + \frac{1}{2\pi}\int_{-\omega_c}^{\omega_c}\frac{\cos\left[\omega(t-t_0)\right]}{j\omega}\,d\omega + \frac{1}{2\pi}\int_{-\omega_c}^{\omega_c}\frac{\sin\left[\omega(t-t_0)\right]}{\omega}\,d\omega
\end{aligned}$$

注意到上式中第2项的被积函数是奇函数, 积分值为0; 第3项的被积函数是偶函数, 令 $x = \omega(t - t_0)$, 则

$$\begin{aligned}
y(t) &= \frac{1}{2} + \frac{1}{\pi}\int_0^{\omega_c}\frac{\sin\left[\omega(t-t_0)\right]}{\omega}\,d\omega \\
&= \frac{1}{2} + \frac{1}{\pi}\int_0^{\omega_c(t-t_0)}\frac{\sin x}{x}\,dx
\end{aligned}$$

引入正弦积分函数, 定义为

$$\mathrm{Si}(y) = \int_0^y\frac{\sin x}{x}\,dx , \qquad (4.3.4)$$

则

$$y(t) = \frac{1}{2} + \frac{1}{\pi}\mathrm{Si}\left[\omega_c(t-t_0)\right] . \qquad (4.3.5)$$

$\dfrac{\sin x}{x}$ 函数与 $\mathrm{Si}(y)$ 函数的波形如图4.3.3所示.

由图4.3.3可见:

（1）$\dfrac{\sin x}{x}$ 是偶函数, 其积分 $\mathrm{Si}(y)$ 为奇函数, 即 $\mathrm{Si}(-y) = -\mathrm{Si}(y)$;

（2）由于 $\dfrac{\sin x}{x}$ 随 x 增大正负波动逐渐变小, 因此, 对于正半轴, $x = (2n-1)\pi$, $n \in \mathbf{z}^+$ 处对应着 $\mathrm{Si}(y)$ 的极大值, 当 $x = 2n\pi$, $n \in \mathbf{z}^+$ 时, $\mathrm{Si}(y)$ 有极小值, 负半轴反之;

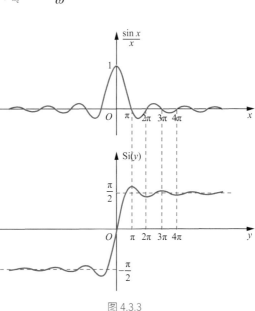

图 4.3.3

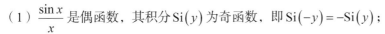

（3）当 $x \to \pm\infty$，$\mathrm{Si}(y) \to \pm\dfrac{\pi}{2}$.

根据式（4.3.5），理想低通滤波器的阶跃响应如图4.3.4所示.

由图4.3.4可见，阶跃信号在经过理想低通滤波器后，其响应信号并非阶跃信号，而是存在一个由最小值逐渐变为最大值的过程，这个时间称为上升时间，记作 t_r. 这里，$t_r = \dfrac{2\pi}{\omega_c}$，即上升时间与低通滤波器的截止频率（带宽）成反比. ω_c 的值越大，阶跃响应的上升沿就越陡峭，输出信号也就越接近阶跃信号.

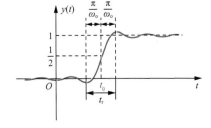

图 4.3.4

由于阶跃响应是冲激响应的运动积分，因此冲激响应的过零点（正负交替的点）对应阶跃响应的极值点. 冲激响应各旁瓣的大小直接影响阶跃响应的波纹大小.

3. 理想低通滤波器对矩形脉冲的响应

设矩形脉冲的表达式为

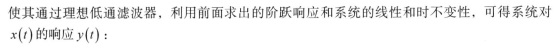

$$x(t) = u(t) - u(t-\tau).$$

使其通过理想低通滤波器，利用前面求出的阶跃响应和系统的线性和时不变性，可得系统对 $x(t)$ 的响应 $y(t)$：

$$y(t) = \frac{1}{\pi}\left\{\mathrm{Si}\big[\omega_c(t-t_0)\big] - \mathrm{Si}\big[\omega_c(t-t_0-\tau)\big]\right\}. \quad (4.3.6)$$

矩形脉冲的时宽为 τ，其第1过零点带宽为 $\dfrac{2\pi}{\tau}$，当 $\omega_c \gg \dfrac{2\pi}{\tau}$ 时，信号的波形保留较好，如图4.3.5所示.

而当 ω_c 接近或小于 $\dfrac{2\pi}{\tau}$ 时，由于高频分量的丢失，输出波形将发生更加严重的失真. 因此，当矩形脉冲通过理想低通滤波器时，必须使时宽 τ 与滤波器的截止频率相适应（也就是满足 $\omega_c \gg \dfrac{2\pi}{\tau}$），否则，就会使响应波形的上升沿与下降沿连在一起，出现严重失真.

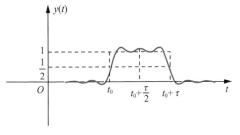

图 4.3.5

4.4　系统的物理可实现性和佩利-维纳准则

在实现实时滤波时，系统的因果性是一个必要的限制. 就时域特性而言，一个物理可实现系统的冲激响应必须满足"因果条件"，即

$$h(t) = 0 \quad t < 0. \quad (4.4.1)$$

4.3节介绍了理想低通滤波器，其单位冲激响应在 $-\infty < t < +\infty$ 都是有值的，所以该系统不是因果系统，系统在物理上是不可实现的.

下面对系统的物理可实现性进行频域分析.

佩利（Paley）和维纳（Wiener）给出了能量有限非负实系统是物理可实现系统的充分必要

条件：系统的幅频特性 $|H(\omega)|$ 满足平方可积条件，即

$$\int_{-\infty}^{+\infty} |H(\omega)|^2 \, d\omega < +\infty , \qquad (4.4.2)$$

且满足

$$\int_{-\infty}^{+\infty} \frac{\left| \ln |H(\omega)| \right|}{1+\omega^2} \, d\omega < +\infty . \qquad (4.4.3)$$

该条件称为佩利—维纳准则.

由佩利—维纳准则可以推知，所有的理想滤波器（过渡带为0，一段连续的阻带幅频特性取值为0）都是物理不可实现的. 研究它们的意义在于：设计滤波器时可以按照一定的规律去逼近理想滤波器以得到一个可实现的系统. 逼近的数学模型不同，可以得到不同的滤波器，如巴特沃斯滤波器、切比雪夫滤波器、椭圆滤波器等. 实际应用中要基于滤波需求选择合适的滤波器类型和参数，以符合时域和频域特性指标要求.

▼ ──

【例4.4.1】 五阶低通巴特沃斯滤波器和椭圆滤波器的截止频率均为1000Hz. 利用MATLAB代码对比分析这2个滤波器的时域特性和频域特性.

解 现以下述标准设置每个滤波器的过渡带：以截止频率1000Hz为中心，使幅频响应既不在偏离1的0.05范围以内（通带波纹），又不在偏离0的0.05范围以内（阻带波纹）.

利用如下MATLAB代码设计五阶巴特沃斯滤波器和椭圆滤波器，绘制2个系统的频域特性和时域响应，如图4.4.1所示.

```
close all; clear all;
% 截止频率
fp = 1000;
Wp = 2 * pi * fp;
% 通带波纹
Rp = -20 * log10 (1 - 0.05);
% 阻带波纹
Rs = -20 * log10 (0.05);
% 滤波器阶次
N = 5;
w = linspace (0, fp*4, 1001) * 2 * pi;
% 巴特沃斯滤波器
[B1, A1] = butter (N, Wp, 's');
H1 = freqs(B1,A1,w);
% 椭圆滤波器
[B2, A2] = ellip (N, Rp, Rs, Wp, 's');

% 绘制幅频特性曲线
H2 = freqs (B2, A2, w);
```

```
subplot (2, 2, 1);
plot (w/2/pi, abs (H1), 'b:', 'LineWidth', 1.5);
hold on; plot (w/2/pi, abs (H2),'k', 'LineWidth', 1.5);
xlabel ('频率 (Hz)'); ylabel ('幅频特性');
legend ('巴特沃斯滤波器', '椭圆滤波器');

% 绘制相频特性曲线
subplot (2, 2, 3);
plot (w/2/pi, phase (H1), 'b:', 'LineWidth', 1.5);
hold on; plot (w/2/pi, phase (H2),'k', 'LineWidth', 1.5);
xlabel ('频率 (Hz)'); ylabel ('相频特性 (弧度)');
legend ('巴特沃斯滤波器', '椭圆滤波器');

% 绘制时域特性曲线 (冲激响应)
subplot (2, 2, 2);
t = linspace (0, 10/fp, 1001);
h1 = impulse (B1, A1, t);
h2 = impulse (B2, A2, t);
plot (t/1e-3, h1, 'b:', 'LineWidth', 1.5);
hold on; plot (t/1e-3, h2, 'k', 'LineWidth', 1.5);
xlabel ('时间 (ms)'); ylabel ('冲激响应');
legend ('巴特沃斯滤波器', '椭圆滤波器');

% 绘制时域特性曲线 (阶跃响应)
subplot (2, 2, 4);
t = linspace (0, 10/fp, 1001);
h1 = step (B1, A1, t);
h2 = step (B2, A2, t);
plot (t/1e-3, h1, 'b:', 'LineWidth', 1.5);
hold on; plot (t/1e-3, h2, 'k', 'LineWidth', 1.5);
xlabel ('时间 (ms)'); ylabel ('阶跃响应');
legend ('巴特沃斯滤波器', '椭圆滤波器');
```

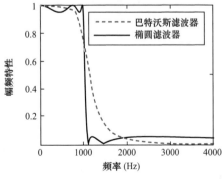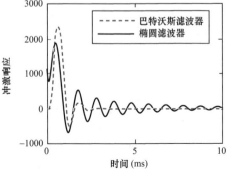

图 4.4.1

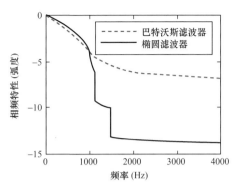
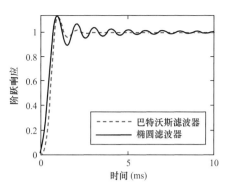

图 4.4.1（续）

通过图4.4.1可以看到，从频域特性上看，椭圆滤波器比巴特沃斯滤波器具有更窄的过渡带；但从时域特性上看，椭圆滤波器阶跃响应中的振荡比巴特沃斯滤波器要显著得多，特别是椭圆滤波器阶跃响应的建立时间要更长一些，这也体现了系统时宽和带宽成反比的特性.

由有理多项式函数构成的幅频特性都是满足佩利—维纳准则的. 当然，并非满足该准则的幅频特性加上任意的相频特性就可以构成物理可实现系统. 幅频特性满足佩利—维纳准则只是物理可实现系统的必要条件，还必须有合适的相频特性与之匹配. 在4.7节我们将利用希尔伯特变换研究因果系统频率响应特性的约束关系.

实际模拟滤波器简介

4.5　信号的抽样与重建

在生活中，我们往往可以用一系列离散的样本来表示连续的事物，例如，电影就是由一系列按时序排列的单个画面组成的，又如，手机中的图片实际上是由很多像素组成的. 在一定条件之下，一个连续信号可由它的一系列样值完全恢复出来. 在很多场景下，由样值组成的离散信号处理起来更加方便. 同时随着数字技术的不断发展，产生了大量低成本、高灵活性的数字信号处理系统，所以离散信号处理往往比连续信号处理更可取. 数字传输或处理系统的简化模型如图4.5.1所示.

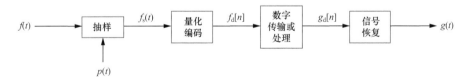

图 4.5.1

在数字系统中，模拟信号经过抽样（也称为采样）、量化和编码，形成数字信号，传输或处理后再经过解码，恢复成所要传输的模拟信号. 本节将建立一个抽样的分析模型，仅从信号分析的角度，研究信号抽样后频谱的变化，从而得出由抽样信号恢复出原信号全部信息的条件.

4.5.1　信号的时域抽样

1. 理想抽样

$f(t)$ 为连续信号，其傅里叶变换为 $F(\omega)$，对 $f(t)$ 进行等间隔抽样可得到抽样间隔 T_s 整数

理想抽样

151

倍处的样值，构成离散信号 $f_d[n]=f(nT_s)$. 抽样间隔的倒数 $f_s=\dfrac{1}{T_s}$ 称为

抽样频率，其含义为单位时间内抽取的样值数. 本书主要使用角频率作为频域的自变量，将 $\omega_s=2\pi f_s$ 称为抽样角频率. 为了便于频谱分析，构造理想抽样模型如图4.5.2所示. 这里使用周期冲激脉冲序列 $\delta_T(t)$ 作为抽样脉冲.

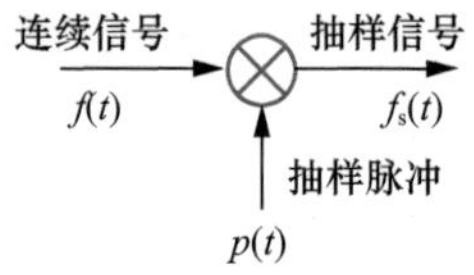

图 4.5.2

抽样信号 $f_s(t)$ 为连续时间信号 $f(t)$ 和周期冲激脉冲序列 $\delta_T(t)$ 的乘积，其表达式为

$$f_s(t)=f(t)\delta_T(t)=f(t)\sum_{n=-\infty}^{+\infty}\delta(t-nT_s)=\sum_{n=-\infty}^{+\infty}f(nT_s)\delta(t-nT_s).\qquad(4.5.1)$$

可以看到抽样信号 $f_s(t)$ 本质上仍然为一个连续信号，每个冲激信号的强度恰好为连续信号的样值 $f(nT_s)$. 由傅里叶变换的频域卷积定理可得抽样信号 $f_s(t)$ 的傅里叶变换

$$F_s(\omega)=\mathscr{F}\big[f(t)\delta_T(t)\big]=\frac{1}{2\pi}F(\omega)*P(\omega).\qquad(4.5.2)$$

其中，$P(\omega)$ 为 $\delta_T(t)$ 的傅里叶变换，可表示为

$$P(\omega)=\omega_s\sum_{k=-\infty}^{+\infty}\delta(\omega-k\omega_s).\qquad(4.5.3)$$

将式（4.5.3）代入式（4.5.2）可得

$$F_s(\omega)=\frac{1}{2\pi}F(\omega)*\omega_s\sum_{k=-\infty}^{+\infty}\delta(\omega-k\omega_s)=\frac{1}{T_s}\sum_{n=-\infty}^{+\infty}F(\omega-k\omega_s).\qquad(4.5.4)$$

图4.5.3所示为理想抽样信号及其频谱图.

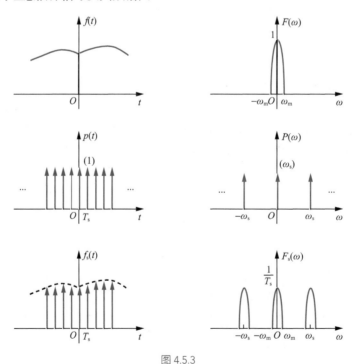

图 4.5.3

由图4.5.3可知，抽样信号 $f_s(t)$ 的频谱为连续信号 $f(t)$ 的频谱的周期延拓，同时幅值变为原信号的 $\dfrac{1}{T_s}$.

2. 矩形脉冲抽样

前面我们通过周期冲激脉冲序列对连续信号进行抽样，但实际上产生和传输带宽小且幅度大的信号是十分困难的，所以实际应用中往往采用周期窄脉冲信号作为冲激脉冲序列，如矩形脉冲序列，也称为"自然抽样".

$p(t)$ 为时宽为 τ 的矩形脉冲序列，其幅度为1，周期为 T_s. 输出信号 $f_s(t)$ 等于输入信号 $f(t)$ 与矩形脉冲 $p(t)$ 的乘积：

$$f_s(t) = f(t)p(t).\tag{4.5.5}$$

$p(t)$ 的傅里叶级数表达式为

$$p(t) = \sum_{k=-\infty}^{+\infty} P_k \mathrm{e}^{jk\omega_s t},\tag{4.5.6}$$

其中，$P_k = \dfrac{E\tau}{T}\mathrm{Sa}\left(\dfrac{\tau}{2}k\omega_s\right)$，为周期矩形脉冲序列的傅里叶系数. 由傅里叶变换的频移性质可得矩形脉冲抽样信号的频谱

$$F_s(\omega) = \sum_{k=-\infty}^{+\infty} P_k F(\omega - k\omega_s).\tag{4.5.7}$$

通过矩形脉冲抽样，$F_s(\omega)$ 以 ω_s 为周期进行重复，同时幅度按照 $P_k = \dfrac{E\tau}{T}\mathrm{Sa}\left(\dfrac{\tau}{2}k\omega_s\right)$ 的规律变化，如图4.5.4所示.

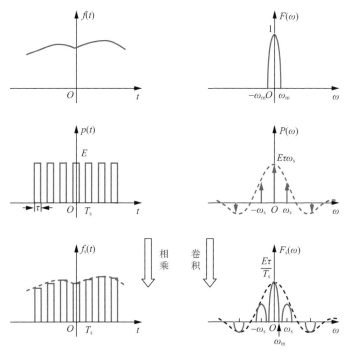

图 4.5.4

4.5.2 抽样定理

通过对信号进行理想抽样和矩形脉冲抽样分析可知，虽然抽样信号 $f_s(t)$ 在

时域抽样定理

时域上与输入信号 $f(t)$ 有较大区别，但从频域角度分析，$F_s(\omega)$ 实际上是在以 ω_s 为周期对 $F(\omega)$ 进行重复，虽然因抽样脉冲不同而有不同的幅度变化，但是 $F_s(\omega)$ 仍然包含了 $F(\omega)$ 的全部信息. 要由 $f_s(t)$ 恢复出 $f(t)$，需要抽样时满足一定的条件，这个条件就是著名的抽样定理.

通过图4.5.3可以看出，若连续信号 $f(t)$ 的频谱 $F(\omega)$ 在 $-\omega_m$ 到 ω_m 的范围中，以间隔 T_s 对 $f(t)$ 进行抽样，抽样信号的频谱 $F_s(\omega)$ 是 $F(\omega)$ 以 ω_s 为间隔重复后得到的. 当抽样频率 $\omega_s \geq 2\omega_m$ 时，$F(\omega)$ 重复时不会产生频谱的重叠，从而使得 $F_s(\omega)$ 没有频谱混叠现象，$F_s(\omega)$ 的频谱图中可保留 $F(\omega)$ 的全部信息，由此可得到如下时域抽样定理，简称抽样定理.

时域抽样定理：一个频带宽度有限的连续信号 $f(t)$，其最高频率为 f_m（或 ω_m），即当 $|\omega| \geq \omega_m$ 时 $F(\omega) = 0$，对 $f(t)$ 进行等时间间隔抽样时，若相邻两个样值间的时间间隔 $T_s \leq \dfrac{1}{2f_m}$，即抽样频率 $f_s \geq 2f_m$，则得到的抽样信号 $f_s(t)$ 将包含原信号 $f(t)$ 的全部信息.

抽样时允许的最大抽样间隔 $T_N = \dfrac{1}{2f_m}$ 称为奈奎斯特抽样间隔，允许的最低抽样频率 $f_N = 2f_m$ 称为奈奎斯特抽样频率.

奈奎斯特简介

【例4.5.1】 确定信号 $x(t) = \mathrm{Sa}^2(100t)$ 的奈奎斯特抽样频率和奈奎斯特抽样间隔.

解 首先需要确定信号的带宽 f_m. 信号 $x_1(t) = \mathrm{Sa}(100t)$ 的傅里叶变换为

$$X_1(\omega) = \frac{\pi}{100}\left[u(\omega+100) - u(\omega-100)\right],$$

由此知 $\omega_{m1} = 100 \text{ rad/s}$. 而信号 $x(t) = x_1^2(t)$，所以

$$X(\omega) = \frac{1}{2\pi}X_1(\omega) * X_1(\omega).$$

根据卷积的边界性质，可得 $x(t)$ 的频带宽度为 $\omega_m = 2\omega_{m1} = 200 \text{ rad/s}$，则 $f_m = \dfrac{100}{\pi} \text{ Hz}$，由抽样定理得奈奎斯特抽样频率为

$$f_N = 2f_m = \frac{200}{\pi} \text{ Hz},$$

奈奎斯特抽样间隔为

$$T_N = \frac{1}{f_N} = \frac{\pi}{200} \text{ s}.$$

4.5.3 由抽样信号恢复连续信号

1. 从抽样信号恢复连续信号的频域分析

通过4.5.1小节和4.5.2小节的分析，我们知道在满足抽样定理的条件下，对连续信号 $f(t)$ 进行抽样后得到的抽样信号 $f_s(t)$ 的频谱 $F_s(\omega)$ 是对原信号频谱

从抽样信号恢复连续信号的频域分析

$F(\omega)$ 的周期性重复，如图4.5.3所示．图4.5.5所示为由抽样信号恢复连续信号的原理．

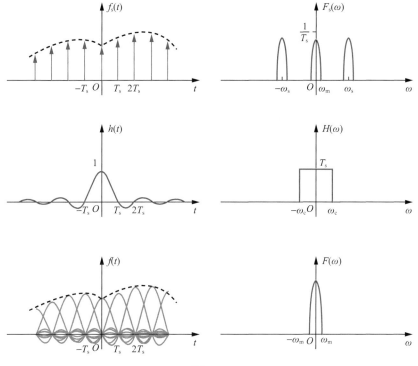

图 4.5.5

可以用理想低通滤波器与抽样信号的频谱 $F_s(\omega)$ 相乘，即

$$F_s(\omega)H(\omega)=F(\omega)\,,\qquad\qquad(4.5.8)$$

其中，$H(\omega)$ 为理想低通滤波器的频率响应特性，可表示为

$$H(\omega)=\begin{cases}T_s & |\omega|<\omega_c \\ 0 & |\omega|>\omega_c\end{cases}.\qquad\qquad(4.5.9)$$

因为傅里叶变换具有唯一性，恢复了频谱即恢复了原信号．频域分析概念清晰，表述简单，但是不够直观．下面再进行时域分析．

2. 从抽样信号恢复连续时间信号的时域分析

理想低通滤波器的冲激响应 $h(t)$ 可表示为

$$h(t)=T_s\cdot\frac{\omega_c}{\pi}\mathrm{Sa}(\omega_c t)\,.\qquad\qquad(4.5.10)$$

从抽样信号恢复连续时间信号的时域分析

$h(t)$ 的图形如图4.5.6所示．

抽样信号

$$f_s(t)=\sum_{n=-\infty}^{+\infty}f(nT_s)\delta(t-nT_s)\,.\qquad(4.5.11)$$

利用时域卷积定理可得到原连续信号 $f(t)$：

$$f(t)=f_s(t)*h(t)\,.\qquad(4.5.12)$$

将式（4.5.10）和式（4.5.11）代入式（4.5.12），可得

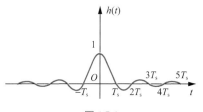

图 4.5.6

$$f(t)=\frac{T_s\omega_c}{\pi}\sum_{n=-\infty}^{+\infty}f(nT_s)\mathrm{Sa}\big[\omega_c(t-nT_s)\big].\tag{4.5.13}$$

式（4.5.13）中 $\mathrm{Sa}\big[\omega_c(t-nT_s)\big]$ 是抽样函数，也称内插函数.

式（4.5.13）说明，$f(t)$ 可由无穷多个加权系数为 $f(nT_s)$ 的抽样函数之和恢复. 当 $\omega_c=\dfrac{\omega_s}{2}$，

抽样信号的
恢复

式（4.5.13）变为

$$f(t)=\sum_{n=-\infty}^{+\infty}f(nT_s)\mathrm{Sa}\left[\frac{\omega_s}{2}(t-nT_s)\right]=\sum_{n=-\infty}^{+\infty}f(nT_s)\mathrm{sinc}\left(\frac{t-nT_s}{T_s}\right).\tag{4.5.14}$$

零阶抽样保持

由图4.5.6可以看出，$h(t)$ 在 $t=0$ 时为1，在 $t=nT_s$（$n\neq 0$）时均为0. 通过该函数内插恢复原信号的过程如图4.5.5所示. 在各抽样时刻 nT_s，只有 $\mathrm{Sa}\big[\omega_c(t-nT_s)\big]$ 的值不为0，而样本点之间的值由各内插函数加权叠加而成.

3. 零阶抽样保持

在以上分析中我们假定抽样脉冲为冲激脉冲序列，然而实际系统中，产生这种持续时间短且幅度大的信号十分困难. 因此，在实际抽样中经常采用零阶抽样保持和一阶抽样保持. 本小节介绍零阶抽样保持，如图4.5.7所示.

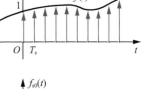

图 4.5.7

信号 $f_{s0}(t)$ 经量化和编码等操作后传输到接收端，接收端对接收到的信号进行数字复接等逆处理后得到 $f_s(t)$，并将其恢复成 $f(t)$. 下面借助理想抽样信号来讨论具体的恢复过程. 假定

$$f_s(t)=f(t)\delta_T(t)=f(t)\sum_{n=-\infty}^{+\infty}\delta(t-nT_s),\tag{4.5.15}$$

$$F_s(\omega)=\frac{1}{T_s}\sum_{k=-\infty}^{+\infty}F(\omega-k\omega_s).\tag{4.5.16}$$

为了求得 $f_{s0}(t)$ 的频谱，构造一个具有图4.5.8所示的冲激响应的线性时不变系统.

令 $f_s(t)$ 通过此系统，即可输出 $f_{s0}(t)$ 的波形，因此可以给出

$$f_{s0}(t)=f_s(t)*h_0(t),\tag{4.5.17}$$

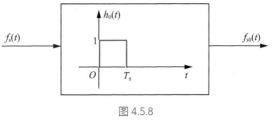

图 4.5.8

式（4.5.17）中 $h_0(t)$ 的傅里叶变换为

$$H_0(\omega)=T_s\mathrm{Sa}\left(\frac{\omega T_s}{2}\right)\mathrm{e}^{-\mathrm{j}\frac{\omega T_s}{2}}.\tag{4.5.18}$$

由频域关系式可得

$$F_{s0}(\omega)=F_s(\omega)H_0(\omega)=\sum_{k=-\infty}^{+\infty}F(\omega-k\omega_s)\mathrm{Sa}\left(\frac{\omega T_s}{2}\right)\mathrm{e}^{-\mathrm{j}\frac{\omega T_s}{2}}.\tag{4.5.19}$$

由此可以看出，零阶抽样保持信号 $f_{s0}(t)$ 的频谱基本特征仍是 $F(\omega)$ 以 ω_s 为周期进行重复，只是乘上了系数 $\mathrm{Sa}\left(\dfrac{\omega T_s}{2}\right)$ 和相位项 $\mathrm{e}^{-\mathrm{j}\frac{\omega T_s}{2}}$. 当 $F(\omega)$ 频带受限且满足抽样定理时，为复原 $F(\omega)$ 的频谱，在接收端需要引入具有如下补偿特性的低通滤波器来替代原有的低通滤波器：

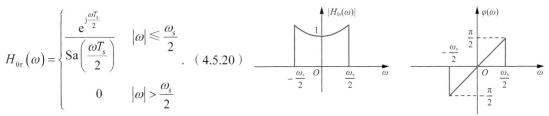

$$H_{0r}(\omega) = \begin{cases} \dfrac{e^{j\frac{\omega T_s}{2}}}{\text{Sa}\left(\dfrac{\omega T_s}{2}\right)} & |\omega| \leqslant \dfrac{\omega_s}{2} \\[4mm] 0 & |\omega| > \dfrac{\omega_s}{2} \end{cases} \quad (4.5.20)$$

图 4.5.9

其幅频特性和相频特性如图4.5.9所示.

$f_{s0}(t)$ 通过此补偿滤波器后，即可得到原
信号 $f(t)$. 注意，此处相频特性的斜率为正值，意味着该滤波器对输入信号产
生"超前"的效果，这样的系统是非因果系统，是物理不可实现系统. 因此，在
实际应用中滤波器是允许有时延的，即只要幅频特性满足补偿的要求，补偿滤波
器的相频特性的斜率可以是负值.

欠抽样现象

亚抽样和压缩
感知简介

　　实际应用中高速抽样对硬件系统提出了很高的要求，这也是一种"卡脖子"
的关键技术. 对于某些信号，可以利用信号的稀疏性和相关性，采用远低于奈奎
斯特频率的频率进行信号抽样和重建.

4.6　调制、解调与复用传输

4.6.1　调制和解调

　　调制与解调是现代通信系统的基本功能. 调制是把信号的频谱搬移到任何所需的较高频段上
的过程. 解调则是把较高频段上的信号搬移回原频段并恢复的过程.

　　对信号进行调制和解调是实现信号传输必不可少的手段. 例如，20 Hz到20 kHz范围内的音频信
号在大气层中传播，由于信号在空间中发散传播、空气和地面的吸收等，信号会出现急剧衰减，为
了将音频信号传输到更远的地方，就必须对信号进行调制，将其频谱搬移到一个较高频段上，调制
后信号就能以电磁波形式在空间中传输. 此外，根据电磁波理论，发射天线的尺寸必须大于被辐射
信号波长的十分之一，对于常见的语音信号，所需天线的尺寸要达到几十千米，这在工程上是不切
实际的，因此需要对信号进行调制，以缩小天线的尺寸. 调制的基本目的是使信号适合传输，除此
之外，调制还可以提高信道的频带利用率和抗噪性能，进而提高通信系统的有效性和可靠性.

　　下面介绍一种最简单的双边带抑制载波幅度调制方式，带领读者通过频域分析方法学习和理
解调制—解调的基本实现过程.

　　调制原理如图4.6.1所示，假设需要传输的基带信号为 $g(t)$，最高频率为 ω_m，双边带抑制载
波幅度调制是让信号乘以一个适合传输的单频振荡信号 $\cos(\omega_0 t)$，其中 $\omega_0 \gg \omega_m$.

　　在这个过程中，称 $g(t)$ 为调制信号，其借助 $\cos(\omega_0 t)$ 进行频
谱搬移以便传输，由于 $\cos(\omega_0 t)$ 起到运载工具的作用，因此称其为
载波信号. 载波信号的傅里叶变换是

$$\mathscr{F}\left[\cos(\omega_0 t)\right] = \pi\left[\delta(\omega + \omega_0) + \delta(\omega - \omega_0)\right]. \quad (4.6.1)$$

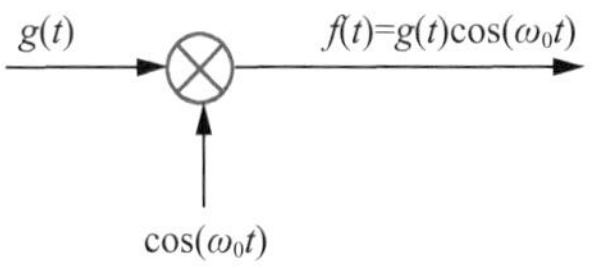

　　调制后得到的信号 $f(t) = g(t)\cos(\omega_0 t)$ 称为已调信号. 设 $f(t)$

$g(t) \longrightarrow \bigotimes \longrightarrow f(t) = g(t)\cos(\omega_0 t)$

$\cos(\omega_0 t)$

图 4.6.1

和 $g(t)$ 的频谱分别为 $F(\omega)$ 和 $G(\omega)$，根据傅里叶变换的频域卷积定理可得

$$\begin{aligned}F(\omega) &= \frac{1}{2\pi}G(\omega)*\pi\big[\delta(\omega+\omega_0)+\delta(\omega-\omega_0)\big]\\ &= \frac{1}{2}\big[G(\omega-\omega_0)+G(\omega+\omega_0)\big]\end{aligned} \qquad (4.6.2)$$

调制过程中的波形图和频谱图如图4.6.2所示.

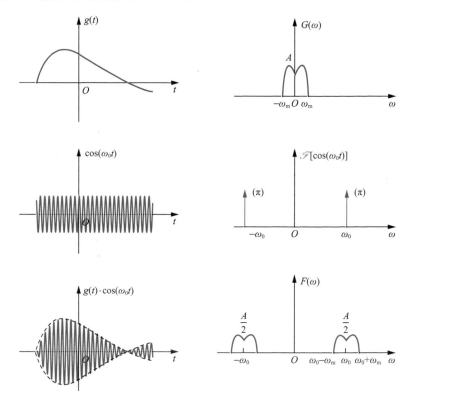

图 4.6.2

调制过程中的
频谱结构

由图4.6.2可以看出，调制信号的频谱 $G(\omega)$ 占据 $-\omega_m$ 至 ω_m 的有限频带，已调信号的频谱 $F(\omega)$ 在载波频率 ω_0 附近，这正是进行调制的目的所在，即实现频谱搬移. 实际应用中，根据需要，只需改变 ω_0 就可将频谱搬移到希望的频段上. 经过调制后，已调信号频谱与调制信号频谱形状相同，频带宽度是调制信号频带宽度的2倍，且以 ω_0 为中心对称分布，幅度是调制信号幅度的 $\frac{1}{2}$.

已调信号经过传输后，在接收端被恢复为原信号 $g(t)$ 的过程称为解调，如图4.6.3所示.

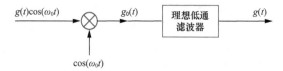

图 4.6.3

图4.6.3中，$\cos(\omega_0 t)$ 是接收端的本地载波信号，它与发送端的载波信号同频同相. $g(t)\cos(\omega_0 t)$ 与 $\cos(\omega_0 t)$ 相乘，使 $g(t)\cos(\omega_0 t)$ 的频谱 $F(\omega)$ 分别向左、向右移动 ω_0（并乘以系数 $\frac{1}{2}$），得到

的信号 $g_0(t)$ 为

$$g_0(t) = g(t)\cos^2(\omega_0 t) = \frac{1}{2}g(t) + \frac{1}{2}g(t)\cos(2\omega_0 t),\qquad（4.6.3）$$

其傅里叶变换为

$$G_0(\omega) = \frac{1}{2}G(\omega) + \frac{1}{4}G(\omega - 2\omega_0) + \frac{1}{4}G(\omega + 2\omega_0).\qquad（4.6.4）$$

只需要对 $g_0(t)$ 进行低通滤波，保留低频段上的频率分量，滤除高频分量，就可以恢复出原信号 $g(t)$．低通滤波器 $H(\omega)$ 的截止频率 ω_{c} 应满足 $\omega_{\mathrm{m}} < \omega_{\mathrm{c}} < 2\omega_0 - \omega_{\mathrm{m}}$，可得

$$G_0(\omega)H(\omega) = G(\omega).\qquad（4.6.5）$$

解调过程中的频谱图如图4.6.4所示，可知解调端又做了一次频谱搬移，从而使得调制时被搬移到正负频带的频谱，各自有一半在低频率位置处重合相加，得到原调制信号的频谱图．

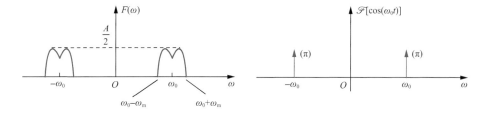

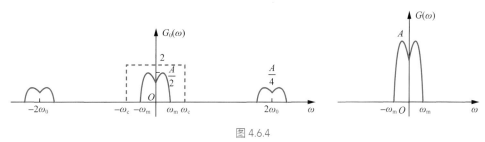

图 4.6.4

通过以上调制—解调过程，基带信号 $g(t)$ 可以转换为高频段的、易于被天线发射的电磁波信号来完成传输，最后再在解调端复原．

4.6.2　复用传输

使若干信号以某种方式汇合在同一信道中传输称为多路复用．进行复用传输的信号需要满足一定的条件，以便接收端对复用信号进行有效分离（解复用）．按照复用方式不同，多路复用又分为频分复用、时分复用、码分复用、波分复用、空分复用、偏振复用、角动量复用等．下面对常见的频分复用和时分复用进行详细讲解．

1. 频分复用

若待传输的信号带宽是有限的，而用于传输信号的许多系统都可以提供比信号本身所要求的频带宽得多的频带资源，此时对多路信号采用不同频率的载波信号进行调制，使调制后的各路信号在频率位置上错开，得以在同一信道中同时传输，这就是频分复用（frequency division multiplexing，FDM）．

利用正弦载波信号的频分复用调制原理如图4.6.5所示，此处以3路复用为例进行说明.

假设传输的每一个信号都是带宽有限的，并且用不同频率的载波信号进行调制（3个载波信号的频率满足相互之间的差值大于 $2\max(\omega_{am},\omega_{bm},\omega_{cm})$，就能保证3个已调信号互不重叠），把已调信号组合在同一信道中同时传输. 调制信号与已调信号的频谱如图4.6.6所示，其中，图4.6.6（a）、图4.6.6（b）、图4.6.6（c）分别为3个调制信号的频谱，图4.6.6（d）是3个已调信号的频谱. 通过这一复用过程，每一路输入信号被安排在频带内的不同位置.

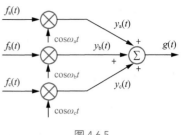

图 4.6.5

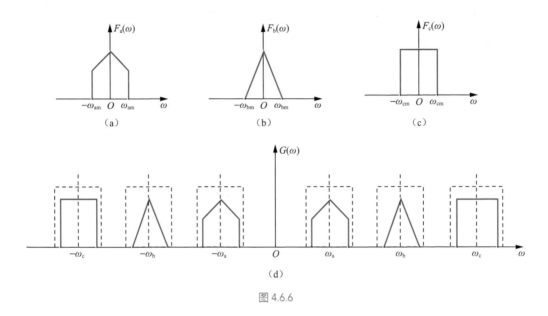

图 4.6.6

为了在解复用过程中恢复每一路信号，需要采取两个基本步骤：先用带通滤波器滤出某一特定信道的已调信号；再利用相应载波信号进行解调来恢复原信号，如图4.6.7所示.

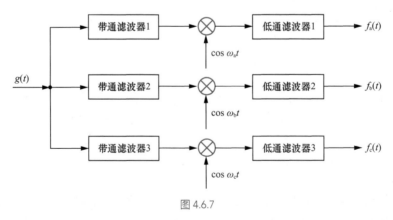

图 4.6.7

图4.6.7中的带通滤波器是一种仅允许特定频带的信号通过，对其余频带的信号进行有效抑制的系统. 理想带通滤波器的频率响应特性如图4.6.8所示，其中心频率为 ω_0，上截止频率和下截止频率分别为 $\omega_0+\omega_c$ 和 $\omega_0-\omega_c$，在中心频率附近具有线性相位特性.

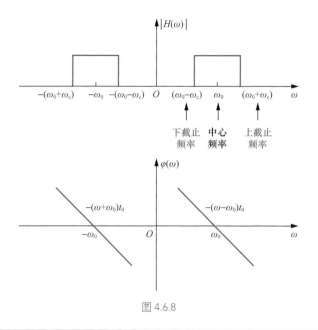

图 4.6.8

【例4.6.1】 一个频分复用系统用于复用24路话音信号. 已知每个话音信号的带宽为4 kHz，计算信道的总传输带宽.

解 由于每个话音信号的带宽为4 kHz，为传输该信号，调制后需要8 kHz 带宽. 因此，由信道提供的总传输带宽为 $24 \times 8 = 192$（kHz）.

2. 时分复用

除了使用正弦载波信号外，还可以使用脉冲序列作为载波信号进行调制，如脉冲幅度调制（pulse amplitude modulation，PAM）. 脉冲幅度调制是脉冲的高度随调制信号变化的一种调制方式，分为自然抽样的脉冲幅度调制和平顶抽样的脉冲幅度调制.

自然抽样和平顶抽样脉冲幅度调制

为了适应数字通信系统的发展，还出现了脉冲编码调制（pulse code modulation，PCM），即将时间上已离散化的样值序列，在幅度上再进行一次量化，然后用二元数字码组表示幅度量化后的离散值. 概括而言，脉冲编码调制的过程主要由抽样、量化和编码三个步骤组成，其原理如图4.6.9所示.

时分复用（time division multiplexing，TDM）建立在脉冲调制基础上，经过脉冲调制后，已调信号不再是连续信号，在进行传输时只需传输其不为0的部分，因此只占用信道的一部分时间，从而使得信道有更多的空余时间. 这样，信道就可以利用空余时间去传输其他脉冲调制信号，使资源得到充分利用. 时分复用将整个信道传输信息的时间划分成若干时隙（time slot），并将不同时隙分配给不同的信号使用.

图4.6.10所示为3路信号的时分复用. 经过脉冲编码调制的脉冲序列各占用同一信道中的不同时段，通过这一信道传输，接收端用一个与发射端同步的电子开关将三者分离，然后3路信号各自通过低通滤波器进行恢复.

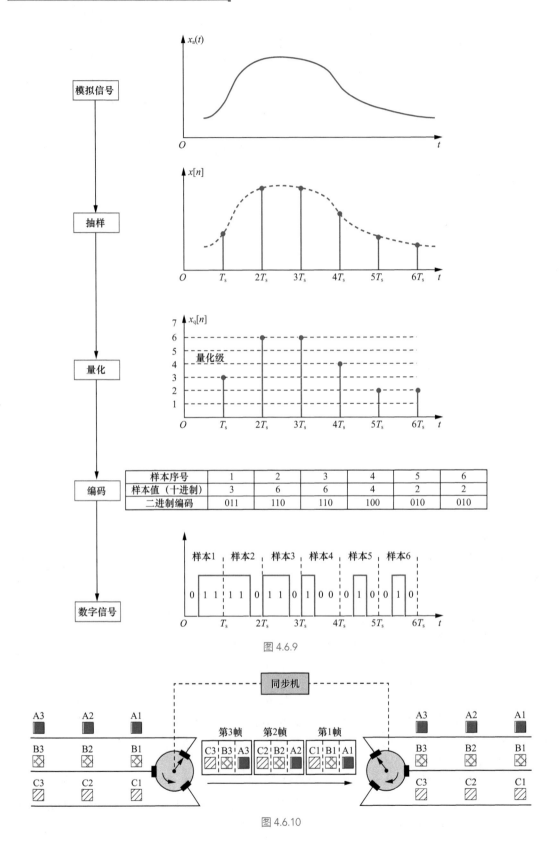

图 4.6.9

图 4.6.10

从图4.6.10可以看出，每个脉冲宽度越小，同一信道中就能传输越多的信号.

【例4.6.2】　一个时分复用系统用于复用4个使用脉冲幅度调制的独立语音信号，每个信号的带宽都是4 kHz，以8 kHz的抽样率对这些信号进行抽样. 为正常工作，系统加入同步脉冲序列，脉冲的时隙间隔为 T_0，如图4.6.11所示.

（1）确定同步脉冲序列与用于对4个语音信号进行抽样的冲激脉冲序列之间的时间关系.

（2）计算时分复用系统的信道传输带宽.

解　（1）由题目可知，抽样间隔为

$$T_{\mathrm{s}} = \frac{1}{8 \times 10^3} \text{ s} = 125 \text{ } \mu\text{s} \text{ ,}$$

也就是说，系统需要在125 μs 的时间内发送4路语音信号和同步脉冲序列，由此得出分配给每个信号的时隙为

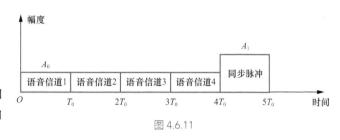

图 4.6.11

$$T_0 = \frac{T_{\mathrm{s}}}{4+1} = \frac{125}{5} \text{ } \mu\text{s} = 25 \text{ } \mu\text{s} \text{ .}$$

（2）时分复用时信号的总传输带宽为

$$B = \frac{1}{T_0} = \frac{1}{25 \times 10^{-6}} \text{ Hz} = 40 \text{ kHz} \text{ .}$$

实际应用中，幅度过大的传输信号容易与信道发生相互作用导致非线性效应，所以通常采用基于PCM的时分复用系统来传输，这虽然会进一步增大所需的信道带宽，但提高了传输的可靠性.

4.7　利用希尔伯特变换研究系统的约束特性

由4.4节的讨论可知，系统物理可实现的必要条件是具有因果性. 由于因果性的限制，系统函数 $H(\omega)$ 的实部与虚部或模与辐角不再是相互独立的，它们之间存在一定的内在约束，这种约束将以希尔伯特变换的形式表现出来.

4.7.1　希尔伯特变换

希尔伯特变换（Hilbert transform）是一种积分变换，不同于傅里叶变换，希尔伯特变换是时域之间的变换. 实函数 $f(t)$ 的希尔伯特变换定义为

$$H\big[f(t)\big] = \hat{f}(t) = \frac{1}{\pi} \int_{-\infty}^{+\infty} \frac{f(\tau)}{t-\tau} \mathrm{d}\tau \text{ ,} \qquad （4.7.1）$$

式（4.7.1）又称为希尔伯特正变换.

希尔伯特逆变换即由 $\hat{f}(t)$ 求 $f(t)$ 的过程，形式为

$$H^{-1}\left[\hat{f}(t)\right] = f(t) = -\frac{1}{\pi}\int_{-\infty}^{+\infty}\frac{\hat{f}(\tau)}{t-\tau}d\tau .\tag{4.7.2}$$

式（4.7.1）和式（4.7.2）构成希尔伯特变换对，根据卷积定理，可以将此希尔伯特变换对写为

$$\hat{f}(t) = f(t)*\frac{1}{\pi t},\tag{4.7.3}$$

$$f(t) = \hat{f}(t)*\left(-\frac{1}{\pi t}\right).\tag{4.7.4}$$

容易看出，函数$f(t)$的希尔伯特变换就是$f(t)$经过冲激响应为$\frac{1}{\pi t}$的系统的零状态响应，希尔伯特逆变换则是$\hat{f}(t)$经过冲激响应为$-\frac{1}{\pi t}$的系统的零状态响应。希尔伯特变换系统如图4.7.1所示。

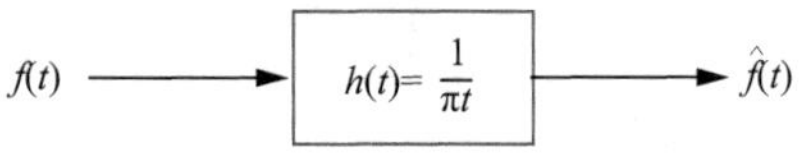

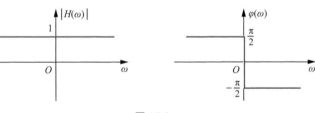

图4.7.1

下面分析希尔伯特变换对信号频谱的影响。已知符号函数$\mathrm{sgn}(t)$的傅里叶变换为

$$\mathscr{F}\left[\mathrm{sgn}(t)\right] = \frac{2}{j\omega},\tag{4.7.5}$$

根据傅里叶变换的对称性质可知

$$\mathrm{sgn}(-\omega) \leftrightarrow \frac{1}{2\pi}\cdot\frac{2}{jt},\tag{4.7.6}$$

易得

$$\frac{1}{\pi t} \leftrightarrow j\,\mathrm{sgn}(-\omega).\tag{4.7.7}$$

由于符号函数$\mathrm{sgn}(t)$是奇函数，因此，如果系统的冲激响应为$h(t) = \frac{1}{\pi t}$，则系统函数为

$$H(\omega) = -j\,\mathrm{sgn}(\omega) = \begin{cases} -j & \omega > 0 \\ j & \omega < 0 \end{cases}.\tag{4.7.8}$$

所以$|H(\omega)| = 1$（$\omega \neq 0$），$\varphi(\omega) = \begin{cases} -\dfrac{\pi}{2} & \omega > 0 \\ \dfrac{\pi}{2} & \omega < 0 \end{cases}$，系统的幅频特性和相频特性如图4.7.2所示。

由上述分析可知，系统函数为$H(\omega) = -j\,\mathrm{sgn}(\omega)$的系统是一个相位滞后90°的相移全通系统，即经过希尔伯特变换后，信号的幅度不改变，信号的相位滞后90°，频谱关系为

图4.7.2

$$\begin{aligned} \mathscr{F}\left[\hat{f}(t)\right] &= \hat{F}(\omega) \\ &= F(\omega)\cdot\left[-j\,\mathrm{sgn}(\omega)\right] \\ &= \begin{cases} -jF(\omega) = |F(\omega)|\,e^{j\left[\varphi_f(\omega)-90°\right]} & \omega > 0 \\ jF(\omega) = |F(\omega)|\,e^{j\left[\varphi_f(\omega)+90°\right]} & \omega < 0 \end{cases}, \end{aligned}\tag{4.7.9}$$

其中，$\varphi_f(\omega)$ 表示 $F(\omega)$ 的相位谱.

【例4.7.1】 求 $f(t) = \cos\omega_0 t$ 的希尔伯特变换 $\hat{f}(t)$.

解 此题可用三种方法求解.

方法一：利用希尔伯特变换的物理意义.

信号经过希尔伯特变换后，幅度没有改变，只有相位滞后90°，所以

$$\hat{f}(t) = H\left[f(t)\right] = \cos\left(\omega_0 t - 90°\right) = \sin\left(\omega_0 t\right).$$

方法二：利用卷积定理.

$$\hat{f}(t) = f(t) * \frac{1}{\pi t},$$

$$F(\omega) = \mathscr{F}\left[\cos\left(\omega_0 t\right)\right] = \pi\delta\left(\omega + \omega_0\right) + \pi\delta\left(\omega - \omega_0\right).$$

所以

$$\hat{F}(\omega) = F(\omega) \cdot \left[-\mathrm{jsgn}(\omega)\right] = \mathrm{j}\pi\delta\left(\omega + \omega_0\right) + (-\mathrm{j})\pi\delta\left(\omega - \omega_0\right),$$

$$\hat{f}(t) = \mathscr{F}^{-1}\left[\hat{F}(\omega)\right] = \sin\left(\omega_0 t\right).$$

方法三：利用定义式.

$$\hat{f}(t) = H\left[\cos\left(\omega_0 t\right)\right] = \frac{1}{\pi}\int_{-\infty}^{+\infty}\frac{\cos\left(\omega_0\tau\right)}{t-\tau}\mathrm{d}\tau,$$

令 $t - \tau = x$，则

$$\begin{aligned}
\hat{f}(t) &= \frac{1}{\pi}\int_{-\infty}^{+\infty}\frac{\cos\left[\omega_0\left(t-x\right)\right]}{x}\mathrm{d}x \\
&= \frac{\cos\left(\omega_0 t\right)}{\pi}\int_{-\infty}^{+\infty}\frac{\cos\left(\omega_0 x\right)}{x}\mathrm{d}x + \frac{\sin\omega_0 t}{\pi}\int_{-\infty}^{+\infty}\frac{\sin\left(\omega_0 x\right)}{x}\mathrm{d}x. \\
&= \frac{\cos\left(\omega_0 t\right)}{\pi}\cdot 0 + \frac{\sin\left(\omega_0 t\right)}{\pi}\cdot\pi \\
&= \sin\left(\omega_0 t\right)
\end{aligned}$$

由例4.7.1可知，若信号是单一频率信号，可以在相位上直接移位90°，即方法一；一般情况下可借助卷积定理，即使用方法二；在时域卷积运算不是很复杂的情况下可以使用方法三. 学习过程中要掌握各种变换的性质并灵活使用.

一些常见的希尔伯特变换对如表 4.7.1 所示.

4.7.2 希尔伯特变换的应用

利用希尔伯特变换可以实现单边带调制，也可以说明因果

表 4.7.1 常见的希尔伯特变换对

$f(t)$	$\hat{f}(t)$
$m(t)\mathrm{e}^{\mathrm{j}\omega_0 t}$	$-\mathrm{j}m(t)\mathrm{e}^{\mathrm{j}\omega_0 t}$
$m(t)\cos\left(\omega_0 t\right)$	$m(t)\sin\left(\omega_0 t\right)$
$m(t)\sin\left(\omega_0 t\right)$	$-m(t)\cos\left(\omega_0 t\right)$
$\mathrm{e}^{\mathrm{j}\omega_0 t}$	$-\mathrm{j}\mathrm{e}^{\mathrm{j}\omega_0 t}$
$\cos\left(\omega_0 t\right)$	$\sin\left(\omega_0 t\right)$
$\sin\left(\omega_0 t\right)$	$-\cos\left(\omega_0 t\right)$

系统的系统函数的实部与虚部或模与辐角之间的约束关系.

1. 单边带调制

时域实函数 $g(t)$ 的频谱 $G(\omega)$ 通常是一个复函数，包含幅频分布和相频分布. 由于幅频函数是 ω 的偶函数，相频函数是 ω 的奇函数，因此 $G(\omega)$ 的正频谱部分与负频谱部分具有共轭对称关系，即 $G(\omega) = G^*(-\omega)$. 由此可知，即使只保留正（或负）频谱部分，构成单边带频谱，信号的信息也不会丢失.

希尔伯特变换系统常被用来产生单边带调幅信号，其原理如图4.7.3所示. 输入信号 $g(t)$ 设定为最高频率为 ω_m 的基带信号.

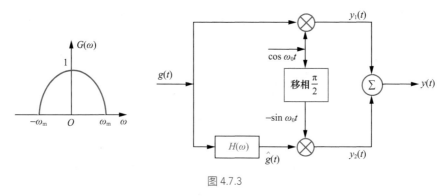

图 4.7.3

由图4.7.3可知，单边带调幅系统有上下两路，上路信号为

$$y_1(t) = g(t)\cos(\omega_0 t),$$

其频谱为

$$\mathscr{F}[y_1(t)] = Y_1(\omega) = \frac{1}{2}G(\omega+\omega_0) + \frac{1}{2}G(\omega-\omega_0).$$

单边带调幅系统上路信号的频谱如图4.7.4所示.

将图4.7.3中的下路信号写作

$$y_2(t) = -\hat{g}(t)\sin(\omega_0 t).$$

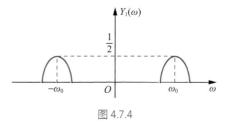

图 4.7.4

而 $g(t)$ 通过希尔伯特变换系统之后的响应 $\hat{g}(t)$ 需要用频域分析方法求解. 设 $g(t)$ 的频谱为 $G(\omega)$，则 $\hat{g}(t)$ 的频谱为 $-\mathrm{j}G(\omega)\mathrm{sgn}(\omega)$，根据傅里叶变换的频域卷积定理，$y_2(t)$ 的频谱为

$$Y_2(\omega) = -\frac{1}{2\pi}[-\mathrm{j}G(\omega)\mathrm{sgn}(\omega)] * \mathscr{F}[\sin(\omega_0 t)]$$

$$= -\frac{1}{2\pi}[-\mathrm{j}\,\mathrm{sgn}(\omega)G(\omega)] * [\mathrm{j}\pi\delta(\omega+\omega_0) - \mathrm{j}\pi\delta(\omega-\omega_0)].$$

$$= \frac{1}{2}[\mathrm{sgn}(\omega)G(\omega)] * [-\delta(\omega+\omega_0) + \delta(\omega-\omega_0)]$$

在涉及希尔伯特变换的系统分析中，通常把 $\mathrm{sgn}(\omega)$ 和已知频谱如 $G(\omega)$ 放在一起进行处理. 而 $Y_2(\omega)$ 就是对 $\mathrm{sgn}(\omega)G(\omega)$ 进行了搬移，其频谱如图4.7.5所示.

所以单边带调幅信号 $y(t)$ 的傅里叶变换 $Y(\omega) = Y_1(\omega) + Y_2(\omega)$ 可以直接利用图形运算得到，如图4.7.6所示，频谱只保留了 $|\omega| > \omega_0$ 的部分，这称为上边带调制. 若频谱只保留 $|\omega| < \omega_0$ 的部分，则称为下边带调制.

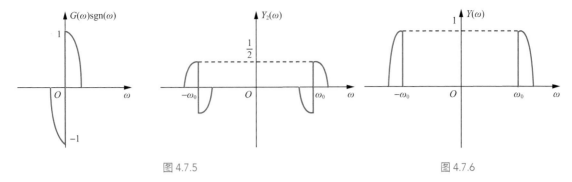

图 4.7.5　　　　　　　　　　　　　　　　　　　图 4.7.6

通过双边带抑制载波幅度调制方式得到的信号频谱 $Y_1(\omega)$，频带范围在 $[\omega_0 - \omega_m,\ \omega_0 + \omega_m]$ 区间，频带宽度为 $2\omega_m$；通过单边带幅度调制方式得到的上边带调制信号频谱 $Y(\omega)$，频带范围在 $[\omega_0,\ \omega_0 + \omega_m]$ 区间，频带宽度为 ω_m，带宽缩小了一半，提高了频带利用率.

2. 因果系统的频域约束条件

因果系统的冲激响应 $h(t)$ 在 $t<0$ 时等于0，因此可以写成如下形式

$$h(t) = h(t) \cdot u(t)，\tag{4.7.10}$$

利用卷积定理进行傅里叶变换得到

$$H(\omega) = \frac{1}{2\pi} H(\omega) * \left[\pi\delta(\omega) + \frac{1}{\mathrm{j}\omega} \right].\tag{4.7.11}$$

由于 $H(\omega)$ 是 ω 的复函数，所以

$$H(\omega) = |H(\omega)|\mathrm{e}^{\mathrm{j}\varphi(\omega)} = R(\omega) + \mathrm{j}X(\omega)，\tag{4.7.12}$$

将式（4.7.12）代入式（4.7.11）可得

$$
\begin{aligned}
R(\omega) + \mathrm{j}X(\omega) &= \frac{1}{2\pi}\Big[R(\omega) + \mathrm{j}X(\omega) \Big] * \left[\pi\delta(\omega) + \frac{1}{\mathrm{j}\omega} \right] \\
&= \frac{1}{2\pi}\left[\pi R(\omega) + X(\omega)*\frac{1}{\omega} \right] + \frac{\mathrm{j}}{2\pi}\left[\pi X(\omega) - R(\omega)*\frac{1}{\omega} \right]，\\
&= \frac{1}{2}R(\omega) + \frac{1}{2\pi}X(\omega)*\frac{1}{\omega} + \frac{\mathrm{j}}{2}X(\omega) - \frac{\mathrm{j}}{2\pi}R(\omega)*\frac{1}{\omega}
\end{aligned}
$$

移项整理可得

$$R(\omega) + \mathrm{j}X(\omega) = \frac{1}{\pi}X(\omega)*\frac{1}{\omega} - \frac{\mathrm{j}}{\pi}R(\omega)*\frac{1}{\omega}.$$

复函数相等，其实部和虚部分别相等，再利用希尔伯特变换的定义可得

$$R(\omega) = X(\omega)*\frac{1}{\pi\omega} = \frac{1}{\pi}\int_{-\infty}^{+\infty}\frac{X(\lambda)}{\omega-\lambda}\mathrm{d}\lambda，\tag{4.7.13}$$

$$X(\omega) = R(\omega)*\left(-\frac{1}{\pi\omega}\right) = -\frac{1}{\pi}\int_{-\infty}^{+\infty}\frac{R(\lambda)}{\omega-\lambda}\mathrm{d}\lambda.\tag{4.7.14}$$

式（4.7.13）和式（4.7.14）说明，因果系统的系统函数实部与虚部之间满足希尔伯特变换约束关系，即实部 $R(\omega)$ 被虚部 $X(\omega)$ 唯一确定，反过来也一样. 实际上，任意因果信号，其傅里叶变换的实部和虚部之间都满足希尔伯特变换约束关系.

设系统函数的模为 $|H(\omega)|$，相位为 $\varphi(\omega)$，则

$$H(\omega) = |H(\omega)| e^{j\varphi(\omega)} \text{，}$$

两边取自然对数，得

$$\ln(H(\omega)) = \ln(|H(\omega)|) + j\varphi(\omega) \text{.} \tag{4.7.15}$$

解析信号简介

由此可见，式（4.7.15）也是一个复数，实部和虚部对应模与相位．可以证明，对于最小相移系统，$\ln(|H(\omega)|)$ 和 $\varphi(\omega)$ 两者之间也构成希尔伯特变换对．

通信系统中信号经过调制后一般会成为带通信号，经常采用解析信号来表示．实信号进行傅里叶变换后，频谱上正负频率分量均存在，说明有一半频带携带的信息是冗余的．这样在进行运算和图示时很不方便，因此可以利用实信号频率分布的对称性来对频带信号进行简化．所以，通信和图像处理等领域经常引入解析信号的表达，用于简化问题分析．解析信号以复数表示，其实部和虚部构成希尔伯特变换对．

带通信号的等效
低通表示

4.8 本章小结

本章利用傅里叶变换对连续系统进行频域分析：首先基于卷积定理给出了傅里叶变换形式的系统函数，引出了系统频率响应特性的概念，并利用其分析系统的无失真传输条件和理想低通滤波器的时域和滤波特性；之后介绍了傅里叶变换的几个典型应用，包括抽样、调制—解调、频分复用和时分复用、利用希尔伯特变换分析系统的物理可实现性．学习本章可为后续学习通信和信号处理技术打下必要的基础．

4.9 知识拓展

4.9.1 啁啾脉冲放大技术简介

在 4.2 节我们学习了系统的无失真传输条件．从相频特性上看，希望系统满足线性相位条件．实际上，系统的物理特性会导致系统出现相位失真，这对信号传输是不利因素，但是这种特性在信号处理领域往往具有应用价值．

啁啾脉冲放大
技术简介

1. 啁啾脉冲放大技术的背景及意义

啁啾脉冲放大（chirped pulse amplification，CPA）是一种激光功率放大技术．激光按照工作方式不同，可分为连续激光和脉冲激光，CPA 主要用于脉冲激光功率放大．CPA 解决了激光放大器对于高功率信号的增益饱和问题，使激光峰值功率大大增加．

理想的激光放大器对于任意输入功率的激光应该有相同的增益，即线性增益．然而实际的激光放大器全都存在增益饱和问题，即入射激光功率很大时，增益会变小，这就是非线性增益，如图 4.9.1 所示．CPA 则是解决这一问题的有效方法：先将激光脉冲在时域展宽，使其瞬时功率下

降；然后使其通过激光放大器，获得较大增益；最后将脉冲在时域压缩，进一步增大功率.

1985 年，唐娜·斯特里克兰（Donna Strickland）实现并报道了 CPA 技术，将当时的激光峰值功率提高了 3 个数量级. 具有高瞬时功率的超短脉冲激光可以用于近视手术、核光学、粒子加速等. 2018 年，唐娜·斯特里克兰及其导师杰哈·莫罗（Gerard Mourou）因 CPA 技术上的贡献共同获得诺贝尔物理学奖.

图 4.9.1

2. 啁啾脉冲放大技术的原理

图 4.9.2 所示为啁啾脉冲放大技术的基本步骤，利用光的色散实现不同频率光脉冲分量在时域上错位，从而实现脉冲展宽，类似通信中的线性调频（linear frequency modulation）. 因线性调频后的声音信号类似鸟叫声，所以这种调制又称为啁啾（chirp）.

啁啾脉冲简介

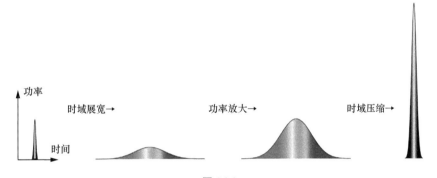

图 4.9.2

（1）啁啾光脉冲展宽

如图 4.9.3 所示，系统对入射光脉冲中不同频率的光脉冲分量产生不同的群时延，从而使出射光脉冲变宽，瞬时功率下降，且瞬时频率随时间变化.

对光信号而言，实现这一步相对容易，因不同频率的光信号群时延随介质折射率变化，很多介质的低频（红光）折射率较小，群时延小；高频（紫光）折射率较大，群时延大. 最初的 CPA 通过 1.4km 光纤实现光脉冲啁啾展宽.

（2）啁啾光脉冲压缩

如图 4.9.4 所示，系统对展宽后光脉冲中不同频率的光脉冲分量产生与展宽过程互补的群时延，从而形成窄脉冲，并得到更高的瞬时功率. 在系统实现上可以基于

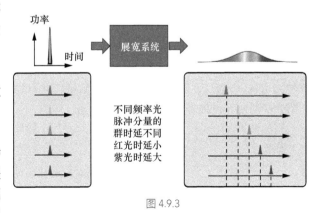

图 4.9.3

不同波长光信号在光栅上的衍射角不同，构造一对衍射光栅，形成红光光程长，紫光光程短的系统，如图 4.9.5 所示.

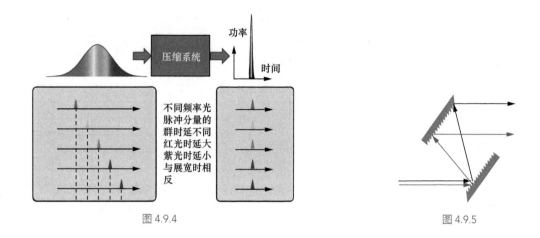

图 4.9.4　　　　　　　　　　　　　　　　　　　　图 4.9.5

4.9.2　匹配滤波器简介

在4.1节我们学习了系统的频率响应特性. 实际应用中一般根据信号的时域和频域特性设置合适的接收机结构, 以达到最佳接收效果.

在数字通信中, 我们依靠一些标准符号的有无来传送消息, 例如, 二进制的编码信号, 其中一个符号是某种标准脉冲 $s(t)$, 表示 "1" 码, 另一个符号以脉冲的空位（没有信号）来表示 "0" 码. 典型的 $s(t)$ 有矩形脉冲、升余弦脉冲等. 在这个问题中, 检测波形是否完整复原并不重要, 波形是早已知道的, 我们感兴趣的是判别脉冲 $s(t)$ 的有无. 设 $s(t)$ 的持续时间和空位的持续时间均为 T , 那么, 接收机必须考察每个 T 内输入信号的内容, 即判别脉冲有无. 在雷达系统中也有类似的情况, 对于回波信号, 我们往往只关心它出现的时刻, 而无须恢复它的全部波形. 此时需要设计一种 "最佳检测器", 它协助增强信号抵抗噪声的能力, 保证判别信号出现时（对于数字通信为对接收信号进行抽样的时刻）具有最低的错误概率.

为此需要寻求这样一种滤波器, 它使有用信号 $s(t)$ 增强, 同时对噪声 $n(t)$ 具有抑制作用. 当信号与噪声同时进入滤波器时, 信号成分在某一瞬间出现峰值, 而噪声成分受到抑制. 如果在某时刻信号 $s(t)$ 存在, 那么此滤波器的输出在相应的瞬间呈现明显的峰值, 如果没有信号 $s(t)$, 就不会出现峰值. 这种装置能以最低的错误概率判别脉冲 $s(t)$ 的有无, 能完成此功能的滤波器称为匹配滤波器, 最早由诺斯（D.D. North）于1943年提出. 匹配, 是指滤波器的性能与信号 $s(t)$ 的特性取得某种一致, 使滤波器输出端的信号瞬时功率与噪声平均功率之比（信噪比）最大.

设滤波器的输入信号为 $s(t)+n(t)$, 其中 $s(t)$ 是有用脉冲, $n(t)$ 是信道噪声; 滤波器的输出信号为 $s_0(t)+n_0(t)$, 其中 $s_0(t)$ 是有用分量, $n_0(t)$ 是噪声分量, 如图4.9.6所示, 滤波器的转移函数为 $H(\omega)$.

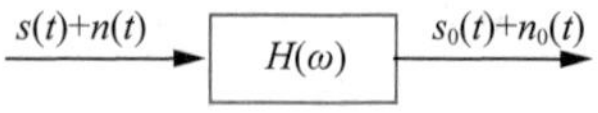

$$s(t)+n(t) \longrightarrow \boxed{H(\omega)} \longrightarrow s_0(t)+n_0(t)$$

图 4.9.6

当滤波器输出端信噪比取最大值时, $H(\omega)$ 和 $S(\omega)$ 之间的约束关系为

$$H(\omega) = kS(-\omega)e^{-j\omega t_m} . \qquad (4.9.1)$$

其傅里叶逆变换即为该匹配滤波器的冲激响应. 可以注意到 $S(-\omega)$ 的傅里叶逆变换是 $s(-t)$, 而 $e^{-j\omega t_m}$ 项表示 t_m 的时移, 因此

$$h(t) = ks(t_m - t) . \qquad (4.9.2)$$

前文已述，有用分量 $s(t)$ 的持续时间是受限的。设 $s(t)$ 在区间 $(0, T)$ 之外为0，如图4.9.7（a）所示。$s(t_m - t)$ 可由 $s(t)$ 基于纵轴做镜像并向右平移 t_m 得到，图4.9.7（b）~图4.9.7（e）分别为 $s(-t)$ 及 $s(t_m - t)$ 的 $t_m < T$、$t_m = T$ 和 $t_m > T$ 3种情况。

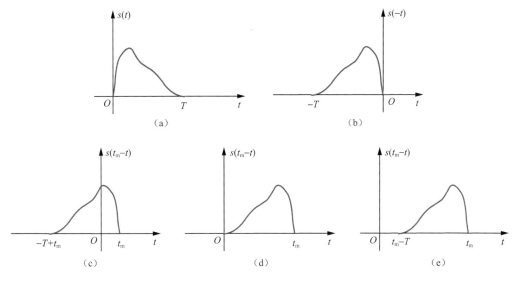

图 4.9.7

可以注意到图4.9.7（c）的波形对应的系统具有非因果特性，为使匹配滤波器物理可实现，$h(t)$ 应选取图4.9.7（d）或图4.9.7（e）的波形。我们希望观察时间 t_m 尽可能小，以使判别迅速，因而取 $t_m = T$ 比 $t_m > T$ 更合适。按此要求改写式（4.9.2）同时取系数 $k = 1$ 可得

$$h(t) = s(T - t). \qquad (4.9.3)$$

至此可以看出，匹配滤波器的冲激响应是所需信号 $s(t)$ 基于纵轴镜像并向右平移 T。这样的线性系统称为匹配滤波器或匹配接收机。从改善系统输出端信噪比的角度考虑，匹配滤波器是线性系统的最佳滤波器。

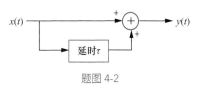

匹配滤波器的应用

📝 习题

▶ 基础题

4-1 【信号经过系统零状态响应和稳态响应】假设某系统的系统函数为 $H(\omega) = \dfrac{1}{4 + j\omega}$.

（1）输入信号为 $x(t) = e^{-5t} u(t)$，求零状态响应 $y_{zs}(t)$.

（2）输入信号为 $x(t) = \cos(3t)$，求稳态响应 $y_{ss}(t)$.

4-2 【无失真传输】已知某线性时不变系统的结构图如题图4-2所示，分析该系统的频率响应特性，并判断该系统是否为无失真传输系统。

题图 4-2

4-3 【理想低通滤波器】题图4-3所示系统中，$H(\omega)$ 为理想低通滤波器，其频率响应特性为

$$H(\omega) = \begin{cases} e^{-j\omega t_0} & |\omega| \leq 1 \\ 0 & |\omega| > 1 \end{cases},$$

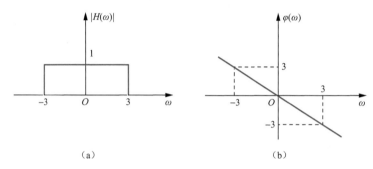

题图 4-3

试写出如下两种情况下输出信号的表达式.

（1）$v_1(t) = u(t) - u(t-T)$

（2）$v_1(t) = \dfrac{\sin(0.5t)}{\pi t}$

4-4【信号通过理想低通滤波器】已知某系统的幅频特性和相频特性分别如题图4-4所示，请写出下列信号经系统的响应.

题图 4-4

（1）$x(t) = \cos(2t)$

（2）$x(t) = \cos(4t)$

（3）$x(t) = \cos(2t) \cdot \cos(3t)$

4-5【抽样和抽样定理】某连续信号的频谱包含直流至100 Hz分量，该信号的持续时间为2min. 为便于计算机处理，对其抽样以构成离散信号，求最小的理想抽样点数.

4-6【抽样和抽样定理】确定下列信号的频带宽度、最低抽样频率与奈奎斯特抽样间隔.

（1）$Sa(100t)$　　　　　　　　　　　（2）$Sa^2(100t)$

（3）$Sa(100t) + Sa(200t)$　　　　　　（4）$Sa(100t) * Sa(200t)$

4-7【理想低通滤波器和调制—解调】已知信号 $f(t) = f_1(t)\cos(\omega_0 t) + f_2(t)\sin(\omega_0 t)$，其中 $f_1(t)$、$f_2(t)$ 均为带宽 ω_m 的低频信号，又有 $\omega_0 \gg \omega_m$.

（1）若接收端接收到信号 $f(t)$ 后，使用解调载波信号 $\cos(\omega_0 t)$ 与之相乘，再使其通过截止带宽恰为 ω_m 的理想低通滤波器 $H(\omega) = \begin{cases} e^{-jt_0\omega} & |\omega| < \omega_m \\ 0 & |\omega| > \omega_m \end{cases}$，求得到的响应信号.

（2）若（1）中的解调载波信号换为 $\sin(\omega_0 t)$，求得到的响应信号.

4-8【抽样和调制—解调】信号 $g(t)$ 与 $f(t)$ 的傅里叶变换分别为 $G(\omega) = \begin{cases} \cos\omega & |\omega| < \dfrac{\pi}{2} \\ 0 & 其他 \end{cases}$ 和 $F(\omega) = G(\omega - \omega_0) + G(\omega + \omega_0)$.

（1）画出信号 $g(t)$ 的频谱.

（2）画出信号 $f(t)$ 的频谱.

（3）如何对 $g(t)$ 抽样才能不发生频谱混叠？

（4）解调系统如题图4-8所示，欲使 $y(t) = g(t)$，可选取 $\omega_2 = \omega_0$，试求 A 和 ω_1.

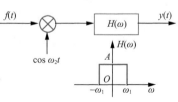

题图 4-8

4-9【抽样定理和抽样信号的频谱】已知系统如题图4-9所示，其中 $f_1(t) = \text{Sa}(1000\pi t)$，

$f_2(t) = \text{Sa}(2000\pi t)$，$p(t) = \sum\limits_{n=-\infty}^{+\infty} \delta(t-nT)$.

（1）画出信号 $f_1(t)$ 和 $p(t)$ 的图形.

（2）利用频域卷积定理求 $f(t)$ 的傅里叶变换 $F(\omega)$，并画出频谱.

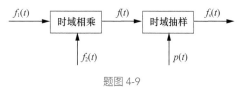

题图 4-9

（3）为从 $f_s(t)$ 无失真恢复 $f(t)$，求最大抽样间隔 $T_{\max}$.

（4）当 $T = T_{\max}$ 时，画出 $f_s(t)$ 的频谱 $F_s(\omega)$.

4-10【抽样和恢复】某信号 $m(t)$ 的频谱 $M(\omega)$ 如题图4-10所示，使它通过系统函数为 $H(\omega)$ 的滤波器后得到 $x(t)$，再进行理想抽样得到 $y(t)$.

（1）画出 $x(t)$ 的频谱.

（2）若抽样频率为 $\omega_s = 3\omega_m$，画出 $y(t)$ 的频谱.

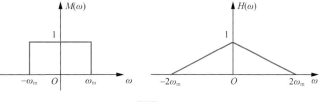

题图 4-10

（3）接收端怎样才能从 $y(t)$ 中恢复出 $x(t)$？

（4）接收端怎样才能从 $x(t)$ 中恢复出 $m(t)$？

4-11【调制和滤波】研究题图4-11所示的系统，其中，$x(t)$ 是周期为 $T = \dfrac{2\pi}{\omega_1}$ 的实周期信号，其傅里叶级数表示为 $x(t) = \sum\limits_{k=-\infty}^{+\infty} X_k e^{jk\omega_1 t}$，并已知 $h(t) = \dfrac{\omega_1}{2\pi}\text{Sa}\left(\dfrac{\omega_1 t}{2}\right)$ 和 $p(t) = \cos(\omega_1 t)$.

（1）试求 $y(t)$.

（2）如果上述 $p(t)$ 修改成 $p(t) = \sin(\omega_1 t)$，那么 $y(t)$ 将变成什么？

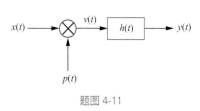

题图 4-11

（3）对于题图4-11所示的系统，以及上面已给定的 $x(t)$ 和 $h(t)$，基于（1）和（2）的求解过程和结果，如果要确定周期信号 $x(t)$ 的任何一个傅里叶系数 X_k 的实部，$p(t)$ 应如何选择？如果要确定 X_k 的虚部，$p(t)$ 又应如何选择？

4-12【有频偏和相位差的解调】假定在题图4-12所示的幅度调制和解调系统中，$\theta_c = \theta_d = 0$，调制器的频率为 ω_c，解调器的频率为 ω_d，它们之间的频差 $\Delta\omega = (\omega_d - \omega_c)$. 此外，假定 $x(t)$ 是带宽有限的，即 $|\omega| \geqslant \omega_M$ 时，$X(\omega) = 0$，且假定解调器中低通滤波器的截止频率满足 $(\omega_M + \Delta\omega) < W < (2\omega_c + \Delta\omega - \omega_M)$.

（1）证明：解调器的低通滤波器的输出与 $x(t)\cos(\Delta\omega t)$ 成正比.

（2）若 $x(t)$ 的频谱如题图4-12（a）所示，画出解调器输出的频谱.

4-13【希尔伯特变换】试利用另一种方法证明因果系统的 $R(\omega)$ 与 $X(\omega)$ 被希尔伯特变换相互约束.

（1）已知 $h(t) = h(t)u(t)$，$h_e(t)$ 和 $h_o(t)$ 分别为 $h(t)$ 的偶分量和奇分量，$h(t) = h_e(t) + h_o(t)$，证明

$$h_e(t) = h_o(t)\text{sgn}(t),$$
$$h_o(t) = h_e(t)\text{sgn}(t).$$

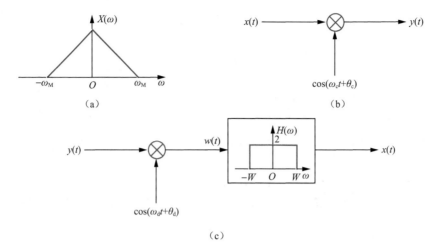

题图 4-12

（2）由傅里叶变换的奇偶虚实关系已知

$$H(\omega) = R(\omega) + \mathrm{j}X(\omega)$$

$$\mathscr{F}\big[f_{\mathrm{e}}(t)\big] = R(\omega)$$

$$\mathscr{F}\big[f_{\mathrm{o}}(t)\big] = \mathrm{j}X(\omega)$$

利用上述关系证明 $R(\omega)$ 与 $X(\omega)$ 之间满足希尔伯特变换关系.

▶ **提高题**

4-14【理想低通滤波器】请判断题图4-14所示理想低通滤波器的因果性和稳定性.

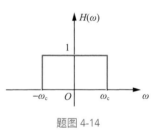

题图 4-14

4-15【考研真题-傅里叶级数和滤波综合】基波角频率为 $\omega_1 = \dfrac{\pi}{4}$ 的周期信号 $f(t)$ 的傅里叶系数为 $F_1 = F_{-1}^* = \mathrm{j}$，$F_5 = F_{-5}^* = 2$，其余系数都等于0. 假设 $f(t)$ 被输入一个带通滤波器 $H(\omega)$，该滤波器的幅度响应和相位响应分别为

$$\big|H(\omega)\big| = \begin{cases} 1 & \pi \leqslant \omega \leqslant 1.5\pi \\ 1 & -1.5\pi \leqslant \omega \leqslant -\pi, \\ 0 & \text{其他} \end{cases} \qquad \varphi(\omega) = -\omega.$$

（1）确定 $f(t)$ 的三角函数形式的傅里叶级数.

（2）求输出信号 $f(t)$ 的稳态响应.

4-16【考研真题-正交调制】用具有90°相移关系的两个正交载波信号可以实现正交复用，即两个载波信号可分别传输带宽相等的两个独立的基带信号 $f_1(t)$ 和 $f_2(t)$，而只占用一条信道. 系统框图如题图4-16所示，图中信号 $f_1(t)$ 和 $f_2(t)$ 的带宽均为 ω_{m}，LPF是指理想低通滤波器，其截止频率为 ω_{m}，$H_1(\omega)$ 和 $H_2(\omega)$ 为均衡器，是指具有补偿特性的低通滤波器，其作用是补偿信道不理想带来的信号传输失真.

（1）试证明无失真恢复基带信号 $f_1(t)$ 的必要条件是线性非理想带通信道的系统函数 $H(\omega)$ 必须满足

$$H(\omega + \omega_{\mathrm{c}}) = H(\omega - \omega_{\mathrm{c}}) \qquad 0 \leqslant \omega \leqslant \omega_{\mathrm{m}}$$

（2）请给出均衡器的系统函数 $H_1(\omega)$ 的表达式（用 $H(\omega)$ 表示）.

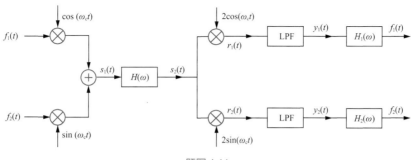

题图 4-16

4-17 【带通信号抽样】某连续信号 $f(t)$ 的频谱 $F(\omega)$ 是带状的（ $\omega_1 \sim \omega_2$ ），如题图4-17所示.

（1）利用卷积定理说明当 $\omega_2 = 2\omega_1$ 时，最低抽样频率等于 ω_2 就可以使抽样信号不产生频谱混叠.

（2）证明：带通抽样定理，即最低抽样频率 ω_s 满足 $\omega_s = \dfrac{2\omega_2}{m}$ ，其中 m 为不超过 $\dfrac{\omega_2}{\omega_2 - \omega_1}$ 的最大整数.

4-18 【非线性相移特性的低通】某低通滤波器具有非线性相移特性，而幅频特性为理想特性. 若 $H(\omega)$ 表达式为

$$H(\omega) = H_i(\omega) e^{-j\Delta\phi(\omega)}$$

其中， $H_i(\omega)$ 为理想低通滤波器，即

$$H_i(\omega) = \begin{cases} e^{-j\omega t_0} & |\omega| < \omega_c \\ 0 & |\omega| > \omega_c \end{cases},$$

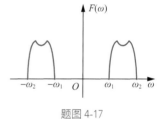

题图 4-17

$\Delta\phi(\omega) \ll 1$ ，并可展开为

$$\Delta\phi(\omega) = a_1 \sin\left(\frac{\omega}{\omega_1}\right) + a_2 \sin\left(\frac{2\omega}{\omega_1}\right) + \cdots + a_m \sin\left(\frac{m\omega}{\omega_1}\right).$$

求此系统的冲激响应，并与理想低通滤波器的冲激响应 $h_i(t)$ 相比较.

4-19 【希尔伯特变换与调制-解调】用题图4-19（a）所示的系统可以实现低通滤波，图中的 $H(\omega)$ 是一个连续时间 90° 移相器，其频率响应为 $H(\omega) = j\operatorname{sgn}(\omega)$ ， $\mathrm{Im}\{*\}$ 表示一个取虚部的系统.

（1）如果实信号 $x(t)$ 的频谱 $X(\omega)$ 如题图4-19（b）所示，且 $\omega_0 < \omega_M$. 试分别概略画出 $f_1(t)$ 、 $f_2(t)$ 、 $f_3(t)$ 和 $y(t)$ 的频谱（实部和虚部），并证明：对于任何实信号，题图4-19（a）所示的系统是一个理想低通滤波器. 用载波频率 ω_0 表示这个低通滤波器的截止频率.

（2）试证明：题图4-19（c）所示的实系统等价于题图4-19（a）所示的系统，两图中的 $H(\omega)$ 完全一样，且 $x(t)$ 是实信号.

4-20 【考研真题-希尔伯特变换、自相关及功率谱】已知某窄带信号 $x(t)$ 的自相关函数 $R_x(\tau)$ 的傅里叶变换 $P_x(\omega)$ 如题图4-20所示. 信号 $x(t)$ 的同相分量 $x_c(t)$ 的自相关函数可表示为 $R_{xc}(\tau) = R_x(\tau)\cos(\omega_c\tau) + \hat{R}_x(\tau)\sin(\omega_c\tau)$ ，其中， $\hat{R}_x(\tau)$ 为 $R_x(\tau)$ 的希尔伯特变换. 求 $R_{xc}(\tau)$ 的傅里叶变换 $P_{xc}(\omega)$ ，并画出其频谱.

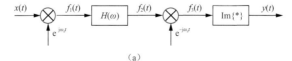

（a）

题图 4-19

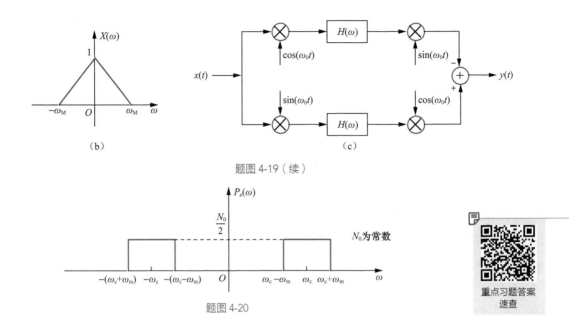

题图 4-19（续）

题图 4-20

▶ 计算机实践题

C4-1 【无失真传输】若系统函数 $H(\omega) = \dfrac{1}{j\omega+1}$，激励为周期信号 $x(t) = \sin(t) + \sin(3t)$.

（1）利用傅里叶变换求响应 $y(t)$ 的解析解.

（2）画出系统的幅频和相频特性曲线.

（3）利用 MATLAB 画出 $x(t)$、$y(t)$ 的波形.

（4）讨论信号经系统传输是否引起失真.

C4-2 【调制-解调】假设基带信号为升余弦脉冲 $x(t) = \left[1+\cos(\omega_0 t)\right]\left[u\left(t+\dfrac{\pi}{\omega_0}\right) - u\left(t-\dfrac{\pi}{\omega_0}\right)\right]$，

被题图 C4-2 所示系统调制成频带信号后再解调恢复成基带信号. 理想低通滤波器的频率响应特性为

$H(\omega) = \begin{cases} e^{-j\omega t_0} & |\omega| < 5\omega_0 \\ 0 & |\omega| > 5\omega_0 \end{cases}$. 设 $\omega_0 = 1\,\text{rad/s}$，$\omega_c = 100\,\text{rad/s}$，$\omega_d = 100\,\text{rad/s}$，$\theta_c = 0$，$t_0 = 0.1 \times \dfrac{2\pi}{\omega_0}$.

通过 MATLAB 代码利用傅里叶变换频域法（利用快速傅里叶变换/逆变换模拟傅里叶变换/逆变换）分析信号经系统求响应的过程.

（1）当 θ_d 取不同值时，对比输入信号 $x(t)$ 和
输出信号 $y(t)$ 的波形，并分析结果变化的原因.

（2）改变其他参数，观察各观察点波形及频谱的变化情况.

题图 C4-2

C4-3 【抽样】考虑两个正弦信号

$$x_1(t) = \cos(\omega_0 t),\ x_2(t) = \cos\left[(\omega_0 + \omega_s)t\right],$$

其中，$-\infty \leqslant t \leqslant +\infty$，$\omega_s > 2\omega_0$. 证明：如果对这两个信号以 $T_s = 2\pi/\omega_s$ 进行抽样，将无法区分抽样信号，即 $x_1(nT_s) = x_2(nT_s)$. 令 $\omega_0 = 1\,\text{rad/s}$，$\omega_s = 7\,\text{rad/s}$，用 MATLAB 画图显示以上所提到的各信号，并解释该题意义所在.

第 **5** 章

连续信号与系统的复频域分析

拉普拉斯简介

赫维赛德简介

以傅里叶变换为基础的频域分析方法的优点在于给出的结果有清楚的物理意义. 不过傅里叶变换分析法也有不足之处, 比如有些信号是不满足绝对可积条件的, 所以难以使用傅里叶变换分析它们的频谱.

本章将信号乘以一个实指数函数后再进行傅里叶变换, 引出拉普拉斯变换（Laplace transform, LT）, 进一步扩大信号变换的适用范围.

拉普拉斯变换的应用要追溯到19世纪末, 英国工程师赫维赛德（O. Heaviside）发明了"算子法", 可以有效解决电气工程计算中的基本问题. 他所做的工作成为拉普拉斯变换分析法的基础. 但是该方法由于缺乏数学上的严密性, 也曾受到很多数学家的谴责. 后来, 人们在法国数学家拉普拉斯（P. S. Laplace）的著作中为赫维赛德"算子法"找到了可靠的数学依据, 重新对其进行了严密的数学定义, 称为拉普拉斯变换.

拉普拉斯变换分析法的优点很多. 首先, 可以对常微分方程进行拉普拉斯变换, 将系统输入和输出的时域微积分关系转换为s域的代数关系, 系统的初始条件可被显式表达, 简化了常微分方程的求解; 可以把指数函数、三角函数、奇异函数等变换成关于s的多项式; 可以把卷积运算转换为s域的乘法运算. 其次, 拉普拉斯变换引出了系统函数的概念, 通过系统函数的零、极点分布可较直观地分析系统的特性, 进而辅助系统设计.

拉普拉斯变换的缺点是更加注重工程上的实用性, 物理概念不如傅里叶变换那样清楚.

⚙ 本章学习目标

（1）掌握拉普拉斯变换的定义和拉普拉斯变换收敛域的概念.
（2）掌握典型信号的拉普拉斯变换和性质.
（3）掌握拉普拉斯逆变换的求解方法, 主要是部分分式展开法.
（4）掌握系统函数的定义及系统模型之间的转换方法.
（5）掌握系统函数零、极点分布与系统因果性、稳定性、时域特性及频率响应特性的关系.
（6）掌握系统的信号流图的概念, 以及利用梅森增益公式实现系统函数和信号流图之间转换的方法.
（7）了解单边拉普拉斯变换的性质, 以及利用单边拉普拉斯变换求解微分方程和分析动态电路的方法.

5.1 拉普拉斯变换的定义和收敛域

5.1.1 拉普拉斯变换的定义

拉普拉斯变换与傅里叶变换的区别在于给信号 $f(t)$ 增加了一个衰减因子 $e^{-\sigma t}$（σ 为实数）：

$$\mathscr{F}\left[f(t)\cdot e^{-\sigma t}\right]=\int_{-\infty}^{+\infty}\left[f(t)e^{-\sigma t}\right]\cdot e^{-j\omega t}\,\mathrm{d}t=\int_{-\infty}^{+\infty}f(t)\cdot e^{-(\sigma+j\omega)t}\,\mathrm{d}t. \qquad (5.1.1)$$

设 $s=\sigma+j\omega$，则 s 被称为复频率，可将拉普拉斯变换定义式写为

$$F(s)=\mathscr{L}\left[f(t)\right]=\int_{-\infty}^{+\infty}f(t)e^{-st}\,\mathrm{d}t. \qquad (5.1.2)$$

式（5.1.2）中，$f(t)$ 称为原函数，$F(s)$ 称为象函数.

拉普拉斯变换主要用于工程上有起始点信号和因果系统的分析，因此我们引入一种特殊的仅考虑非负区间的拉普拉斯变换，通常称为单边拉普拉斯变换，其定义式为

$$F(s)=\mathscr{L}\left[f(t)\right]=\int_{0_-}^{\infty}f(t)e^{-\sigma t}e^{-j\omega t}\,\mathrm{d}t=\int_{0_-}^{\infty}f(t)e^{-st}\,\mathrm{d}t. \qquad (5.1.3)$$

式（5.1.3）中，积分的下限取 0_-，称为"0_- 系统"，可以更好地兼容在0时刻有突变的系统分析. 也可以取 0_+，称为"0_+ 系统". 相应地，我们将式（5.1.2）称为双边拉普拉斯变换.

拉普拉斯逆变换的数学表达式为

拉普拉斯逆
变换推导

$$f(t)=\frac{1}{2\pi j}\int_{\sigma-j\infty}^{\sigma+j\infty}F(s)e^{st}\,\mathrm{d}s. \qquad (5.1.4)$$

从式（5.1.4）可以看出，拉普拉斯变换将信号 $f(t)$ 分解成了 e^{st} 的线性组合. 在2.7节我们已经看到，e^{st} 是线性时不变系统的特征函数，将信号分解成 e^{st} 的线性组合有利于求信号通过系统的响应.

5.1.2 拉普拉斯变换的收敛域

在式（5.1.2）和式（5.1.3）中，使 $f(t)e^{-\sigma t}$ 满足绝对可积条件的 σ 的取值范围称为 $f(t)$ 拉普拉斯变换的收敛域（region of convergence，ROC）. 虽然 $e^{-st}=e^{-\sigma t}e^{-j\omega t}$ 中的实指数和虚指数可以合并为一个整体的复指数形式，但是 $e^{-\sigma t}$ 和 $e^{-j\omega t}$ 发挥的作用有很大区别：$e^{-\sigma t}$ 影响复指数的幅度随 t 的变化趋势，控制收敛性；而 $e^{-j\omega t}$ 仅随 t 在复平面上旋转，不影响收敛.

当 $\sigma>0$ 时，$e^{-\sigma t}$ 可以在 $t>0$ 范围内使 $f(t)$ 衰减，把很多不满足绝对可积条件的信号转为可积的，从而得到其变换域表达.

不考虑广义函数的话，单边拉普拉斯变换存在的前提条件是 $f(t)e^{-\sigma t}$ 在正时间轴上绝对可积. 如果 $f(t)$ 满足在任意有界区间内取值也有界的条件，则绝对可积条件等效为

$$\lim_{t\to\infty}f(t)e^{-\sigma t}=0. \qquad (5.1.5)$$

对于因果信号，双边拉普拉斯变换与单边拉普拉斯变换的结果相同. 而对于反因果信号或双边信号，有时就需要使用双边拉普拉斯变换进行分析了. 不过，反因果信号或双边信号在连续系

统分析中出现不多，尤其是在 σ 取值确定之后，$\mathrm{e}^{-\sigma t}$ 只能在时域的一边产生衰减效果，而与之相反的一边是指数放大的. 单边拉普拉斯变换在连续系统的复频域分析中更加重要.

【例5.1.1】 求 $f(t)=\mathrm{e}^{2t}u(t)$ 的拉普拉斯变换的收敛域.

解　$f(t)$ 的拉普拉斯变换存在的前提是 $\lim\limits_{t\to\infty}f(t)\mathrm{e}^{-\sigma t}=0$，所以需要

$$\lim_{t\to\infty}\mathrm{e}^{(2-\sigma)t}u(t)=0 ,$$

指数部分应该满足 $2-\sigma<0$，所以其收敛域为 $\sigma>2$.

s平面与零、
极点图

5.1.3　s 平面与零、极点图

收敛域也可以用图形表示. 以 s 的实部和虚部为轴形成的复平面称为 s 平面，那么收敛域就是所有使拉普拉斯变换存在的 s 取值的集合，是 s 平面上的一片区域. 例5.1.1所求的收敛域如图5.1.1所示，因为虚部不影响收敛，所以拉普拉斯变换的收敛域以实部划分，其边界称为收敛轴，表现为 s 平面上的垂直于 σ 轴的直线. 对于因果信号，σ 有下界而无上界，所以收敛域位于收敛轴的右侧.

不同信号的收敛域存在一些规律，因果指数信号的收敛域为

$$\lim_{t\to\infty}\mathrm{e}^{\alpha t}\,\mathrm{e}^{-\sigma t}=0 \quad \sigma>\alpha .$$

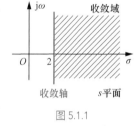

图 5.1.1

有限长且可积信号的拉普拉斯变换一定存在，收敛域为整个 s 平面；对于直流、三角函数这类等幅振荡信号或正幂函数等增长率低于指数函数的信号，只要 $\sigma>0$，一定可以满足 $\lim\limits_{t\to\infty}f(t)\mathrm{e}^{-\sigma t}=0$；比指数函数增长快的信号不存在收敛域，无法进行拉普拉斯变换，如 e^{t^2}.

在5.2节和5.3节的分析中我们会看到，常见的用初等函数描述的信号的拉普拉斯变换通常是关于 s 的分式 $\dfrac{B(s)}{A(s)}$，我们将 $B(s)=0$ 的根称为拉普拉斯变换的零点，将 $A(s)=0$ 的根称为拉普拉斯变换的极点. 把拉普拉斯变换的零、极点全部标在 s 平面上，零点以"○"表示，极点以"×"表示，就得到了这个拉普拉斯变换的零、极点图. 几种常见信号的零、极点图将在5.2节展示.

5.2　常用信号的拉普拉斯变换

5.2.1　单位冲激信号

单位冲激信号的拉普拉斯变换为

$$\mathscr{L}\left[\delta(t)\right]=\int_{-\infty}^{+\infty}\delta(t)\cdot\mathrm{e}^{-st}\mathrm{d}t=1 ,$$

σ 为任意值.

5.2.2 单位阶跃信号

单位阶跃信号的拉普拉斯变换为

$$\mathscr{L}\left[u(t)\right]=\int_{-\infty}^{+\infty}u(t)\cdot e^{-st}\,dt=\int_{0_-}^{+\infty}1\cdot e^{-st}\,dt=\frac{1}{-s}e^{-st}\Big|_{0_-}^{+\infty}=\frac{1}{s}\qquad\sigma>0 .$$

直流信号的双边拉普拉斯变换为

$$\mathscr{L}\left[1\right]=\int_{-\infty}^{+\infty}1\cdot e^{-st}\,dt=\frac{1}{-s}e^{-st}\Big|_{-\infty}^{+\infty},$$

可以看出因为没有合适的 σ 值使该积分收敛，故直流信号的双边拉普拉斯变换不存在. 其单边拉普拉斯变换为

$$\mathscr{L}\left[1\right]=\int_{0_-}^{+\infty}1\cdot e^{-st}\,dt=\frac{1}{-s}e^{-st}\Big|_{0_-}^{+\infty}=\frac{1}{s}\qquad\sigma>0 .$$

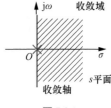

图 5.2.1

可以看到，单位阶跃信号和直流信号的单边拉普拉斯变换及收敛域完全相同，其零、极点图均如图5.2.1所示.

这说明单边拉普拉斯变换的原函数与象函数并非严格地一一对应. 单边拉普拉斯变换不包含 $t<0$ 部分的信息，即使两个信号在这部分不同，只要它们在 $t\geq0$ 部分相等，就仍然会有相同的单边拉普拉斯变换. 实际应用中主要利用拉普拉斯变换分析因果系统，系统的冲激响应是单边的，其原函数与象函数就是一一对应的.

5.2.3 单边指数信号

单边指数函数 $e^{-\alpha t}u(t)$ 的拉普拉斯变换为

$$\mathscr{L}[e^{-\alpha t}u(t)]=\int_{-\infty}^{+\infty}e^{-\alpha t}u(t)e^{-st}dt=\int_{0_-}^{+\infty}e^{-\alpha t}e^{-st}dt=\frac{e^{-(s+\alpha)t}}{-(s+\alpha)}\Big|_{0_-}^{+\infty}=\frac{1}{s+\alpha}\qquad\sigma>-\mathrm{Re}[\alpha] .$$

这里的原函数不限定为实函数，也可以是复函数. 而傅里叶变换中介绍的指数信号则限定为单边指数衰减信号，相较而言拉普拉斯变换的覆盖面更广. 若 α 为实数，则此拉普拉斯变换的零、极点图如图5.2.2所示.

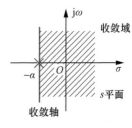

图 5.2.2

5.2.4 $tu(t)$

斜变信号 $tu(t)$ 的拉普拉斯变换为

$$\mathscr{L}\left[tu(t)\right]=\int_{-\infty}^{+\infty}t\cdot e^{-st}u(t)dt=\int_{0_-}^{+\infty}t\cdot e^{-st}dt=-\frac{1}{s}\int_{0_-}^{+\infty}t\cdot de^{-st} ,$$

利用分部积分，得

$$\mathscr{L}\left[tu(t)\right]=-\frac{1}{s}\left[te^{-st}\Big|_{0_-}^{+\infty}-\int_{0_-}^{+\infty}e^{-st}\,dt\right],$$

根据收敛域的要求

$$\lim_{t\to\infty}f(t)e^{-\sigma t}=\lim_{t\to\infty}te^{-\sigma t}=0 ,$$

需要 $\sigma > 0$ ，此时 $te^{-st}\Big|_{0_-}^{+\infty} = 0$ ，所以

$$\mathscr{L}\left[tu(t)\right] = \frac{1}{s} \cdot \frac{1}{s} e^{-st}\Big|_{0_-}^{+\infty} = \frac{1}{s^2} \qquad \sigma > 0 .$$

5.3 拉普拉斯变换的基本性质

这里主要讨论双边拉普拉斯变换的性质，单边拉普拉斯变换的性质及应用将在5.8节详细讨论.

5.3.1 线性

若 $\mathscr{L}\left[f_1(t)\right] = F_1(s)$ ， $\mathscr{L}\left[f_2(t)\right] = F_2(s)$ ， K_1 、 K_2 为常数，则

$$\mathscr{L}\left[K_1 f_1(t) + K_2 f_2(t)\right] = K_1 F_1(s) + K_2 F_2(s) , \tag{5.3.1}$$

收敛域取各自收敛域的交集.

【例5.3.1】 求信号 $f(t) = \cos(\omega t)u(t)$ 的拉普拉斯变换.

解 根据欧拉公式，有

$$\cos(\omega t) = \frac{1}{2}\left(e^{j\omega t} + e^{-j\omega t}\right) .$$

再根据拉普拉斯变换的线性，有

$$\mathscr{L}\left[\cos(\omega t)u(t)\right] = \frac{1}{2}\mathscr{L}\left[e^{j\omega t}u(t)\right] + \frac{1}{2}\mathscr{L}\left[e^{-j\omega t}u(t)\right] .$$

两项分别取拉普拉斯变换，得

$$\mathscr{L}\left[\cos(\omega t)u(t)\right] = \frac{1}{2} \cdot \frac{1}{s - j\omega} + \frac{1}{2} \cdot \frac{1}{s + j\omega} = \frac{s}{s^2 + \omega^2} \qquad \sigma > 0 .$$

同理，可得

$$\begin{aligned}\mathscr{L}\left[\sin(\omega t)u(t)\right] &= \frac{1}{2j}\mathscr{L}\left[e^{j\omega t}u(t)\right] - \frac{1}{2j}\mathscr{L}\left[e^{-j\omega t}u(t)\right] \\ &= \frac{1}{2j} \cdot \frac{1}{s - j\omega} - \frac{1}{2j} \cdot \frac{1}{s + j\omega} \\ &= \frac{\omega}{s^2 + \omega^2} \qquad \sigma > 0\end{aligned}$$

5.3.2 时移性质

若 $\mathscr{L}\left[f(t)\right] = F(s)$ ，则

$$\mathscr{L}\left[f\left(t-t_0\right)\right]=F\left(s\right)\mathrm{e}^{-st_0}. \tag{5.3.2}$$

证明　利用普拉斯变换的定义可得

$$\mathscr{L}\left[f\left(t-t_0\right)\right]=\int_{-\infty}^{+\infty}f\left(t-t_0\right)\mathrm{e}^{-st}\,\mathrm{d}t,$$

令 $t-t_0=\lambda$，则 $t=t_0+\lambda$，可得

$$\mathscr{L}\left[f\left(t-t_0\right)\right]=\mathrm{e}^{-st_0}\int_{-\infty}^{+\infty}f\left(\lambda\right)\mathrm{e}^{-s\lambda}\,\mathrm{d}\lambda$$
$$=F\left(s\right)\mathrm{e}^{-st_0}$$

这是双边拉普拉斯变换的时移性质．单边拉普拉斯变换的时移性质将在5.8.1小节介绍．

【例5.3.2】 求移位冲激信号 $\delta\left(t-t_0\right)$ 的拉普拉斯变换．

解　　$$\mathscr{L}\left[\delta\left(t-t_0\right)\right]=\mathscr{L}\left[\delta\left(t\right)\right]\mathrm{e}^{-st_0}=\mathrm{e}^{-st_0}.$$

5.3.3　s 域平移性质

若 $\mathscr{L}\left[f(t)\right]=F(s)$，则

$$\mathscr{L}\left[f(t)\mathrm{e}^{-\alpha t}\right]=F(s+\alpha). \tag{5.3.3}$$

证明　直接使用定义可得

$$\mathscr{L}\left[f(t)\mathrm{e}^{-\alpha t}\right]=\int_{-\infty}^{+\infty}f(t)\mathrm{e}^{-\alpha t}\mathrm{e}^{-st}\,\mathrm{d}t=F(s+\alpha).$$

拉普拉斯变换中的s域平移指的是复频率移动，时域信号乘以实指数衰减信号或增大信号时可以使用s域平移性质．而傅里叶变换中，只有信号与虚指数信号相乘时才可以利用频移性质．

【例5.3.3】 求 $\mathrm{e}^{-\alpha t}\cos\left(\omega_0 t\right)u\left(t\right)$ 的拉普拉斯变换，其中 $\alpha>0$．

解　$\cos\left(\omega_0 t\right)u\left(t\right)$ 的拉普拉斯变换为

$$\mathscr{L}\left[\cos\left(\omega_0 t\right)u\left(t\right)\right]=\frac{s}{s^2+\omega_0^2}.$$

利用拉普拉斯变换的s域平移性质可得

$$\mathscr{L}\left[\mathrm{e}^{-\alpha t}\cos\left(\omega_0 t\right)u\left(t\right)\right] = \frac{s+\alpha}{\left(s+\alpha\right)^2+\omega_0^2}\ ,$$

其零、极点图如图5.3.1所示.

可以看到，信号$\cos\left(\omega_0 t\right)u\left(t\right)$的极点在虚轴上，乘以指数衰减信号$\mathrm{e}^{-\alpha t}$（$\alpha > 0$）后，极点移至$s$平面的左半平面.

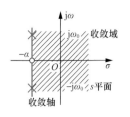

图 5.3.1

5.3.4　尺度变换性质

若$\mathscr{L}\left[f\left(t\right)\right] = F\left(s\right)$，则

$$\mathscr{L}\left[f\left(at\right)\right] = \frac{1}{|a|}F\left(\frac{s}{a}\right)\ . \tag{5.3.4}$$

证明　根据拉普拉斯变换定义式

$$\mathscr{L}\left[f\left(at\right)\right] = \int_{-\infty}^{+\infty} f(at)\mathrm{e}^{-st}\,\mathrm{d}t\ ,$$

当$a > 0$时

$$\begin{aligned}
\mathscr{L}\left[f\left(at\right)\right] &= \frac{1}{a}\int_{-\infty}^{+\infty} f(at)\mathrm{e}^{-\frac{s}{a}(at)}\cdot a\,\mathrm{d}t = \frac{1}{a}\int_{-\infty \cdot a}^{+\infty \cdot a} f(t)\mathrm{e}^{-\frac{s}{a}t}\,\mathrm{d}t \\
&= \frac{1}{a}\int_{-\infty}^{+\infty} f(t)\mathrm{e}^{-\frac{s}{a}t}\,\mathrm{d}t \\
&= \frac{1}{a}F\left(\frac{s}{a}\right)
\end{aligned}\ ,$$

类似地可得，当$a < 0$时

$$\mathscr{L}\left[f\left(at\right)\right] = \frac{1}{-a}F\left(\frac{s}{a}\right)\ ,$$

所以可得

$$\mathscr{L}\left[f\left(at\right)\right] = \frac{1}{|a|}F\left(\frac{s}{a}\right)\ .$$

5.3.5　卷积定理

若信号$f_1\left(t\right)$、$f_2\left(t\right)$的拉普拉斯变换分别为$F_1\left(s\right)$、$F_2\left(s\right)$，则

$$\mathscr{L}\left[f_1\left(s\right)*f_2\left(s\right)\right] = F_1\left(s\right)F_2\left(s\right)\ . \tag{5.3.5}$$

证明　利用拉普拉斯变换的定义式可得

$$\mathscr{L}\left[f_1(t) * f_2(t)\right] = \int_{-\infty}^{+\infty} \int_{-\infty}^{+\infty} f_1(\tau) f_2(t-\tau) \mathrm{d}\tau \, \mathrm{e}^{-st} \, \mathrm{d}t$$

$$= \int_{-\infty}^{+\infty} f_1(\tau) \left[\int_{-\infty}^{+\infty} f_2(t-\tau) \mathrm{e}^{-st} \, \mathrm{d}t \right] \mathrm{d}\tau$$

$$= \int_{-\infty}^{+\infty} f_1(\tau) \mathrm{e}^{-s\tau} \, \mathrm{d}\tau \cdot F_2(s)$$

$$= F_1(s) F_2(s).$$

【例5.3.4】 求信号 $x(t) = \mathrm{e}^{-t} u(t)$ 的自相关函数的拉普拉斯变换.

解　信号 $x(t)$ 为能量信号，根据卷积与相关函数的关系可将信号 $x(t) = \mathrm{e}^{-t} u(t)$ 的自相关函数表示为

$$R_x(t) = x(t) * x(-t),$$

根据时域卷积定理和尺度变换性质，可得其拉普拉斯变换为

$$X(s) \cdot X(-s) = \frac{1}{s+1} \cdot \frac{1}{-s+1},$$

$\dfrac{1}{s+1}$ 对应的收敛域为 $\sigma > -1$，则 $\dfrac{1}{-s+1}$ 对应的收敛域为 $-\sigma > -1$，即 $\sigma < 1$，取二者的交集，可得 $X(s) \cdot X(-s)$ 的收敛域为

$$-1 < \sigma < 1.$$

5.3.6　时域微分性质

若 $f(t)$ 和 $\dfrac{\mathrm{d}f(t)}{\mathrm{d}t}$ 的拉普拉斯变换存在，$\mathscr{L}[f(t)] = F(s)$，则

$$\mathscr{L}\left[\frac{\mathrm{d}f(t)}{\mathrm{d}t}\right] = sF(s).\tag{5.3.6}$$

证明　已知双边拉普拉斯变换的定义式为

$$F(s) = \int_{-\infty}^{+\infty} f(t) \mathrm{e}^{-st} \, \mathrm{d}t,$$

根据双边拉普拉斯变换的定义式，有

$$\mathscr{L}\left[\frac{\mathrm{d}f(t)}{\mathrm{d}t}\right] = \int_{-\infty}^{+\infty} f'(t) \mathrm{e}^{-st} \, \mathrm{d}t,$$

由分部积分法可得

$$\int f'(t) \mathrm{e}^{-st} \, \mathrm{d}t = f(t) \mathrm{e}^{-st} - \int f(t) \left(\mathrm{e}^{-st}\right)' \mathrm{d}t$$

$$= f(t) \mathrm{e}^{-st} + s \int f(t) \mathrm{e}^{-st} \, \mathrm{d}t,$$

代入积分上下限，得

$$\mathscr{L}\left[\frac{\mathrm{d}f(t)}{\mathrm{d}t}\right] = f(t)\mathrm{e}^{-st}\Big|_{-\infty}^{+\infty} - \int_{-\infty}^{+\infty} f(t)\left(\mathrm{e}^{-st}\right)' \mathrm{d}t \,,$$

在 $f(t)$ 拉普拉斯变换的收敛域内，$\lim\limits_{t\to+\infty} f(t)\mathrm{e}^{-st} = 0$，$\lim\limits_{t\to-\infty} f(t)\mathrm{e}^{-st} = 0$，所以

$$\mathscr{L}\left[\frac{\mathrm{d}f(t)}{\mathrm{d}t}\right] = s\int_{-\infty}^{+\infty} f(t)\mathrm{e}^{-st}\,\mathrm{d}t = sF(s)\,.$$

对于二阶微分的拉普拉斯变换，可以套用两次微分性质得到

$$\mathscr{L}\left[\frac{\mathrm{d}f^2(t)}{\mathrm{d}t^2}\right] = s\left[sF(s)\right] = s^2 F(s)\,. \tag{5.3.7}$$

进一步推广到 n 阶微分的双边拉普拉斯变换，可得

$$\mathscr{L}\left[\frac{\mathrm{d}f^n(t)}{\mathrm{d}t^n}\right] = s^n F(s)\,. \tag{5.3.8}$$

5.3.7　时域积分性质

若 $\mathscr{L}\left[f(t)\right] = F(s)$，则

$$\mathscr{L}\left[\int_{-\infty}^{t} f(\tau)\mathrm{d}\tau\right] = \frac{F(s)}{s}\,. \tag{5.3.9}$$

证明　$\int_{-\infty}^{t} f(\tau)\mathrm{d}\tau$ 可以表示为

$$\int_{-\infty}^{t} f(\tau)\mathrm{d}\tau = f(t) * u(t)\,,$$

根据卷积定理，可得

$$\mathscr{L}\left[\int_{-\infty}^{t} f(\tau)\mathrm{d}\tau\right] = \mathscr{L}\left[f(t)\right] \cdot \mathscr{L}\left[u(t)\right] = \frac{F(s)}{s}\,.$$

如果信号 $f(t)$ 为因果信号，即 $t<0$ 时 $f(t)=0$，则

$$\mathscr{L}\left[f^{(-n)}(t)\right] = \frac{F(s)}{s^n}\,. \tag{5.3.10}$$

【例5.3.5】求图5.3.2所示三角形脉冲信号的拉普拉斯变换.

解　可以先在时域上对 $f(t)$ 进行微分，得到容易直接求拉普拉斯变换的形式，再利用拉普拉斯变换的时域积分性质求解. $f(t)$ 的一阶和二阶微分分别如图5.3.3（a）、图5.3.3（b）所示.

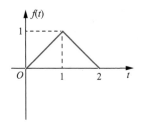
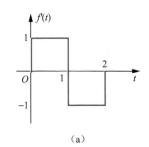
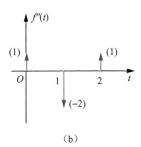

图 5.3.2　　　　　　　　　　　　　　　　图 5.3.3

其二阶微分形式为冲激脉冲，容易得到拉普拉斯变换

$$f''(t) = \delta(t) - 2\delta(t-1) + \delta(t-2) ,$$

$$\mathscr{L}\left[f''(t)\right] = 1 - 2\mathrm{e}^{-s} + \mathrm{e}^{-2s} .$$

根据时域积分性质可得

$$\mathscr{L}\left[f(t)\right] = \frac{1}{s^2}\mathscr{L}\left[f''(t)\right] = \frac{1}{s^2}\left(1 - 2\mathrm{e}^{-s} + \mathrm{e}^{-2s}\right) .$$

5.3.8　s 域微分性质

若 $\mathscr{L}\left[f(t)\right] = F(s)$，则

$$\mathscr{L}\left[t^n f(t)\right] = (-1)^n \frac{\mathrm{d}^n F(s)}{\mathrm{d}s^n} . \tag{5.3.11}$$

常见的为一阶微分

$$\mathscr{L}\left[tf(t)\right] = -\frac{\mathrm{d}F(s)}{\mathrm{d}s} . \tag{5.3.12}$$

证明　根据拉普拉斯变换的定义式

$$F(s) = \int_{-\infty}^{+\infty} f(t) \cdot \mathrm{e}^{-st}\mathrm{d}t ,$$

方程两侧取微分，可得

$$\begin{aligned}
\frac{\mathrm{d}F(s)}{\mathrm{d}s} &= \int_{-\infty}^{+\infty} f(t) \cdot (-t) \cdot \mathrm{e}^{-st}\mathrm{d}t \\
&= \int_{-\infty}^{+\infty} \left[-tf(t)\right] \cdot \mathrm{e}^{-st}\mathrm{d}t \\
&= -\mathscr{L}\left[tf(t)\right]
\end{aligned}$$

在 5.2 节我们学习了 $u(t)$ 的拉普拉斯变换为 $\dfrac{1}{s}$，则根据式（5.3.11），可得

$$\mathscr{L}\left[t^n u(t)\right] = \frac{n!}{s^{n+1}} \qquad \sigma > 0 . \tag{5.3.13}$$

5.4　拉普拉斯逆变换

把时域信号通过变换转换到频域或复频域后，就可以使用更加便捷的分析方法，简化很多问题的求解过程，当然，最终得到的结果也需要能够再逆变换到时域．拉普拉斯逆变换的数学表达式为

$$f(t) = \frac{1}{2\pi \mathrm{j}} \int_{\sigma - \mathrm{j}\infty}^{\sigma + \mathrm{j}\infty} F(s) \mathrm{e}^{st} \, \mathrm{d}s . \tag{5.4.1}$$

这是一个复变函数的积分，积分路径为收敛域中任意一条平行于虚轴的直线．不过，在大部分拉普拉斯逆变换问题的求解中，包括实际工程应用中，很少直接使用这个积分进行运算．更常见的方法是把拉普拉斯变换展开为已知常见函数的变换式组合，然后查变换表得到时域结果．常见拉普拉斯变换对如表5.4.1所示．

如表5.4.1所示，除了冲激信号及其各阶导数，大部分从0时刻开始的常见信号的拉普拉斯变换都是有理真分式．若将拉普拉斯变换表示为有理真分式或关于s的多项式，则可以通过查表得到其原函数形式．

求有理真分式的拉普拉斯逆变换步骤如下：

（1）把分母部分因式分解，找出极点；

（2）根据极点特点写出由基本展开项和未知系数组成的部分分式展开式；

（3）求出部分分式展开式的待定系数；

（4）查表得到时域原函数．

表 5.4.1　常见拉普拉斯变换对

原函数 $f(t)$	象函数 $F(s) = \mathscr{L}\left[f(t) \right]$
$\delta(t)$	1
$\delta^{(n)}(t)$	s^n
$u(t)$	$\dfrac{1}{s}$
$\mathrm{e}^{-\alpha t} u(t)$	$\dfrac{1}{s + \alpha}$
$t u(t)$	$\dfrac{1}{s^2}$
$t^n u(t)$	$\dfrac{n!}{s^{n+1}}$
$\cos(\omega_0 t) u(t)$	$\dfrac{s}{s^2 + \omega_0^2}$
$\sin(\omega_0 t) u(t)$	$\dfrac{\omega_0}{s^2 + \omega_0^2}$
$\mathrm{e}^{-\alpha t} \cos(\omega_0 t) u(t)$	$\dfrac{s + \alpha}{(s + \alpha)^2 + \omega_0^2}$
$\mathrm{e}^{-\alpha t} \sin(\omega_0 t) u(t)$	$\dfrac{\omega_0}{(s + \alpha)^2 + \omega_0^2}$

5.4.1　部分分式展开法

1. 单阶实极点的拉普拉斯变换展开

如果拉普拉斯变换的所有极点各不相同且均为实数，则该拉普拉斯变换可以展开为一阶真分式的线性组合，即

$$F(s) = \frac{A(s)}{(s - p_1)(s - p_2) \cdots (s - p_n)} = \frac{k_1}{s - p_1} + \frac{k_2}{s - p_2} + \cdots + \frac{k_n}{s - p_n} , \tag{5.4.2}$$

若原函数为因果信号，则其时域原函数为

$$f(t) = k_1 \mathrm{e}^{p_1 t} + k_2 \mathrm{e}^{p_2 t} + \cdots + k_n \mathrm{e}^{p_n t} \qquad t > 0 . \tag{5.4.3}$$

▼

【**例5.4.1**】 某因果信号的拉普拉斯变换为 $F(s) = \dfrac{s + 1}{s^2 + 5s + 6}$，求其逆变换．

解 对变换式分母进行因式分解，找出极点

$$F(s) = \frac{s+1}{(s+2)(s+3)},$$

极点特征根为单阶实根，对应展开式为

$$F(s) = \frac{k_1}{s+2} + \frac{k_2}{s+3},$$

查表可得时域原函数为

$$f(t) = k_1 e^{-2t} + k_2 e^{-3t} \qquad t \geq 0.$$

对于因果信号，时域原函数也可以直接写为以 $u(t)$ 表达的形式：

$$f(t) = k_1 e^{-2t} u(t) + k_2 e^{-3t} u(t).$$

系数求解方法在后面汇总.

2. 多重极点的拉普拉斯变换展开

如果拉普拉斯变换的所有极点均为实数但包含重根项，则重根项的各阶分式都有可能存在，需要在展开时全都包含进去，即

$$F(s) = \frac{A(s)}{(s-p_1)(s-p_2)^m} = \frac{k_1}{s-p_1} + \sum_{i=1}^{m} \frac{k_{2i}}{(s-p_2)^i}, \tag{5.4.4}$$

对于因果信号，其时域原函数为

$$f(t) = k_1 e^{p_1 t} + \sum_{i=1}^{m} \frac{k_{2i}}{(i-1)!} t^{i-1} e^{p_2 t} \qquad t > 0. \tag{5.4.5}$$

【例5.4.2】 某因果信号的拉普拉斯变换为 $F(s) = \dfrac{s^2}{(s+2)(s^2+2s+1)}$，求其逆变换.

解 对变换式分母进行因式分解，找出极点

$$F(s) = \frac{s^2}{(s+2)(s+1)^2},$$

极点包含二重实根 -1，对应展开式需要包含这一项的所有阶分式，为

$$F(s) = \frac{k_1}{s+1} + \frac{k_2}{(s+1)^2} + \frac{k_3}{s+2},$$

查表可得时域原函数为

$$f(t) = k_1 e^{-t} + k_2 t e^{-t} + k_3 e^{-2t} \qquad t \geq 0.$$

系数求解方法在后面汇总.

3. 共轭复极点的拉普拉斯变换展开

对于实系数的拉普拉斯变换，若其包含复极点，则复极点一定是以共轭对形式出现的，说明时域信号包含2个呈共轭关系的复指数函数项，可以不把共轭复极点项展开为一阶部分分式，而是保留二阶形式，写为指数加权的正弦项和余弦项变换式的组合

$$F(s) = \frac{A(s)}{(s-p_1)\left[(s-\alpha)^2+\omega^2\right]} = \frac{k_1}{s-p_1} + \frac{k_2(s-\alpha)}{(s-\alpha)^2+\omega^2} + \frac{k_3\omega}{(s-\alpha)^2+\omega^2}, \quad (5.4.6)$$

对于因果信号，其时域原函数为

$$f(t) = k_1 e^{p_1 t} + k_2 e^{\alpha t}\cos(\omega t) + k_3 e^{\alpha t}\sin(\omega t) \qquad t>0. \quad (5.4.7)$$

【例5.4.3】 某因果信号的拉普拉斯变换为 $F(s) = \dfrac{3s-5}{s^2+2s+5}$ ，求其对应的逆变换.

解 对变换式分母进行因式分解，找出极点

$$F(s) = \frac{3s-5}{(s+1-2j)(s+1+2j)},$$

变换式包含共轭复极点，考虑保留其二阶形式（分母为2次3项式）

$$F(s) = \frac{3s-5}{(s+1)^2+4},$$

将变换式写为指数加权正弦项和余弦项变换式的组合

$$F(s) = k_1 \frac{s+1}{(s+1)^2+2^2} + k_2 \frac{2}{(s+1)^2+2^2},$$

查表可得时域原函数为

$$f(t) = k_1 e^{-t}\cos(2t) + k_2 e^{-t}\sin(2t),$$

其中 $t \geq 0$ ，系数求解方法在后面汇总.

4. 系数求解方法

部分分式展开法的关键在于根据极点判断部分分式的基本展开项，只要组成函数的基本展开项是完整的，那么系数求解有一种通用的方法，即待定系数法. 对于拉普拉斯变换，原式与展开式都是关于 s 的函数，所以代入任意 s 取值其等式都成立. 因此，有几个未知系数，就代入几个 s 的取值，得到与未知系数数目相等的方程，然后就可以通过解方程组求得系数.

【例5.4.4】 $F(s) = \dfrac{3s-5}{(s+1)^2+4} = k_1 \dfrac{(s+1)}{(s+1)^2+2^2} + k_2 \dfrac{2}{(s+1)^2+2^2}$ ，求 k_1、k_2 .

解 展开式包含两个未知系数，可以代入两个 s 的取值得到两个方程. 为计算简便，代入 $s=-1$ 和 $s=0$ 可得

$$\begin{cases} F(-1) = -2 = \dfrac{1}{2}k_2 \\ F(0) = -1 = \dfrac{1}{5}k_1 + \dfrac{2}{5}k_2 \end{cases},$$

容易解得

$$\begin{cases} k_1 = 3 \\ k_2 = -4 \end{cases}.$$

还有一种更为简单的系数求解方法，被称为赫维赛德掩盖法（简称掩盖法）. 对于单阶实根部分分式的系数，如展开式

$$F(s) = \frac{A(s)}{(s-p_1)(s-p_2)\cdots(s-p_n)} = \frac{k_1}{s-p_1} + \frac{k_2}{s-p_2} + ... + \frac{k_n}{s-p_n}$$

中的第 1 个系数 k_1，可以让方程两侧先同时乘以 k_1 的分母 $s-p_1$，于是得到

$$(s-p_1)F(s) = \frac{A(s)}{(s-p_2)\cdots(s-p_n)} = k_1 + (s-p_1)\left(\frac{k_2}{s-p_2} + ... + \frac{k_n}{s-p_n} \right),$$

此时再让 $s = p_1$ 可得

$$(s-p_1)F(s)\big|_{s=p_1} = k_1 . \tag{5.4.8}$$

这样就直接得到了第 1 个系数，其余各项也可以用类似的方法.

【例5.4.5】 $F(s) = \dfrac{s+1}{(s+2)(s+3)} = \dfrac{k_1}{s+2} + \dfrac{k_2}{s+3}$，求 k_1、k_2.

解　单阶实根部分分式的系数可以用掩盖法来求解：

$$k_1 = (s+2)F(s)\big|_{s=-2} = (s+2)\frac{s+1}{(s+2)(s+3)}\bigg|_{s=-2} = -1 ,$$

$$k_2 = (s+3)F(s)\big|_{s=-3} = (s+3)\frac{s+1}{(s+2)(s+3)}\bigg|_{s=-3} = 2 .$$

多重根部分分式展开系数求解方法

其实掩盖法对多重根部分分式展开的系数求解也是有效的，不过形式比较复杂.

很多时候，对于阶数不高的拉普拉斯变换，可以灵活运用掩盖法和待定系数法快速求解.

【例5.4.6】 $F(s) = \dfrac{s^2}{(s+2)(s+1)^2} = \dfrac{k_1}{s+1} + \dfrac{k_2}{(s+1)^2} + \dfrac{k_3}{s+2}$，求 k_1、k_2、k_3.

解　单阶实根部分分式和多重根最高阶部分分式的系数可以通过掩盖法直接求解，与展开项的其他部分无关，所以

$$k_2 = (s+1)^2 \frac{s^2}{(s+2)(s+1)^2}\bigg|_{s=-1} = 1 ,$$

$$k_3 = (s+2) \frac{s^2}{(s+2)(s+1)^2}\bigg|_{s=-2} = 4 .$$

求得两个系数之后，方程变为

$$F(s) = \frac{s^2}{(s+2)(s+1)^2} = \frac{k_1}{s+1} + \frac{1}{(s+1)^2} + \frac{4}{s+2} ,$$

只需任取一个 s 的值代入，即可求得 k_1，例如，代入 $s=0$，可得 $0 = k_1 + 1 + 2$，即 $k_1 = -3$．

5. 包含冲激项（假分式）的拉普拉斯逆变换

冲激项对应的拉普拉斯变换是 s 的正幂函数，会导致拉普拉斯变换的分子阶数与分母阶数相等或比分母阶数更高，形成假分式．在求逆变换时，需要先把假分式展开为正幂函数多项式与真分式相加的形式，然后正幂函数直接对应单位冲激函数及其导函数项，真分式则利用前述方法求逆变换．

【例5.4.7】 设因果信号的拉普拉斯变换为 $F(s) = \dfrac{s^3 + 5s^2 + 9s + 7}{s^2 + 3s + 2}$，求其逆变换．

解　把假分式展开为正幂函数多项式与真分式相加的形式，可以使用长除法实现：

$$
\begin{array}{r}
s+2 \\
s^2+3s+2 \overline{\smash{)}\, s^3 + 5s^2 + 9s + 7} \\
\underline{s^3 + 3s^2 + 2s} \\
2s^2 + 7s + 7 \\
\underline{2s^2 + 6s + 4} \\
s+3
\end{array}
$$

其商为正幂函数多项式，其余为剩余真分式的分子，所以

$$F(s) = s + 2 + \frac{s+3}{s^2 + 3s + 2} = s + 2 + F_1(s) ,$$

其中 $F_1(s)$ 利用有理真分式的展开方法得到

$$F_1(s) = \frac{2}{s+1} - \frac{1}{s+2} ,$$

所以最终逆变换为

$$f(t) = \delta'(t) + 2\delta(t) + \left(2\mathrm{e}^{-t} - \mathrm{e}^{-2t}\right) u(t).$$

6. 包含时移项的拉普拉斯逆变换

包含形如 e^{-sT} 的复指数函数项的拉普拉斯变换，其逆变换求解需要先把复指数函数项排除在外，求剩余部分的逆变换，再利用时移性质求原函数.

【例5.4.8】 已知因果信号的拉普拉斯变换 $F(s)=\dfrac{e^{-2s}}{s^2+3s+2}$，求其逆变换.

解　求 $F_1(s)=\dfrac{1}{s^2+3s+2}$ 的逆变换，易得

$$F_1(s)=\frac{1}{(s+1)(s+2)}=\frac{1}{s+1}-\frac{1}{s+2},$$

其时域原函数为

$$f_1(t)=\mathscr{L}^{-1}[F_1(s)]=\left(e^{-t}-e^{-2t}\right)u(t),$$

根据拉普拉斯变换的时移性质，可得

$$f(t)=f_1(t-2)=\left[e^{-(t-2)}-e^{-2(t-2)}\right]u(t-2).$$

5.4.2　用留数定理求逆变换

拉普拉斯逆变换也可以利用复变函数的留数定理来计算. 要得到式（5.4.1）的复变函数积分，可以补一条无限大的圆弧以构成闭合积分路径，这样就可以利用留数定理了. 对于因果信号，无限大的圆弧构成的闭合积分路径必然包含收敛轴左侧所有极点，所以逆变换可表示为

$$\mathscr{L}^{-1}\left[F(s)\right]=\sum_i r_i,\tag{5.4.9}$$

其中，r_i 是极点 $s=p_i$ 处的留数，逆变换即所有极点留数的和.

对于一阶极点，有

$$r_i=\left[(s-p_i)F(s)e^{st}\right]\Big|_{s=p_i}.\tag{5.4.10}$$

容易发现，其中 $(s-p_i)F(s)\big|_{s=p_i}$ 即部分分式展开法中 $s=p_i$ 极点分式的系数，e^{p_it} 则是分式所对应的原函数，留数定理与部分分式展开再查表的方法其实是等效的. 对于多重极点和共轭极点也有相同的结论.

5.5　拉普拉斯变换与傅里叶变换的关系

我们从拉普拉斯变换的定义和相关性质的学习中可以发现，拉普拉斯变换在很多地方与傅里叶变换极其相似，而在某些地方又存在一些不同.

从双边拉普拉斯变换与傅里叶变换的定义可知，当拉普拉斯变换中的衰减因子 $e^{-\sigma t}$ 等于1时，双边拉普拉斯变换与傅里叶变换等同. 也就是说，双边拉普拉斯变换向傅里叶变换的转化需

要考虑收敛域，当信号的双边拉普拉斯变换收敛域包含 $\sigma = 0$ 时，只需将拉普拉斯变换中的 s 替换为 $j\omega$，就得到了信号的傅里叶变换，即

$$F(j\omega) = F(s)\Big|_{s=j\omega} \tag{5.5.1}$$

注意，这里的 $F(j\omega)$ 和第3章的傅里叶变换 $F(\omega)$ 实际上是同一个函数.

不过更多的时候我们要考虑的是因果信号（$f(t) = 0, t < 0$ 或 $f(t) = f(t)u(t)$）的分析，即单边拉普拉斯变换与傅里叶变换的相互转换. 对于单边拉普拉斯变换而言，收敛域仅存在下限，不妨用 σ_0 来表示收敛域下限，则单边拉普拉斯变换的收敛域可表示为 $\sigma > \sigma_0$，单边拉普拉斯变换与傅里叶变换的关系可以分 $\sigma_0 < 0$、$\sigma_0 > 0$、$\sigma_0 = 0$ 这3种情况讨论.

（1）当 $\sigma_0 < 0$ 时，此信号的单边拉普拉斯变换收敛域包含 $\sigma = 0$，也就是说，无须额外增加衰减因子，信号本身就能收敛，信号绝对可积. 这种情况下，只需把单边拉普拉斯变换中的 s 替换为 $j\omega$，就得到了信号的傅里叶变换.

（2）当 $\sigma_0 > 0$ 时，此信号的单边拉普拉斯变换收敛域不包含 $\sigma = 0$，这种情况下信号幅度是指数增长的，在 $t \to \infty$ 时不收敛，必须引入衰减因子才能实现绝对可积并进行傅里叶变换. 信号不存在傅里叶变换.

（3）当 $\sigma_0 = 0$ 时，此信号的单边拉普拉斯变换收敛域同样不包含 $\sigma = 0$，信号本身也不收敛，但是，此时信号的幅度可能不增长，而是在 $t \to \infty$ 时趋于稳态；或者是增长的，但增长速度低于指数增长. 其实在这种情况下，信号也不存在传统意义上的傅里叶变换，但是随着数学的发展，在引入了以函数 $\delta(\omega)$ 为代表的广义函数后，满足收敛边界 $\sigma_0 = 0$ 的信号也可以进行傅里叶变换了. 不过这种信号的傅里叶变换不能直接通过把拉普拉斯变换中的 s 替换为 $j\omega$ 得到，因为它们还会额外包含奇异函数项. 对于虚轴上的一阶极点，其奇异函数项也是一阶的；对于高阶极点，其奇异函数项则是高阶微分的，如表5.5.1所示.

表 5.5.1 典型信号拉普拉斯变换和傅里叶变换的关系

时域信号	拉普拉斯变换	傅里叶变换
$u(t)$	$\dfrac{1}{s}$	$\dfrac{1}{j\omega} + \pi\delta(\omega)$
$\sin(\omega_0 t)u(t)$	$\dfrac{\omega_0}{s^2 + \omega_0^2}$	$\dfrac{\omega_0}{(j\omega)^2 + \omega_0^2} + \dfrac{j\pi}{2}\left[\delta(\omega + \omega_0) - \delta(\omega - \omega_0)\right]$
$tu(t)$	$\dfrac{1}{s^2}$	$\dfrac{1}{(j\omega)^2} + j\pi\delta'(\omega)$

5.6 连续系统的系统函数

5.6.1 系统函数的定义

第4章已经介绍过傅里叶变换形式的系统函数，即零状态响应与激励信号在傅里叶变换形式下的比值. 如果把变换方法替换为拉普拉斯变换，则可以得到复频域下的系统函数. 设激励信号为 $x(t)$，冲激响应为 $h(t)$，零状态响应为 $y(t)$，其拉普拉斯变换分别为

$$\begin{cases} \mathscr{L}[x(t)] = X(s) \\ \mathscr{L}[h(t)] = H(s), \\ \mathscr{L}[y(t)] = Y(s) \end{cases}$$

根据线性时不变系统的激励与零状态响应的卷积运算关系 $y(t) = x(t) * h(t)$，再利用拉普拉斯变换的时域卷积定理可得

$$Y(s) = X(s)H(s),\qquad(5.6.1)$$

则系统函数为

$$H(s) = \frac{Y(s)}{X(s)}.\qquad(5.6.2)$$

【例5.6.1】 已知LTI系统微分方程为 $\dfrac{\mathrm{d}^2 y(t)}{\mathrm{d}t^2} + 5\dfrac{\mathrm{d}y(t)}{\mathrm{d}t} + 6y(t) = 2x(t)$，求系统函数 $H(s)$．若系统为因果的，求冲激响应 $h(t)$．

解 对方程两侧取拉普拉斯变换可得复频域方程为

$$s^2 Y(s) + 5sY(s) + 6Y(s) = 2X(s),$$

整理得

$$H(s) = \frac{Y(s)}{X(s)} = \frac{2}{s^2 + 5s + 6} = \frac{2}{(s+2)(s+3)}.$$

根据系统函数和冲激响应的关系，$H(s)$ 的逆变换即冲激响应 $h(t)$．$H(s)$ 可部分分式展开为

$$H(s) = \frac{2}{s+2} - \frac{2}{s+3},$$

若系统为因果的，则

$$h(t) = \left(2\mathrm{e}^{-2t} - 2\mathrm{e}^{-3t}\right)u(t).$$

多个线性时不变子系统可以组成一个整体的线性时不变系统，根据子系统的组合方式可以大体分为并联、级联、反馈几种基本结构，下面给出其各自的运算法则．

图5.6.1所示为并联结构系统框图．

在时域上，系统的冲激响应为

$$h(t) = h_1(t) + h_2(t),\qquad(5.6.3)$$

复频域上，系统函数为

$$H(s) = H_1(s) + H_2(s).\qquad(5.6.4)$$

图5.6.2所示为级联结构系统框图．

在时域上，系统的冲激响应为

$$h(t) = h_1(t) * h_2(t),\qquad(5.6.5)$$

复频域上，系统函数为

$$H(s) = H_1(s)\cdot H_2(s).\qquad(5.6.6)$$

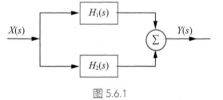

图 5.6.1

图 5.6.2

图5.6.3所示为反馈结构系统框图.

对于图5.6.3所示反馈结构系统，通常无法直接得到其系统函数. 基本的解决方法是利用子系统之间的关系列方程组，再消去中间变量. 设加法器的输出为 $X_1(s)$，反馈支路的输出为 $X_2(s)$，则可得到以下关系

$$\begin{cases} X_1(s) = X(s) - X_2(s) \\ Y(s) = X_1(s)H_1(s) \\ X_2(s) = Y(s)H_2(s) \end{cases},$$

解得

图 5.6.3

$$H(s) = \frac{Y(s)}{X(s)} = \frac{H_1(s)}{1 + H_1(s)H_2(s)}.$$

5.6.2　利用系统函数零、极点图分析系统时域特征

系统时域描述 $h(t)$-t 反映的是实变量与实变量的关系，很容易在两个正交实轴组成的平面直角坐标系中画出其图形，即冲激响应的波形；傅里叶变换形式的系统函数 $H(\omega)$-ω 一般是复变函数，反映的是实变量与复变量的关系，可以把频谱分为模和辐角两个实变量，用两幅图，即幅频图加相频图来表示；而拉普拉斯变换形式的系统函数 $H(s)$-s 反映的是复变量与复变量的关系，难以沿袭前面的图形表示方法，因此引入复变函数中常用的零、极点图来实现 $H(s)$ 的图形表示. 可以通过系统函数零、极点分布定性判断系统的时域特性，如表5.6.1所示.

表 5.6.1　零、极点分布与系统时域特性的对应关系

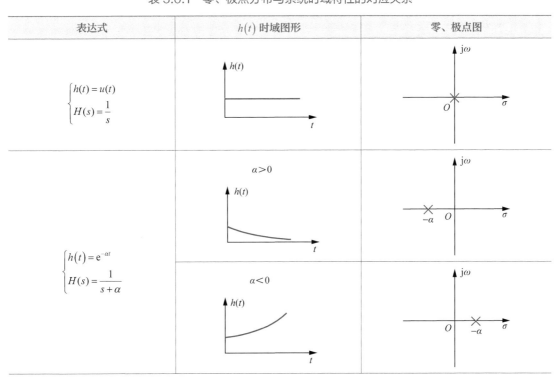

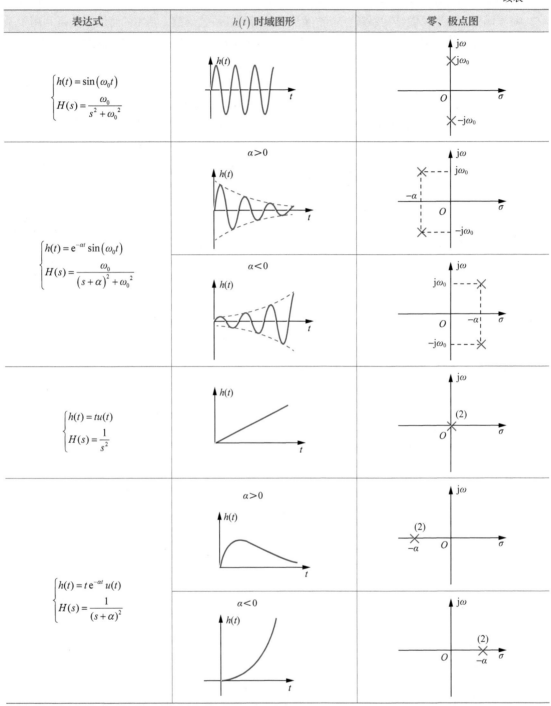

表达式	$h(t)$ 时域图形	零、极点图
$\begin{cases} h(t) = \sin(\omega_0 t) \\ H(s) = \dfrac{\omega_0}{s^2 + \omega_0^2} \end{cases}$		
$\begin{cases} h(t) = \mathrm{e}^{-\alpha t} \sin(\omega_0 t) \\ H(s) = \dfrac{\omega_0}{(s+\alpha)^2 + \omega_0^2} \end{cases}$	$\alpha > 0$ $\alpha < 0$	
$\begin{cases} h(t) = tu(t) \\ H(s) = \dfrac{1}{s^2} \end{cases}$		
$\begin{cases} h(t) = t\,\mathrm{e}^{-\alpha t} u(t) \\ H(s) = \dfrac{1}{(s+\alpha)^2} \end{cases}$	$\alpha > 0$ $\alpha < 0$	

从表5.6.1中的零、极点图与时域图形的对应关系中可以看出以下规律：

（1）极点在左半平面，时域信号幅度指数衰减；

（2）极点在右半平面，时域信号幅度指数增长；

（3）一阶极点在虚轴上，时域信号幅度不变；

（4）极点离开实轴形成共轭极点，时域信号是振荡的，极点的虚部越大，振荡频率越高；

（5）二阶极点在以上特征基础上使 $h(t)$ 进一步线性加权，若极点阶数继续增加，则在时域乘以与增加阶数相同个数的 t．

5.6.3 利用系统函数零、极点图分析系统稳定性

利用系统函数
零、极点图分析
系统稳定性

一个系统，如果对任意的有界输入，其零状态响应也是有界的，则称该系统是有界输入有界输出的稳定系统，简称**稳定系统**．稳定性是系统自身的性质之一，系统是否稳定与激励信号的情况无关．冲激响应 $h(t)$ 和系统函数 $H(s)$ 分别从时域和复频域两个方面表征了同一系统的本性，所以能从这两个方面确定系统的稳定性．

时域判定方法：冲激响应应满足绝对可积条件，即

$$\int_{-\infty}^{+\infty} \left| h(t) \right| \mathrm{d}t \leqslant +\infty . \tag{5.6.7}$$

复频域判定方法：冲激响应拉普拉斯变换的收敛域包含虚轴，即 $\sigma = 0$ 时，$\int_{-\infty}^{+\infty} h(t)\mathrm{e}^{-\mathrm{j}\omega t}\,\mathrm{d}t$ 存在．这个判定条件具体到因果系统，等价于所有极点都位于 s 平面的左半平面．因为因果系统的冲激响应只有正半轴取值，其收敛域必然是 σ 大于一个下界，即所有极点的右侧，也就是所有极点位于虚轴左侧．根据极点位置不同，有如下 3 种情况：

（1）因果系统的系统函数全部极点位于 s 平面的左半平面时，系统为稳定系统；

（2）因果系统的系统函数有极点位于 s 平面的虚轴或右半平面时，系统为不稳定系统；

（3）系统函数极点没有位于 s 平面的右半平面，但在虚轴上有一阶极点时，系统称为临界稳定系统，仍然属于不稳定系统．

【**例5.6.2**】 因果系统如图5.6.4所示，子系统的系统函数为 $G(s) = \dfrac{1}{(s-1)(s+2)}$，这是一个不稳定系统，可以引入负反馈来调节系统的稳定性．

（1）当反馈系数 k 满足什么条件时系统是稳定的？

（2）当反馈系数 k 满足什么条件时系统是临界稳定的？此时冲激响应是什么？

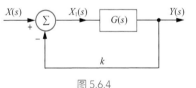

图 5.6.4

解 （1）根据已知条件列方程组

$$\begin{cases} X_1(s) = X(s) - kY(s) \\ Y(s) = G(s)X_1(s) \end{cases},$$

解得

$$H(s) = \frac{Y(s)}{X(s)} = \frac{G(s)}{1 + kG(s)} = \frac{1}{s^2 + s - 2 + k} .$$

系统函数极点为 $p_{1,2} = -\dfrac{1}{2} \pm \sqrt{\dfrac{9}{4} - k}$．为使极点全部位于 s 平面的左半平面，需要

$$\frac{9}{4} - k < 0 \quad \text{或者} \quad \begin{cases} \dfrac{9}{4} - k \geqslant 0 \\ -\dfrac{1}{2} + \sqrt{\dfrac{9}{4} - k} < 0 \end{cases},$$

分别求解后取并集，解得 $k > 2$ 时系统稳定.

（2）临界稳定系统的要求是没有位于 s 平面的右半平面的极点，但在虚轴上有一阶极点，因此极点 $p_{1,2} = -\dfrac{1}{2} \pm \sqrt{\dfrac{9}{4} - k}$ 需要为实极点，且 $-\dfrac{1}{2} + \sqrt{\dfrac{9}{4} - k} = 0$，解得 $k = 2$．此时系统函数为

$$H(s) = \frac{1}{s^2 + s} = \frac{1}{s} - \frac{1}{s+1},$$

冲激响应为

$$h(t) = u(t) - e^{-t} u(t).$$

5.6.4 利用系统函数零、极点图分析系统频率响应特性

利用系统函数零、极点图分析系统频率响应特性

系统的频率响应特性是指系统在单频三角函数信号激励下的稳态响应幅度加权和相位修正随频率的变化情况．对于稳定系统，其拉普拉斯变换形式的系统函数可以通过把 σ 设为0得到傅里叶变换形式的系统函数，即

$$H(j\omega) = H(s)\big|_{s=j\omega}, \tag{5.6.8}$$

这里的 $H(j\omega)$ 和第4章的 $H(\omega)$ 是同一个函数，只是变量表示形式不同，一般在与拉普拉斯变换形式的系统函数联系起来时使用 $H(j\omega)$．对于有理分式形式的系统函数，可以对分子、分母进行因式分解，由此得到的频率响应特性为

$$H(j\omega) = H(s)\big|_{s=j\omega} = K\frac{\displaystyle\prod_{j=1}^{m}(s-z_j)}{\displaystyle\prod_{i=1}^{n}(s-p_i)}\Bigg|_{s=j\omega} = K\frac{\displaystyle\prod_{j=1}^{m}(j\omega-z_j)}{\displaystyle\prod_{i=1}^{n}(j\omega-p_i)}, \tag{5.6.9}$$

可见系统的频率响应特性是由 $j\omega - z_j$、$j\omega - p_i$ 等复数的乘法和除法组成的．$j\omega - z_j$、$j\omega - p_i$ 这种复数减法，在 s 平面上可以看作从减数指向被减数的复矢量，所以系统的频率响应特性又可以通过所有零、极点指向 $j\omega$ 点的复矢量来描述．

把零、极点指向 $j\omega$ 点的复矢量写为模和辐角的形式

$$\begin{cases} j\omega - z_j = N_j e^{j\psi_j} \\ j\omega - p_i = M_i e^{j\theta_i} \end{cases}, \tag{5.6.10}$$

则频率响应特性为

$$H(j\omega) = K\frac{\displaystyle\prod_{j=1}^{m}N_j e^{j\psi_j}}{\displaystyle\prod_{i=1}^{n}M_i e^{j\theta_i}} = K\frac{N_1 N_2 \cdots N_m}{M_1 M_2 \cdots M_n}\frac{e^{j(\psi_1+\psi_2+\cdots+\psi_m)}}{e^{j(\theta_1+\theta_2+\cdots+\theta_n)}}. \tag{5.6.11}$$

根据复数运算法则，幅频特性为

$$\left|H\left(\mathrm{j}\omega\right)\right| = K\frac{N_1N_2\cdots N_m}{M_1M_2\cdots M_n}, \tag{5.6.12}$$

相频特性为

$$\varphi\left(\omega\right) = \sum_{i=1}^{m}\psi_i - \sum_{i=1}^{n}\theta_i. \tag{5.6.13}$$

所以只需要在复平面上画出所有零、极点指向 $\mathrm{j}\omega$ 点的复矢量，再利用几何方法找出它们的长度（即模）和与正实轴的夹角（即辐角），就可以定性得到频率响应特性.

【例5.6.3】 求图5.6.5所示电路的系统函数，分析其频率响应特性.

解　图5.6.5给出的是复频域电路模型，可以视作阻抗串联，利用分压公式可得

$$H\left(s\right) = \frac{V_2(s)}{V_1(s)} = \frac{R}{R+\dfrac{1}{sC}} = \frac{s}{s+\dfrac{1}{RC}},$$

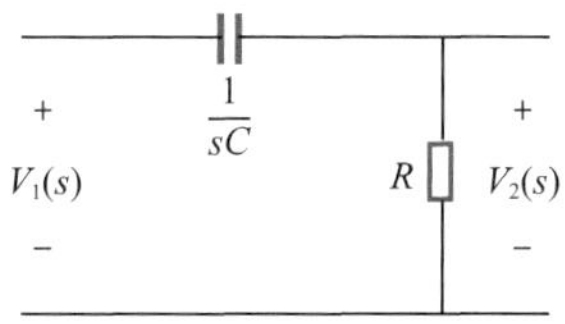

其频率响应特性

$$H\left(\mathrm{j}\omega\right) = H\left(s\right)\big|_{s=\mathrm{j}\omega} = \frac{\mathrm{j}\omega-0}{\mathrm{j}\omega-\left(-\dfrac{1}{RC}\right)}.$$

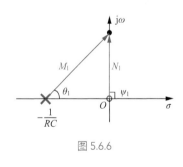

图 5.6.5

在复平面上画出零、极点指向 $\mathrm{j}\omega$ 点的复矢量，如图5.6.6所示.
所以

$$H\left(\mathrm{j}\omega\right) = \frac{N_1}{M_1}\mathrm{e}^{\mathrm{j}(\psi_1-\theta_1)},$$

利用几何方法容易得到

$$\begin{cases} N_1 = |\omega| \\ M_1 = \sqrt{\omega^2+\left(\dfrac{1}{RC}\right)^2} \\ \psi_1 = \dfrac{\pi}{2} \\ \theta_1 = \arctan\left(\omega RC\right) \end{cases},$$

图 5.6.6

所以幅频特性和相频特性分别为

$$\begin{cases} \left|H\left(\mathrm{j}\omega\right)\right| = \dfrac{N_1}{M_1} = \dfrac{|\omega|}{\sqrt{\omega^2+\left(\dfrac{1}{RC}\right)^2}} \\ \varphi\left(\omega\right) = \psi_1-\theta_1 = \dfrac{\pi}{2}-\arctan\left(RC\omega\right) \end{cases}.$$

系统的幅频特性和相频特性如图5.6.7所示.

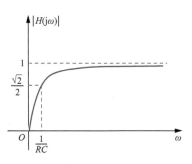 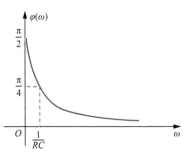

图 5.6.7

系统频率响应
特性的几何
确定法
（高通）

系统频率响应
特性的几何
确定法
（低通）

通过零、极点图可以定性地在复平面上判断频率响应的大体趋势，例如，可以根据 ω 比较小和比较大的情况粗略分析．如图5.6.8所示，当频率非常低时，零点矢量很短，接近于0，所以低频时幅频响应很小；而频率很高时，零点矢量与极点矢量长度接近，高频幅度响应接近于1，由此可以判断出这是一个具有高通特性的滤波器．

由以上分析可知，借助于系统函数在复平面上的零点与极点分布，可以简明、直观地表示出系统的时域变化趋势和频率响应特性等．

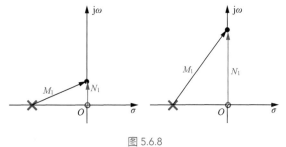

图 5.6.8

【例5.6.4】 一个具有一对共轭极点的二阶因果系统，其系统函数为

$$H\left(s\right) = \frac{\omega_0}{\left(s+\alpha\right)^2 + \omega_0^2},$$

其中 $\alpha > 0$，$\omega_0 > 0$．利用MATLAB编程，分析参数 α 和 ω_0 对零、极点分布，以及系统幅频特性的影响．

解 系统函数可表示为

$$H\left(s\right) = \frac{\omega_0}{\left(s+\alpha\right)^2 + \omega_0^2} = \frac{\omega_0}{s^2 + 2\alpha s + \alpha^2 + \omega_0^2} = \frac{\omega_0}{\left(s+\alpha+\mathrm{j}\omega_0\right)\left(s+\alpha-\mathrm{j}\omega_0\right)},$$

可以看出该系统在有限 s 平面内没有零点，极点为 $-\alpha+\mathrm{j}\omega_0$ 和 $-\alpha-\mathrm{j}\omega_0$．

下面利用MATLAB绘制系统的零、极点图和幅频特性曲线，代码如下．取 $\alpha = 0.5$，$\omega_0 = 10$，MATLAB执行结果如图5.6.9所示．由图可以看出，这是一个带通滤波器，系统响应幅度在 ω_0 附近出现峰值．ω_0 称为带通滤波器的中心频率．

```
w = 0: 0.1: 30;
% alpha 和 omega_0
a = 0.5; w0 = 10;
% 分子多项式和分母多项式系数矩阵
```

```
B = [w0]; A = [1 2*a w0*w0+a*a];
% 系统建模
sys = tf(B, A);
% 绘制零、极点图
figure(1); [p, z]=pzmap(sys);
plot(real(p), imag(p),'x', 'linewidth', 1.5);
hold on;
plot(real(z), imag(z),'o', 'linewidth', 1.5);
xlabel('s的实部 (s^{-1})');
ylabel('s的虚部 (s^{-1})');
title('零、极点图');
axis([-1, 0.5, -12, 12]);
% 绘制系统的频率响应特性
figure(2); freqs(B, A, w);
```

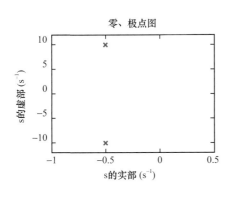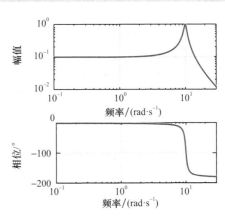

图 5.6.9

取 $\alpha = 0.5$，不同 ω_0 对应的幅频特性如图5.6.10所示．由图可以看出，这是一个带通滤波器，中心频率为 ω_0．

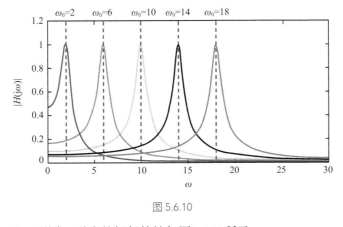

图 5.6.10

系统频率响应特性的几何确定法（带通）

取 $\omega_0=10$，不同 α 对应的幅频特性如图5.6.11所示．

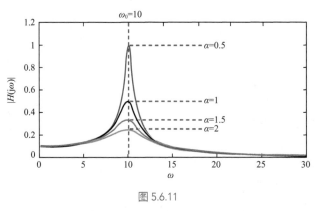

连续最小相位系统的频率响应特性

连续全通系统的频率响应特性

图 5.6.11

由图5.6.11可以看出，α 越小，极点越接近虚轴，带通滤波器的通带越窄.

5.7 系统的结构图与系统模拟

5.7.1 信号流图的基本概念和术语定义

系统的信号流图（signal flow graph）表示法是由美国数学家、信息论的创始人香农于1942年发明的，美国麻省理工学院的梅森于20世纪50年代初为其命名，因此信号流图也称梅森图（Mason graph）. 信号流图可以看作系统框图的简化形式，它用节点表示信号，用有向线段表示信号传输方向，将转移函数（又称传输函数）标记在箭头旁边，如图5.7.1所示.

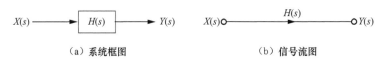

（a）系统框图　　　　　　　　　　　（b）信号流图

图 5.7.1

信号流图的相关术语总结如下.

节点：表示系统中变量或信号的点.

支路：连接两个节点的有向线段，支路的增益即为转移函数.

转移函数：两个节点之间的增益称为转移函数.

输入节点或源点：只有输出支路的节点，它对应的是自变量（即输入信号）.

输出节点或阱点：只有输入支路的节点，它对应的是因变量（即输出信号）.

混合节点：既有输入支路，又有输出支路的节点.

通路：沿支路箭头方向通过各相连支路的途径（不允许有相反方向支路存在）.

开通路：通路与任一节点相交不多于一次.

前向通路：从源点到阱点的开通路，通过任何节点不多于一次.

通路增益：通路中各支路转移函数的乘积.

梅森简介

环路：终点就是起点，且与任何其他节点相交不多于一次的通路，又称为闭通路.

环路增益：环路中各支路转移函数的乘积.

不接触环路：没有任何公共节点的两个环路.

5.7.2　信号流图的性质

1. 信号的传输方向

信号只能沿支路箭头方向传输，支路输出等于支路输入与转移函数的乘积.

2. 节点的值

当节点有多个输入时，该节点将所有输入支路的信号相加，并将其传送到所有与该节点相连的输出支路.

【例5.7.1】 图5.7.2所示信号流图中 X_1、X_2、X_3 及各转移函数均已知，求 X_5 和 X_6.

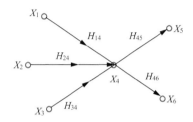

图 5.7.2

解　根据系统的信号流图可得

$$X_5 = X_4 H_{45}, \quad X_6 = X_4 H_{46},$$

其中

$$X_4 = X_1 H_{14} + X_2 H_{24} + X_3 H_{34}.$$

3. 梅森公式

用信号流图表示的单输入—单输出系统，其系统函数 H 可以使用梅森增益公式（简称梅森公式）得到. 梅森公式为

$$H = \frac{1}{\Delta} \sum_k g_k \Delta_k. \tag{5.7.1}$$

其分母部分的 Δ 称为流图的特征行列式，定义为

$$\Delta = 1 - \sum_a L_a + \sum_{b,c} L_b L_c - \sum_{d,e,f} L_d L_e L_f + \cdots, \tag{5.7.2}$$

其中：

$\displaystyle\sum_a L_a$ 代表所有环路增益之和；

$\displaystyle\sum_{b,c} L_b L_c$ 代表每两个不接触环路的环路增益乘积之和；

$\displaystyle\sum_{d,e,f} L_d L_e L_f$ 代表每三个不接触环路的环路增益乘积之和，依次类推；

k 表示源点到阱点之间所有前向通路的标号；

g_k 表示源点到阱点之间的第 k 条前向通路的增益；

Δ_k 表示第 k 条前向通路特征行列式的余因子，即除去与第 k 条前向通路相接触的环路后，余下信号流图部分的特征行列式.

【例5.7.2】 写出图5.7.3所示信号流图所表示的系统函数.

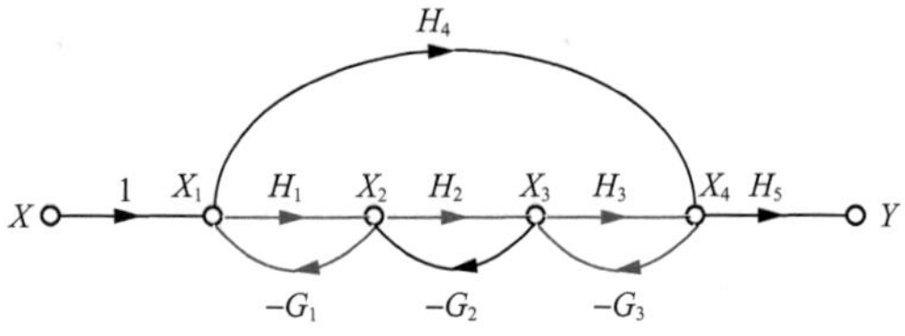

图 5.7.3

解 分析信号流图可得，该信号流图中有4个环路，环路增益分别为

$$L_1 = -H_1G_1, \quad L_2 = -H_2G_2, \quad L_3 = -H_3G_3,$$
$$L_4 = -H_4G_1G_2G_3.$$

该信号流图包含1组不接触环路，环路增益之积为

$$L_1L_3 = H_1G_1H_3G_3,$$

所以特征行列式为

$$\Delta = 1 + H_1G_1 + H_2G_2 + H_3G_3 + H_4G_1G_2G_3 + H_1G_1H_3G_3.$$

该信号流图包含2条前向通路，其中增益为

$$g_1 = H_4H_5$$

的前向通路的余因子为

$$\Delta_1 = 1 + H_2G_2,$$

增益为

$$g_2 = H_1H_2H_3H_5$$

的前向通路的余因子为

$$\Delta_2 = 1.$$

根据梅森增益公式，可得系统函数为

$$H = \frac{H_1H_2H_3H_5 + H_4H_5(1 + H_2G_2)}{1 + H_1G_1 + H_2G_2 + H_3G_3 + H_4G_1G_2G_3 + H_1G_1H_3G_3}.$$

5.7.3 线性时不变系统的模拟

在已知系统数学模型（微分方程或系统函数等）的情况下，用一些基本单元组成该系统，称为该系统的模拟. 这里仅讨论连续系统的模拟，离散系统的模拟与其类似，将在第6章讨论. 就线性时不变系统而言，我们通常使用积分器作为基本动态元件来搭建连续系统，支路上的转移函数为 s^{-1}. 在信号流图中，有向线段的节点替代了框图中的加法器，转移函数替代了系数乘法器和积分器.

下面我们基于系统函数借助梅森公式绘制系统的信号流图来实现系统的模拟，分为直接形式、级联形式和并联形式.

1. 直接形式

【例5.7.3】 已知系统函数 $H(s) = \dfrac{1}{s+a}$，画出系统的信号流图.

解 将系统函数的分子和分母同时除以 s ，得到

$$H(s) = \dfrac{\dfrac{1}{s}}{1+\dfrac{a}{s}} = \dfrac{\dfrac{1}{s}}{1-\left(-\dfrac{a}{s}\right)}.$$

该式的分母可以看作信号流图的特征行列式 Δ ，括号内为环路增益，分子可以看作前向通路增益. 由此可以直接按梅森公式画出信号流图，如图5.7.4所示，该信号流图包含1个环路，环路增益为 $-\dfrac{a}{s}$ ，1条前向通路，前向通路的增益为 $\dfrac{1}{s}$.

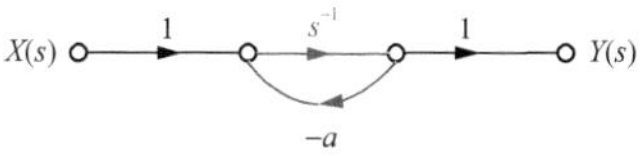

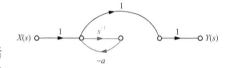

图 5.7.4

【例5.7.4】 已知系统函数 $H(s) = \dfrac{s}{s+a}$ ，画出系统的信号流图.

解 将系统函数的分子和分母同时除以 s ，得到

$$H(s) = \dfrac{1}{1+\dfrac{a}{s}} = \dfrac{1}{1-\left(-\dfrac{a}{s}\right)}.$$

该式的分母可以看作信号流图的特征行列式 Δ ，括号内为环路增益，分子可以看作前向通路增益. 由此可以直接按梅森公式画出信号流图，如图5.7.5所示，该信号流图包含1个环路，环路增益为 $-\dfrac{a}{s}$ ，1条前向通路，前向通路的增益为1.

图 5.7.5

【例5.7.5】 画出系统 $H(s) = \dfrac{s+3}{s^2+3s+2}$ 的信号流图.

解 将系统函数的分子和分母同时除以 s^2 ，得到

$$H(s) = \dfrac{\dfrac{1}{s}+\dfrac{3}{s^2}}{1+\dfrac{3}{s}+\dfrac{2}{s^2}} = \dfrac{\dfrac{1}{s}+\dfrac{3}{s^2}}{1-\left(-\dfrac{3}{s}-\dfrac{2}{s^2}\right)}.$$

该式的分母可以看作信号流图的特征行列式 Δ ，括号内为2个环路增益，分子可以看作2个前向通路增益. 由此可以直接按梅森公式画出信号流图，如图5.7.6所示，该信号流图包含2个环路，环路增益分别为 $-\dfrac{3}{s}$ 和 $-\dfrac{2}{s^2}$ ，2条前向通路，前向通路的增益分别为 $\dfrac{1}{s}$ 和 $\dfrac{3}{s^2}$.

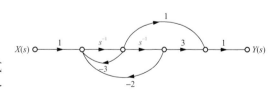

图 5.7.6

对于一般情况，系统函数可以表示为

$$H(s) = \frac{1}{\Delta} \sum_k g_k = \frac{b_0 + b_1 s^{-1} + \cdots + b_{k-1} s^{1-k} + b_k s^{-k}}{1 + a_1 s^{-1} + \cdots + a_{k-1} s^{1-k} + a_k s^{-k}}. \tag{5.7.3}$$

可以直接利用系统函数的系数画出系统的信号流图，如图5.7.7所示，这种实现形式称为直接形式. 虽然看起来复杂，但实际上直接形式非常容易分析. 在信号流图中，所有的环路有一个公共节点，同时它也是所有前向通路的公共节点，这两条特性使得所有特征行列式的余因子全为1.

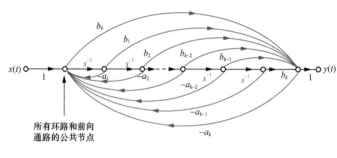

图 5.7.7

2. 级联形式

级联形式对应的是分式形式的系统函数，仅做因式分解，不进行展开，可以将其写成若干一阶节和二阶节（一般将共轭极点组成二阶节）分式相乘，也就是子系统级联的形式，系数一般都是实数.

【例5.7.6】 画出系统 $H(s) = \dfrac{s+3}{s^2 + 3s + 2}$ 的级联形式的信号流图.

解 因为

$$H(s) = \frac{s+3}{s^2 + 3s + 2} = \left(\frac{1}{s+1}\right)\left(\frac{s+3}{s+2}\right),$$

所以系统可以表示为 $\dfrac{1}{s+1}$ 和 $\dfrac{s+3}{s+2}$ 两个子系统的级联. 其中分子 $s+3$ 也可以与分母 $s+1$ 组合构成子系统，所以实现结构不唯一. 系统的级联形式的信号流图如图5.7.8所示.

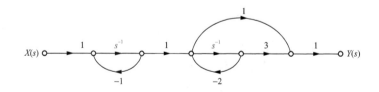

图 5.7.8

3. 并联形式

通过对拉普拉斯逆变换的学习可知，很多系统函数都可以通过部分分式展开的方法写成分式相加的形式，也就是说，很多线性时不变系统都可以由子系统并联得到.

【例5.7.7】 画出系统 $H(s) = \dfrac{s+3}{s^2+3s+2}$ 的信号流图.

解　因为

$$H(s) = \frac{s+3}{s^2+3s+2} = \frac{2}{s+1} + \frac{-1}{s+2} ,$$

所以系统可以表示为 $\dfrac{2}{s+1}$ 和 $\dfrac{-1}{s+2}$ 两个子系统的并

联，如图5.7.9所示. 对于有共轭极点的情况，一般

也是将这两项合并组成二阶节形式.

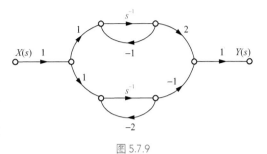

图 5.7.9

5.8　单边拉普拉斯变换及其应用

前面讨论的双边拉普拉斯变换主要用于系统函数分析. 这里讨论单边拉普拉斯变换，主要用于解微分方程和分析动态电路等方面.

5.8.1　单边拉普拉斯变换的性质

1. 时移性质

若 $\mathscr{L}[f(t)] = F(s)$，$t_0 > 0$，则

$$\mathscr{L}[f(t-t_0)u(t-t_0)] = F(s)\mathrm{e}^{-st_0} . \tag{5.8.1}$$

证明　利用单边拉普拉斯变换的定义可得

$$
\begin{aligned}
\mathscr{L}[f(t-t_0)u(t-t_0)] &= \int_{0_-}^{+\infty} f(t-t_0)u(t-t_0)\mathrm{e}^{-st}\,\mathrm{d}t \\
&= \int_{0_-+t_0}^{+\infty} f(t-t_0)\mathrm{e}^{-st}\,\mathrm{d}t ,
\end{aligned}
$$

令 $t - t_0 = \lambda$，则 $t = t_0 + \lambda$，可得

$$
\begin{aligned}
\mathscr{L}[f(t-t_0)u(t-t_0)] &= \mathrm{e}^{-st_0} \int_{0_-}^{+\infty} f(\lambda)\mathrm{e}^{-s\lambda}\,\mathrm{d}\lambda \\
&= \mathrm{e}^{-st_0} \int_{0_-}^{+\infty} f(t)\mathrm{e}^{-st}\,\mathrm{d}t \\
&= F(s)\mathrm{e}^{-st_0} .
\end{aligned}
$$

对于单边拉普拉斯变换，只有因果信号向右时移能使用时移性质. 在面对具体问题时，经常

需要拼凑出满足因果信号向右时移的函数部分来使时移性质发挥作用.

【例5.8.1】 求 $f(t) = \mathrm{e}^{-t} u(t-2)$ 的拉普拉斯变换.

解　拼凑出正半轴截断右时移的函数部分

$$f(t) = \mathrm{e}^{-t} u(t-2) = \mathrm{e}^{-2} \cdot \mathrm{e}^{-(t-2)} u(t-2) ,$$

则根据时移性质，可得

$$\mathscr{L}\big[f(t)\big] = \mathrm{e}^{-2} \cdot \mathscr{L}\big[\mathrm{e}^{-t}\big] \cdot \mathrm{e}^{-2s} = \mathrm{e}^{-2} \cdot \frac{\mathrm{e}^{-2s}}{s+1} \qquad \sigma > -1 .$$

2. 时域微分性质

若 $f(t)$ 的单边拉普拉斯变换为 $\mathscr{L}\big[f(t)\big] = F(s)$，则 $\dfrac{\mathrm{d}f(t)}{\mathrm{d}t}$ 的单边拉普拉斯变换为

$$\mathscr{L}\left[\frac{\mathrm{d}f(t)}{\mathrm{d}t}\right] = sF(s) - f(0_-) . \tag{5.8.2}$$

证明　根据单边拉普拉斯变换的定义式

$$\mathscr{L}\left[\frac{\mathrm{d}f(t)}{\mathrm{d}t}\right] = \int_{0_-}^{+\infty} f'(t)\mathrm{e}^{-st}\,\mathrm{d}t ,$$

由分部积分法则可得

$$\int f'(t)\mathrm{e}^{-st}\,\mathrm{d}t = f(t)\mathrm{e}^{-st} - \int f(t)\big(\mathrm{e}^{-st}\big)'\,\mathrm{d}t$$
$$= f(t)\mathrm{e}^{-st} + s \int f(t)\mathrm{e}^{-st}\,\mathrm{d}t ,$$

代入积分上下限得

$$\mathscr{L}\left[\frac{\mathrm{d}f(t)}{\mathrm{d}t}\right] = \int_{0_-}^{+\infty} f'(t)\mathrm{e}^{-st}\,\mathrm{d}t$$
$$= f(t)\mathrm{e}^{-st}\Big|_{0_-}^{+\infty} + s \int_{0_-}^{+\infty} f(t)\mathrm{e}^{-st}\,\mathrm{d}t$$
$$= \lim_{t\to\infty} f(t)\mathrm{e}^{-st} - f(0_-) + sF(s),$$

在 $f(t)$ 拉普拉斯变换的收敛域内，$\lim\limits_{t\to\infty} f(t)\mathrm{e}^{-st} = 0$，所以

$$\mathscr{L}\left[\frac{\mathrm{d}f(t)}{\mathrm{d}t}\right] = -f(0_-) + sF(s) .$$

对于二阶微分的拉普拉斯变换，可以套用两次时域微分性质得到

$$\mathscr{L}\left[\frac{\mathrm{d}f^2(t)}{\mathrm{d}t^2}\right] = s\big[sF(s) - f(0_-)\big] - f'(0_-) = s^2 F(s) - sf(0_-) - f'(0_-) . \tag{5.8.3}$$

如果信号 $f(t)$ 为因果信号，即 $t<0$ 时 $f(t)=0$ ，则

$$\mathscr{L}\left[\frac{\mathrm{d}f^n(t)}{\mathrm{d}t^n}\right]=s^n F(s) .\qquad（5.8.4）$$

3. 时域积分性质

若 $\mathscr{L}\left[f(t)\right]=F(s)$ ，则

$$\mathscr{L}\left[\int_{-\infty}^{t}f(\tau)\mathrm{d}\tau\right]=\frac{F(s)}{s}+\frac{f^{(-1)}(0_-)}{s} .\qquad（5.8.5）$$

证明　首先把积分式分为两部分

$$\int_{-\infty}^{t}f(\tau)\mathrm{d}\tau=\int_{-\infty}^{0_-}f(\tau)\mathrm{d}\tau+\int_{0_-}^{t}f(\tau)\mathrm{d}\tau ,$$

其中，$\int_{-\infty}^{0_-}f(\tau)\mathrm{d}\tau$ 是信号 $f(t)$ 在负半轴的定积分，可写为

$$\int_{-\infty}^{0_-}f(\tau)\mathrm{d}\tau=f^{(-1)}(0_-) .$$

这是一个确定常数，其单边拉普拉斯变换为

$$\mathscr{L}\left[f^{(-1)}(0_-)\right]=\frac{f^{(-1)}(0_-)}{s} .$$

另一部分可根据拉普拉斯变换的定义得到

$$\begin{aligned}
\mathscr{L}\left[\int_{0_-}^{t}f(\tau)\mathrm{d}\tau\right]&=\int_{0_-}^{+\infty}\left[\int_{0_-}^{t}f(\tau)\mathrm{d}\tau\right]\mathrm{e}^{-st}\,\mathrm{d}t\\
&=\int_{0_-}^{+\infty}\left[\int_{0_-}^{+\infty}f(\tau)u(t-\tau)\mathrm{d}\tau\right]\mathrm{e}^{-st}\,\mathrm{d}t\\
&=\int_{0_-}^{+\infty}f(\tau)\int_{0_-}^{+\infty}u(t-\tau)\mathrm{e}^{-st}\,\mathrm{d}t\,\mathrm{d}\tau\\
&=\frac{1}{s}\int_{0_-}^{+\infty}f(\tau)\mathrm{e}^{-s\tau}\,\mathrm{d}\tau\\
&=\frac{F(s)}{s}
\end{aligned}$$

因此

$$\mathscr{L}\left[\int_{-\infty}^{t}f(\tau)\mathrm{d}\tau\right]=\frac{F(s)}{s}+\frac{f^{(-1)}(0_-)}{s} ,$$

也可以写成

$$\mathscr{L}\left[f^{(-1)}(t)\right]=\frac{F(s)}{s}+\frac{f^{(-1)}(0_-)}{s} .$$

如果信号 $f(t)$ 为因果信号，即 $t<0$ 时 $f(t)=0$ ，则

$$\mathscr{L}\left[f^{(-n)}(t)\right]=\frac{F(s)}{s^n} .\qquad（5.8.6）$$

4. 初值定理

若 $\mathscr{L}\left[f(t)\right]=F(s)$，且 $F(s)$ 为有理真分式，则

$$\lim_{t\to 0_+}f(t)=f\left(0_+\right)=\lim_{s\to +\infty}sF(s)\,. \tag{5.8.7}$$

证明　从信号 $f'(t)$ 的拉普拉斯变换入手，得

$$\mathscr{L}\left(\frac{\mathrm{d}f(t)}{\mathrm{d}t}\right)=\int_{0_-}^{+\infty}\frac{\mathrm{d}f(t)}{\mathrm{d}t}\mathrm{e}^{-st}\mathrm{d}t$$

$$=\int_{0_-}^{0_+}\frac{\mathrm{d}f(t)}{\mathrm{d}t}\mathrm{e}^{-st}\mathrm{d}t+\int_{0_+}^{+\infty}\frac{\mathrm{d}f(t)}{\mathrm{d}t}\mathrm{e}^{-st}\mathrm{d}t\,.$$

$$=f\left(0_+\right)-f\left(0_-\right)+\int_{0_+}^{+\infty}\frac{\mathrm{d}f(t)}{\mathrm{d}t}\mathrm{e}^{-st}\mathrm{d}t$$

又根据单边拉普拉斯变换的时域微分性质可知

$$f\left(0_+\right)-f\left(0_-\right)+\int_{0_+}^{+\infty}\frac{\mathrm{d}f(t)}{\mathrm{d}t}\mathrm{e}^{-st}\mathrm{d}t=-f\left(0_-\right)+sF(s)\,,$$

所以

$$f\left(0_+\right)=sF(s)-\int_{0_+}^{+\infty}\frac{\mathrm{d}f(t)}{\mathrm{d}t}\mathrm{e}^{-st}\mathrm{d}t\,.$$

此式对于收敛域内的任意 s 都应该成立，因此让 s 趋于正无穷，则

$$\lim_{s\to +\infty}\left[\int_{0_+}^{+\infty}\frac{\mathrm{d}f(t)}{\mathrm{d}t}\mathrm{e}^{-st}\mathrm{d}t\right]=\int_{0_+}^{+\infty}\frac{\mathrm{d}f(t)}{\mathrm{d}t}\left[\lim_{s\to +\infty}\mathrm{e}^{-st}\right]\mathrm{d}t=0\,,$$

可得

$$f\left(0_+\right)=\lim_{s\to +\infty}sF\left(s\right)\,.$$

如果 $F(s)$ 不是真分式，但可以展开为真分式部分 $F_0(s)$ 和其他幂函数之和，则

$$\lim_{t\to 0_+}f(t)=f\left(0_+\right)=\lim_{s\to +\infty}sF_0(s)\,. \tag{5.8.8}$$

初值定理的第二种情况，其实是特指 $f(t)$ 包含单位冲激及其导函数的情况，而冲激项都不影响 0_+ 时刻的取值，所以设去掉冲激项的信号为 $f_0(t)$，其对应的拉普拉斯变换即 $f(t)$ 拉普拉斯变换中的真分式部分 $F_0(s)$，所以

$$f\left(0_+\right)=f_0\left(0_+\right)=\lim_{s\to +\infty}sF_0\left(s\right)\,.$$

【例5.8.2】 已知 $F\left(s\right)=\dfrac{2s}{s+1}$，求 $f(0_+)$。

解　此变换式 $F(s)$ 的分子和分母阶数相等，不是真分式，先做展开可得

$$F(s) = \frac{2s}{s+1} = -\frac{2}{s+1} + 2 ,$$

得到了真分式项，所以

$$f(0_+) = \lim_{s \to +\infty} s \cdot \frac{-2}{s+1} = -2 .$$

5. 终值定理

若 $\mathscr{L}[f(t)] = F(s)$，且 $F(s)$ 的极点全都在 s 平面的左半平面，或至多有 1 个一阶极点在原点处，则

$$\lim_{t \to +\infty} f(t) = \lim_{s \to 0} sF(s) . \tag{5.8.9}$$

证明　从初值定理的分析中得到

$$sF(s) = f(0_+) + \int_{0_+}^{+\infty} \frac{\mathrm{d}f(t)}{\mathrm{d}t} \mathrm{e}^{-st}\, \mathrm{d}t ,$$

所以对 s 取极限可得

$$\begin{aligned}
\lim_{s \to 0} sF(s) &= f(0_+) + \lim_{s \to 0} \int_{0_+}^{+\infty} \frac{\mathrm{d}f(t)}{\mathrm{d}t} \mathrm{e}^{-st}\, \mathrm{d}t \\
&= f(0_+) + \lim_{t \to +\infty} f(t) - f(0_+) \\
&= \lim_{t \to +\infty} f(t).
\end{aligned}$$

初值定理和终值定理体现了拉普拉斯变换带来的运算上的便利，不过它们各自都有适用范围和前提条件．使用终值定理容易出错，因为忘记判断极点位置也能计算出一个值，但实际并非终值．下面我们通过一些例子来加强对终值定理前提条件的理解．

【例5.8.3】 判断下列拉普拉斯变换对应的因果信号是否有终值.

（1）$\dfrac{1}{s+1}$　（2）$\dfrac{s}{s^2+\omega^2}$　（3）$\dfrac{1}{s}$　（4）$\dfrac{1}{s^2}$

解　（1）$\mathscr{L}[\mathrm{e}^{-t}u(t)] = \dfrac{1}{s+1}$，极点 -1 在 s 平面的左半平面，有终值.

（2）$\mathscr{L}[\cos(\omega t)u(t)] = \dfrac{s}{s^2+\omega^2}$，极点 $\pm \mathrm{j}\omega_0$ 在 s 平面的虚轴上，没有终值.

（3）$\mathscr{L}[u(t)] = \dfrac{1}{s}$，一阶极点 0 在 s 平面的原点处，有终值.

（4）$\mathscr{L}[tu(t)] = \dfrac{1}{s^2}$，二阶极点 0 在 s 平面的原点处，没有终值.

正确使用初值定理和终值定理可以快速判断信号跳变和信号收敛性质，这在微分方程的求解和系统稳态响应分析中能发挥重要作用．

5.8.2　求解微分方程

拉普拉斯变换最早被提出就是用于解常微分方程．依据单边拉普拉斯变换的时域微分性质，对常微分方程两侧做单边拉普拉斯变换，可以得到 s 域方程，容易通过代数运算直接得到响应的 s 域形式，再逆变换得到响应的时域形式．

通过拉普拉斯变换可以非常方便地对系统响应进行如下划分．

（1）零状态响应与零输入响应：根据激励来源进行区分，输入信号的拉普拉斯变换 $X(s)$ 对应的项为零状态响应，由系统储能产生的项为零输入响应．

（2）自由响应与强迫响应：针对典型响应问题提出的一种不完备划分方式，当激励信号与系统函数的极点不同时，把系统函数极点对应的部分分式的函数项称为自由响应，而把由激励信号带来的极点对应的函数项称为强迫响应．然而实际上强迫响应的函数项系数会被系统起始状态影响，而自由响应的函数项系数也会被激励信号影响．

（3）稳态响应与暂态响应：电路分析、工程控制领域评价系统性能时非常重要的划分方式．很多实际电路系统的功能都是输出一个稳定的响应信号，但是由于系统的物理限制，每当发生状态改变时，比如引入了新的激励信号时，其输出信号都不可能瞬间切换为所需的响应，而会引入一些额外波动，良好的系统会使这些额外波动尽快归于零．激励信号接入后，响应中随时间增长而减小直至消失的分量就是暂态响应或瞬态响应，而响应中始终存在的分量称为稳态响应．利用拉普拉斯变换的零、极点图，可以很方便地通过极点位置区分稳态响应和暂态响应．对于因果信号，如果拉普拉斯变换的部分分式极点在 s 平面的左半平面，这一项的时域变化特点就是指数衰减，即该项会逐渐趋于 0，是暂态响应；而极点在虚轴或右半平面的部分分式，则对应幅度保持不变或者逐渐增大的稳态响应．

【例5.8.4】 已知描述某因果系统的微分方程为 $\dfrac{\mathrm{d}^2 y(t)}{\mathrm{d}t^2} + 3\dfrac{\mathrm{d}y(t)}{\mathrm{d}t} + 2y(t) = \dfrac{\mathrm{d}x(t)}{\mathrm{d}t} + 3x(t)$，激励信号 $x(t) = u(t)$，起始状态 $y(0_-) = 1, y'(0_-) = 2$，求零输入响应与零状态响应、自由响应与强迫响应、暂态响应与稳态响应．

解　方程两侧做拉普拉斯变换，得

$$s^2 Y(s) - sy(0_-) - y'(0_-) + 3\left[sY(s) - y(0_-)\right] + 2Y(s) = sX(s) + 3X(s),$$

整理得

$$Y(s) = \frac{s+3}{s^2 + 3s + 2} X(s) + \frac{sy(0_-) + y'(0_-) + 3y(0_-)}{s^2 + 3s + 2},$$

其中，与 $X(s)$ 有关的项对应零状态响应，与起始状态 $y(0_-)$、$y'(0_-)$ 有关的项对应零输入响应．

$$Y_{zs}(s) = \frac{s+3}{s^2 + 3s + 2} X(s) = \frac{s+3}{s^3 + 3s^2 + 2s},$$

$$Y_{zi}(s) = \frac{sy(0_-) + y'(0_-) + 3y(0_-)}{s^2 + 3s + 2} = \frac{s+5}{s^2 + 3s + 2}.$$

逆变换可得

$$y_{zs}(t) = 1.5 - 2e^{-t} + 0.5e^{-2t} \qquad t \geqslant 0 \ ,$$

$$y_{zi}(t) = 4e^{-t} - 3e^{-2t} \qquad t \geqslant 0 \ .$$

根据零状态响应 $Y_{zs}(s)$ 可以得到系统函数为

$$H(s) = \frac{Y_{zs}(s)}{X(s)} = \frac{s+3}{s^2 + 3s + 2} \ ,$$

系统的全响应为

$$Y(s) = \frac{1.5}{s} + \frac{2}{s+1} - \frac{2.5}{s+2} \ .$$

可知其中极点 -1, -2 为系统函数的极点，对应自由响应，为 $2e^{-t} - 2.5e^{-2t}$ （ $t \geqslant 0$ ）. 极点 0 为激励信号的极点，对应强迫响应，为 1.5 （ $t \geqslant 0$ ）.

全响应中极点 -1, -2 位于 s 平面的左半平面，对应暂态响应；极点 0 位于原点，对应稳态响应. 所以暂态响应为 $2e^{-t} - 2.5e^{-2t}$ （ $t \geqslant 0$ ），稳态响应为 1.5 （ $t \geqslant 0$ ）. 通过让时间 t 趋于正无穷观察各项的变化趋势，也容易看出这个结果.

对于单边拉普拉斯变换的原函数，由于其只体现了信号正半轴的积分结果，不包含负半轴的信息，因此逆变换也只能得到正半轴的原函数情况，用 $t \geqslant 0$ 做限定是相对严谨的. 如果题目包含了原函数的其他信息，比如原函数是因果信号，或是因果系统的零状态响应，则时域原函数也可以直接写为以 $u(t)$ 表达的形式.

▲

5.8.3　分析动态电路

1. 电路元件的复频域模型

电阻、电容、电感是几种基本的电路元件，若它们的电压与电流之间有确定的线性关系，或是比例关系，或是微分关系，则由这几种电路元件组成的系统的电压—电流关系通常可以由常微分方程描述，其响应的求解就是微分方程的求解. 而这种问题非常适合引入拉普拉斯变换进行分析. 利用单边拉普拉斯变换的微分性质，可以把电路元件电压与电流之间的关系转换为复频域电压与电流之间的关系，而时域的微分关系在复频域中可转换为比例关系，这样微分方程就转变为代数方程了.

对于包含起始状态的问题，需要使用表 5.8.1 的中间列，用包含起始状态的复频域关系求解.

表 5.8.1　电路元件的复频域模型

电路元件	时域关系	复频域关系	零状态条件下的复频域阻抗
电阻	$v(t) = Ri(t)$	$V(s) = RI(s)$	$\dfrac{V(s)}{I(s)} = R$
电容	$i(t) = C\dfrac{dv(t)}{dt}$	$V(s) = \dfrac{1}{sC}I(s) + \dfrac{1}{s}v(0_-)$	$\dfrac{V(s)}{I(s)} = \dfrac{1}{sC}$

续表

电路元件	时域关系	复频域关系	零状态条件下的复频域阻抗
电感	$v(t) = L\dfrac{\mathrm{d}i(t)}{\mathrm{d}t}$ 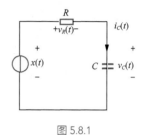	$V(s) = sLI(s) - Li(0_-)$	$\dfrac{V(s)}{I(s)} = sL$

2. 典型例题分析

【例5.8.5】已知图5.8.1所示电路中的激励电压为 $x(t) = \begin{cases} -E & t < 0 \\ E & t > 0 \end{cases}$，求 $v_C(t)$.

解 根据电容的复频域模型，其复频域电压为

$$V_C(s) = \frac{1}{sC}I_C(s) + \frac{1}{s}v_C(0_-).$$

根据电路特性判断，$v_C(0_-) = -E$. 在串联电路中，所有元件电流相同，所以 $I_C(s) = \dfrac{V_R(s)}{R}$，于是

$$V_C(s) = \frac{V_R(s)}{sRC} - \frac{E}{s}, \tag{5.8.10}$$

又根据基尔霍夫电压定律

$$X(s) = V_R(s) + V_C(s), \tag{5.8.11}$$

其中，激励信号的拉普拉斯变换为 $X(s) = \mathscr{L}[x(t)] = \dfrac{E}{s}$. 因此联立式（5.8.10）和式（5.8.11）可得

$$V_C(s) = -\frac{E\left(s - \dfrac{1}{RC}\right)}{s\left(s + \dfrac{1}{RC}\right)},$$

部分分式展开为

$$V_C(s) = \frac{E}{s} - \frac{2E}{\left(s + \dfrac{1}{RC}\right)},$$

时域原函数为

$$v_C(t) = E\left(1 - 2\mathrm{e}^{-\frac{1}{RC}t}\right) \quad t \geqslant 0.$$

注意，这种情况下就不适合把逆变换写为 $v_C(t) = E\left(1 - 2\mathrm{e}^{-\frac{1}{RC}t}\right)u(t)$，因为这个表达式与起始条件矛盾.

图 5.8.1

对于零状态条件下的电路，电感和电容上的复频域电压与复频域电流之比是固定的，与电阻类似，统称为复阻抗. 因此，可以对电感、电容采用类似电阻的处理方法进行电路分析.

【例5.8.6】 图5.8.2所示电路起始状态为0，$t = 0$ 时刻开关闭合，接入直流电压 E ，求电流 $i(t)$.

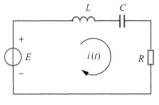

图 5.8.2

解 对于零状态条件下的电路，可以直接把各电路元件转为复频域阻抗，如图5.8.3所示.

在复频域上，电感、电容和电阻相当于3个串联的元件，其电路方程为

$$\frac{E}{s} = sLI(s) + \frac{1}{sC}I(s) + RI(s) ,$$

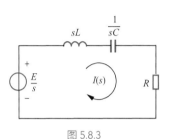

图 5.8.3

解得

$$I(s) = \frac{E}{s\left(sL + R + \frac{1}{sC}\right)} = \frac{E}{L} \cdot \frac{1}{s^2 + \frac{R}{L}s + \frac{1}{LC}} .$$

这个拉普拉斯变换是固定的，但是其逆变换受极点位置影响，有几种不同的形式. 引入中间变量 $\alpha = \frac{R}{2L}$，$\omega_0 = \frac{1}{\sqrt{LC}}$ ，则

$$I(s) = \frac{E}{L} \cdot \frac{1}{s^2 + 2\alpha s + \omega_0^2} = \frac{E}{L} \cdot \frac{1}{s^2 + 2\alpha s + \alpha^2 + \omega_0^2 - \alpha^2}$$

$$= \frac{E}{L} \cdot \frac{1}{(s+\alpha)^2 - (\alpha^2 - \omega_0^2)}$$

可见，根据 α 和 ω_0 的相对大小，其极点有以下3种情况.

（1）$\alpha > \omega_0$ 时为单实根极点，设 $\beta = \sqrt{\alpha^2 - \omega_0^2} = \sqrt{\frac{R^2}{4L^2} - \frac{1}{LC}}$ ，则

$$I(s) = \frac{E}{L} \cdot \frac{1}{(s+\alpha)^2 - (\alpha^2 - \omega_0^2)} = \frac{E}{L} \cdot \frac{1}{(s+\alpha+\beta)(s+\alpha-\beta)}$$

$$= \frac{E}{L} \cdot \frac{1}{2\beta}\left(\frac{-1}{s+\alpha+\beta} + \frac{1}{s+\alpha-\beta}\right)$$

原函数为

$$i(t) = \frac{E}{L} \cdot \frac{1}{2\beta}\left[e^{-(\alpha-\beta)t} - e^{-(\alpha+\beta)t}\right] = \frac{E}{L} \cdot \frac{1}{2\beta}e^{-(\alpha-\beta)t}\left(1 - e^{-2\beta t}\right) \qquad t \geq 0 .$$

（2）$\alpha = \omega_0$ 时为二重根极点，

$$I(s) = \frac{E}{L} \cdot \frac{1}{(s+\alpha)^2 - (\alpha^2 - \omega_0^2)} = \frac{E}{L} \cdot \frac{1}{(s+\alpha)^2} ,$$

原函数为

$$i(t) = \frac{E}{L} \cdot t \, \mathrm{e}^{-\alpha t} = \frac{E}{L} \cdot t \, \mathrm{e}^{-\frac{R}{2L}t} \qquad t \geqslant 0 \, .$$

由于这种情况下 $\frac{R}{2} = \sqrt{\frac{L}{C}}$，所以

$$i(t) = \frac{E}{L} \cdot t \, \mathrm{e}^{-\frac{1}{\sqrt{LC}}t} \qquad t \geqslant 0 \, .$$

（3）$\alpha < \omega_0$ 时为共轭复根极点，设 $\omega_c = \sqrt{\omega_0^2 - \alpha^2} = \sqrt{\dfrac{1}{LC} - \dfrac{R^2}{4L^2}}$，有

$$I(s) = \frac{E}{L} \cdot \frac{1}{(s+\alpha)^2 - (\alpha^2 - \omega_0^2)} = \frac{E}{L\omega_c} \cdot \frac{\omega_c}{(s+\alpha)^2 + \omega_c^2},$$

原函数为

$$i(t) = \frac{E}{L\omega_c} \mathrm{e}^{-\alpha t} \sin(\omega_c t) \qquad t \geqslant 0 \, .$$

特别指出，当 $\alpha = 0$ 时，$\omega_c = \omega_0$，此时原函数为

$$i(t) = \frac{E}{L\omega_0} \sin(\omega_0 t) = E\sqrt{\frac{C}{L}} \sin(\omega_0 t) \qquad t \geqslant 0 \, .$$

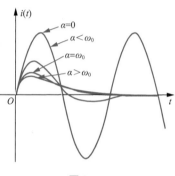

图 5.8.4

二阶RLC电路的几种响应情况可以通过拉普拉斯变换的极点分析一一得到，如图5.8.4所示，体现了拉普拉斯变换在动态电路分析中的重要作用.

5.9 本章小结

二阶连续系统零、极点分布与时域特性、频域特性的关系

本章我们学习了拉普拉斯变换的定义及其收敛域、典型信号的拉普拉斯变换、拉普拉斯变换的性质和逆变换. 拉普拉斯变换的主要应用：双边拉普拉斯变换主要用于求系统函数，单边拉普拉斯变换解常微分方程和分析动态电路. 引入系统函数的概念后，可以借助系统函数的零、极点图非常直观地分析系统的时域特性、频率响应特性、因果性和稳定性，以及借助梅森公式绘制系统的结构图（信号流图）. 通过利用单边拉普拉斯变换可以将时域的微分方程转换为s域的代数方程，便于系统分析和求解.

5.10 知识拓展

5.10.1 控制系统概述

在生产生活实践中，人们经常需要对某一种或多种物理量进行控制，使其稳定在某一水平上，大到飞机飞行姿态的平衡参数，小到生活中热水壶中水的温度控制. 我们把需要控制的目标

变量称为被控变量，而把人们能够直接影响或操控，从而改变被控变量的因素称为控制信号，或操控变量．例如，飞行的水平度、热水的温度即被控变量，而飞机两侧机翼的迎角、热水壶的加热片电流即操控变量．

　　控制系统可简单地分为开环控制系统和闭环控制系统（或反馈控制系统）两大基本类型．

　　开环控制系统，是指控制信号单向影响被控变量，被控变量不会反过来影响控制信号的系统，如图5.10.1（a）所示．例如，恒温热水壶通过改变加热片电流来改变加热功率，从而控制水温，但如果没有温度传感器实时测量热水温度，这就是一种开环控制系统．对于开环控制的热水壶来说，加热功率应该变大还是变小，什么时间应该停止加热，这样的问题就很难回答了．当然，如果热水壶的各种理论模型都很完善，也不存在与外界的热交换和扰动，那么可以提前计算出升温所需的总能量，从而得到加热所需的功率和总时间，这样也可以实现加热控制．所以开环控制系统的应用场景主要是运行稳定、结构成熟、不存在扰动或者扰动的影响极小的系统．

　　闭环控制系统，是指被控变量可以被测量，形成反馈信号，从而对控制信号产生影响的控制系统．这种系统的信号流图中有明显的环形结构，因此称为闭环控制系统，如图5.10.1（b）所示．当闭环控制系统被合理设置并良好运行时，被控变量与目标值之间的差距会被极度缩小，即实现更精确的控制．仍用恒温热水壶的例子来说明，闭环控制系统是指系统中存在温度传感器实时测量热水温度，从而获得当前实际温度与目标温度的差值，准确判断加热功率应该变大还是变小．当闭环控制系统设置合理时，实际温度低于目标温度的情况下，反馈信号会让控制信号增大，使加热片以大功率继续工作；实际温度高于目标温度的情况下，反馈信号会让控制信号减小，使加热片停止工作．这样就实现了热水温度趋近目标温度．

　　闭环控制系统的主要问题是其元件数量通常比开环控制系统要多，因为需要对被控变量进行测量，至少需要传感器、相应的信号采集和处理模块，这些会增加系统的成本．在对控制系统的要求没那么高的时候，从降低成本的角度来考虑，用开环控制系统就比较合适了．例如，市场上的一些低成本热水壶不测量水温，单纯地以某个固定的加热功率恒定加热一段固定的时间，在一定的环境温度范围和水量基本固定的条件下，也可以确保把水烧开．因此，实际的控制系统应该综合考虑应用需求和实现成本等问题．

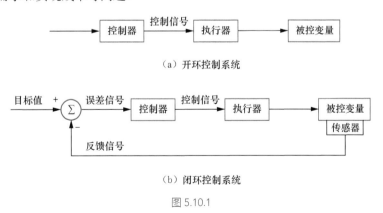

（a）开环控制系统

（b）闭环控制系统

图 5.10.1

5.10.2　PID 控制简介

　　闭环控制系统引入反馈信号并不是被控变量达到目标值的充分条件．要实现对被控变量的准确控制，还需要根据控制信号与被控变量的实际关系，合理设置控制器，使反馈信号正确发挥作用. 在图5.10.1中，开环控制系统和闭环控制系统均包含一些基本组成部分，除了前面已经介绍过的控制信号、被控变量，还有控制器、执行器等.

执行器即描述控制信号具体如何作用于被控变量的子系统，通常根据控制信号和被控变量的实际物理关系来设计. 例如，若控制信号是电流，被控变量是加热片的功率，这时执行器就是一个平方器；若控制信号是施加于滑块的推力，被控变量是滑块的速度，这时执行器就是一个积分器. 对于一个具体的控制系统而言，执行器通常是固定的，无法改变.

控制器即处理误差信号，并输出控制信号给执行器的子系统. 控制器的设计是实现控制系统功能的关键. 在恒温热水壶的闭环控制系统结构中，如果控制器没有正确使用误差信号，例如，实际温度低于目标温度的情况下，控制器反而要求停止加热，或实际温度高于目标温度的情况下，控制器仍然要求增大加热功率，那么系统就不能使热水温度达到目标值了.

闭环控制系统的复频域系统框图如图5.10.2所示.

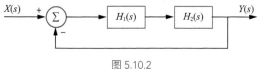

图 5.10.2

在图5.10.2中，$X(s)$ 是目标值，$Y(s)$ 是被控变量，$H_1(s)$ 是控制器，$H_2(s)$ 是执行器. 根据梅森公式，闭环控制系统的系统函数

$$\frac{Y(s)}{X(s)} = \frac{H_1(s)H_2(s)}{1+H_1(s)H_2(s)}. \tag{5.10.1}$$

如果控制系统的目标值是一个常数，例如，$x(t)=Ku(t)$，则被控变量的拉普拉斯变换为

$$Y(s) = \frac{K}{s} \cdot \frac{H_1(s)H_2(s)}{1+H_1(s)H_2(s)}. \tag{5.10.2}$$

对于实际控制系统而言，被控变量不可能在所有时刻都与目标值相等. 通常被控变量的终值（即稳态响应）与目标值相等就可看作实现了基本控制功能. 要实现被控变量的稳态响应与目标值相等，需要满足

$$sY(s)\big|_{s=0} = K，\quad 即 \lim_{s\to0}\frac{1}{H_1(s)H_2(s)} = 0; \tag{5.10.3}$$

同时不存在其他稳态响应分量，即

$$\frac{1}{1+H_1(s)H_2(s)} 的极点均在s平面的左半平面.$$

以上为控制器设计的两条基本原则. 在此基础上，暂态响应持续时间越短，或者说暂态响应在越短的时间内衰减到足够小，则控制系统性能越好.

常见的控制器有比例控制单元、积分控制单元、微分控制单元3种基本控制单元. 这3种基本控制单元的组合能够满足绝大多数控制系统的控制需求，是控制器研究的重要模型，称为比例—积分—微分（proportional-integral-derivative，PID）控制. 设误差信号为 $e(t)$，控制信号为 $c(t)$，则两者的时域关系为

$$\begin{aligned}
c(t) &= K_{\mathrm{p}}e(t) + K_{\mathrm{i}}\int_0^t e(\tau)\mathrm{d}\tau + K_{\mathrm{d}}\frac{\mathrm{d}}{\mathrm{d}t}e(t)\\
&= K_{\mathrm{p}}\left[\delta(t) + \frac{1}{T_{\mathrm{i}}}u(t) + T_{\mathrm{d}}\delta'(t)\right] * e(t),
\end{aligned} \tag{5.10.4}$$

其中，$K_i = \dfrac{K_p}{T_i}$，$K_d = K_p T_d$．其复频域传递函数则是

$$\frac{C(s)}{E(s)} = K_p \left(1 + \frac{1}{T_i s} + T_d s\right). \tag{5.10.5}$$

K_p 即比例常数，同时其符号决定了反馈属于正反馈还是负反馈．T_i 为积分时间常数，T_d 为微分时间常数．改变这3个常数的值可以实现不同功能的控制器，特别指出，当 $T_d = 0$ 时，控制器简化为比例-积分（proportional-integral，PI）控制器．单纯的比例控制器则不太常见，因为要使式（5.10.3）的极限成立，控制器或执行器至少要包含一个积分模块．执行器是由实际应用场景决定的，通常无法调整，因此控制器一般都需要包含积分功能．

【例5.10.1】 考虑用定速巡航系统来控制一辆汽车的速度，其中使用了一个PI控制器，其系统函数为 $H_e(s) = 1 + \dfrac{1}{s}$，如图5.10.3所示．假设想要汽车保持速度 V_0，故令参考输入信号 $x(t) = V_0 u(t)$．为简单起见，对于运动中的汽车，假定其模型是一个具有转移函数 $H_p(s) = \dfrac{\beta}{s+a}$ 的系统，其中 $\beta > 0$ 和 $\alpha > 0$ 与汽车的质量和摩擦系数有关．令 $\alpha = \beta = 1$．

（1）求汽车输出速度 $v(t)$ 的拉普拉斯变换 $V(s)$．

（2）求 $v(t)$ 的稳态响应．

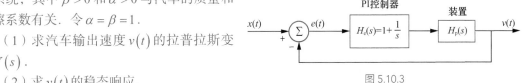

图 5.10.3

解 （1）根据梅森公式，可得

$$\frac{V(s)}{X(s)} = \frac{H_e(s) H_p(s)}{1 + H_e(s) H_p(s)} = \frac{\left(1 + \dfrac{1}{s}\right) \cdot \dfrac{1}{s+1}}{1 + \left(1 + \dfrac{1}{s}\right) \cdot \dfrac{1}{s+1}} = \frac{1}{s+1},$$

则汽车输出速度 $v(t)$ 的拉普拉斯变换为

$$V(s) = \frac{H_e(s) H_p(s)}{1 + H_e(s) H_p(s)} X(s) = \frac{1}{s+1} \cdot \frac{V_0}{s} = \frac{V_0}{s(s+1)}.$$

（2）$V(s)$ 的极点是 $p_1 = 0$ 和 $p_2 = -1$，可将 $V(s)$ 写成

$$V(s) = \frac{B}{s+1} + \frac{A}{s},$$

其中

$$A = sV(s)\big|_{s=0} = V_0,$$

从而稳态响应为

$$\lim_{t \to +\infty} v(t) = V_0.$$

由于部分分式展开式中第1项的极点在 s 平面的左半平面，其拉普拉斯逆变换会趋于0，因此求稳态响应时不需要考虑第1项．稳态时的误差信号可以通过对

基于比例-积分控制器的定速巡航系统

$$E(s) = X(s) - V(s) = \frac{V_0}{s}\left[1 - \frac{1}{s+1}\right]$$

应用拉普拉斯变换的终值定理有

$$\lim_{t \to +\infty} e(t) = \lim_{s \to 0} sE(s) = \lim_{s \to 0} V_0\left[1 - \frac{1}{s+1}\right] = 0.$$

📝 习题

▶ **基础题**

5-1【拉普拉斯变换】求下列函数的拉普拉斯变换（可直接引用典型拉普拉斯变换对及性质）.

（1）$f_1(t) = \delta(t) - 2e^{-t}u(t)$　　（2）$f_2(t) = u(t) - u(t-1)$

（3）$f_3(t) = t^2 u(t)$　　（4）$f_4(t) = t[u(t) - u(t-1)]$

（5）$f_5(t) = e^{-t}\cos 2t \cdot u(t)$　　（6）$f_6(t) = e^{-(t-1)}u(t) + e^{-(t-1)}u(t-1)$

5-2【拉普拉斯逆变换】因果信号 $f(t)$ 的拉普拉斯变换 $F(s)$ 如下，求原函数.

（1）$\dfrac{6}{s(2s+3)}$（2）$\dfrac{5}{s(s^2+5)}$（3）$\dfrac{s+2}{s(s+1)^2}$（4）$\dfrac{1}{s^2+3s+2}e^{-s}$

5-3【周期信号的拉普拉斯变换】求题图5-3所示周期矩形脉冲信号的单边拉普拉斯变换.

5-4【拉普拉斯变换】求题图5-4所示梯形脉冲信号的拉普拉斯变换.

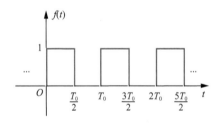
题图 5-3

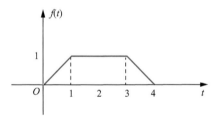
题图 5-4

5-5【LC振荡器的系统函数和冲激响应】题图5-5所示电路中，输入为电流源电流 $i(t)$，输出为电感电压 $v(t)$.

（1）求系统函数（电压转移函数）$H(s) = \dfrac{V(s)}{I(s)}$.

（2）求冲激响应 $h(t)$.

5-6【由电路求系统函数和冲激响应】题图5-6所示电路中，$R = 5\,\Omega$，$L = 2\,\text{H}$，$C = 0.1\,\text{F}$.

（1）设 $\mathscr{L}[y(t)] = Y(s)$，$\mathscr{L}[x(t)] = X(s)$，画出电路的 s 域等效模型并求系统函数 $H(s) = \dfrac{Y(s)}{X(s)}$.

（2）求冲激响应 $h(t)$.

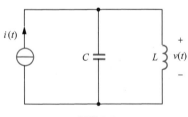
题图 5-5

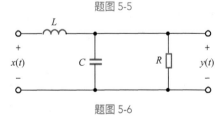
题图 5-6

5-7 【由零、极点图求系统函数】已知系统函数的零、极点分布如题图5-7所示，此外 $H(\infty)=5$ ，写出系统函数 $H(s)$.

5-8 【考研真题-连续系统的互联】已知由子系统互联而成的系统如题图5-8所示，其中 $h_1(t)=\delta(t)$ ， $h_2(t)=\mathrm{e}^{-t}u(t)$ ， $h_3(t)=\int_{-\infty}^{t}\delta(\tau)\mathrm{d}\tau$.求该系统的系统函数 $H(s)$ 和冲激响应 $h(t)$.

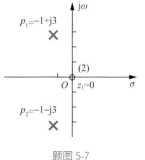

题图 5-7

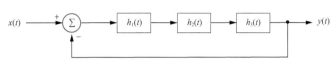

题图 5-8

5-9 【考研真题-信号经过系统求响应】假定用题图5-9（a）所示的RC电路作为通信信道不完善效应的模型. 这里，输入信号 $x(t)$ 是发射信号，而输出信号 $y(t)$ 是接收信号. 假定用二进制编码表示信息，在周期 T 内发射题图5-9（b）所示的波形或码元 $p(t)$ 来表示"1"，在另一个适当的周期内传送 $-p(t)$ 来表示"0". 计算在 $t=0$ 时刻传送单个"1"时接收到的信号.

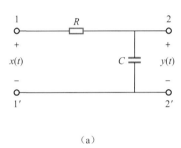

（a）

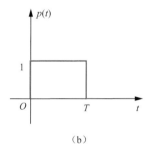

（b）

题图 5-9

5-10 【系统的频率响应特性】若某线性时不变连续因果系统的系统函数 $H(s)$ 的零、极点分布如题图5-10所示， $H(s)$ 分子与分母的最高阶系数比为1，分析该系统的频率响应特性.

（1）根据零、极点图写出系统函数、时域微分方程、频率响应特性.

（2）利用几何方法求出 $\omega=2$ 的幅频响应 $\left|H(\mathrm{j}2)\right|$ 和相移 $\varphi(2)$.

（3）选取几个关键频率点，大致画出滤波器的幅频特性和相频特性.

5-11 【逆系统】一个系统的冲激响应为 $h(t)$ ，若可以找到一个系统 $h_i(t)$ ，满足 $h(t)*h_i(t)=\delta(t)$ ，则称 $h_i(t)$ 是 $h(t)$ 的逆系统. 已知 $h(t)=\mathrm{e}^{-2t}u(t)$ ，求 $h_i(t)$.

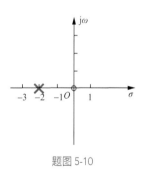

题图 5-10

5-12 【由信号流图求系统函数】利用梅森公式求题图5-12所示系统的系统函数.

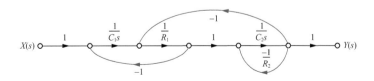

题图 5-12

5-13【由信号流图求系统函数】题图5-13所示为一个多输入—单输出系统的信号流图，求该系统的转移函数 $H_1(s) = \dfrac{Y(s)}{X_1(s)}$ 和 $H_2(s) = \dfrac{Y(s)}{X_2(s)}$.

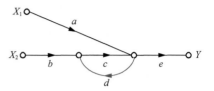

题图 5-13

5-14【系统结构图-直接形式】对于下列系统函数，画出对应系统的直接形式的信号流图.

（1）$H(s) = \dfrac{1}{s+3}$　（2）$H(s) = \dfrac{s}{s+3}$　（3）$H(s) = \dfrac{s+2}{s+3}$　（4）$H(s) = \dfrac{s}{s^2+2s+5}$

5-15【系统结构图-并联形式】已知系统函数为 $H(s) = \dfrac{s}{(s+3)(s+1)}$ ，请画出该系统并联形式的信号流图.

5-16【系统结构图-级联形式】系统函数为 $H(s) = \dfrac{s}{(s+1)(s^2+2s+5)}$ ，请画出该系统级联形式的信号流图.

5-17【初值定理和终值定理】已知因果信号 $f(t)$ 的拉普拉斯变换为 $F(s) = \dfrac{s^2+2s+1}{(s-1)(s+2)(s+3)}$.

（1）画出 $F(s)$ 的零、极点图.

（2）求原信号 $f(t)$ 的初值和终值.

5-18【单边拉普拉斯变换的微分性质】已知信号 $f_1(t) = \mathrm{e}^{-2t}u(t)$.

（1）写出 $f_1(t)$ 的单边拉普拉斯变换 $F_1(s)$.

（2）求 $f_2(t) = \dfrac{\mathrm{d}f_1(t)}{\mathrm{d}t}$ 的解析表达式，直接从 $f_2(t)$ 求出其单边拉普拉斯变换 $F_{21}(s)$ ，并与用微分性质求出的结果 $F_{22}(s)$ 进行对照.

5-19【单边拉普拉斯变换的微分性质】已知信号 $f_1(t) = \mathrm{e}^{-2t}$.

（1）写出 $f_1(t)$ 的单边拉普拉斯变换 $F_1(s)$.

（2）求 $f_2(t) = \dfrac{\mathrm{d}f_1(t)}{\mathrm{d}t}$ 的解析表达式，直接从 $f_2(t)$ 求出其单边拉普拉斯变换 $F_{21}(s)$ ，并与用微分性质求出的结果 $F_{22}(s)$ 进行对照.

5-20【微分方程求解】给定因果系统的微分方程

$$\frac{\mathrm{d}^2 y(t)}{\mathrm{d}t^2} + 2\frac{\mathrm{d}y(t)}{\mathrm{d}t} + 2y(t) = \frac{\mathrm{d}x(t)}{\mathrm{d}t} .$$

（1）求该系统的系统函数 $H(s)$ 和冲激响应 $h(t)$.

（2）若激励信号 $x(t) = u(t)$ ，用拉普拉斯变换求系统的零状态响应.

（3）若系统的起始状态为 $y(0_-) = 0$, $y'(0_-) = 1$ ，用拉普拉斯变换求系统的零输入响应.

（4）在（2）和（3）的激励信号和起始条件下，计算全响应，并分别写出自由响应、强迫响应、稳态响应、暂态响应.

5-21【考研真题-利用拉普拉斯变换分析动态电路】题图5-21所示电路中，开关在 $t = 0$ 时刻打开，打开之前一直处

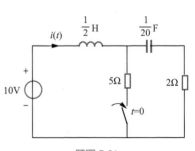

题图 5-21

于闭合位置. 求 $t \geqslant 0$ 的电感电流 $i(t)$.

▶ **提高题**

5-22　【考研真题-双边拉普拉斯变换】求信号 $x(t)=e^{-2|t|}$ 的双边拉普拉斯变换，并注明收敛域.

5-23　【系统的稳定性】系统框图如题图5-23所示.

（1）判断子系统 $H_1(s) = \dfrac{s}{s^2+4s+4}$ 是否稳定.

（2）写出 $H(s) = \dfrac{Y(s)}{X(s)}$.

（3）K 满足什么条件时系统稳定？

（4）调整 K 使系统处在临界稳定状态下，求相应的 K 值，并求系统冲激响应 $h(t)$.

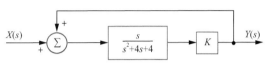

题图 5-23

5-24　【系统的频率响应特性】已知某连续因果系统的系统函数为 $H(s) = \dfrac{13}{(s+1)(s^2+4s+5)}$，求当激励信号 $x(t) = \cos(2t)$ 时系统的稳态响应.

5-25　【频率响应特性和无失真传输条件】电路如题图5-25所示.

（1）画出零状态条件下电路的 s 域等效模型，并写出电压转移函数 $H(s) = \dfrac{V_2(s)}{V_1(s)}$.

（2）分析电路的元件参数满足什么条件时这个系统是无失真传输系统.

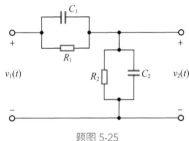

题图 5-25

5-26　【考研真题-连续系统结构图】某连续系统的系统函数为

$$H(s) = \frac{2s+4}{s^3+3s^2+5s+3},$$

请画出用积分器实现的直接形式系统结构图（信号流图或框图都可以）.

5-27　【单边拉普拉斯变换的时移性质】求下列函数的单边拉普拉斯变换.

（1）$f(t) = t[u(t) - u(t-1)]$

（2）$f(t) = \sin(\omega t)\left[u(t) - u\left(t - \dfrac{T}{2}\right)\right]$（其中 $T = \dfrac{2\pi}{\omega}$）

（3）$f(t) = \cos\left(\omega_0 t + \dfrac{\pi}{4}\right)u(t)$

5-28　【考研真题-连续系统的分析】有一线性时不变系统在相同起始条件下对 $e_1(t) = u(t)$ 的全响应为 $r_1(t) = 2e^{-t}u(t)$，对 $e_2(t) = \delta(t)$ 的全响应为 $r_2(t) = \delta(t)$.

（1）求系统的零输入响应 $r_{zi}(t)$.

（2）如果系统的起始状态不变，求其在 $e_3(t) = e^{-t}u(t)$ 激励下的零状态响应 $r_{3zs}(t)$.

5-29　【考研真题-响应的划分】设连续系统方程为

$$\frac{\mathrm{d}y(t)}{\mathrm{d}t}+3y(t)=3u(t),$$

已知系统全响应 $y(t)=\left(1+\frac{1}{2}\mathrm{e}^{-3t}\right)u(t)$，试求系统的零输入响应，并指出全响应中的自由响应分量和强迫响应分量.

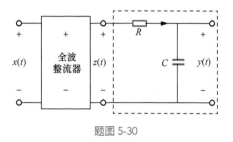

5-30【考研真题-综合】一个由全波整流器和RC电路级联而成的直流电源，如题图5-30所示. 全波整流器的输出为

题图 5-30

$$z(t)=|x(t)|.$$

（1）求虚线框内RC电路的系统函数 $H(s)$，以及系统的幅频特性.

（2）设输入信号 $x(t)=\cos(100\pi t)$.

① 请画出信号 $z(t)$ 的波形.

② 求 $z(t)$ 的直流分量.

③ 求 $z(t)$ 中50 Hz频率分量.

④ 求 $z(t)$ 中100 Hz频率分量.

⑤ 为使 $y(t)$ 中100 Hz频率分量振幅小于直流分量的1%，请确定时间常数 $\tau=RC$ 的范围.

习题5-30讲解（考研真题-综合）

重点习题答案速查

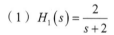 **计算机实践题**

C5-1【连续系统零、极点分布和频率响应特性的关系】请利用计算机编程绘制下列因果系统的零、极点图和频率响应特性，并判断系统具有什么类型的滤波特性. 观察零、极点分布和系统频率响应特性的关系.

（1）$H_1(s)=\dfrac{2}{s+2}$

（2）$H_2(s)=\dfrac{s}{s+2}$

（3）$H_3(s)=\dfrac{1}{s^2+2s+10}$

（4）$H_4(s)=\dfrac{(s-1)(s-2)}{(s+1)(s+2)}$

C5-2【线性时不变系统仿真】利用计算机编程完成习题3-31所示RLC并联电路仿真分析. 为了仿真方便，取 $R=1000\ \Omega$，其他参数与习题3-31相同.

C5-3【巴特沃斯滤波器】在频率选择性滤波器中，巴特沃斯滤波器是广泛应用的一类线性时不变连续系统. 由于其频率响应具有简单的解析形式，从工程角度来说，巴特沃斯滤波器极具吸引力. 一个N阶巴特沃斯低通滤波器，其频率响应的幅值 $|H(\mathrm{j}\omega)|$ 满足

习题C5-2讲解（线性时不变系统仿真）

$$|H(\mathrm{j}\omega)|^2=\frac{1}{1+(\mathrm{j}\omega/\mathrm{j}\omega_\mathrm{c})^{2N}}.$$

（1）用解析法确定 $H(s)H(-s)$ 的2N个极点的位置.

（2）利用计算机编程绘制N阶巴特沃斯滤波器的零、极点图和频率响应特性. 当 $\omega=\omega_\mathrm{c}$ 时 $|H(\mathrm{j}\omega)|$ 的值是多少？

第 **6** 章

离散信号与系统的z域分析

  在第2章我们曾介绍过，离散复指数信号是LTI系统的特征函数，利用这一特性可以非常方便地分析LTI系统. 本章将把离散信号表示为复指数函数的形式，引出z变换. 1730年，法国数学家棣莫弗（De Moivre）引入特征函数来描述离散随机变量概率质量函数（probability mass function），首次使用了z变换. z变换是复变函数洛朗级数的一种特例. 苏联工程师和数学家雅可夫·茨普金（Yakov Tsypkin）于20世纪50年代提出了离散拉普拉斯变换，并将其用于离散系统的研究. 之后，美国哥伦比亚大学的约翰·拉格兹尼（John Ragazzini）教授和他的学生伊利亚·朱利（Eliahu Jury）及劳福特·扎德（Lofti Zadeh）发展了z变换. z变换是在离散时间下与拉普拉斯变换相对应的变换，类似地，借助z变换可以得到离散系统输入信号和输出信号之间的关系表达式，例如，离散信号的卷积和对应z变换的乘积，LTI系统的输出信号可用输入信号的z变换与系统的脉冲响应的z变换的乘积来得到；将系统脉冲响应的z变换定义为系统函数，可以进一步通过系统函数研究系统的特性. 在实际应用中，双边z变换的主要作用是研究系统的特性和导出用于实现离散系统的计算结构；而单边z变换常用来解有初始条件的差分方程.

⚡ 本章学习目标

（1）掌握离散信号z变换和收敛域的概念.

（2）掌握典型信号z变换、z变换的性质、逆z变换的求解方法.

（3）掌握离散系统函数概念，掌握零、极点图与系统脉冲响应的对应关系，以及通过零、极点图判断系统稳定性和因果性的方法.

（4）掌握离散系统频率响应特性的概念及由系统函数零、极点图定性确定系统频率响应的方法.

（5）了解利用单边z变换解差分方程的方法.

6.1 z 变换的定义和收敛域

对连续信号 $x_a(t)$ 进行等时间间隔抽样，抽样间隔为 T_s，即每隔 T_s 取一个样值，可得离散信号

$$x[n] = x_a(nT_s), \tag{6.1.1}$$

对信号 $x_a(t)$ 进行理想抽样时得到的抽样信号 $x_s(t)$ 在4.5节曾被用于分析论证抽样定理，其可通过连续信号 $x_a(t)$ 与周期冲激脉冲序列 $\sum\limits_{n=-\infty}^{+\infty}\delta(t-nT_s)$ 相乘得到，且可表示为

$$x_s(t) = x_a(t) \cdot \sum_{n=-\infty}^{+\infty}\delta(t-nT_s), \tag{6.1.2}$$

即

$$x_s(t) = \sum_{n=-\infty}^{+\infty} x[n]\delta(t-nT_s). \tag{6.1.3}$$

上述几种信号的图形如图6.1.1所示.

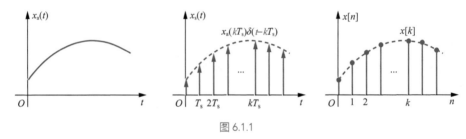

图 6.1.1

对 $x_s(t)$ 做拉普拉斯变换，可得

$$X_s(s) = \mathscr{L}\big[x_s(t)\big] = \sum_{n=-\infty}^{+\infty} x[n]\mathscr{L}\big[\delta(t-nT_s)\big], \tag{6.1.4}$$

冲激信号属于可积的有限长信号，其双边拉普拉斯变换为

$$\mathscr{L}\big[\delta(t-nT_s)\big] = \mathrm{e}^{-nT_s s}, \tag{6.1.5}$$

引入复变量

$$z = \mathrm{e}^{sT_s}, \tag{6.1.6}$$

可以把式（6.1.4）转化为以 z 为变量的函数

$$X(z) = \mathscr{Z}\big[x[n]\big] = \sum_{n=-\infty}^{+\infty} x[n]z^{-n}. \tag{6.1.7}$$

对于一切 n 值都有定义的序列，式（6.1.7）定义了离散信号 $x[n]$ 的双边 z 变换，其中符号 $\mathscr{Z}$ 表示取 z 变换，z 为一个复变量，可表示为

$$z = r\mathrm{e}^{\mathrm{j}\Omega}. \tag{6.1.8}$$

只有式（6.1.7）所示的级数收敛时，z 变换才是有意义的. 对于任意给定的有界序列 $x[n]$，使 z 变换定义式级数收敛的所有 z 值的集合，称为 z 变换 $X(z)$ 的收敛域. 根据级数的理论，式（6.1.7）所示级数收敛的充分条件是满足绝对可和，即要求

$$|X(z)| = \left| \sum_{n=-\infty}^{+\infty} x[n]z^{-n} \right| \leqslant \sum_{n=-\infty}^{+\infty} \big|x[n]\big| r^{-n} \mathrm{e}^{-\mathrm{j}\Omega n} = \sum_{n=-\infty}^{+\infty} \big|x[n]\big| r^{-n} < +\infty. \tag{6.1.9}$$

因此 $X(z)$ 的收敛性取决于 r. 将 z 的实部作为横坐标，z 的虚部作为纵坐标，可以组成一个复平面，称为 z 平面. 在 z 平面上，收敛域将信号与其唯一的 z 变换联系起来，且像拉普拉斯变换一样，$X(z)$ 的极点与其收敛域是有关系的. z 变换 $X(z)$ 的极点 $\{p_k\}$ 是使

$$X(p_k) \to \infty \tag{6.1.10}$$

得以满足的复数值. 而 $X(z)$ 的零点 $\{z_k\}$ 是使

$$X(z_k) = 0 \tag{6.1.11}$$

得以满足的复数值.

相应地，单边 z 变换的定义为

$$X(z) = \sum_{n=0}^{+\infty} x[n] z^{-n}. \tag{6.1.12}$$

如果 $x[n]$ 为因果序列，则双边 z 变换与单边 z 变换是等同的. 单边 z 变换及其应用将在 6.8 节详细讨论.

6.2 典型序列的 z 变换

6.2.1 单位脉冲序列

单位脉冲信号 $\delta[n]$ 仅在 $n = 0$ 处有非 0 值，根据式（6.1.7），其 z 变换为

$$X(z) = \sum_{n=-\infty}^{+\infty} \delta[n] z^{-n} = 1, \tag{6.2.1}$$

该结果为常数，与 z 无关，故收敛域为全 z 平面. 单位脉冲信号移位后得到 $\delta[n-k]$，仅在 $n = k$ 处有非 0 值，此处 k 为整数，$\delta[n-k]$ 的 z 变换为

$$X(z) = \sum_{n=-\infty}^{+\infty} \delta[n-k] z^{-n} = z^{-k}, \tag{6.2.2}$$

此时对收敛域就有一定的限制了. 如果 $k > 0$，则收敛域应为 $|z| > 0$，这意味着当 $|z| = 0$ 时 z 变换是不存在的；如果 $k < 0$，则收敛域应为 $|z| < +\infty$，这意味着当 $|z| \to +\infty$ 时 z 变换不存在的. 由此可以看出，对于有限长序列，收敛域为全 z 平面，但可能要除去 $z = 0$ 和 $z = \infty$.

【例 6.2.1】 已知离散信号 $x[n] = \left\{ 1, \underset{\substack{\uparrow \\ n=0}}{2}, 1 \right\}$，求其 z 变换.

解 根据式（6.1.7），$x[n]$ 的 z 变换和收敛域分别为

$$X(z) = \sum_{n=-\infty}^{+\infty} x[n] z^{-n} = z + 2 \cdot 1 + z^{-1}, \qquad 0 < |z| < +\infty.$$

可见，z 变换可以视作把离散信号的样值转变为以 z^{-1} 为底的幂级数（也称洛朗级数）. 用图形可以更直观地看出这一点，如图 6.2.1 所示.

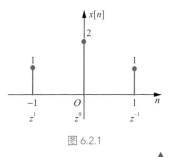

图 6.2.1

6.2.2　单位阶跃序列

单位阶跃序列的z变换为

$$
\begin{aligned}
X(z) &= \sum_{n=-\infty}^{+\infty} u[n]z^{-n} \\
&= 1 + z^{-1} + z^{-2} + z^{-3} + \cdots \\
&= \lim_{n \to \infty} \frac{1 - \left(z^{-1}\right)^n}{1 - z^{-1}}
\end{aligned}
$$

该级数收敛的条件是等比级数公比的模小于1，即$\left|z^{-1}\right| < 1$，或$|z| > 1$，其z变换结果为

$$
X(z) = \frac{1}{1 - z^{-1}} = \frac{z}{z-1} \qquad |z| > 1 . \qquad （6.2.3）
$$

将其收敛域画在z平面上如图6.2.2所示，收敛域为单位圆（半径为1的圆）的圆外，不包括单位圆.

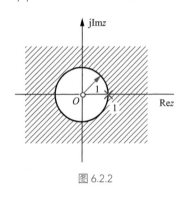

图 6.2.2

考虑左边序列$-u[-n-1]$的z变换，根据z变换的定义，得

$$
\begin{aligned}
X(z) &= \sum_{n=-\infty}^{+\infty} -u[-n-1]z^{-n} \\
&= -z - z^2 - z^3 - \cdots \\
&= \lim_{n \to \infty} \frac{-z(1 - z^n)}{1 - z}
\end{aligned}
$$

该级数收敛的条件是等比级数公比的模小于1，即$|z| < 1$，其z变换结果为

$$
X(z) = \frac{-z}{1-z} = \frac{z}{z-1} \qquad |z| < 1 . \qquad （6.2.4）
$$

收敛域在z平面上如图6.2.3所示，是单位圆的圆内，不包括单位圆.

可以发现，离散信号$u[n]$和$-u[-n-1]$的z变换相同，但收敛域不同. 这说明，收敛域是z变换的重要组成部分，对应了时域原函数的一些特征. 形如$u[n]$在$n \geqslant 0$区间有值的信号称为因果信号（右边信号），形如$-u[-n-1]$在$n < 0$区间有值的信号称为反因果信号（左边信号）. 左边信号可以和右边信号具有相同的z变换，区别在于右边信号的z变换收敛域是穿过极点的圆的圆外，左边信号的z变换收敛域是穿过极点的圆的圆内. 反过来，也可以通过收敛域来判断其时域信号是左边信号，还是右边信号.

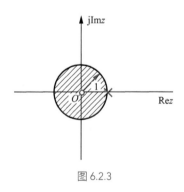

图 6.2.3

6.3　z变换的基本性质

本节主要讨论双边z变换的基本性质，单边z变换的基本性质及应用将在6.8节详细讨论.

6.3.1　线性

若离散信号的 z 变换为

$$\begin{cases} \mathscr{Z}\left[x[n]\right] = X(z) & R_{x1} < |z| < R_{x2} \\ \mathscr{Z}\left[y[n]\right] = Y(z) & R_{y1} < |z| < R_{y2} \end{cases},$$

则其线性组合的 z 变换为

$$\mathscr{Z}\left[ax[n] + by[n]\right] = aX(z) + bY(z) \qquad R_1 < |z| < R_2. \tag{6.3.1}$$

组合后的收敛域多数情况是取交集，即

$$\max(R_{x1}, R_{y1}) < |z| < \min(R_{x2}, R_{y2}).$$

不过，若线性组合时涉及了零、极点相消，那么收敛域可能会发生改变.

6.3.2　序列指数加权

若序列 $x[n]$ 的 z 变换为 $X(z)$，收敛域为 $R_1 < |z| < R_2$，则

$$\mathscr{Z}\left[a^n x[n]\right] = X\left(\frac{z}{a}\right) \qquad R_1 < \left|\frac{z}{a}\right| < R_2. \tag{6.3.2}$$

证明　可以直接根据 z 变换的定义得到

$$\mathscr{Z}\left[a^n x[n]\right] = \sum_{n=-\infty}^{+\infty} a^n x[n] z^{-n} = \sum_{n=-\infty}^{+\infty} x[n]\left(\frac{z}{a}\right)^{-n} = X\left(\frac{z}{a}\right).$$

【例6.3.1】求右边指数序列 $x[n] = a^n u[n]$ 和左边指数序列 $x[n] = -a^n u[-n-1]$ 的 z 变换.

解　已知 $u[n]$ 的 z 变换为

$$X_1(z) = \frac{z}{z-1} \qquad |z| > 1,$$

则利用 z 变换的序列指数加权性质，得 $x[n] = a^n u[n]$ 的 z 变换为

$$\mathscr{Z}\left[a^n u[n]\right] = X_1\left(\frac{z}{a}\right) = \frac{\dfrac{z}{a}}{\dfrac{z}{a} - 1} = \frac{z}{z-a}, \tag{6.3.3}$$

收敛域为 $\left|\dfrac{z}{a}\right| > 1$，即 $|z| > |a|$.

已知 $-u[-n-1]$ 的 z 变换为

$$X_2(z) = \frac{-z}{1-z} = \frac{z}{z-1} \qquad |z| < 1,$$

则利用 z 变换的序列指数加权性质得左边指数序列 $x[n]=-a^n u[-n-1]$ 的 z 变换为

$$\mathscr{Z}\left[-a^n u[-n-1]\right] = X_2\left(\frac{z}{a}\right) = \frac{\dfrac{z}{a}}{\dfrac{z}{a}-1} = \frac{z}{z-a},\qquad (6.3.4)$$

收敛域为 $\left|\dfrac{z}{a}\right|<1$，即 $|z|<|a|$.

由式（6.3.3）和式（6.3.4）可以发现，离散信号 $a^n u[n]$ 和 $-a^n u[-n-1]$ 的 z 变换相同，都是 $\dfrac{z}{z-a}$，但是收敛域是不同的.

【例6.3.2】 求双边序列 $x[n]=b^{|n|}$ 在 $0<b<1$ 和 $b>1$ 时的 z 变换，并注明收敛域.

解　$x[n]$ 在 $0<b<1$ 和 $b>1$ 时的波形分别如图6.3.1（a）和图6.3.1（b）所示.

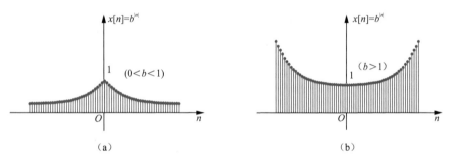

图 6.3.1

序列 $x[n]$ 的 z 变换可以通过将它表示成一个右边序列和一个左边序列之和来求得，即

$$x[n]=b^n u[n]+b^{-n} u[-n-1],$$

由式（6.3.3）和式（6.3.4）有

$$b^n u[n] \leftrightarrow \frac{1}{1-bz^{-1}} \qquad |z|>b,\qquad (6.3.5)$$

$$b^{-n} u[-n-1] \leftrightarrow \frac{-1}{1-b^{-1}z^{-1}} \qquad |z|<\frac{1}{b}.\qquad (6.3.6)$$

图6.3.2所示为 $b>1$ 时右边序列和左边序列 z 变换的零、极点图和收敛域.

因为没有任何公共的收敛域，所以序列 $x[n]$ 没有 z 变换，尽管其右边序列和左边序列都有单独的 z 变换.

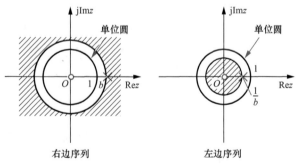

图 6.3.2

图6.3.3所示为 $0<b<1$ 时右边序列和左边序列 z 变换的零、极点图和收敛域.

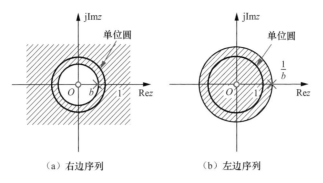

（a）右边序列　　　　　　（b）左边序列

图 6.3.3

右边序列和左边序列 z 变换的收敛域有重叠，因此合成序列的 z 变换为

$$X(z) = \frac{1}{1-bz^{-1}} - \frac{1}{1-b^{-1}z^{-1}} \qquad b < |z| < \frac{1}{b} ,$$

或者等效为

$$X(z) = \frac{b^2-1}{b} \cdot \frac{z}{(z-b)(z-b^{-1})} \qquad b < |z| < \frac{1}{b} .$$

$X(z)$ 对应的零、极点图和收敛域如图 6.3.4 所示.

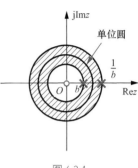

图 6.3.4

【例6.3.3】 求单边余弦序列 $x[n] = \cos(\Omega_0 n)u[n]$ 的 z 变换.

解　根据欧拉公式，有

$$\cos(\Omega_0 n) = \frac{e^{j\Omega_0 n} + e^{-j\Omega_0 n}}{2} ,$$

根据指数序列的 z 变换和线性可得

$$X(z) = \frac{1}{2}\left(\frac{z}{z-e^{j\Omega_0}} + \frac{z}{z-e^{-j\Omega_0}} \right) ,$$

整理，得

$$X(z) = \mathscr{Z}\left[\cos(\Omega_0 n)u(n) \right] = \frac{z(z-\cos\Omega_0)}{(z-e^{j\Omega_0})(z-e^{-j\Omega_0})} = \frac{z(z-\cos\Omega_0)}{z^2 - 2\cos(\Omega_0)z + 1} , \qquad (6.3.7)$$

其收敛域为 $|z| > |e^{j\Omega_0}| = |e^{-j\Omega_0}| = 1$. $X(z)$ 的零、极点图和收敛域如图 6.3.5 所示.

同理，单边正弦序列的 z 变换为

$$\mathscr{Z}\left[\sin(\Omega_0 n)u[n] \right] = \frac{1}{2j}\left(\frac{z}{z-e^{j\Omega_0}} - \frac{z}{z-e^{-j\Omega_0}} \right)$$

$$= \frac{\sin(\Omega_0)z}{(z-e^{j\Omega_0})(z-e^{-j\Omega_0})} = \frac{\sin(\Omega_0)z}{z^2 - 2\cos(\Omega_0)z + 1} . \qquad (6.3.8)$$

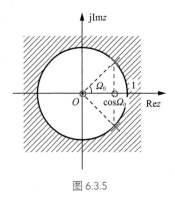

图 6.3.5

其收敛域同样为 $|z| > |\mathrm{e}^{\mathrm{j}\Omega_0}| = |\mathrm{e}^{-\mathrm{j}\Omega_0}| = 1$.

【例6.3.4】 已知 $\mathscr{Z}\left[\sin\left(n\Omega_0\right)u[n]\right] = \dfrac{z\sin\left(\Omega_0\right)}{z^2 - 2z\cos\left(\Omega_0\right) + 1}$，求 $\beta^n\sin\left(n\Omega_0\right)u[n]$ 的z变换.

解　根据序列指数加权性质可得

$$\mathscr{Z}\left[\beta^n\sin\left(n\Omega_0\right)u[n]\right] = \frac{\dfrac{z}{\beta}\sin\Omega_0}{\left(\dfrac{z}{\beta} - \mathrm{e}^{\mathrm{j}\Omega_0}\right)\left(\dfrac{z}{\beta} - \mathrm{e}^{-\mathrm{j}\Omega_0}\right)}$$
$$= \frac{\beta z\sin\left(\Omega_0\right)}{\left(z - \beta\mathrm{e}^{\mathrm{j}\Omega_0}\right)\left(z - \beta\mathrm{e}^{-\mathrm{j}\Omega_0}\right)},$$

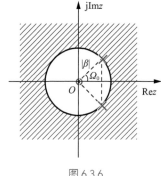

图 6.3.6

其收敛域为 $\left|\dfrac{z}{\beta}\right| > 1$，或 $|z| > |\beta|$，即以 $|\beta|$ 为半径的圆外. 图6.3.6所示为 $\beta = 0.6$ 时的零、极点图和收敛域.

对比图6.3.5和图6.3.6可以看出，余弦信号为等幅振荡信号，其极点为单位圆上的一对共轭极点，与正实轴的夹角分别为 Ω_0 和 $-\Omega_0$；乘上一个衰减的指数信号后，极点从单位圆上移到了以 $|\beta| = 0.6$ 为半径的圆上.

6.3.3　序列线性加权

若序列 $x[n]$ 的z变换为 $X(z)$，则

$$\mathscr{Z}\left[nx[n]\right] = -z\frac{\mathrm{d}}{\mathrm{d}z}X(z) = z^{-1}\frac{\mathrm{d}}{\mathrm{d}z^{-1}}X(z). \tag{6.3.9}$$

其高阶推广形式为

$$\mathscr{Z}\left[n^m x[n]\right] = \left[-z\frac{\mathrm{d}}{\mathrm{d}z}\right]^m X(z). \tag{6.3.10}$$

证明　因为

$$X(z) = \sum_{n=-\infty}^{+\infty} x[n] z^{-n},$$

对 z 做微分可得

$$\frac{\mathrm{d}X(z)}{\mathrm{d}z} = \sum_{n=-\infty}^{+\infty} -n x[n] z^{-n-1} = -\frac{1}{z} \sum_{n=-\infty}^{+\infty} n x[n] z^{-n},$$

所以

$$\sum_{n=-\infty}^{+\infty} n x[n] z^{-n} = -z \frac{\mathrm{d}X(z)}{\mathrm{d}z}.$$

【例6.3.5】 求 $n a^n u[n]$ 的 z 变换.

解　已知右边序列的 z 变换

$$\mathscr{Z}\left[a^n u[n] \right] = \frac{z}{z-a} \qquad |z| > |a|,$$

根据序列线性加权性质，有

$$\mathscr{Z}\left[n a^n u[n] \right] = -z \frac{\mathrm{d}\left(\dfrac{z}{z-a} \right)}{\mathrm{d}z} = \frac{za}{(z-a)^2}.$$

收敛域仍为 $|z| > |a|$.

6.3.4　移位性质

若序列 $x[n]$ 的 z 变换为 $X(z)$，m 为整数，则 $x[n-m]$ 的（双边）z 变换为
$$\mathscr{Z}\left[x[n-m] \right] = z^{-m} X(z).$$

由移位性质可以知道，如果离散信号延迟 1 个单位，则其 z 变换会乘以 z^{-1}，这就是为什么会使用 z^{-1} 来表示单位延时器.

双边 z 变换移位性质证明

6.3.5　时域卷积定理

若离散信号的 z 变换满足
$$\begin{cases} \mathscr{Z}\left[x[n] \right] = X(z) & R_{x1} < |z| < R_{x2} \\ \mathscr{Z}\left[h[n] \right] = H(z) & R_{h1} < |z| < R_{h2} \end{cases},$$

卷积定理证明

则

$$\mathscr{Z}\big[x[n]*h[n]\big]=X(z)H(z).\tag{6.3.11}$$

基于卷积定理使得在离散信号分析中可以把时域卷积和转变为z域乘积，这样系统响应的求解，尤其是多级系统响应的求解会变得更简单.

6.3.6 序列相乘（z域卷积定理）

已知两序列 $x[n]$、$h[n]$，其z变换分别为

$$\mathscr{Z}\big[x[n]\big]=X(z)\qquad R_{x1}<|z|<R_{x2},$$

$$\mathscr{Z}\big[h[n]\big]=H(z)\qquad R_{h1}<|z|<R_{h2},$$

则

$$\mathscr{Z}\big[x[n]h[n]\big]=\frac{1}{2\pi\mathrm{j}}\oint_{C_1}X\left(\frac{z}{\upsilon}\right)H(\upsilon)\upsilon^{-1}\mathrm{d}\upsilon,\tag{6.3.12}$$

或

$$\mathscr{Z}\big[x[n]h[n]\big]=\frac{1}{2\pi\mathrm{j}}\oint_{C_2}X(\upsilon)H\left(\frac{z}{\upsilon}\right)\upsilon^{-1}\mathrm{d}\upsilon.\tag{6.3.13}$$

z域卷积定理证明

式（6.3.12）和式（6.3.13）中 C_1、C_2 分别为 $X\left(\dfrac{z}{\upsilon}\right)$ 与 $H(\upsilon)$、$X(\upsilon)$ 与 $H\left(\dfrac{z}{\upsilon}\right)$ 收敛域重叠部分内逆时针方向的围线（见6.4节）. 而 $\mathscr{Z}\big[x[n]h[n]\big]$ 的收敛域一般为 $X(\upsilon)$ 与 $H\left(\dfrac{z}{\upsilon}\right)$、$H(\upsilon)$ 与 $X\left(\dfrac{z}{\upsilon}\right)$ 的收敛域的重叠部分，即

$$R_{x1}R_{h1}<|z|<R_{x2}R_{h2}.$$

双边z变换的主要性质如表6.3.1所示.

表 6.3.1 双边 z 变换的主要性质

序列	z 变换	收敛域
$x[n]$	$X(z)$	$R_{x1}<|z|<R_{x2}$
$h[n]$	$H(z)$	$R_{h1}<|z|<R_{h2}$
$ax[n]+bh[n]$	$aX(z)+bH(z)$	$\max(R_{x1},R_{h1})<|z|<\min(R_{x2},R_{h2})$
$x^*[n]$	$X^*(z^*)$	$R_{x1}<|z|<R_{x2}$
$\mathrm{Re}\big[x[n]\big]$	$\dfrac{1}{2}\big[X(z)+X^*(z^*)\big]$	$R_{x1}<|z|<R_{x2}$
$\mathrm{Im}\big[x[n]\big]$	$\dfrac{1}{2\mathrm{j}}\big[X(z)-X^*(z^*)\big]$	$R_{x1}<|z|<R_{x2}$
$x[-n]$	$X(z^{-1})$	$R_{x1}<|z^{-1}|<R_{x2}$
$a^n x[n]$	$X(a^{-1}z)$	$|a|R_{x1}<|z|<|a|R_{x2}$
$(-1)^n x[n]$	$X(-z)$	$R_{x1}<|z|<R_{x2}$

续表

序列	z 变换	收敛域
$nx[n]$	$-z\dfrac{\mathrm{d}X(z)}{\mathrm{d}z}$	$R_{x1} < |z| < R_{x2}$
$x[n-m]$	$z^{-m}X(z)$	$R_{x1} < |z| < R_{x2}$
$x[n]*h[n]$	$X(z)\cdot H(z)$	$\max(R_{x1},R_{h1}) < |z| < \min(R_{x2},R_{h2})$
$x[n]\cdot h[n]$	$\dfrac{1}{2\pi\mathrm{j}}\oint_C X(\upsilon)H\left(\dfrac{z}{\upsilon}\right)\dfrac{\mathrm{d}\upsilon}{\upsilon}$	$R_{x1}\cdot R_{h1} < |z| < R_{x2}\cdot R_{h2}$

6.4 逆 z 变换

6.4.1 逆 z 变换的定义

已知序列 $x[n]$ 的 z 变换为

$$X(z) = \mathscr{Z}\big[x[n]\big] = \sum_{n=-\infty}^{+\infty} x[n]z^{-n} . \tag{6.4.1}$$

将 $X(z)$ 的逆变换记作 $x[n] = \mathscr{Z}^{-1}\big[X(z)\big]$，下面由式（6.4.1）导出逆变换的围线积分表示.

如图6.4.1所示，在 z 平面的收敛域内，选择一条包围坐标原点的逆时针方向的围线 C，使得 $X(z)z^{n-1}$ 的全部极点都在其内部. 将式（6.4.1）两侧同乘以 z^{m-1}（ m 为整数），并进行围线积分：

$$\frac{1}{2\pi\mathrm{j}}\oint_C X(z)z^{m-1}\,\mathrm{d}z = \frac{1}{2\pi\mathrm{j}}\oint_C\left[\sum_{n=-\infty}^{+\infty} x[n]z^{-n}\right]z^{m-1}\,\mathrm{d}z . \tag{6.4.2}$$

交换式（6.4.2）右侧的积分与求和次序，得

$$右 = \sum_{n=-\infty}^{+\infty} x[n]\frac{1}{2\pi\mathrm{j}}\oint_C z^{-n+m-1}\,\mathrm{d}z ,$$

令积分路径上的 $z = R\mathrm{e}^{\mathrm{j}\theta}$，$R$ 为常数，则

$$\begin{aligned}右 &= \sum_{n=-\infty}^{+\infty} x[n]\frac{1}{2\pi\mathrm{j}}\int_{-\pi}^{\pi} R^{m-n-1}\mathrm{e}^{\mathrm{j}(m-n-1)\theta}\mathrm{j}R\mathrm{e}^{\mathrm{j}\theta}\,\mathrm{d}\theta \\ &= \sum_{n=-\infty}^{+\infty} x[n]\frac{1}{2\pi} R^{m-n}\int_{-\pi}^{\pi}\mathrm{e}^{\mathrm{j}(m-n)\theta}\,\mathrm{d}\theta\end{aligned} , \tag{6.4.3}$$

其中

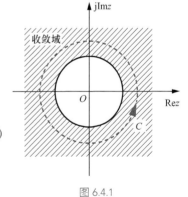

图 6.4.1

$$\int_{-\pi}^{\pi}\mathrm{e}^{\mathrm{j}(m-n)\theta}\mathrm{d}\theta = \begin{cases} 2\pi & n=m \\ 0 & n\neq m \end{cases} .$$

所以式（6.4.3）中只存在 $m=n$ 这1项，其余项为0，于是式（6.4.2）变成

$$x[n] = \frac{1}{2\pi\mathrm{j}}\oint_C X(z)z^{n-1}\,\mathrm{d}z . \tag{6.4.4}$$

式（6.4.4）就是逆 z 变换的围线积分表示.

求逆z变换的方法主要有3种：对式（6.4.4）做围线积分（也称留数法）；借助长除法将$X(z)$展开成幂级数得到$x[n]$；仿照拉普拉斯变换的方法对$X(z)$进行部分分式展开．下面详细介绍后两种方法．

6.4.2 幂级数展开法

z变换一般是z的有理函数，可表示为

$$X(z) = \frac{B(z)}{A(z)} = \frac{b_0 + b_1 z + b_2 z^2 + \cdots + b_{r-1} z^{r-1} + b_r z^r}{a_0 + a_1 z + a_2 z^2 + \cdots + a_{k-1} z^{k-1} + a_k z^k}, \quad (6.4.5)$$

另外，$x[n]$的z变换被定义为z^{-1}的幂级数：

$$X(z) = \sum_{n=-\infty}^{+\infty} x[n]z^{-n} = \cdots x[-2]z^2 + x[-1]z^1 + x[0]z^0 + x[1]z^{-1} + x[2]z^{-2} + \cdots. \quad (6.4.6)$$

所以，只要在给定的收敛域内使用长除法把$X(z)$展开成幂级数，级数的系数就是序列$x[n]$．

（1）右边序列的逆z变换

将$X(z)$以z的降幂排列：

$$X(z) = \sum_{n=0}^{+\infty} x[n]z^{-n} = x[0]z^0 + x[1]z^{-1} + x[2]z^{-2} + \cdots. \quad (6.4.7)$$

（2）左边序列的逆z变换

将$X(z)$以z的升幂排列：

$$X(z) = \sum_{n=-\infty}^{-1} x[n]z^{-n} = x[-1]z^1 + x[-2]z^2 + x[-3]z^3 + \cdots. \quad (6.4.8)$$

【例6.4.1】 有一z变换为$X(z) = 4z^2 + 2 + 3z^{-1}$（$0 < |z| < +\infty$），求其逆变换．

解 根据式（6.4.6），就能确定$X(z)$的逆变换为

$$x[n] = \begin{cases} 4 & n = -2 \\ 2 & n = 0 \\ 3 & n = 1 \\ 0 & 其余n \end{cases},$$

即

$$x[n] = 4\delta[n+2] + 2\delta[n] + 3\delta[n-1].$$

比较z变换和逆z变换式可以看出，z的幂次不同，在序列中的位置也不同，应用变换对

$$\delta[n+n_0] \leftrightarrow z^{n_0},$$

就能立即由z变换得到原序列，反之亦然．

【例6.4.2】已知 $X(z) = \dfrac{z}{z^2 - 2z + 1}$ （$|z| > 1$），求 $x[n]$.

解　由收敛域 $|z| > 1$ 可以看出 $x[n]$ 是一个右边序列. 将 $X(z)$ 的分子和分母以 z 的降幂排列，采用长除法

$$
\begin{array}{r}
z^{-1} + 2z^{-2} + 3z^{-3} + 4z^{-4} + \cdots \\
z^2 - 2z + 1 \overline{)\ z \qquad\qquad\qquad\qquad\qquad} \\
\underline{z - 2 + z^{-1}} \\
2 - z^{-1} \\
\underline{2 - 4z^{-1} + 2z^{-2}} \\
3z^{-1} - 2z^{-2} \\
\underline{3z^{-1} - 6z^{-2} + 3z^{-3}} \\
4z^{-2} - 3z^{-3} \\
\underline{4z^{-2} - 8z^{-3} + 4z^{-4}} \\
5z^{-3} - 4z^{-4}
\end{array}
$$

所以 $x[n] = \left\{ \underset{\underset{n=0}{\uparrow}}{0},\ 1,\ 2,\ 3,\ 4, \cdots \right\}$.

【例6.4.3】已知 $X(z) = \dfrac{z}{z^2 - 2z + 1}$ （$|z| < 1$），求 $x[n]$.

解　由收敛域 $|z| < 1$ 可以看出 $x[n]$ 是一个左边序列. 将 $X(z)$ 的分子和分母以 z 的升幂排列，采用长除法

$$
\begin{array}{r}
z + 2z^2 + 3z^3 + 4z^4 + \cdots \\
1 - 2z + z^2 \overline{)\ z \qquad\qquad\qquad\qquad\qquad} \\
\underline{z - 2z^2 + z^3} \\
2z^2 - z^3 \\
\underline{2z^2 - 4z^3 + 2z^4} \\
3z^3 - 2z^4 \\
\underline{3z^3 - 6z^4 + 3z^5} \\
4z^4 - 3z^5 \\
\underline{4z^4 - 8z^5 + 4z^6} \\
5z^5 - 4z^6
\end{array}
$$

所以 $x[n] = \left\{ \cdots,\ 4,\ 3,\ 2,\ \underset{\underset{n=-1}{\uparrow}}{1} \right\}$.

6.4.3　部分分式展开法

逆z变换与拉普拉斯逆变换的求解过程类似，都是把变换式展开为部分分式，然后通过查表得到原函数. 常见z变换对如表6.4.1所示.

表 6.4.1　常见 z 变换对

原函数	z变换	收敛域
$\delta[n]$	1	全部 z
$u[n]$	$\dfrac{1}{1-z^{-1}}$	$|z|>1$
$-u[-n-1]$	$\dfrac{1}{1-z^{-1}}$	$|z|<1$
$\delta[n-m]$	z^{-m}	全部z，除去0(若$m>0$)或∞(若$m<0$)
$\alpha^{n}u[n]$	$\dfrac{1}{1-\alpha z^{-1}}$	$|z|>|\alpha|$
$-\alpha^{n}u[-n-1]$	$\dfrac{1}{1-\alpha z^{-1}}$	$|z|<|\alpha|$
$n\alpha^{n}u[n]$	$\dfrac{\alpha z^{-1}}{\left(1-\alpha z^{-1}\right)^{2}}$	$|z|>|\alpha|$
$-n\alpha^{n}u[-n-1]$	$\dfrac{\alpha z^{-1}}{\left(1-\alpha z^{-1}\right)^{2}}$	$|z|<|\alpha|$
$\cos(\Omega_0 n)u[n]$	$\dfrac{1-\cos(\Omega_0)z^{-1}}{1-2\cos(\Omega_0)z^{-1}+z^{-2}}$	$|z|>1$
$\sin(\Omega_0 n)u[n]$	$\dfrac{\sin(\Omega_0)z^{-1}}{1-2\cos(\Omega_0)z^{-1}+z^{-2}}$	$|z|>1$
$r^{n}\cos(\Omega_0 n)u[n]$	$\dfrac{1-r\cos(\Omega_0)z^{-1}}{1-2r\cos(\Omega_0)z^{-1}+r^{2}z^{-2}}$	$|z|>r$
$r^{n}\sin(\Omega_0 n)u[n]$	$\dfrac{r\sin(\Omega_0)z^{-1}}{1-2r\cos(\Omega_0)z^{-1}+r^{2}z^{-2}}$	$|z|>r$

不过逆z变换与拉普拉斯逆变换又有两个不太相同的地方：一是很多常见z变换的分子部分也包含z项，而一般部分分式展开得到的都是一阶真分式，分子部分不含z项；二是z变换不像拉普拉斯变换那样以单边为主，所以逆z变换需要根据收敛域的特点判断原函数是左边序列还是右边序列.

为解决第一个问题，逆z变换需要首先乘以一个 z^{-1}，然后把$z^{-1}X(z)$部分分式展开为一阶真分式组成的部分分式（以一阶单实极点为例）：

$$\frac{X(z)}{z}=\frac{A_1}{z-z_1}+\frac{A_2}{z-z_2}+\cdots+\frac{A_N}{z-z_N}.\qquad（6.4.9）$$

可以用掩盖法求得各项系数

$$A_i=\left.(z-z_i)\frac{X(z)}{z}\right|_{z=z_i}\,,\qquad（6.4.10）$$

再把z乘回去得到

$$X(z) = A_1 \cdot \frac{z}{z - z_1} + A_2 \cdot \frac{z}{z - z_2} + \cdots + A_N \cdot \frac{z}{z - z_N}. \qquad (6.4.11)$$

此时的展开项就变成 z 变换的常见形式了.

【例6.4.4】 已知 $X(z) = \dfrac{z^2}{(z-1)(z-2)}$，分别在以下收敛域条件下求 $x[n]$.

（1） $|z| > 2$；

（2） $1 < |z| < 2$.

解 首先把 $z^{-1}X(z)$ 做部分分式展开，得到

$$\frac{X(z)}{z} = \frac{z}{(z-1)(z-2)} = \frac{A_1}{z-1} + \frac{A_2}{z-2},$$

然后利用掩盖法求得系数

$$A_1 = (z-1)\frac{z}{(z-1)(z-2)}\bigg|_{z=1} = -1,$$

$$A_2 = (z-2)\frac{z}{(z-1)(z-2)}\bigg|_{z=2} = 2,$$

所以

$$X(z) = -1 \cdot \frac{z}{z-1} + 2 \cdot \frac{z}{z-2}.$$

展开项包含两个分式，极点分别为1和2. 为确定其原函数是左边序列还是右边序列，需要考虑收敛域与极点的相对位置.

（1） $|z| > 2$，这个收敛域相对于极点1和极点2都是某个圆的外侧，所以此时 $\dfrac{z}{z-1}$ 和 $\dfrac{z}{z-2}$ 对应的都是右边序列，可得

$$x[n] = (-1) \cdot u[n] + 2 \cdot (2)^n u[n].$$

（2） $1 < |z| < 2$，这个收敛域在极点1的外侧，在极点2的内侧，所以 $\dfrac{z}{z-1}$ 对应右边序列，$\dfrac{z}{z-2}$ 对应左边序列，可得

$$x[n] = (-1) \cdot u[n] - 2 \cdot (2)^n u[-n-1].$$

另外，建议在书写信号表达式时把系数与函数项区分开，例如，（1）中的 $2 \cdot (2)^n u[n]$，点乘号前面的2是系数，点乘号后面的 $(2)^n u[n]$ 则是逆变换得到的指数序列，保留这种形式能够使表达式结构更加清晰.

如果 z 变换包含多重极点，那么在展开时就需要保留这个极点所有阶的分式，与拉普拉斯逆变换中一样. 其最高阶系数同样可以通过掩盖法来求解，但其他阶系数则需要通过其他方法求解，如待定系数法等.

【例6.4.5】 已知 $X(z) = \dfrac{1}{(z-1)^2}$，收敛域为 $|z| > 1$，求原函数 $x[n]$．

解 多重极点的展开需要保留所有阶的分式：

$$\frac{X(z)}{z} = \frac{1}{z(z-1)^2} = \frac{B_1}{z-1} + \frac{B_2}{(z-1)^2} + \frac{B_3}{z}.$$

单实根和多重根最高阶分式的系数可以通过掩盖法求解：

$$B_2 = (z-1)^2 \left. \frac{1}{z(z-1)^2} \right|_{z=1} = 1,$$

$$B_3 = z \cdot \left. \frac{1}{z(z-1)^2} \right|_{z=0} = 1.$$

因此 $\dfrac{X(z)}{z}$ 变为

$$\frac{X(z)}{z} = \frac{1}{z(z-1)^2} = \frac{B_1}{z-1} + \frac{1}{(z-1)^2} + \frac{1}{z}.$$

代入一个合适的 z 值即可求得剩余系数 B_1，例如，代入 $z = 2$，可得

$$\frac{1}{2} = B_1 + 1 + \frac{1}{2},$$

所以 $B_1 = -1$．$X(z)$ 的展开式为

$$X(z) = \frac{-z}{z-1} + \frac{z}{(z-1)^2} + 1,$$

收敛域 $|z| > 1$ 在极点外侧，各项都对应右边序列，查表得

$$x[n] = -u[n] + nu[n] + \delta[n].$$

6.5　离散系统的系统函数

6.5.1　系统函数的定义

由式（2.6.3）可以看出，信号 $x[n]$ 经过脉冲响应为 $h[n]$ 的系统，所得零状态响应 $y[n]$ 为 $x[n]$ 和 $h[n]$ 的卷积和．若 $x[n]$，$h[n]$ 和 $y[n]$ 的 z 变换分别为 $X(z)$，$H(z)$ 和 $Y(z)$，则根据 z 变换的时域卷积定理可得 $Y(z) = X(z)H(z)$．

离散系统零状态响应的 z 变换与激励信号的 z 变换的比值定义为系统函数：

$$H(z) = \frac{Y(z)}{X(z)}. \tag{6.5.1}$$

另外，系统函数可以通过系统的差分方程做 z 变换得到. 若系统差分方程为

$$\sum_{k=0}^{N} a_k y[n-k] = \sum_{r=0}^{M} b_r x[n-r] ,\qquad (6.5.2)$$

根据双边 z 变换的移位性质，可得

$$Y(z)\sum_{k=0}^{N} a_k z^{-k} = X(z)\sum_{r=0}^{M} b_r z^{-r} .\qquad (6.5.3)$$

由于系统函数是零状态响应与激励信号的比值，这里不用考虑起始状态影响，所以系统函数为

$$H(z) = \frac{Y(z)}{X(z)} = \frac{\displaystyle\sum_{r=0}^{M} b_r z^{-r}}{\displaystyle\sum_{k=0}^{N} a_k z^{-k}} .\qquad (6.5.4)$$

通过系统函数可以非常方便地分析具有复杂结构的系统.

对于图6.5.1所示的两个子系统 $H_1(z)$ 和 $H_2(z)$ 的并联结构，可得复合系统的系统函数为

$$H(z) = H_1(z) + H_2(z) .$$

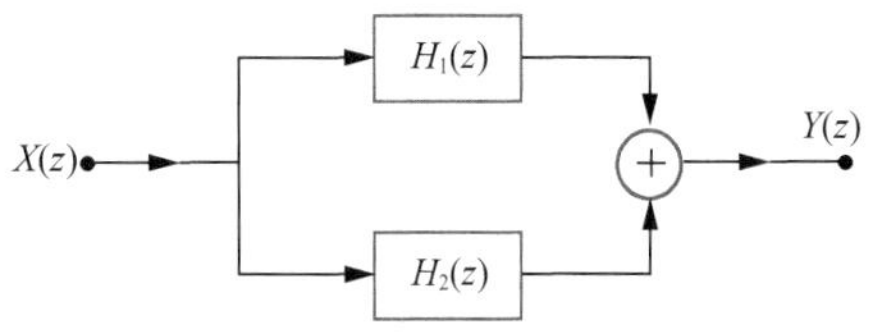

图 6.5.1

对于图6.5.2所示的两个子系统 $H_1(z)$ 和 $H_2(z)$ 的级联结构，可得复合系统的系统函数为

$$H(z) = H_1(z) \cdot H_2(z) .$$

图 6.5.2

对于更加复杂的系统结构，可以利用梅森公式求系统函数.

【例6.5.1】 已知离散系统的系统框图如图6.5.3所示，求系统函数和系统差分方程.

解　该系统框图中有2个环路，环路增益分别为 $L_1 = 5z^{-1}$ 和 $L_1 = -6z^{-2}$，两个环路是有公共节点的，即是互相接触的.

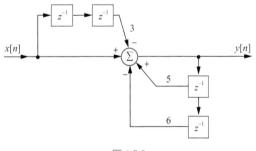

图 6.5.3

该系统框图中有2条前向通路，前向通路增益分别为 $G_1 = 1$ 和 $G_1 = -3z^{-2}$，这两个前向通路与环路都是有公共节点的，故相应的代数余因子 $\Delta_1 = 1$，$\Delta_2 = 1$. 利用梅森公式，可得系统函数为

$$H(z) = \frac{Y(z)}{X(z)} = \frac{G_1\Delta_1 + G_2\Delta_2}{1 - (L_1 + L_2)} = \frac{1 - 3z^{-2}}{1 - 5z^{-1} + 6z^{-2}} .$$

把系统函数变形为 z 域方程形式，将响应和激励分置等号两侧，可得

$$Y(z) - 5z^{-1}Y(z) + 6z^{-2}Y(z) = X(z) - 3z^{-2}X(z) .$$

利用 z 变换移位性质进行逆 z 变换可得时域差分方程

$$y[n] - 5y[n-1] + 6y[n-2] = x[n] - 3x[n-2] .$$

信号 $x[n]$ 经过一个系统函数为 $H(z)$ 的系统，根据式（6.5.4），输出的 z 变换为

$$Y(z) = X(z)H(z).$$

按照图6.5.2所示，若在系统后面再级联一个系统 $H_i(z)$，且

$$H(z)H_i(z) = 1, \tag{6.5.5}$$

则可得到 $Y(z) = X(z)$．$H_i(z)$ 称为 $H(z)$ 的逆系统，可表示为

$$H_i(z) = \frac{1}{H(z)}. \tag{6.5.6}$$

【例6.5.2】某多径（路径数为2）信道的线性时不变离散系统模型是

$$y[n] = x[n] + ax[n-1],$$

求其逆系统的传递函数．要使逆系统是稳定的因果系统，参数 a 必须满足什么条件？

解　多径系统的系统函数为

$$H(z) = \frac{Y(z)}{X(z)} = 1 + az^{-1},$$

因此，逆系统的系统函数为

$$H_i(z) = \frac{1}{H(z)} = \frac{1}{1 + az^{-1}} = \frac{z}{z + a}.$$

当 $|a| < 1$ 时，逆系统是稳定的因果系统．

6.5.2　系统函数的零、极点分布与系统时域特性的关系

当系统的激励为 $x[n] = \delta[n]$ 时，系统的零状态响应即脉冲响应 $h[n]$，输入信号的 z 变换 $X(z) = 1$，由式（6.5.4）可得 $H(z) = Y(z)$，说明系统函数是脉冲响应的 z 变换，即

$$H(z) = \sum_{n=-\infty}^{+\infty} h[n] z^{-n}, \tag{6.5.7}$$

将系统函数表示为零、极点的形式：

$$H(z) = \frac{\displaystyle\sum_{r=0}^{M} b_r z^{-r}}{\displaystyle\sum_{k=0}^{N} a_k z^{-k}} = G \frac{\displaystyle\prod_{r=1}^{M}\left(1 - z_r z^{-1}\right)}{\displaystyle\prod_{k=1}^{N}\left(1 - p_k z^{-1}\right)}. \tag{6.5.8}$$

其中，$z_r(r = 1, 2, \cdots, M)$ 和 $p_k(k = 1, 2, \cdots, N)$ 分别为系统的零点和极点．在单极点的情况下，系统函数可以表示为

$$H(z) = \sum_{k=1}^{N} \frac{A_k z}{z - p_k}, \tag{6.5.9}$$

其对应的脉冲响应为

$$h[n] = \sum_{k=1}^{N} A_k \left(p_k\right)^n u[n]. \tag{6.5.10}$$

可以看到，系统函数的极点 p_k 决定了 $h[n]$ 的特性，但是要注意，系数 A_k 与零点和极点的分布都有关系.

【例6.5.3】 已知一阶离散因果系统的差分方程为

$$y[n]-ay[n-1]=x[n]，$$

其中，a 为实系数. 分析系统函数 $H(z)$ 极点分布和脉冲响应 $h[n]$ 的关系.

解　差分方程两侧取 z 变换，并利用双边 z 变换的移位性质，得到

$$Y(z)-az^{-1}Y(z)=X(z)，$$

得系统函数为

$$H(z)=\frac{Y(z)}{X(z)}=\frac{1}{1-az^{-1}}=\frac{z}{z-a}\quad |z|>|a|.$$

系统的脉冲响应为

$$h[n]=a^n u[n].$$

利用 MATLAB 绘制零、极点图和脉冲响应，代码如下所示.

```
a = -0.8; n = 0 : 10;
% 分子和分母多项式系数
N = [1]; D = [1−a];
% 零、极点图
subplot (121); zplane (N, D); axis ([−1.5 1.5 −1.5 1.5]);
% 脉冲响应
subplot (122); impz (N, D, n);
```

系统函数 $H(z)$ 零、极点分布和脉冲响应 $h[n]$ 的关系如图6.5.4所示.
由图6.5.4可以得出如下结论.
（1）当 $a>0$ 时，极点位于正实轴上，$h[n]$ 的取值均为正值；当 $a<0$ 时，极点位于负实轴上，$h[n]$ 的取值正负交替，样值相对于 $a>0$ 的情况变化更快.

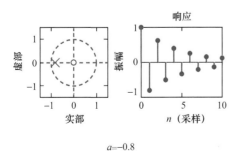
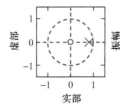
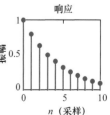

$a=-0.8$　　　　　　　　　　　　　$a=0.8$

图 6.5.4

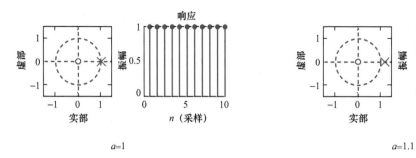

$a=1$ 　　　　　　　　　　　　　　$a=1.1$

图 6.5.4　（续）

（2）当极点位于单位圆上时，$h[n]$ 为 $u[n]$ 或 $(-1)^n u[n]$，是等幅的；当极点位于单位圆内时，$h[n]$ 的幅度是逐渐衰减的；当极点位于单位圆外时，$h[n]$ 的幅度是逐渐增加的.

【例6.5.4】已知二阶离散系统的系统函数为

一阶离散系统
零、极点分布
与脉冲响应的
关系

$$H(z)=\frac{1}{2}\cdot\frac{z}{z-ae^{j\Omega}}+\frac{1}{2}\cdot\frac{z}{z-ae^{-j\Omega}}=\frac{z(z-a\cos\Omega)}{(z-ae^{j\Omega})(z-ae^{-j\Omega})}\qquad |z|>a,$$

分析系统函数 $H(z)$ 极点分布和脉冲响应 $h[n]$ 的关系.

解　该系统函数的零、极点图如图6.3.5所示，脉冲响应为

$$h[n]=0.5(ae^{j\Omega})^n u[n]+0.5(ae^{-j\Omega})^n u[n]$$
$$=a^n\cos(\Omega n)u[n]$$

可以看到 $h[n]$ 为具有指数函数包络的振荡，a 与振幅的变化有关，Ω 为振荡的数字角频率. 当 $a=1$ 时，有

$$H(z)=\frac{z(z-\cos\Omega)}{(z-e^{j\Omega})(z-e^{-j\Omega})},$$

$$h[n]=\cos[\Omega n]u[n].$$

可见 $h[n]$ 为等幅振荡. 利用MATLAB绘制零、极点图和脉冲响应，代码如下所示.

```
% 分子和分母多项式系数
a = 1;
% omega
w = pi/8;
n = 0 : 16;
% 零点
z = [0 a * cos (w)]';
% 极点
```

```
p = [a * exp (j * w) a * exp (-j * w)]';
N = poly (z); D = poly (p);
% 零、极点图
subplot (121); zplane (N, D); axis ([-1.5 1.5 -1.5 1.5]);
% 脉冲响应
subplot (122); impz (N, D, n);
```

图6.5.5所示为当 $a = 1$ 时脉冲响应与零、极点分布随着 Ω 的变化情况. 可以看出, Ω 越大, $h[n]$ 随 n 的变化越快.

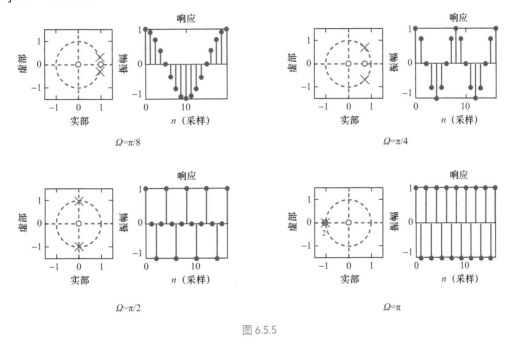

图 6.5.5

图6.5.6所示为当 $\Omega = \pi/8$ 时脉冲响应与零、极点分布随着 a 的变化情况. 可以看出, 当极点位于单位圆内, $h[n]$ 是收敛的, 当极点位于单位圆上, 对应等幅振荡, 当极点位于单位圆外, 振荡是发散的.

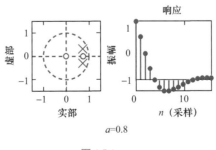

$a = 0.8$

图 6.5.6

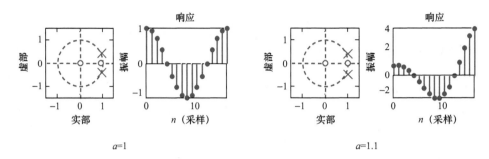

图 6.5.6 （续）

6.5.3 系统函数的零、极点分布与系统因果性的关系

系统函数的零、极点包含了时域上脉冲响应的特征，所以也可以利用系统函数零、极点分布来判断系统的因果性和稳定性.

系统因果性的时域判定条件是脉冲响应满足

$$h[n] = h[n]u[n] \quad 或 \quad h[n] = 0 \qquad n < 0 . \tag{6.5.11}$$

对应到 z 变换上，即系统函数 $H(z)$ 只包含负幂项，不包含正幂项，等价于 $z \to \infty$ 时 $H(z)$ 有界，或者说 $H(z)$ 的收敛域包含无穷远.

6.5.4 系统函数的零、极点分布与系统稳定性的关系

系统稳定性的时域判定条件是脉冲响应满足绝对可和条件

$$\sum_{n=-\infty}^{+\infty} |h(n)| < +\infty . \tag{6.5.12}$$

对应到 z 变换上则是 $|z| = 1$ 时 z 变换存在，或者说 $H(z)$ 的收敛域包含单位圆.

如果已经知道系统是因果的，那么 $h[n]$ 肯定是右边序列，收敛域为穿过模值最大的极点的圆的外侧，这时仅需要极点全部位于单位圆内就可以保证收敛域包含单位圆. 所以因果系统判断稳定性的条件可以简化为极点全部位于单位圆内.

【例6.5.5】 某系统的脉冲响应为 $h[n] = (0.5)^n u[-n-1]$，请判断该系统的因果性和稳定性.

解 先在时域上判断. 因为 $h[n]$ 在 $n < 0$ 时有值，所以系统不是因果的. 因为

$$\sum_{n=-\infty}^{+\infty} |h[n]| = (0.5)^{-1} + (0.5)^{-2} + \cdots = 2 + 4 + 8 + \cdots \to +\infty ,$$

即 $h[n]$ 不满足绝对可和条件，所以系统不是稳定的.

再在 z 域上判断. 系统函数为

$$H(z) = -\frac{z}{z - 0.5} \qquad |z| < \frac{1}{2} ,$$

其收敛域不包含正无穷，所以系统不是因果的；其收敛域不包含单位圆，所以系统不是稳定的.

6.6 ◁ 序列的傅里叶变换

6.6.1 由抽样信号的傅里叶变换引出 DTFT

第 3 章我们学习了连续信号的傅里叶变换，理论上可以得到信号的频谱，也了解了一些典型信号的傅里叶变换. 对于一般性的信号，利用傅里叶变换的定义式给出的无穷积分很难得到信号频谱的解析表达，所以往往用数值计算的方法得到频谱.

在 4.5 节，我们看到连续信号 $x_a(t)$ 经抽样后成为离散时间序列 $x[n] = x_a(nT_s)$，理想抽样信号 $x_s(t)$ 的频谱与原信号的频谱 $X(\omega)$ 具有确切的关系，如图 6.6.1 所示. 由图 6.6.1 可以看出，如果抽样时没有发生频谱混叠，则可以从抽样信号的频谱 $X_s(\omega)$ 中获得原信号的频谱 $X(\omega)$.

下面利用傅里叶变换的时移性质对抽样信号 $x_s(t)$ 做傅里叶变换，利用

$$\mathscr{F}\left[\delta\left(t - nT_s\right)\right] = \mathrm{e}^{-\mathrm{j}T_s n\omega},$$

可得

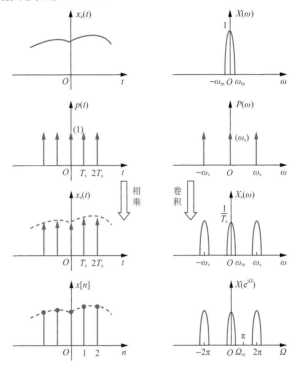

图 6.6.1

$$X_s(\omega) = \mathscr{F}\left[x_s(t)\right] = \sum_{n=-\infty}^{+\infty} x[n]\mathscr{F}\left[\delta\left(t - nT_s\right)\right],$$

$$= \sum_{n=-\infty}^{+\infty} x[n]\mathrm{e}^{-\mathrm{j}T_s n\omega} \tag{6.6.1}$$

将 $\Omega = \omega T_s$ 代入，就可以得到一个以数字角频率 Ω 为变量的变换式. 我们将

$$X(\mathrm{e}^{\mathrm{j}\Omega}) = \sum_{n=-\infty}^{+\infty} x[n]\mathrm{e}^{-\mathrm{j}n\Omega} \tag{6.6.2}$$

由抽样信号的
傅里叶变换
引出 DTFT

定义为离散时间傅里叶变换（discrete-time Fourer transform，DTFT），也称序列的傅里叶变换，这是离散信号 $x[n]$ 的一种频谱表达方式.

由以上分析可知，本质上离散信号的 DTFT $X(\mathrm{e}^{\mathrm{j}\Omega})$ 就是抽样信号的频谱 $X_s(\omega)$，只是自变量不同，$X(\mathrm{e}^{\mathrm{j}\Omega})$ 使用数字角频率 Ω，$X_s(\omega)$ 使用模拟角频率 ω，二者之间存在一个简单的比例关系 $\Omega = \omega T_s$. 这样就可以利用样值序列 $x[n]$ 通过式（6.6.2）求取 $X_s(\omega)$，若频谱没有发生混叠，则可得到原信号的频谱 $X(\omega)$.

若信号抽样时满足频率约束关系

$$\omega_s \geqslant 2\omega_m, \tag{6.6.3}$$

则式（6.6.3）两端同乘以抽样间隔 T_s，可得

$$T_s\omega_s = 2\pi \geqslant 2T\omega_m = 2\Omega_m ,$$

其中，$\Omega_m = T_s\omega_m$ 为数字角频率的最大值，则数字角频率应满足如下关系：

$$\Omega_m \leqslant \pi . \tag{6.6.4}$$

式（6.6.4）说明可观测的最大数字角频率为 π．由式（6.6.2）可以看出 DTFT 是周期函数，周期为 2π．有的文献定义 DTFT 频率的主频率区间为 $[0, 2\pi]$，本书将其定义为 $[-\pi, \pi]$，如图 6.6.1 所示．

从 DTFT 的形式上可以看出其与 z 变换非常相似，如果离散信号的 z 变换收敛域包含单位圆，那么就可以从 z 变换直接得到 DTFT：

$$\mathrm{DTFT}\big[x(n)\big] = X(z)\big|_{z=\mathrm{e}^{\mathrm{j}\Omega}} = X(\mathrm{e}^{\mathrm{j}\Omega}) . \tag{6.6.5}$$

式（6.6.5）表明单位圆上的 z 变换即序列的傅里叶变换．下面根据此关系导出 DTFT 的逆变换．根据式（6.4.4）给出的逆 z 变换，若 DTFT 存在，则说明收敛域包括单位圆，在单位圆上做围线积分得

$$x[n] = \frac{1}{2\pi\mathrm{j}} \oint_{|z|=1} X(z) z^{n-1}\mathrm{d}z ,$$

将单位圆表示为 $z = \mathrm{e}^{\mathrm{j}\Omega}$，则

$$
\begin{aligned}
x[n] &= \frac{1}{2\pi\mathrm{j}} \oint_{|z|=1} X(\mathrm{e}^{\mathrm{j}\Omega})\mathrm{e}^{\mathrm{j}n\Omega} \cdot \mathrm{e}^{-\mathrm{j}\Omega}\mathrm{d}\big(\mathrm{e}^{\mathrm{j}\Omega}\big) \\
&= \frac{1}{2\pi\mathrm{j}} \int_{-\pi}^{\pi} X(\mathrm{e}^{\mathrm{j}\Omega})\mathrm{e}^{\mathrm{j}n\Omega} \cdot \mathrm{e}^{-\mathrm{j}\Omega}\mathrm{j}\mathrm{e}^{\mathrm{j}\Omega}\mathrm{d}\Omega . \\
&= \frac{1}{2\pi} \int_{-\pi}^{\pi} X(\mathrm{e}^{\mathrm{j}\Omega})\mathrm{e}^{\mathrm{j}n\Omega}\mathrm{d}\Omega
\end{aligned}
$$

DTFT 可表示为如下变换对形式：

$$\mathrm{DTFT}\big[x[n]\big] = X(\mathrm{e}^{\mathrm{j}\Omega}) = \sum_{n=-\infty}^{+\infty} x[n]\mathrm{e}^{-\mathrm{j}n\Omega} , \tag{6.6.6}$$

$$\mathrm{IDTFT}\big[X(\mathrm{e}^{\mathrm{j}\Omega})\big] = x[n] = \frac{1}{2\pi} \int_{-\pi}^{\pi} X(\mathrm{e}^{\mathrm{j}\Omega})\mathrm{e}^{\mathrm{j}n\Omega}\mathrm{d}\Omega . \tag{6.6.7}$$

6.6.2　DTFT 的性质

由于序列的傅里叶变换是 z 变换在单位圆上的取值，因此，它的基本性质与 z 变换基本性质有许多相同之处．DTFT 的性质如表 6.6.1 所示．这里只给出结论，略去证明．

表 6.6.1　DTFT 的性质

性质名称	序列	DTFT	说明
线性	$ax_1[n] + bx_2[n]$	$aX_1(\mathrm{e}^{\mathrm{j}\Omega}) + bX_2(\mathrm{e}^{\mathrm{j}\Omega})$	a,b 为任意常数
序列移位	$x[n-n_0]$	$\mathrm{e}^{-\mathrm{j}\Omega n_0} X(\mathrm{e}^{\mathrm{j}\Omega})$	时域移位对应频域的相移

续表

性质名称	序列	DTFT	说明
频域移位	$e^{j\Omega_0 n}x[n]$	$X[e^{j(\Omega-\Omega_0)}]$	频域移位对应时域的调制
序列线性加权	$nx[n]$	$j\left[\dfrac{d}{d\Omega}X(e^{j\Omega})\right]$	时域的线性加权对应频域的微分
序列反褶	$x[-n]$	$X(e^{-j\Omega})$	时域反褶对应频域反褶
共轭	$x^*[n]$	$X^*(e^{-j\Omega})$	实信号的频谱具有共轭对称性，将在下文详细说明
	$x_e[n]=\dfrac{1}{2}\left[x[n]+x^*[-n]\right]$	$\mathrm{Re}\left[X(e^{j\Omega})\right]$	共轭对称分量对应频谱的实部
	$x_o[n]=\dfrac{1}{2}\left[x[n]-x^*[-n]\right]$	$j\mathrm{Im}\left[X(e^{j\Omega})\right]$	共轭反对称分量对应频谱的虚部（包括虚部单位j）
时域卷积定理	$x_1[n]*x_2[n]$	$X_1(e^{j\Omega})X_2(e^{j\Omega})$	时域卷积对应频域相乘
频域卷积定理	$x[n]h[n]$	$\dfrac{1}{2\pi}\left[X(e^{j\Omega})*H(e^{j\Omega})\right]$	时域相乘对应频域卷积
帕塞瓦尔定理	$\displaystyle\sum_{n=-\infty}^{+\infty}\left\lvert x[n]\right\rvert^2=\dfrac{1}{2\pi}\int_{-\pi}^{\pi}\left\lvert X(e^{j\Omega})\right\rvert^2 d\Omega$		也称为能量定理，序列的总能量等于其傅里叶变换模平方在一个周期内积取平均，即时域总能量等于频域一个周期内的能量

若 $x[n]$ 为实序列，即 $x[n]=x^*[n]$，则频谱满足共轭对称性，即

$$X(e^{j\Omega})=X^*(e^{-j\Omega})，$$

说明实信号的频谱满足共轭对称性. $X(e^{j\Omega})$ 的实部和虚部分别为 $\mathrm{Re}\left[X(e^{j\Omega})\right]$ 和 $\mathrm{Im}\left[X(e^{j\Omega})\right]$，也可以写成模与辐角形式

$$X(e^{j\Omega})=\left\lvert X(e^{j\Omega})\right\rvert e^{j\varphi(\Omega)}. \tag{6.6.8}$$

它们具有以下特性：

$$\mathrm{Re}\left[X(e^{j\Omega})\right]=\mathrm{Re}\left[X(e^{-j\Omega})\right]， \tag{6.6.9}$$

$$\mathrm{Im}\left[X(e^{j\Omega})\right]=-\mathrm{Im}\left[X(e^{-j\Omega})\right]， \tag{6.6.10}$$

$$\left\lvert X(e^{j\Omega})\right\rvert=\left\lvert X(e^{-j\Omega})\right\rvert， \tag{6.6.11}$$

$$\varphi(\Omega)=-\varphi(-\Omega). \tag{6.6.12}$$

式（6.6.9）～式（6.6.12）表明复函数 $X(e^{j\Omega})$ 的实部为偶函数，虚部为奇函数，模为偶函数，辐角为奇函数. 这在分析信号的频谱特性时是非常有用的，对于实信号，可以只画出 $\Omega>0$ 的频谱，再利用对称性得到 $\Omega<0$ 的频谱.

本节介绍的"序列的傅里叶变换（DTFT）"是下节研究离散系统频率响应特性的基础. "数字信号处理"课程会介绍周期性序列的傅里叶级数和有限长序列的傅里叶变换，并引出"离散傅里叶变换（DFT）"的定义. 必须注意，"序列的傅里叶变换（DTFT）"与"离散傅里叶变换（DFT）"具有完全不同的含义. 由DFT引出的"快速傅里叶变换（FFT）"是数字信号处理研究与应用中强有力的计算工具.

6.7 离散系统的频率响应特性

6.7.1 离散系统频率响应特性的定义

对线性时不变系统的脉冲响应做DTFT可得频域系统函数

$$H(e^{j\Omega}) = \sum_{n=-\infty}^{+\infty} h[n](e^{j\Omega})^{-n} . \tag{6.7.1}$$

与连续系统类似，$H(e^{j\Omega})$ 描述了不同频率的信号分量通过系统后的幅度加权和相位修正.
若 $h[n]$ 为实序列，$H(e^{j\Omega})$ 在 $\Omega = \Omega_0$ 位置的值为 $H(e^{j\Omega_0}) = Ae^{j\varphi}$，则数字角频率为 $\Omega = \Omega_0$ 的正弦
信号通过系统后的稳态响应满足

$$\begin{aligned}\cos(\Omega_0 n) &\to A\cos(\Omega_0 n + \varphi) \\ \sin(\Omega_0 n) &\to A\sin(\Omega_0 n + \varphi)\end{aligned} \tag{6.7.2}$$

对于稳定的离散系统，由于其收敛域中包含单位圆，可以借助z变换得到频率响应特性：

$$\text{DTFT}[h[n]] = H(z)\big|_{z=e^{j\Omega}} = H(e^{j\Omega}) = |H(e^{j\Omega})|e^{j\varphi(\Omega)}, \tag{6.7.3}$$

其中，$|H(e^{j\Omega})| - \Omega$ 是幅频特性，$\varphi(\Omega) - \Omega$ 是相频特性.

如果输入线性时不变系统的激励信号存在DTFT，那么根据其时域卷积定理有

$$y[n] = x[n] * h[n], \tag{6.7.4}$$

结合z变换的时域卷积定理，可以进一步得到三者
的频谱满足

$$Y(e^{j\Omega}) = X(e^{j\Omega})H(e^{j\Omega}), \tag{6.7.5}$$

而幅频响应满足

$$|Y(e^{j\Omega})| = |X(e^{j\Omega})| \cdot |H(e^{j\Omega})|. \tag{6.7.6}$$

所以 $|H(e^{j\Omega})|$ 会对信号的各频率分量的比例产生影
响，可完成低通、高通、带通、带阻等功能，具有
数字滤波特性.

数字角频率还有一个重要特点：并非数值越大对应
的振荡频率就越高. 事实上，主频率段 $[-\pi, \pi]$ 之外的
所有频率分量都能写为主频率段内的频率分量，例如：

$$\cos[1.1\pi n] = \cos[-0.9\pi n],$$

$$\sin[4.5\pi n] = \sin[0.5\pi n].$$

所以数字角频率高频与低频的划分需要统一到
主频率段进行，主频率段内 $|\Omega|$ 在0附近的为低频，
$|\Omega|$ 在 π 附近的为高频，最高振荡频率即 $|\Omega| = \pi$，
具体通带类型的判别如图6.7.1所示.

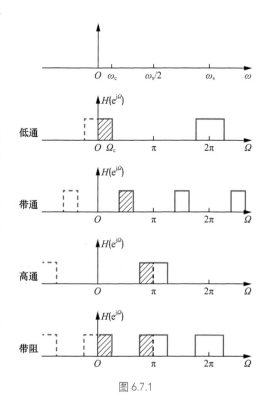

图 6.7.1

6.7.2　连续信号的离散处理

与连续系统（模拟滤波器）相对应，离散信号处理中广泛地应用离散系统（数字滤波器）．数字滤波器的作用是利用离散系统的特性对输入信号波形或频谱进行加工处理，或者说利用数字的方法按预定要求对信号进行变换，把输入信号变成一定的输出信号，从而达到改变信号频谱的目的．

连续信号的离散化处理

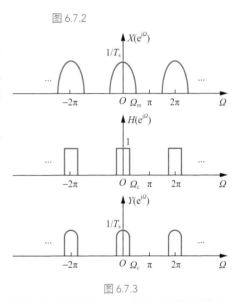

图6.7.2所示为数字滤波器的系统框图，中间部分利用离散系统频响特性对输入信号 $x[n]$ 滤波．此滤波器的系统函数为 $H(z)$，输入信号经 $H(z)$ 作用之后变为输出信号 $y[n]$．实际上，$x[n]$ 往往先转换成二进制的数字信号，再转换成序列 $y[n]$，或者说实现 $H(z)$ 的核心运算（包括移位、乘系数、加减）都是按二进制完成的．如果输入的是连续信号 $x_a(t)$（如语音信号），也希望输出连续信号 $y_a(t)$，则在滤波器输入端要接入模数转换器（A/D）进行抽样和量化，在输出端要接入数模转换器（D/A）进行模拟低通滤波．图6.7.3所示为数字滤波的原理．

图 6.7.2

6.7.3　系统函数的零、极点分布与系统频率响应的关系

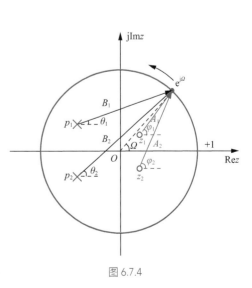

图 6.7.3

由离散系统的零、极点图同样可以用几何方法分析系统频率响应特性，以及快速判断系统的数字滤波特性．系统函数一般表示为分式形式，通过因式分解可得

$$H(z) = \frac{\prod\limits_{r=1}^{M}(z - z_r)}{\prod\limits_{k=1}^{N}(z - p_k)}, \qquad (6.7.7)$$

对于稳定系统，可以取 $z = e^{j\Omega}$ 得到频率响应特性

$$H(e^{j\Omega}) = \frac{\prod\limits_{r=1}^{M}(e^{j\Omega} - z_r)}{\prod\limits_{k=1}^{N}(e^{j\Omega} - p_k)}. \qquad (6.7.8)$$

式（6.7.8）中分子和分母中的复数减法运算结果都是复数，可将其表示为

$$\begin{aligned} e^{j\Omega} - z_r &= A_r\, e^{j\varphi_r} \\ e^{j\Omega} - p_k &= B_k\, e^{j\theta_k} \end{aligned} \qquad (6.7.9)$$

式（6.7.9）可以在 z 平面上用从减数点指向被减数点的复矢量表示，如图6.7.4所示，其中 A_r、B_k 是复

图 6.7.4

矢量的长度，φ_r、θ_k 是复矢量与实轴的夹角，在复平面上用几何方法确定. 这样系统的频率响应特性就可以用这些复矢量的长度和夹角表示为

$$\begin{cases} \left| H(\mathrm{e}^{\mathrm{j}\Omega}) \right| = \dfrac{\prod\limits_{r=1}^{M} A_r}{\prod\limits_{k=1}^{N} B_k} \\[2mm] \varphi(\Omega) = \sum\limits_{r=1}^{M} \varphi_r - \sum\limits_{k=1}^{N} \theta_k \end{cases} \tag{6.7.10}$$

【例6.7.1】 求图6.7.5所示滤波器的幅频响应特性.

解 根据系统框图列差分方程可得

$$y[n] = ay[n-1] + x[n],$$

其系统函数为

$$H(z) = \frac{z}{z-a} \qquad |z| > |a|,$$

为保证系统稳定，要求 $|a| < 1$，因为收敛域包括单位圆，所以系统频率响应特性为

$$H(\mathrm{e}^{\mathrm{j}\Omega}) = H(z)\big|_{z=\mathrm{e}^{\mathrm{j}\Omega}} = \frac{\mathrm{e}^{\mathrm{j}\Omega} - 0}{\mathrm{e}^{\mathrm{j}\Omega} - a} = \frac{1}{B}\mathrm{e}^{\mathrm{j}(\varphi-\theta)}.$$

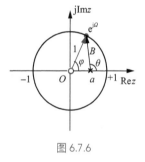

图 6.7.5

如图6.7.6所示，这是零点和极点指向 $\mathrm{e}^{\mathrm{j}\Omega}$ 点的两个复矢量长度的比值.

从图6.7.6中易得零点矢量的长度恒为1. 考虑到 $\varphi = \Omega$，极点矢量的长度根据三角形的余弦定理可得：

$$B = \sqrt{1 + a^2 - 2a\cos\Omega}.$$

图 6.7.6

所以幅频响应特性为

$$\left| H(\mathrm{e}^{\mathrm{j}\Omega}) \right| = \frac{1}{\sqrt{1 + a^2 - 2a\cos\Omega}}.$$

此滤波器的滤波特性会受 a 值影响，例如，$a = 0.5$ 时，其滤波特性为低通，如图6.7.7所示，而 $a = -0.5$ 时，其滤波特性为高通，如图6.7.8所示. 可以看到幅频特性是偶对称的，并且是以 2π 为周期的.

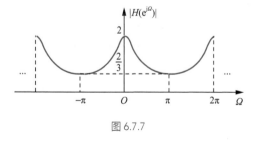

图 6.7.7

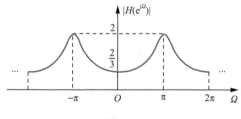

图 6.7.8

【例6.7.2】 滑动平均滤波器是一种对相邻输入数据取平均的系统，该系统的差分方程可以表示为

$$y[n] = \frac{1}{N} \sum_{k=0}^{N-1} x[n-k],$$

分析该系统零、极点图和频率响应特性的关系.

解　该系统的脉冲响应为

$$h[n] = \frac{1}{N} \sum_{k=0}^{N-1} \delta[n-k],$$

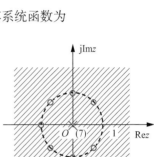

滑动平均滤
波器

这是一个有限长脉冲响应（finite impulse response，FIR）滤波器，其系统函数为

$$H(z) = \frac{1}{N} \sum_{k=0}^{N-1} z^{-k} = \frac{1}{N} \cdot \frac{1-z^{-N}}{1-z^{-1}} = \frac{1}{N} \cdot \frac{z^N - 1}{z^{N-1}(z-1)}.$$

求系统函数的零点，令

$$z^N - 1 = 0,$$

即

$$z^N = 1 = e^{jk2\pi},$$

k 为整数.

系统的极点为 $p_1 = 0$（$N-1$ 阶）和 $p_2 = 1$，零点为 $z_k = e^{j\frac{2k\pi}{N}}$（$k = 0, 1, 2, \cdots, N-1$）. 由于在 $z_0 = 1$ 处零、极点抵消，故收敛域为 $|z| > 0$. $N = 8$ 时的零、极点图如图6.7.9所示.

图 6.7.9

对于因果的 FIR 滤波器，由于其极点只能位于 z 平面的原点，因此该类系统的收敛域为 $|z| > 0$，系统是稳定的. 由于收敛域包括单位圆，因此可以利用式（6.7.3）得到系统的频率响应特性：

$$H(e^{j\Omega}) = H(z)\big|_{z=e^{j\Omega}} = \frac{1}{N} e^{-j\Omega(N-1)} \frac{e^{j\Omega N} - 1}{e^{j\Omega} - 1}. \tag{6.7.11}$$

为了进一步得到系统的幅频特性和相频特性，将式（6.7.11）分子和分母分别提出 $e^{j\frac{\Omega N}{2}}$ 和 $e^{j\frac{\Omega}{2}}$ 项，得到

$$H(e^{j\Omega}) = \frac{1}{N} e^{-j\Omega(N-1)} \frac{e^{j\frac{\Omega N}{2}}\left(e^{j\frac{\Omega N}{2}} - e^{-j\frac{\Omega N}{2}}\right)}{e^{j\frac{\Omega}{2}}\left(e^{j\frac{\Omega}{2}} - e^{-j\frac{\Omega}{2}}\right)},$$

利用欧拉公式，可得

$$H(e^{j\Omega}) = \frac{1}{N} e^{-j\frac{(N-1)\Omega}{2}} \cdot \frac{\sin\left(\frac{\Omega N}{2}\right)}{\sin\left(\frac{\Omega}{2}\right)} = e^{-j\frac{(N-1)\Omega}{2}} \cdot \frac{\operatorname{sinc}\left(\frac{N\Omega}{2\pi}\right)}{\operatorname{sinc}\left(\frac{\Omega}{2\pi}\right)}.$$

为了便于分析，将实函数 $\dfrac{\operatorname{sinc}\left(\dfrac{N\Omega}{2\pi}\right)}{\operatorname{sinc}\left(\dfrac{\Omega}{2\pi}\right)}$ 记为 $A(\Omega)$，相频特性中的线性相位部分 $-\dfrac{(N-1)\Omega}{2}$ 记

为 $\theta(\Omega)$. $N = 8$ 时 $A(\Omega)$、$\theta(\Omega)$ 及 $H(\mathrm{e}^{\mathrm{j}\Omega})$ 在 $(0, \pi)$ 区间的幅频特性 $\left|H(\mathrm{e}^{\mathrm{j}\Omega})\right|$ 和相频特性 $\varphi(\Omega)$ 如图6.7.10所示.

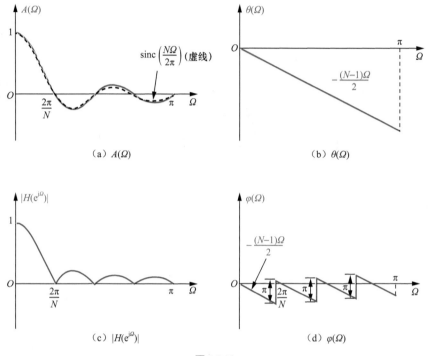

图 6.7.10

从图6.7.10可以得出如下结论.

（1） $A(\Omega)$ 的形状和 $\operatorname{sinc}\left(\dfrac{N\Omega}{2\pi}\right)$ 非常相似，由于 $A(\Omega)$ 的分母 $\operatorname{sinc}\left(\dfrac{\Omega}{2\pi}\right)$ 在 $(0, \pi)$ 区间的取值从1单调递减到 $\operatorname{sinc}\left(\dfrac{1}{2}\right) \approx 0.6366$，因此 $A(\Omega)$ 在高频部分的绝对值大于 $\operatorname{sinc}\left(\dfrac{N\Omega}{2\pi}\right)$ 的绝对值. 因为 $h[n]$ 可以看作连续矩形脉冲信号经时域抽样得到，所以其频谱可以看作由 $\operatorname{sinc}\left(\dfrac{N\Omega}{2\pi}\right)$ 周期延拓得到的，出现了频谱混叠导致高频成分增加.

（2）由于 $\left|H(\mathrm{e}^{\mathrm{j}\Omega})\right| = \left|A(\Omega)\right|$，故两个函数的过零点是相同的，都是 $k\dfrac{2\pi}{N}$（$k = 0, 1, 2, \cdots, N-1$），这与系统在z平面相应位置出现零点是一致的. $\left|H(\mathrm{e}^{\mathrm{j}\Omega})\right|$ 虽然不是单调递减的，但是整体呈下降趋势，可以看作一个简单的低通滤波器.

（3） $\theta(\Omega)$ 是一个过原点、斜率为 $-\dfrac{N-1}{2}$ 的线性函数，而 $\varphi(\Omega)$ 是分段线性的. 由于 $A(\Omega)$ 是正负交替的，因此在 $A(\Omega)$ 出现跳变的位置，$\varphi(\Omega)$ 出现了 π 相移，这是因为 $\mathrm{e}^{\mathrm{j}\pi} = -1$.

滑动平均滤波器的脉冲响应和离散矩形窗函数除系数不同外，具有相同的时域表达形式，这在信号的加窗处理以及滤波器设计等问题分析中都有非常重要的应用.

滑动平均滤波器的零、极点分布与时域特性、频域特性的关系

【例6.7.3】 2.6.2小节给出了两个离散系统的脉冲响应 $h_1[n] = 0.5\delta[n] + 0.5\delta[n-1]$ 和 $h_2[n] = 0.5\delta[n] - 0.5\delta[n-1]$，请分析这两个系统的频率响应特性.

解 可以看出，$h_1[n]$ 为例6.7.2中的滑动平均滤波器在 $N=2$ 时的特例. 对比 $h_1[n]$ 和 $h_2[n]$，可以看出这两个脉冲响应具有如下关系：

$$h_2[n] = (-1)^n h_1[n] = \mathrm{e}^{jn\pi} h_1[n].$$

故可以利用DTFT的频域移位性质，将 $h_1[n]$ 的频谱移位 π，得到 $h_2[n]$ 的频谱.

下面利用MATLAB绘制系统的幅频特性和相频特性.

```
h1 = [1 1]/2;
h2 = [1 −1]/2;
figure (1); freqz (h1, 1);
figure (2); freqz (h2, 1);
```

MATLAB绘制的系统 $h_1[n]$ 和 $h_2[n]$ 的频率响应特性分别如图6.7.11和图6.7.12所示.

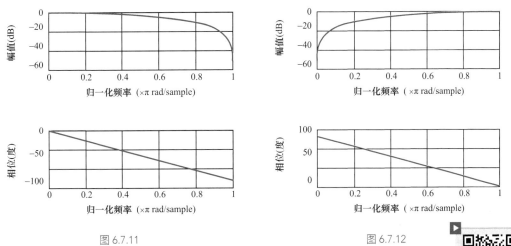

图 6.7.11 图 6.7.12

可以看到，$h_1[n]$ 具有低通滤波特性，$h_2[n]$ 的频谱是将 $h_1[n]$ 的频谱右移 π，将其通带移至高频（数字角频率在 π 附近为高频）段，系统具有高通滤波特性.

数字音频信号滤波

【例6.7.4】 二阶因果离散系统的函数为 $H(z) = \dfrac{1}{(1 - p_1 z^{-1})(1 - p_2 z^{-1})}$，其中 p_1 和 p_2 是该系统的2个极点，当系统的分母多项式系数为实数时，这2个极点可能是2个实极点或1对共轭复极点. 本例将2个极点设置为一对共轭复极点，用MATLAB编程观察极点分布和系统频率响应特性的关系.

解 MATLAB代码如下.

```
close all; clear; close all;
B = [1];
r = 0.9;
phai = pi/4;
p1 = r*exp (j*phai);
p2 = conj (p1); p=[p1 p2];
% 将零、极点分布形式转换为多项式形式
A = poly (p);
% 绘制零、极点图
zplane (B, A);
% 绘制频率响应特性曲线
figure; freqz (B, A);
```

当 $p_1 = 0.9\mathrm{e}^{\mathrm{j}\cdot\frac{\pi}{4}}$ ，$p_2 = p_1^*$ 时，MATLAB执行结果如图6.7.13所示. 对于该二阶系统，当极点 $p_1 = r\mathrm{e}^{\mathrm{j}\phi}$ ，$p_2 = p_1^*$（$0 < r < 1$, $0 < \phi < \pi$）时，系统具有带通滤波特性，系统的中心频率在 ϕ 附近；极点越接近单位圆，系统的幅频特性曲线越尖锐.

二阶离散系统
零、极点分布
与频率响应特
性的关系

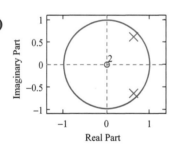

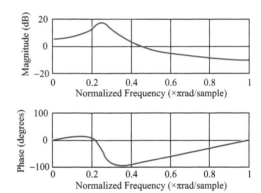

离散全通系统
的频率响应
特性

离散最小相位
系统的频率
响应特性

图 6.7.13

利用几何方法可以看到，当 $\mathrm{e}^{\mathrm{j}\Omega}$ 点旋转到某个极点附近时，如果矢量的长度最小，则频率响应在该点可能出现峰值. 极点越靠近单位圆，矢量长度越小，频率响应在峰值附近越尖锐. 如果极点落在单位圆上，矢量的长度为0，则频率响应的峰值趋于无穷大. 频率响应在零点附近的频率点出现谷值，如果零点落在单位圆上，矢量的长度为0，则频率响应的值为0.

数字系统除了可以用于对信号的不同频率分量进行选择性滤波，也可以用于产生信号. 下面的例子将展示数字振荡器的工作原理，可以看到，该类系统在结构给定的情况下，通过参数设置可以灵活调整输出信号的频率成分.

【例6.7.5】 DTMF拨号键盘如图4.2.3所示，每行对应1个低频，每列对应1个高频. 每按1个键就发送1个高频和1个低频的正弦信号组合，例如，按键1对应的频率组合为697 Hz和1209 Hz. 交换机可以对这些频率组合进行解码并确定所对应的按键.

可以利用两个离散系统（数字振荡器）分别产生单音频信号，如图6.7.14所示，将两个信号相加后经模数转换（DAC）和模拟低通滤波器（LPF），即得到DTMF模拟信号.

设DTMF数字振荡器的脉冲响应 $h[n]$ 为

$$h[n] = \sin(n\Omega_0)u[n] ,$$

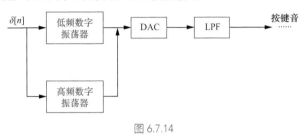

图 6.7.14

式中，Ω_0 是待求的正弦信号的数字角频率，可以表示为

$$\Omega_0 = 2\pi \frac{f_0}{f_s} ,$$

其中，f 为待产生的正弦信号频率，f_s 为抽样频率. 则数字振荡器的传递函数为

$$H(z) = \frac{\sin(\Omega_0)z^{-1}}{1 - 2\cos(\Omega_0)z^{-1} + z^{-2}} .$$

可以看到，通过参数设置即可产生不同频率的离散正弦信号.

下面编程产生频率为 f 的数字振荡信号，设抽样频率为 f_s.

```
f = 697;                          % 待产生的信号频率
fs = 8000;                        % 抽样频率
N = 50;                           % 序列长度
w0 = 2*pi*f/fs;                   % 数字角频率
B = [0 sin (w0)];                 % 系统函数分子多项式
A = [1 −2*cos (w0) 1];            % 系统函数分母多项式
h = impz (B, A, N);               % 脉冲响应
stem (0: N−1, h, 'linewidth', 1);
xlabel ('n'); ylabel ('h[n]');
```

MATLAB产生的离散单音正弦信号图形如图6.7.15所示.

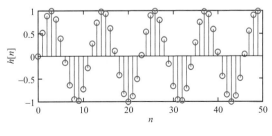

图 6.7.15

6.8 利用单边 z 变换解差分方程

6.8.1 单边 z 变换的定义

单边 z 变换是仿照单边拉普拉斯变换得到的一种变换形式：

$$X(z) = \sum_{n=-\infty}^{+\infty} x[n]u[n]z^{-n} = \sum_{n=0}^{+\infty} x[n]z^{-n}. \tag{6.8.1}$$

单边 z 变换的移位性质与双边 z 变换的不同，可以用于解差分方程．另外，本节将讨论适用于因果信号和系统的初值定理和终值定理．

6.8.2 单边 z 变换的性质

1. 移位性质

若 $\mathcal{X}\big[x[n]u[n]\big] = X(z)$，$m$ 为正整数，则单边右移位性质为

$$\mathcal{X}\big[x[n-m]u[n]\big] = z^{-m}\left[X(z) + \sum_{n=-m}^{-1} x[n]z^{-n}\right], \tag{6.8.2}$$

单边左移位性质与单边右移位性质类似，只是序列左移位会消去 $x[n]$ 从 $n=0$ 至 $n=m-1$ 的样值，所以先把这些位置对应的 z 变换减去，再统一左移 m 位．单边左移位性质为

$$\mathcal{X}\big[x[n+m]u[n]\big] = z^{m}\left[X(z) - \sum_{n=0}^{m-1} x[n]z^{-n}\right]. \tag{6.8.3}$$

2. 初值定理

若 $\mathcal{X}\big[x[n]u[n]\big] = X(z)$，则

$$x[0] = \lim_{z\to\infty} X(z). \tag{6.8.4}$$

初值定理可以和左移位性质结合产生其他推论：

$$\lim_{z\to\infty} z\big[X(z) - x[0]\big] = x[1],$$

$$\lim_{z\to\infty} z^2\big[X(z) - x[0] - x[1]z^{-1}\big] = x[2]. \tag{6.8.5}$$

【例6.8.1】 已知 $X(z) = \dfrac{z^2 + 2z}{z^3 + 0.5z^2 - z + 7}$，求 $x[0]$ 和 $x[1]$．

解 根据初值定理及其推论，有

$$x[0] = \lim_{z\to\infty} X(z) = 0,$$

$$x[1] = \lim_{z \to \infty} z\left[X(z) - x[0]\right] = \lim_{z \to \infty} \frac{z^3 + 2z^2}{z^3 + 0.5z^2 - z + 7} = 1 .$$

通过这个思路也容易得知，只有左移至分子与分母阶数相等才会产生初值，换句话说，单边 z 变换分母与分子阶数的差值，等于序列起始段0的个数.

3. 终值定理

若 $\mathscr{Z}\left[x[n]u[n]\right] = X(z)$，且满足 $X(z)$ 的极点都在单位圆内，或至多在 $z = 1$ 处有1个一阶极点，其余极点都在单位圆内，则

$$\lim_{n \to \infty} x[n] = \lim_{z \to 1}\left[(z-1)X(z)\right] . \tag{6.8.6}$$

单边 z 变换对应的都是右边序列，极点都在单位圆内即表明原函数都是底模小于1的指数衰减序列，终值全为0；至多在 $z = 1$ 处有1个一阶极点，实际上特指包含1个 $u[n]$ 项. 终值定理其实是求 $u[n]$ 项系数的公式. 终值定理应用实例如表6.8.1所示.

单边 z 变换的基本性质如表6.8.2所示.

表 6.8.1　终值定理应用实例

$x[n]$	$X(z)$	是否满足条件	终值
$(2)^n$	$\dfrac{z}{z-2}$	不满足	不存在
$u[n]$	$\dfrac{z}{z-1}$	满足	1
$(-1)^n$	$\dfrac{z}{z+1}$	不满足	不存在
$(0.5)^n$	$\dfrac{z}{z-0.5}$	满足	0

表 6.8.2　单边 z 变换的基本性质

性质名称	性质描述
单边右移位性质	$\mathscr{Z}\left[x[n-m]u[n]\right] = z^{-m}\left[X(z) + \sum\limits_{n=-m}^{-1} x[n]z^{-n}\right]$
单边左移位性质	$\mathscr{Z}\left[x[n+m]u[n]\right] = z^{m}\left[X(z) - \sum\limits_{n=0}^{m-1} x[n]z^{-n}\right]$
初值定理	$x[0] = \lim\limits_{z \to \infty} X(z)$
终值定理	$x[\infty] = \lim\limits_{z \to 1}(z-1)X(z)$

【例6.8.2】 图6.8.1所示为一个因果系统，其中转移函数为 $G(z) = \dfrac{1}{1 - z^{-1}}$ 的子系统很明显是一个不稳定的系统. 可以通过一个反馈增益为常数 K 的负反馈（$K > 0$）连接来调整系统的稳定性. 如果参考输入信号是单位阶跃序列 $x[n] = u[n]$，请确定误差信号 $e[n]$ 的初值和终值，从误差的角度来分析负反馈给一个不稳定的装置 $G(z)$ 带来的影响.

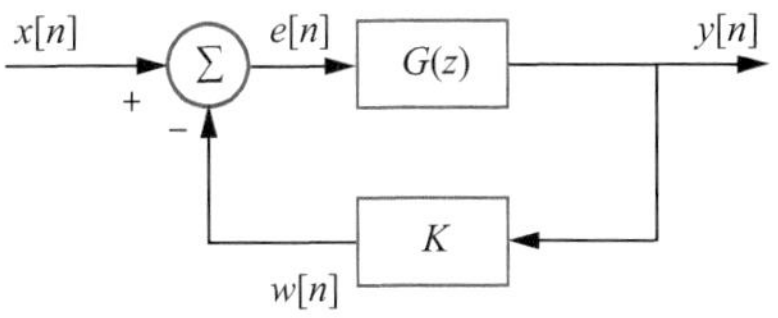

图 6.8.1

解　信号 $x[n] = u[n]$ 的 z 变换为

$$X(z) = \frac{z}{z-1} ,$$

其极点在单位圆上，且与系统 $G(z) = \dfrac{1}{1 - z^{-1}}$ 的极点相同. 若将信号 $x[n]$ 直接加入系统 $G(z)$，则输出信号的 z 变换为

$$Y(z) = X(z)G(z) = \frac{z^2}{(z-1)^2} = \frac{z}{(z-1)^2} + \frac{z}{z-1} ,$$

输出信号为

$$y[n] = (n+1)u[n].$$

对于一个有界的输入信号 $|x[n]| < +\infty$，产生了 $y[\infty] = \infty$，这体现了系统的不稳定性. 加入负反馈连接后，系统函数可表示为

$$H(z) = \frac{Y(z)}{X(z)} = \frac{G(z)}{1 + KG(z)} = \frac{1}{K+1} \cdot \frac{z}{z - \frac{1}{K+1}}.$$

由于 $K > 0$，所以 $\frac{1}{K+1} < 1$，说明加入负反馈后系统成了稳定系统. 下面观察误差信号的初值和终值. 在加法器处列 z 域方程

$$E(z) = X(z) - W(z) = X(z) - KE(z)G(z),$$

代入 $X(z) = \frac{z}{z-1}$ 和 $G(z) = \frac{1}{1 - z^{-1}}$，得

$$E(z) = \frac{1}{(1+K) - z^{-1}}.$$

利用初值定理，可得误差信号的初值为

$$e[0] = \lim_{z \to \infty} E(z) = \frac{1}{1+K},$$

利用终值定理，可得稳态误差或者说误差的终值为

$$\lim_{n \to \infty} e[n] = \lim_{z \to 1} (z-1) E(z) = \lim_{z \to 1} \frac{z-1}{(1+K) - z^{-1}} = 0.$$

可见，引入负反馈后，误差信号的值从 $\frac{1}{1+K}$ 减小到了 0，稳态误差趋于 0.

6.8.3 利用单边 z 变换解差分方程

利用单边 z 变换可以把差分方程转换为 z 域的代数方程，从而简化求解过程，这与拉普拉斯变换解微分方程类似. 其主要步骤是首先对差分方程两侧进行单边 z 变换，此处需要利用单边右移位性质；然后解 z 域的代数方程，得到相应的 z 域表达式；最后求逆 z 变换得到时域表达式.

【例6.8.3】 已知因果系统的差分方程为

$$y[n] - 0.9y[n-1] = 0.05x[n],$$

若 $y[-1] = 1$，激励 $x[n] = u[n]$，求全响应.

解 对差分方程两侧取单边 z 变换，利用单边右移位性质，可得

$$Y(z) - 0.9\left[z^{-1}Y(z) + y[-1]\right] = 0.05X(z),$$

整理，得

$$Y(z) = \underbrace{\frac{0.05z}{z-0.9}X(z)}_{\text{零状态响应}} + \underbrace{\frac{0.9z}{z-0.9}y[-1]}_{\text{零输入响应}}.$$

可以看到，$Y(z)$ 中的第 1 项仅与输入 $X(z)$ 有关，对应零状态响应，第 2 项仅与起始状态 $y[-1]$ 有关，对应零输入响应. 代入已知激励和起始条件，求逆变换：

$$\frac{Y(z)}{z} = \frac{0.05z}{(z-1)(z-0.9)} + \frac{0.9}{z-0.9} = \frac{A_1}{z-1} + \frac{A_2}{z-0.9},$$

利用掩盖法求得系数为

$$A_1 = (z-1)\frac{Y(z)}{z}\bigg|_{z=1} = 0.5, \quad A_2 = (z-0.9)\frac{Y(z)}{z}\bigg|_{z=0.9} = 0.45,$$

得

$$Y(z) = 0.5\underbrace{\frac{z}{z-1}}_{\text{稳态响应}} + 0.45\underbrace{\frac{z}{z-0.9}}_{\text{暂态响应}}.$$

可以看到，$Y(z)$ 中的第 1 项极点位于单位圆上，逆变换为 $u[n]$，对应稳态响应，第 2 项极点在单位圆内，逆变换为指数衰减序列，对应暂态响应. 因果系统的响应均为右边序列，所以该差分方程的全响应为

$$y[n] = 0.5 + 0.45 \times (0.9)^n \qquad n \geqslant 0.$$

6.9 本章小结

本章我们学习了离散信号的 z 变换与离散系统的 z 域分析：首先从抽样信号的拉普拉斯变换引出 z 变换的定义；随后学习了 z 变换的收敛域、典型信号的 z 变换及双边 z 变换的性质，在 z 变换的应用部分，引出了离散系统的系统函数，利用系统函数的零、极点分布分析了系统的时域特性、因果性、稳定性和频率响应特性；最后学习了单边 z 变换的性质及其应用，利用 z 变换解差分方程，把时域的差分方程转化成 z 域的代数方程，便于分析和求解. 本章从抽样信号的傅里叶变换引出 DTFT，并分析了 DTFT 和原信号频谱的关系，为读者将来在"数字信号处理"课程中继续学习频谱的计算和滤波器的设计打下必要的基础.

6.10 知识拓展

6.10.1 回声信号的产生和消除

信号在传输时经过多次反射，在多径效应下会产生回声，若回声间隔较大，达到 100 ms 量级，则会明显对信号带来影响，若是音频信号，就能够听到明显的回声. 多次回声（如从音乐厅

的墙和其他结构反射的回波）就会引起混响．回声产生系统可以简单描述为

$$y[n] = x[n] + b_1 x[n-N_1] + b_2 x[n-N_2] + \cdots,$$

这里 b_1、b_2 等为常数，N_1、N_2 等为整数常数．系统的脉冲响应为

$$h[n] = \delta[n] + b_1 \delta[n-N_1] + b_2 \delta[n-N_2] + \cdots.$$

为了从含有干扰信号的回波中取出正常信号，需要设计一个"逆系统"进行补偿，如图6.10.1所示．

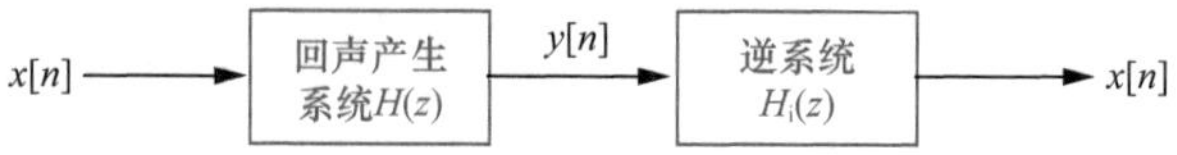

回声产生系统的系统函数为

$$H(z) = 1 + b_1 z^{-N_1} + b_2 z^{-N_2} + \cdots,$$

图 6.10.1

其逆系统的系统函数为

$$H_i(z) = \frac{1}{H(z)} = \frac{1}{1 + b_1 z^{-N_1} + b_2 z^{-N_2} + \cdots}.$$

为简单起见，下面构造一个产生1个回声的系统：

$$h[n] = \delta[n] + a\delta[n-N].$$

对于输入信号 $x[n]$，该系统可以利用卷积和产生带有回声的信号

$$y[n] = x[n] * h[n].$$

下面利用MATLAB读取一小段声音数据，构造1个有限长脉冲响应系统（一般称为FIR滤波器）来产生回声，再利用其逆系统（理论上逆系统脉冲响应的长度是无穷，该系统一般称为IIR滤波器）进行回声消除．本例分别绘制回声消除前后声音信号的时域波形、回声产生系统及回声消除系统的脉冲响应、系统的频率响应特性，用以加深读者对系统传输和逆系统的作用的理解．

MATLAB代码如下．

```
% 调入声音信号
load splat;
% 回声产生系统的脉冲响应
h = [1 zeros (1, fix (Fs*0.25)) 0.5]';
% 利用卷积和产生带有回声的信号
y_echo = conv (y, h);
% 利用逆系统消除回声
y_inv = filter (1, h, y_echo);
% 画波形
subplot (311);
t = (0:length (y)-1)/Fs;
plot (t, y); axis ([0 1.5 -1 1]);
xlabel ('t (s)'); ylabel('y(t)'); title ('原声音信号');
subplot (312);
t_echo = (0: length (y_echo) -1)/Fs;
plot (t_echo, y_echo); axis ([0 1.5 -1 1]);
```

```
xlabel ('t (s)'); ylabel ('y_{echo}(t)'); title ('带有回声的信号');
subplot (313);
t_inv = (0: length (y_inv) −1)/Fs;
plot (t_inv, y_inv);    axis ([0 1.5 −1 1]);
xlabel ('t (s)'); ylabel ('y_{inv} (t)'); title ('消除回声的信号');
% 听声音
sound (y, Fs); pause (1.5);
sound (y_echo, Fs); pause (1.5);
sound (y_inv, Fs);
% 脉冲响应
figure; impz (h, 1);
figure; impz (1, h);
% 绘制频率响应特性图
figure; freqz (h, 1);
figure; freqz (1,h);
```

原声音信号、带有回声的信号、消除回声的信号波形如图6.10.2所示，回声产生系统和回声消除系统的脉冲响应和频率响应特性分别如图6.10.3和图6.10.4所示.

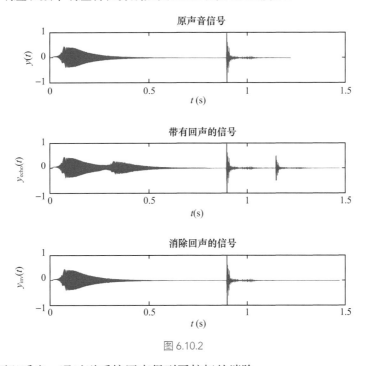

图 6.10.2

从图6.10.2可以看出，通过逆系统回声得到了较好的消除.

由图6.10.3可以看到，回声产生系统的脉冲响应只有2个非0样值，而逆变换的非0样值个数大大增加了，回声消除系统通过引入更多正负交替的样值来消除回声.

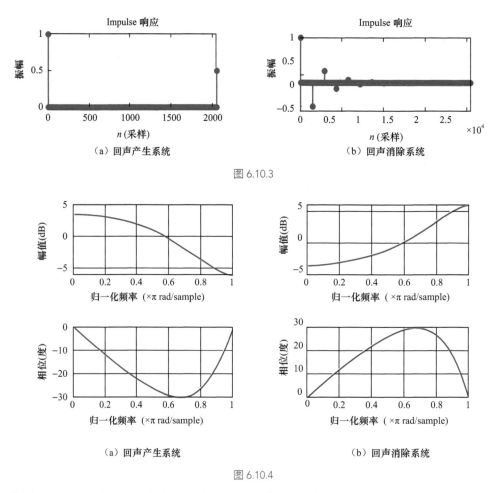

图 6.10.3

（a）回声产生系统　　　　（b）回声消除系统

图 6.10.4

从图6.10.4可以看出，回声产生系统与回声消除系统的幅频特性互为倒数，这样可以补偿幅度失真；相频特性则大小相等、符号相反，回声消除系统通过引入共轭的相位来消除相位失真.

6.10.2　傅里叶级数和傅里叶变换总结

我们学习了连续信号的傅里叶变换（continuous Fourier transform，CFT）和离散时间（序列的）傅里叶变换（DTFT）. 我们看到，对于连续信号 $x_a(t)$，其傅里叶变换为 $X_a(\omega)$，若通过抽样使 $x_a(t)$ 离散化得到 $x[n]$，根据傅里叶变换的规则，一个域离散化，对应另一个域的周期化，则频谱出现周期延拓. 如果继续对频谱做频域的抽样，则在时域必然引起周期延拓，这种周期—离散对应离散—周期的变换关系，就是我们将在"数字信号处理"课程中详细讨论的离散傅里叶级数（discrete Fourier series，DFS）. 周期函数可以利用其中的一个周期表达出来，由此出现了一种有限长对有限长的离散变换，即离散傅里叶变换（discrete Fourier transform，DFT）. 我们经常听说的快速傅里叶变换（FFT）只是DFT的一种快速实现算法，本质上还是DFT. 实际应用中可以利用FFT来近似实现DTFT，"数字信号处理"课程将详细讨论这个方法. 我们现在学习的CFT和DTFT是进一步学习频谱计算和滤波器频谱特性分析的基础. 表6.10.1所示为傅里叶级数和傅里叶变换的总结.

表 6.10.1　傅里叶级数和傅里叶变换的总结

信号类型	时域表达	频域分析方法	
连续非周期信号	$x_a(t)$ ω 为模拟角频率	傅里叶变换（FT） $X_a(\omega)=\int_{-\infty}^{+\infty}x_a(t)\mathrm{e}^{-\mathrm{j}\omega t}\mathrm{d}t$	逆变换（IFT） $x_a(t)=\dfrac{1}{2\pi}\int_{-\infty}^{+\infty}X_a(\omega)\mathrm{e}^{\mathrm{j}\omega t}\mathrm{d}\omega$
连续周期信号	$x_p(t)=\displaystyle\sum_{m=-\infty}^{+\infty}x_0(t-mT)$ T 为周期，$x_0(t)$ 为单周期截断信号 $\omega_1=\dfrac{2\pi}{T}$ 为基波角频率	傅里叶系数 $X_k=\dfrac{1}{T}\displaystyle\int_{-\frac{T}{2}}^{\frac{T}{2}}x_p(t)\mathrm{e}^{-\mathrm{j}k\omega_1 t}\mathrm{d}t$ $=\dfrac{1}{T}X_0(\omega)\Big|_{\omega=k\omega_1}$	傅里叶级数（FS）展开式 $x_p(t)=\displaystyle\sum_{k=-\infty}^{+\infty}X_k\mathrm{e}^{\mathrm{j}k\omega_1 t}$
		FS与FT的关系 $X_p(\omega)=2\pi\displaystyle\sum_{k=-\infty}^{+\infty}X_k\delta(\omega-k\omega_1)$	
		周期信号与单周期截断信号FT的关系 $X_p(\omega)=\omega_1\cdot\displaystyle\sum_{k=-\infty}^{+\infty}X_0(k\omega_1)\delta(\omega-k\omega_1)$	
离散非周期信号	$x[n]=x_a(t)\big|_{t=nT_s}$ T_s 为抽样周期，ω_s 为抽样角频率 $\Omega=2\pi\dfrac{\omega}{\omega_s}$ 为数字角频率 设 $x[n]=x[n]R_N[n]$ N 为周期	离散时间傅里叶变换（DTFT） $X(\mathrm{e}^{\mathrm{j}\Omega})=\displaystyle\sum_{n=-\infty}^{\infty}x[n]\mathrm{e}^{-\mathrm{j}\Omega n}$	逆变换（IDTFT） $x[n]=\dfrac{1}{2\pi}\displaystyle\int_{-\pi}^{\pi}X(\mathrm{e}^{\mathrm{j}\Omega})\mathrm{e}^{\mathrm{j}n\Omega}\mathrm{d}\Omega$
		DTFT与FT的关系 $X(\mathrm{e}^{\mathrm{j}\Omega})=\dfrac{1}{T_s}\displaystyle\sum_{k=-\infty}^{+\infty}X_a(\omega-k\omega_s)\Big|_{\omega=\Omega/T_s}$	
离散周期信号	$\tilde{x}_N[n]=\displaystyle\sum_{m=-\infty}^{+\infty}x[n-mN]$ N 为周期	离散傅里叶级数（DFS） $\tilde{X}_N[k]=\displaystyle\sum_{n=0}^{N-1}\tilde{x}_N[n]\mathrm{e}^{-\mathrm{j}\frac{2\pi}{N}kn}$	逆变换（IDFS） $\tilde{x}_N[n]=\dfrac{1}{N}\displaystyle\sum_{k=0}^{N-1}\tilde{X}_N[k]\mathrm{e}^{\mathrm{j}\frac{2\pi}{N}kn}$
		DFS与DTFT的关系 $X[k]=X(\mathrm{e}^{\mathrm{j}\Omega})\big|_{\Omega=\frac{2\pi k}{N}}$	
离散信号	$x[n]=\tilde{x}_N[n]R_N[n]$ $X[k]=\tilde{X}_N[k]R_N[k]$	N 点离散傅里叶变换（DFT） $X[k]=\left(\displaystyle\sum_{n=0}^{N-1}x[n]\mathrm{e}^{-\mathrm{j}\frac{2\pi}{N}kn}\right)\cdot R_N[k]$	逆变换（IDFT） $x[n]=\dfrac{1}{N}\left(\displaystyle\sum_{k=0}^{N-1}X[k]\mathrm{e}^{\mathrm{j}\frac{2\pi}{N}kn}\right)\cdot R_N[n]$
		DFS与DFT的关系 $X[k]=\tilde{X}_N[k]R_N[k]$	

📝 习题

▶ 基础题

6-1【序列的 z 变换和收敛域】绘制下列序列的图形，求出其 z 变换 $X(z)$，并标明收敛域，绘出 $X(z)$ 的零、极点图.

（1）$\delta[n]-\dfrac{1}{8}\delta[n-3]$　　　　　　　　　　（2）$2^n u[n]$

（3）$-2^n u[-n-1]$ （4）$\left(\dfrac{1}{2}\right)^n \big[u[n]-u[n-4]\big]$

6-2【双边序列的 z 变换】求双边序列 $x[n]=\left(\dfrac{1}{3}\right)^{|n|}$ 的 z 变换，并标明收敛域及绘出零、极点图.

6-3【收敛域与原序列的对应关系】画出 $X(z)=\dfrac{-3z^{-1}}{2-5z^{-1}+2z^{-2}}$ 的零、极点图，确定下列 3 种收敛域与左边序列、右边序列、双边序列的对应关系，并求出各对应序列.

（1）$|z|>2$ （2）$|z|<0.5$ （3）$0.5<|z|<2$

6-4【逆 z 变换】求下列 $X(z)$ 的逆 z 变换 $x[n]$.

（1）$X(z)=-2z^{-2}+2z+1$（$0<|z|<+\infty$）   （2）$X(z)=\dfrac{1}{1+\dfrac{1}{2}z^{-1}}$（$|z|>\dfrac{1}{2}$）

（3）$X(z)=\dfrac{1+z^{-1}}{1-\dfrac{5}{6}z^{-1}+\dfrac{1}{6}z^{-2}}$（$|z|>\dfrac{1}{2}$）   （4）$X(z)=\dfrac{z^2}{z^2-\dfrac{5}{6}z+\dfrac{1}{6}}$（$|z|<\dfrac{1}{3}$）

6-5【由差分方程求系统函数和脉冲响应】已知某 LTI 系统的差分方程为

$$y[n-1]-\frac{5}{2}y[n]+y[n+1]=x[n].$$

（1）求系统函数.

（2）根据系统函数的零、极点图确定该系统的脉冲响应的 3 种可能方案，并证明每种方案都满足上述差分方程.

6-6【脉冲响应-系统稳定性】一个稳定的线性时不变离散系统，其输入-输出关系为

$y[n-1]-\dfrac{10}{3}y[n]+y[n+1]=x[n]$，试确定其脉冲响应.

6-7【离散系统的因果性和稳定性】已知下列系统的脉冲响应 $h[n]$，试分别判断每一系统的因果性和稳定性.

（1）$\delta[n+2]$ （2）$\left(\dfrac{1}{2}\right)^n u[-n]$

（3）$0.2^n u[n]$ （4）$3^n\big(u[n]-u[n-3]\big)$

6-8【考研真题-逆系统】一个线性时不变因果系统可用如下差分方程描述：

$$y[n]-y[n-1]+\frac{1}{4}y[n-2]=x[n]+\frac{1}{4}x[n-1]-\frac{1}{8}x[n-2].$$

求其逆系统的系统函数，并确定原系统是否存在一个稳定的因果逆系统.

6-9【离散子系统的互联】题图 6-9 所示线性时不变系统中，已知 $h_3[n]=(0.5)^n u[n]$.

（1）求系统函数 $H(z)$.

（2）写出描述此系统的差分方程.

（3）求系统的阶跃响应 $g[n]$.

6-10【离散系统的结构图】已知某离散系统的差分方程为

$$y[n]-\frac{3}{4}y[n-1]+\frac{1}{8}y[n-2]=x[n]+\frac{1}{3}x[n-1],$$

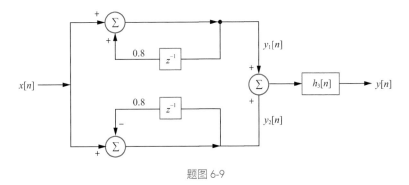

题图 6-9

按照以下要求画出实现该系统的信号流图.

（1）直接形式的信号流图.

（2）级联形式的信号流图.

（3）并联形式的信号流图.

6-11　【考研真题-系统结构图和稳定性】题图6-11所示的离散因果系统，当 K 满足什么条件时，系统是稳定的？

6-12　【FIR滤波器的频率响应特性】已知某离散系统的系统框图如题图6-12所示，求该系统的系统函数，并画出系统的频率响应特性.

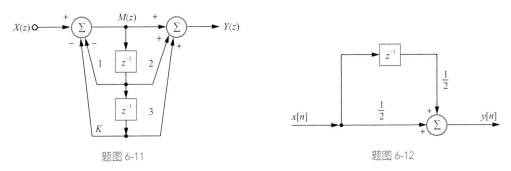

题图 6-11　　　　　　　　　　　　　题图 6-12

6-13　【IIR滤波器的频率响应特性】已知某线性离散因果系统的系统函数 $H(z) = \dfrac{z}{z-k}$，k 为实常数.

（1）写出对应系统的差分方程.

（2）画出该系统的结构图.

（3）求系统的频率响应特性，并画出 $k = 0,\ 0.5,\ -0.5$ 三种情况下系统的幅频特性和相频特性.

6-14　【考研真题-离散系统的频率响应特性】已知某离散系统的频率响应特性如题图6-14所示. 求信号 $x[n] = \left[1 + (-1)^n + \cos\left(\dfrac{\pi}{4}n\right)\right]u[n]$ 的稳态响应（$n \geqslant 0$）.

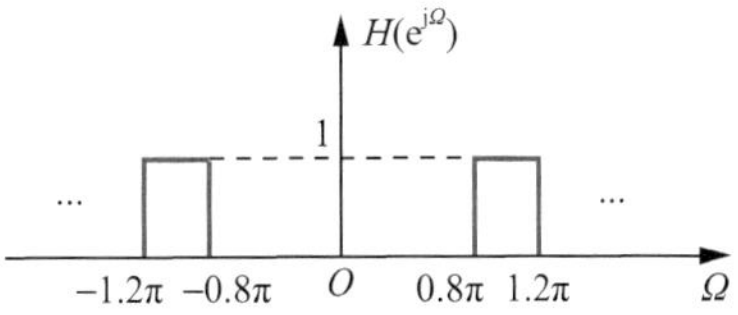

6-15　【利用z变换解差分方程】已知离散系统的系统函数

为 $H(z) = \dfrac{z^2}{z^2 - \dfrac{1}{6}z - \dfrac{1}{6}}$，输入 $x[n] = 4u[n]$，起始状态 $y[-1] = 0$，

$y[-2] = 12$，求：

（1）零状态响应和零输入响应；

题图 6-14

（2）自由响应和强迫响应.

6-16【系统模型的转换和初值定理】一线性时不变离散系统的系统函数 $H(z)$ 的零、极点分布如题图6-16所示，且已知其脉冲响应 $h[n]$ 的初值 $h[0]=1$.

（1）试求系统函数 $H(z)$，并说明系统是否稳定及原因.

（2）试求系统的脉冲响应 $h[n]$.

（3）若输入为 $x[n]$，零状态响应为 $y[n]$，写出描述系统的差分方程.

6-17【系统函数和零状态响应】考虑题图6-17所示的离散系统.

（1）求该因果系统的系统函数，画出零、极点图并标明收敛域.

（2）k 为何值时系统稳定？

（3）若 $k=1$，$x[n]=\dfrac{2}{3}u[n]$，求零状态响应 $y_{\mathrm{zs}}[n]$.

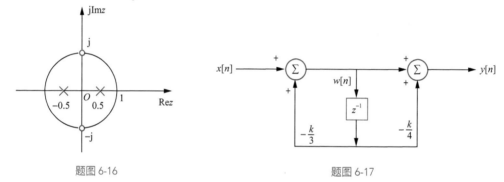

题图 6-16　　　　　　　　　　　题图 6-17

6-18【初值定理和终值定理】已知因果序列的 z 变换为 $X(z)$，求序列的初值 $x[0]$ 和终值 $x[\infty]$.

（1）$X(z)=\dfrac{1+z^{-1}+z^{-2}}{\left(1-z^{-1}\right)\left(1-2z^{-1}\right)}$　　　　　（2）$X(z)=\dfrac{1}{\left(1-0.5z^{-1}\right)\left(1+0.5z^{-1}\right)}$

（3）$X(z)=\dfrac{1}{\left(1-az^{-1}\right)}$　（$|z|>|a|$，a 为实数）　（4）$X(z)=\dfrac{z(z+1)}{\left(z^2-1\right)(z+0.5)}$

▶ **提高题**

6-19【特征函数】如果一个系统的输入序列和输出序列的变化规律相同，两者只差一复常数，则输入序列的函数形式称为该函数的特征函数. 试证明：$x[n]=z^n$（z 为任意复数，$-\infty<n<+\infty$）为线性时不变离散系统的特征函数，而因果信号 $z^n[n]$ 则不是特征函数.

6-20【利用特征函数的概念分析离散系统】已知一个要求输入 $x[n]$ 和输出 $y[n]$ 满足下列条件的离散线性时不变系统：

（1）若对于所有 n，输入为 $x[n]=(-2)^2$，则对于所有 n，输出为 $y[n]=0$；

（2）若对于所有 n，输入为 $x[n]=\left(\dfrac{1}{2}\right)^n u[n]$，则对于所有 n，输出为 $y[n]=\delta[n]+a\left(\dfrac{1}{4}\right)^n u[n]$，其中 a 是一个常数.

请完成下列任务.

（1）求常数 a 的值.

（2）若对于所有 n，输入为 $x[n]=1$，求对应的输出 $y[n]$.

6-21 【不稳定系统的稳定】考虑一个简单的单种动物增殖模型. 令 $y[n]$ 为第 n 代动物的总数，假定在没有任何阻碍因素存在的条件下，动物的出生率使每一代的总数加倍，动物数量增长的动态基本方程就是

$$y[n] = 2y[n-1] + x[n],$$

式中，$x[n]$ 代表外界的影响对总数引起的增加或减少，可以看作无反馈作用下的前向通路，系统函数为

$$H(z) = \frac{1}{1 - 2z^{-1}}.$$

很明显，这样一个增殖模型是不稳定的. 然而，在生态系统中，总存在着一些阻止动物数量增长的因素. 假定在每代中这些因素所引起的动物数量减少是以一个固定的比值 β 出现的，根据模型，每一代剩下的部分将在下一代加倍，因此有

$$y[n] = 2(1-\beta)y[n-1] + x[n].$$

此时系统为一个闭环控制系统，系统函数为

$$Q(z) = \frac{H(z)}{1 + G(z)H(z)} = \frac{1}{1 - 2(1-\beta)z^{-1}}.$$

系统框图如题图6-21所示.

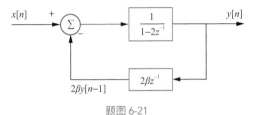

题图 6-21

（1）请判断使该系统稳定的 β 的取值范围.

（2）当 $\beta = \dfrac{1}{2}$ 时，若输入为 $u[n]$，系统是否可达到稳定状态？

6-22 【考研真题-由连续系统到离散系统的转换】微分器可以看作一个线性时不变连续系统，其系统函数为 $H_a(s) = s$，以 $s = \dfrac{2}{T_s} \cdot \dfrac{1 - z^{-1}}{1 + z^{-1}}$ 替换则可以设计线性时不变离散系统，这种方法称为双线性变换法，其中 $T_s > 0$.

（1）画出上述离散系统的系统框图.

（2）确定离散系统的频率响应 $H_d(e^{j\Omega})$，此处 Ω 指数字角频率，并大致画出 $\Omega \in (-\pi, \pi)$ 的幅频特性.

6-23 【考研真题-离散系统的频率响应特性】题图6-23（a）所示为一个离散系统，它由 N 个脉冲响应为 $h_k[n]$（$k = 0, 1, \cdots, N-1$）的线性时不变子系统并联而成. 对任意 k，$h_k[n]$ 由如下表达式与 $h_0[n]$ 相联系：

$$h_k[n] = e^{j\left(\frac{2\pi nk}{N}\right)} h_0[n].$$

习题6-23讲解（考研真题-离散系统的频率响应特性）

（1）如果 $h_0[n]$ 是一个理想的数字低通滤波器，其频率响应 $H_0(e^{j\Omega})$ 如题图6-23（b）所示，请用 $H_0(e^{j\Omega})$ 表示 $h_k[n]$ 的频率响应.

（2）利用 N 确定题图6-23（b）中的截止频率 Ω_c，使得题图6-23（a）所示的系统是一个恒等系统，也就是说，对所有的 n 和任何输入 $x[n]$，都有 $y[n] = x[n]$.

习题6-24讲解（考研真题-模拟系统的数字等效）

（3）当 $N = 4$ 时，试对 $-\pi < \Omega < \pi$ 范围内的 Ω 画出 $h_1[n]$ 的频率响应特性.

6-24 【考研真题-模拟系统的数字等效】一个抽样数字低通滤波器如题图6-24所示，$H(z)$ 的截止频率 $\Omega_c = 0.25\pi$，整个系统相当于一个模拟低通滤波器，抽样频率 $f_s = 8\ \text{kHz}$. 求等效模拟低通滤波器的截止频率 f_c.

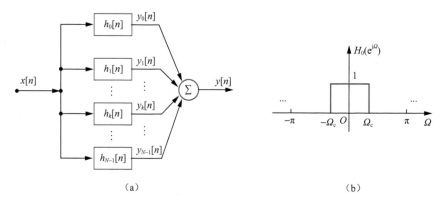

（a）　　　　　　　　　　　　　（b）

题图 6-23

6-25 【考研真题-综合】已知一个有噪信号 $x(t)=s(t)+n(t)$，其中，$s(t)$ 是期望的信号，$n(t)$ 是加性噪声，都是有限带宽的，即

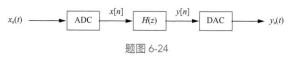

题图 6-24

$$|S(f)|^2=0 \qquad |f| \geqslant 10 \text{ kHz}$$
$$|N(f)|^2=0 \qquad |f| \geqslant 20 \text{ kHz}$$

$S(f)$ 和 $N(f)$ 分别为 $s(t)$ 和 $n(t)$ 用频率表示的傅里叶变换，如题图6-25（a）所示．假设利用题图6-25（b）所示的系统来处理 $x(t)$ 以减小噪声的影响，尽量使信号 $s(t)$ 不失真．

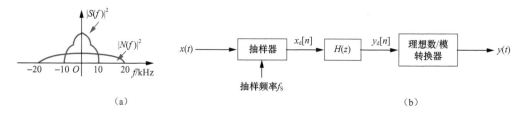

（a）　　　　　　　　　　　　　　　（b）

题图 6-25

对于 $H(z)$，下面有4个二阶数字滤波器可供选择，每一个滤波器的增益都是 $K=0.25$，各自的零点 $\{z_i\}$ 和极点 $\{p_i\}$ 如下所示．

系统A：$z_i=\pm 1, p_i=\dfrac{\sqrt{2}}{2}\mathrm{e}^{\pm \mathrm{j}\frac{\pi}{2}}$．　　　　系统B：$z_1=-1, z_2=0, p_i=\dfrac{\sqrt{2}}{2}\mathrm{e}^{\pm \mathrm{j}\frac{\pi}{4}}$．

系统C：$z_1=-1, z_2=0, p_i=\sqrt{2}\mathrm{e}^{\pm \mathrm{j}\frac{\pi}{2}}$．　　系统D：$z_i=\pm 1, p_i=\pm 0.5$．

其中，$i=1, 2$．抽样频率 $f_\mathrm{s}=50 \text{ kHz}$．

（1）从这些滤波器中挑选一个合适的，并解释原因．

（2）确定所选滤波器的 $H(z)$．

6-26 【考研真题-离散系统的频率响应特性】已知一个离散系统的系统框图如题图6-26所示，其中系数 a_0, a_1, a_2 均为非0的实常数，系统的频率响应特性在 $\Omega=0$ 时为1，在 $\Omega=\dfrac{2\pi}{3}$ 时为0．求符合上述条件的系数 a_0, a_1, a_2．

6-27 【考研真题-离散系统的结构图】描述某离散系统的

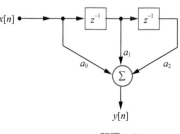

题图 6-26

系统函数为

$$H(z) = -3 \cdot \frac{z}{z-0.5} + 2.5 \cdot (1-\mathrm{j}1) \cdot \frac{z}{z-\mathrm{j}0.5} + 2.5 \cdot (1+\mathrm{j}1) \cdot \frac{z}{z+\mathrm{j}0.5},$$

请画出并联形式的系统结构图，要求系数均为实数.

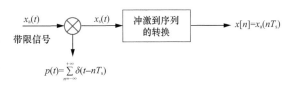

6-28 【冲激到序列的转换】假定一个频带宽度为 ω_{m} 的连续信号 $x_{\mathrm{a}}(t)$ 以大于奈奎斯特抽样频率的频率进行理想抽样，抽样周期为 T_{s}，然后将样本转换成序列 $x[n]$，如题图

题图 6-28

6-28所示. 试计算序列 $x[n]$ 的能量 E_{d}、原信号的能量 E_{a} 和抽样间隔 T_{s} 三者之间的关系.

6-29 【DTFT形式的帕塞瓦尔定理】计算信号 $x[n] = \dfrac{\sin(\Omega_0 n)}{\pi n}$ 的能量.

重点习题答案
速查

▶ 计算机实践题

C6-1 【常微分方程的数值解】考虑一个由二阶常微分方程

$$\frac{\mathrm{d}^2 v_C(t)}{\mathrm{d}t^2} + \frac{\mathrm{d}v_C(t)}{\mathrm{d}t} + v_C(t) = v_{\mathrm{s}}(t),$$

描述的RLC电路，其中电容的端电压 $v_C(t)$ 为输出，电源 $v_{\mathrm{s}}(t) = u(t)$ 为输入，设初始条件为0.

（1）用近似导数求出差分方程. 设抽样间隔 $T_{\mathrm{s}} = 1$，借助z变换解此差分方程，并确定稳态响应.

（2）利用计算机画出上面求得的稳态响应的解析解图形和数值解图形.

C6-2 【差分方程求解】已知某线性时不变离散因果系统的差分方程为

$$y[n] + 3y[n-1] + 2y[n-2] = x[n] + x[n-1],$$

该系统的激励信号为 $x[n] = (-3)^n u[n]$，起始状态为 $y[-1] = -2, y[-2] = 3$.

（1）求系统的全响应.

（2）请借助z变换利用计算机求系统的全响应.

C6-3 【零、极点分布与频率响应特性的关系】如果已知一个系统的系统函数，就可以利用分子多项式和分母多项式的系数矩阵来唯一表示该系统，例如，已知系统函数 $H(z) = \dfrac{1 - 5z^{-1} + 6z^{-2}}{1 - 0.8z^{-3}}$，则分子多项式系数和分母多项式系数矩阵分别为

$$\boldsymbol{N} = [1\ -5\ 6],\quad \boldsymbol{D} = [1\ 0\ 0\ -3],$$

可以用来表示由差分方程 $y[n] - 3y[n-3] = x[n] - 5x[n-1] + 6x[n-2]$ 描述的离散系统. 对于下列系统，绘制系统的零、极点图和频率响应特性. 观察零、极点分布与系统频率响应特性的关系，并判断系统的滤波特性.

（1）$\boldsymbol{N} = [1]$；$\boldsymbol{D} = [1\ -0.5]$.

（2）$\boldsymbol{N} = [1]$；$\boldsymbol{D} = [1\ 0.5]$.

（3）$\boldsymbol{N} = [1]$；$\boldsymbol{D} = [1\ 0]$.

（4）$\boldsymbol{N} = [1\ 0\ 0]$；$\boldsymbol{D} = [1\ -0.9\ 0.81]$.

（5）$\boldsymbol{N} = [1\ -0.5]$；$\boldsymbol{D} = [1\ -0.9\ 0.81]$.

（6）$\boldsymbol{N} = [0.25\ -\dfrac{\sqrt{3}}{2}\ 1]$；$\boldsymbol{D} = [1\ -\dfrac{\sqrt{3}}{2}\ 0.25]$.

（7）$\boldsymbol{N} = [1\ 2\ 3\ 4\ 3\ 2\ 1]$；$\boldsymbol{D} = [1]$.

C6-4 【部分分式展开法求逆变换】求 $X(z) = \dfrac{z^2}{z^2 - 1.5z + 0.5}$ 的逆变换 $x[n]$（$|z| > 1$）.

第 **7** 章

系统的状态变量分析

　　本书前面的章节讨论了系统的时域、频域和复频域分析方法. 这些分析方法都着眼于寻求系统的激励和响应之间的关系，并不关心系统内部的具体变化情况，只考虑系统特性对系统响应的影响. 这种研究系统的激励和响应随时间、频率的变化规律的方法，通常称为系统的输入—输出描述法，也称为系统的外部描述法. 现实中，我们往往会接触到非常复杂的系统，仅采用外部描述法来分析系统是非常困难的. 另外，我们有时不仅需要了解系统的外部特性，还需要研究系统内部变量的变化规律，以便通过参数调整对系统进行最优控制. 这时我们就需要一种可以描述系统内部特性的方法，即系统的状态变量分析法. 这种方法最初由卡尔曼引入，其最主要的特征是把系统中所有具有微分（或差分）关系的变量全部列为一阶微分（或差分）方程，并组成方程组，然后利用线性代数中矩阵运算的手段进行分析和求解.

　　状态变量分析法的优点：

　　（1）提供了系统的内部特性以供研究；

　　（2）用矩阵表示一阶微分（或差分）方程组，便于计算机进行数值计算；

　　（3）便于分析复杂电路或航空航天系统等多输入—多输出系统；

　　（4）容易推广应用于时变系统或非线性系统；

　　（5）引出了可观性和可控性两个重要概念.

● 本章学习目标

　　（1）掌握状态、状态变量、状态方程、状态矢量、状态轨迹等概念.

　　（2）掌握连续系统/离散系统状态方程的建立方法，能够选择合适的状态变量，以及建立矩阵形式的状态方程组.

　　（3）了解连续系统/离散系统状态方程的时域和变换域求解方法.

　　（4）了解状态矢量的线性变换.

　　（5）了解系统的可观性和可控性的基本概念，了解利用状态变量分析法判断系统可控性和可观性的方法.

7.1 连续系统状态方程的建立

首先以连续系统为例给出一些定义.

（1）状态：表示动态系统的一组最少变量（状态变量），只要知道 $t = t_0$ 时的这组变量和 $t \geqslant t_0$ 时的输入，就能完全确定系统在 $t \geqslant t_0$ 的任何时刻的行为.

（2）状态变量：能够表示系统状态的变量称为状态变量，如电路中的电感电流 $i_L(t)$ 和电容电压 $v_C(t)$.

（3）状态矢量：能够完全描述一个系统行为的 N 个状态变量，每个状态变量可以看作状态矢量 $\boldsymbol{q}(t)$ 的各个分量的坐标.

（4）状态空间（state space）：状态矢量 $\boldsymbol{q}(t)$ 所在的空间.

（5）状态轨迹：在状态空间中状态矢量端点随时间变化而描出的路径称为状态轨迹.

这些概念初看有些抽象，下面我们将在具体实例中学习状态变量分析法. 对于连续系统，可以直接由电路列写状态方程，也可以从输入—输出描述法得到状态方程.

7.1.1 由电路建立状态方程

【例7.1.1】 电路如图7.1.1所示，把电源电压 $x(t)$ 设为输入信号，电容电压 $v_C(t)$ 设为输出信号 $y(t)$. 列写系统的状态方程和输出方程.

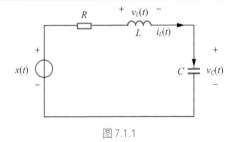

图 7.1.1

解　仅考虑输入信号 $x(t)$ 与输出信号 $v_C(t)$ 的关系，可得到描述系统的输入—输出关系的微分方程

$$\frac{\mathrm{d}^2}{\mathrm{d}t^2} v_C(t) + \frac{R}{L} \frac{\mathrm{d}}{\mathrm{d}t} v_C(t) + \frac{1}{LC} v_C(t) = \frac{1}{LC} x(t). \tag{7.1.1}$$

状态变量分析法会把电路中具有储能功能的变量设为状态变量. 电路中的电容电压 $v_C(t)$、电感电流 $i_L(t)$，这两个变量都可以表示系统的储能情况，例如，电容储存的电场能可以表示为 $\frac{1}{2} C v_C^2(t)$，电感储存的磁场能可以表示为 $\frac{1}{2} L i_L^2(t)$. 选定状态变量后，列出状态变量的一阶微分方程，规则是方程左侧为状态变量的一阶微分式，右侧为状态变量及输入变量的线性组合，满足这种要求的方程被称为状态方程. 该系统的状态方程为

$$\begin{cases} \dfrac{\mathrm{d}i_L(t)}{\mathrm{d}t} = -\dfrac{R}{L} i_L(t) - \dfrac{1}{L} v_C(t) + \dfrac{1}{L} x(t) \\[3mm] \dfrac{\mathrm{d}v_C(t)}{\mathrm{d}t} = \dfrac{1}{C} i_L(t) \end{cases}. \tag{7.1.2}$$

由电路建立状态方程

状态方程的个数与式（7.1.1）所示微分方程的阶数相等，所有状态方程共同组成状态方程组. 状态方程组可以写为矩阵形式：

$$\begin{bmatrix} \dfrac{\mathrm{d}i_L(t)}{\mathrm{d}t} \\[3mm] \dfrac{\mathrm{d}v_C(t)}{\mathrm{d}t} \end{bmatrix} = \begin{bmatrix} -\dfrac{R}{L} & -\dfrac{1}{L} \\[3mm] \dfrac{1}{C} & 0 \end{bmatrix} \begin{bmatrix} i_L(t) \\[2mm] v_C(t) \end{bmatrix} + \begin{bmatrix} \dfrac{1}{L} \\[2mm] 0 \end{bmatrix} \begin{bmatrix} x(t) \end{bmatrix}. \tag{7.1.3}$$

进一步引入状态矢量、输入矢量和输出矢量：

$$\boldsymbol{q}(t) = \begin{bmatrix} i_L(t) \\ v_C(t) \end{bmatrix}, \quad \boldsymbol{x}(t) = \begin{bmatrix} x(t) \end{bmatrix}, \quad \boldsymbol{y}(t) = \begin{bmatrix} v_C(t) \end{bmatrix}. \tag{7.1.4}$$

设系数矩阵为

$$\boldsymbol{A} = \begin{bmatrix} -\dfrac{R}{L} & -\dfrac{1}{L} \\[3mm] \dfrac{1}{C} & 0 \end{bmatrix}, \quad \boldsymbol{B} = \begin{bmatrix} \dfrac{1}{L} \\[2mm] 0 \end{bmatrix}, \tag{7.1.5}$$

则状态方程组化为

$$\dot{\boldsymbol{q}}(t) = \boldsymbol{A}\boldsymbol{q}(t) + \boldsymbol{B}\boldsymbol{x}(t). \tag{7.1.6}$$

其中系数矩阵 $\boldsymbol{A}$、$\boldsymbol{B}$ 和输入矢量 $\boldsymbol{x}(t)$ 均为已知量，可以根据状态方程组求得状态矢量 $\boldsymbol{q}(t)$，然后系统中的任意变量都可以用状态矢量 $\boldsymbol{q}(t)$ 和输入矢量 $\boldsymbol{x}(t)$ 的组合表示. 本例中，只要知道 $i_L(t)$、$v_C(t)$ 的初始状态及输入信号 $x(t)$ 即可完全确定电路的行为. 输出信号即可表示为

$$y(t) = 0 \cdot i_L(t) + 1 \cdot v_C(t) + 0 \cdot x(t), \tag{7.1.7}$$

写为矩阵形式为

$$\boldsymbol{y}(t) = \boldsymbol{C}\boldsymbol{q}(t) + \boldsymbol{D}\boldsymbol{x}(t), \tag{7.1.8}$$

其中，$\boldsymbol{C} = \begin{bmatrix} 0 & 1 \end{bmatrix}$，$\boldsymbol{D} = \begin{bmatrix} 0 \end{bmatrix}$.

将式（7.1.6）和式（7.1.8）整合在一起：

$$\begin{cases} \dot{\boldsymbol{q}}(t) = \boldsymbol{A}\boldsymbol{q}(t) + \boldsymbol{B}\boldsymbol{x}(t) \\ \boldsymbol{y}(t) = \boldsymbol{C}\boldsymbol{q}(t) + \boldsymbol{D}\boldsymbol{x}(t) \end{cases}. \tag{7.1.9}$$

这样，系统就可以利用 $\boldsymbol{A}$、$\boldsymbol{B}$、$\boldsymbol{C}$、$\boldsymbol{D}$ 四个矩阵来表示.

矩阵 $\boldsymbol{A}$ 表示系统状态变量之间的关系，称为状态矩阵或者系统矩阵，矩阵 $\boldsymbol{B}$ 表示输入对状态变量的影响，称为输入矩阵或者控制矩阵，矩阵 $\boldsymbol{C}$ 表示系统的输出与系统状态变量之间的关系，称为输出矩阵，矩阵 $\boldsymbol{D}$ 表示系统的输入直接作用在系统输出的部分，称为直接传递矩阵.

7.1.2　由系统函数建立状态方程

在前面章节学习输入-输出描述法时，我们引入了系统函数来描述系统. 在下面的分析中，我们可以借助梅森公式由系统函数画出系统的信号流图，再来列写系统的状态方程和输出方程.

由线性常系数常微分方程描述的连续系统，其信号流图通常以积分器作为基本运算单元，积分器的信号流图如图7.1.2所示. 一般选取积分器输出节点的值作为状态变量，此时积分器的输入信号为状态变量的微分. 连续系统的常见信号流图主要包括直接形式、级联形式和并联形式，在此一一举例介绍其状态方程的建立.

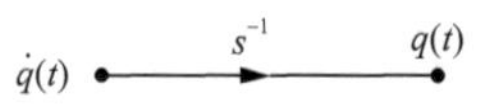

图 7.1.2

【例7.1.2】 已知某连续系统的系统函数为 $H(s) = \dfrac{s+4}{s^3 + 6s^2 + 11s + 6}$ ，画出该系统的直接形式信号流图，并列写系统的状态方程和输出方程.

解 将 $H(s)$ 表示为 s^{-1} 的形式：

$$H(s) = \frac{s^{-2} + 4s^{-3}}{1 + 6s^{-1} + 11s^{-2} + 6s^{-3}} ,\qquad (7.1.10)$$

可据此画出系统的信号流图，如图7.1.3所示.

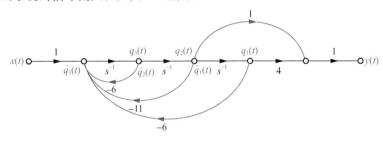

图 7.1.3

取积分器的输出作为状态变量，即图7.1.3中 $q_1(t)$、$q_2(t)$ 和 $q_3(t)$，在积分器的输入节点列写状态方程，此时方程包含状态变量的一阶导数项，即

$$\dot{q}_1(t) = q_2(t) ,$$
$$\dot{q}_2(t) = q_3(t) ,$$
$$\dot{q}_3(t) = -6q_1(t) - 11q_2(t) - 6q_3(t) + x(t) ,$$

输出方程为

$$y(t) = 4q_1(t) + q_2(t) .$$

表示成矩阵形式的状态方程和输出方程为

$$\begin{bmatrix} \dot{q}_1(t) \\ \dot{q}_2(t) \\ \dot{q}_3(t) \end{bmatrix} = \begin{bmatrix} 0 & 1 & 0 \\ 0 & 0 & 1 \\ -6 & -11 & -6 \end{bmatrix} \begin{bmatrix} q_1(t) \\ q_2(t) \\ q_3(t) \end{bmatrix} + \begin{bmatrix} 0 \\ 0 \\ 1 \end{bmatrix} x(t) ,\qquad (7.1.11)$$

$$y(t) = \begin{bmatrix} 4 & 1 & 0 \end{bmatrix} \begin{bmatrix} q_1(t) \\ q_2(t) \\ q_3(t) \end{bmatrix} .\qquad (7.1.12)$$

请注意式（7.1.11）和式（7.1.12）中系数矩阵与信号流图中系数的对应关系.

【例7.1.3】 已知某连续系统的系统函数为 $H(s) = \dfrac{s+4}{s^3 + 6s^2 + 11s + 6}$ ，画出该系统的并联形式信号

流图，并据此列写状态方程和输出方程.

解 将 $H(s)$ 做部分分式展开得到

$$H(s) = \frac{s+4}{s^3 + 6s^2 + 11s + 6} = \frac{s+4}{(s+1)(s+2)(s+3)} = \frac{\frac{3}{2}}{s+1} + \frac{-2}{s+2} + \frac{\frac{1}{2}}{s+3}.\qquad（7.1.13）$$

并联形式信号流图如图7.1.4所示.

取图7.1.4中积分器的输出 $q_1(t)$、$q_2(t)$ 和 $q_3(t)$ 作为状态变量，分别在各积分器的输入节点列写系统的状态方程

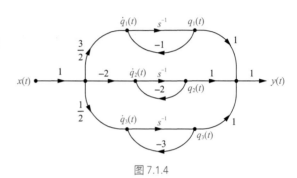

图 7.1.4

$$\dot{q}_1(t) = -q_1(t) + \frac{3}{2}x(t),\qquad（7.1.14）$$

$$\dot{q}_2(t) = -2q_2(t) - 2x(t),\qquad（7.1.15）$$

$$\dot{q}_3(t) = -3q_3(t) + \frac{1}{2}x(t),\qquad（7.1.16）$$

输出方程为

$$y(t) = q_1(t) + q_2(t) + q_3(t).\qquad（7.1.17）$$

表示成矩阵形式的状态方程和输出方程为

$$\begin{bmatrix} \dot{q}_1(t) \\ \dot{q}_2(t) \\ \dot{q}_3(t) \end{bmatrix} = \begin{bmatrix} -1 & 0 & 0 \\ 0 & -2 & 0 \\ 0 & 0 & -3 \end{bmatrix} \begin{bmatrix} q_1(t) \\ q_2(t) \\ q_3(t) \end{bmatrix} + \begin{bmatrix} \frac{3}{2} \\ -2 \\ \frac{1}{2} \end{bmatrix} x(t),\qquad（7.1.18）$$

$$y(t) = [1,1,1] \begin{bmatrix} q_1(t) \\ q_2(t) \\ q_3(t) \end{bmatrix}.\qquad（7.1.19）$$

由式（7.1.18）可以看出，这种并联形式导致矩阵 A 是对角矩阵，这体现了某个状态变量的变化仅与其自身和输入信号有关，而与其他状态变量无关的特性.

【例7.1.4】已知某连续系统的系统函数为 $H(s) = \dfrac{s+4}{s^3 + 6s^2 + 11s + 6}$，画出该系统的级联形式信号流图，并据此列写状态方程和输出方程.

解 将 $H(s)$ 做因式分解

$$H(s) = \left(\frac{1}{s+1}\right)\left(\frac{s+4}{s+2}\right)\left(\frac{1}{s+3}\right) = \left(\frac{s^{-1}}{1+s^{-1}}\right)\left(\frac{1+4s^{-1}}{1+2s^{-1}}\right)\left(\frac{s^{-1}}{1+3s^{-1}}\right),\qquad（7.1.20）$$

画成图7.1.5所示的级联形式信号流图.

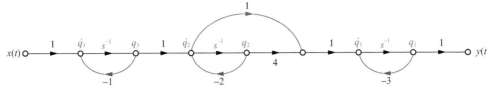

图 7.1.5

取图7.1.5中积分器的输出 $q_1(t)$、$q_2(t)$ 和 $q_3(t)$ 作为状态变量，分别在各积分器的输入端列方程，得

$$\dot{q}_1(t) = -3q_1(t) + 4q_2(t) + \dot{q}_2(t) ,$$（7.1.21）

$$\dot{q}_2(t) = -2q_2(t) + q_3(t) ,$$（7.1.22）

$$\dot{q}_3(t) = -q_3(t) + x(t) ,$$（7.1.23）

方程（7.1.21）右侧的 $\dot{q}_2(t)$ 不是状态变量，利用式（7.1.22）对 $\dot{q}_2(t)$ 进行替换，得

$$\dot{q}_1(t) = -3q_1(t) + 2q_2(t) + q_3(t) .$$（7.1.24）

输出方程为

$$y(t) = q_1(t) .$$（7.1.25）

将状态方程和输出方程写成矩阵形式：

$$\begin{bmatrix} \dot{q}_1(t) \\ \dot{q}_2(t) \\ \dot{q}_3(t) \end{bmatrix} = \begin{bmatrix} -3 & 2 & 1 \\ 0 & -2 & 1 \\ 0 & 0 & -1 \end{bmatrix} \begin{bmatrix} q_1(t) \\ q_2(t) \\ q_3(t) \end{bmatrix} + \begin{bmatrix} 0 \\ 0 \\ 1 \end{bmatrix} x(t) ,$$（7.1.26）

$$y(t) = [1,0,0] \begin{bmatrix} q_1(t) \\ q_2(t) \\ q_3(t) \end{bmatrix} .$$（7.1.27）

由式（7.1.26）可以看出，这种级联形式导致 **A** 是上三角形矩阵，其对角线上的元素为系统的特征根.

从例7.1.2～例7.1.4可以看出，对于同一个系统，采用不同形式的信号流图，选取的状态变量是不同的，列写的状态方程和输出方程的形式也是不同的.

7.2 连续系统状态方程的求解

状态方程的求解分为时域解法和复频域解法，因为时域解法涉及解微分方程，而复频域解法全为代数运算，所以复频域解法更加简便. 状态方程的求解可以直接套用矩阵运算法则，所以求解思路还是很清晰的.

7.2.1　时域解法

若已知

$$\frac{\mathrm{d}}{\mathrm{d}t}\boldsymbol{q}(t) = \boldsymbol{A}\boldsymbol{q}(t) + \boldsymbol{B}\boldsymbol{x}(t)，\qquad(7.2.1)$$

并给定起始状态矢量 $\boldsymbol{q}(0_-) = \begin{bmatrix} q_1(0_-) \\ q_2(0_-) \\ \vdots \\ q_N(0_-) \end{bmatrix}$，对式（7.2.1）两边左乘 e^{-At}，移项有

$$\mathrm{e}^{-At}\frac{\mathrm{d}}{\mathrm{d}t}\boldsymbol{q}(t) - \mathrm{e}^{-At}\boldsymbol{A}\boldsymbol{q}(t) = \mathrm{e}^{-At}\boldsymbol{B}\boldsymbol{x}(t)，$$

整理，得

$$\frac{\mathrm{d}}{\mathrm{d}t}\left[\mathrm{e}^{-At}\boldsymbol{q}(t)\right] = \mathrm{e}^{-At}\boldsymbol{B}\boldsymbol{x}(t)，$$

两边取积分，并考虑起始条件，有

$$\mathrm{e}^{-At}\boldsymbol{q}(t) - \boldsymbol{q}(0_-) = \int_{0_-}^{t}\mathrm{e}^{-A\tau}\boldsymbol{B}\boldsymbol{x}(\tau)\mathrm{d}\tau.\qquad(7.2.2)$$

对式（7.2.2）两边左乘 e^{At}，并考虑到 $\mathrm{e}^{At}\mathrm{e}^{-At} = \boldsymbol{I}$，这里 $\boldsymbol{I}$ 为单位矩阵，可得状态矢量的一般解为

$$\begin{aligned}\boldsymbol{q}(t) &= \mathrm{e}^{At}\boldsymbol{q}(0_-) + \int_{0_-}^{t}\mathrm{e}^{A(t-\tau)}\boldsymbol{B}\boldsymbol{x}(\tau)\mathrm{d}\tau \\ &= \mathrm{e}^{At}\boldsymbol{q}(0_-) + \mathrm{e}^{At}\boldsymbol{B}*\boldsymbol{x}(t)\end{aligned}，\qquad(7.2.3)$$

输出矢量为

$$\begin{aligned}\boldsymbol{y}(t) &= \boldsymbol{C}\boldsymbol{q}(t) + \boldsymbol{D}\boldsymbol{x}(t) \\ &= \boldsymbol{C}\mathrm{e}^{At}\boldsymbol{q}(0_-) + \boldsymbol{C}\mathrm{e}^{At}\boldsymbol{B} + \boldsymbol{D}\boldsymbol{x}(t) \\ &= \underbrace{\boldsymbol{C}\mathrm{e}^{At}\boldsymbol{q}(0_-)}_{\text{零输入解}} + \underbrace{\left[\boldsymbol{C}\mathrm{e}^{At}\boldsymbol{B} + \boldsymbol{D}\delta(t)\right]*\boldsymbol{x}(t)}_{\text{零状态解}}\end{aligned}.\qquad(7.2.4)$$

式（7.2.4）中的第 1 项仅与系统的起始状态 $\boldsymbol{q}(0_-)$ 有关，对应系统的零输入响应；第 2 项仅与输入信号 $\boldsymbol{x}(t)$ 有关，对应系统的零状态响应.

从式（7.2.3）和式（7.2.4）可以看出，状态方程求解的关键是求矩阵指数 e^{At}. 令

$$\boldsymbol{\phi}(t) = \mathrm{e}^{At}，\qquad(7.2.5)$$

其反映了系统状态变化的本质，称为连续系统的"状态转移矩阵"（state transition matrix）.

矩阵指数 e^{At} 的求解可以采用如下 3 种方法.

（1）借助凯莱-哈密顿（Cayley-Hamilton）定理.

（2）$\mathscr{L}\left[\mathrm{e}^{At}\right] = (s\boldsymbol{I} - \boldsymbol{A})^{-1}$，将在 7.2.2 小节中讨论.

（3）借助计算机，例如，MATLAB 符号数学工具箱提供了 expm 函数，可利用它求矩阵指数.

7.2.2　拉普拉斯变换解法

对于已知的状态方程及起始状态

$$\begin{bmatrix} \dot{q}_1(t) \\ \dot{q}_2(t) \\ \vdots \\ \dot{q}_N(t) \end{bmatrix} = A \begin{bmatrix} q_1(t) \\ q_2(t) \\ \vdots \\ q_N(t) \end{bmatrix} + B \begin{bmatrix} x_1(t) \\ x_2(t) \\ \vdots \\ x_m(t) \end{bmatrix}, \quad q(0_-) = \begin{bmatrix} q_1(0_-) \\ q_2(0_-) \\ \vdots \\ q_N(0_-) \end{bmatrix}, \tag{7.2.6}$$

对状态方程左右两侧做拉普拉斯变换可得

$$\begin{bmatrix} sQ_1(s) - q_1(0_-) \\ sQ_2(s) - q_2(0_-) \\ \vdots \\ sQ_N(s) - q_N(0_-) \end{bmatrix} = A \begin{bmatrix} Q_1(s) \\ Q_2(s) \\ \vdots \\ Q_N(s) \end{bmatrix} + B \begin{bmatrix} X_1(s) \\ X_2(s) \\ \vdots \\ X_m(s) \end{bmatrix}. \tag{7.2.7}$$

把状态变量、起始条件、输入信号用矢量形式分别表示为 $Q(s)$、$q(0_-)$、$X(s)$，则状态方程化为

$$sQ(s) - q(0_-) = AQ(s) + BX(s), \tag{7.2.8}$$

整理，得到

$$(sI - A)Q(s) = q(0_-) + BX(s), \tag{7.2.9}$$

其中 I 为单位矩阵. 此时在方程左右两侧左乘 $(sI - A)^{-1}$ 即可解得状态矢量

$$Q(s) = (sI - A)^{-1} q(0_-) + (sI - A)^{-1} BX(s). \tag{7.2.10}$$

可见，状态方程求解的关键是求 $(sI - A)^{-1}$，通常把这个矩阵称为"特征矩阵"，或"预解矩阵"：

$$\Phi(s) = (sI - A)^{-1}. \tag{7.2.11}$$

对比式（7.2.11）和式（7.2.5）可以看出，矩阵指数 e^{At} 的拉普拉斯变换恰好为特征矩阵 $(sI - A)^{-1}$：

$$\mathscr{L}[e^{At}] = (sI - A)^{-1}. \tag{7.2.12}$$

状态矢量就是

$$Q(s) = \Phi(s)q(0_-) + \Phi(s)BX(s). \tag{7.2.13}$$

求得状态矢量后，系统的输出可以用状态矢量和输入矢量组合得到. 若输出方程为

$$Y(s) = CQ(s) + DX(s), \tag{}$$

则代入状态矢量后可得

$$Y(s) = C\Phi(s)q(0_-) + [C\Phi(s)B + D]X(s). \tag{7.2.14}$$

其中，$[C\Phi(s)B + D]X(s)$ 仅与输入信号 $X(s)$ 有关，对应输出的零状态响应；$C\Phi(s)q(0_-)$ 仅与系统的起始状态 $q(0_-)$ 有关，对应输出的零输入响应. 作用于输入信号从而得到零状态响应的矩阵称为系统的转移函数矩阵，可表示为

$$H(s) = C\Phi(s)B + D. \tag{7.2.15}$$

从式（7.2.11）可以看出，求特征矩阵需要做矩阵求逆运算，具体方法为

$$\Phi(s) = (sI - A)^{-1} = \frac{\text{adj}(sI - A)}{|sI - A|}, \tag{7.2.16}$$

其中，$\text{adj}(s\boldsymbol{I}-\boldsymbol{A})$ 表示求矩阵 $s\boldsymbol{I}-\boldsymbol{A}$ 的伴随矩阵，$|s\boldsymbol{I}-\boldsymbol{A}|$ 表示求 $s\boldsymbol{I}-\boldsymbol{A}$ 的行列式.

由式（7.2.16）可以看到，$\boldsymbol{\Phi}(s)$ 的分母是 $|s\boldsymbol{I}-\boldsymbol{A}|$. 由于 $\boldsymbol{C}$、$\boldsymbol{B}$ 和 $\boldsymbol{D}$ 都是具有恒定常数的矩阵，由式（7.2.15）可见，$\boldsymbol{\Phi}(s)$ 的分母也一定是 $\boldsymbol{H}(s)$ 的分母. 因此，除去可能会出现公共因式相消的情况，$\boldsymbol{H}(s)$ 每个元素的分母都是 $|s\boldsymbol{I}-\boldsymbol{A}|$. 换句话说，多项式 $|s\boldsymbol{I}-\boldsymbol{A}|$ 的零点也就是系统函数的极点. 因此，多项式 $|s\boldsymbol{I}-\boldsymbol{A}|$ 的零点是系统的特征根. 所以系统的特征根就是下面方程的根：

$$|s\boldsymbol{I}-\boldsymbol{A}|=0. \tag{7.2.17}$$

因为 $|s\boldsymbol{I}-\boldsymbol{A}|$ 是一个关于 s 的 N 阶多项式，具有 N 个零点 $\lambda_1,\lambda_2,\cdots,\lambda_N$，所以可将式（7.2.17）写成

$$|s\boldsymbol{I}-\boldsymbol{A}|=s^N+a_1s^{N-1}+\cdots+a_{N-1}s+a_N=(s-\lambda_1)(s-\lambda_2)\cdots(s-\lambda_N)=0. \tag{7.2.18}$$

式（7.2.18）称为矩阵 $\boldsymbol{A}$ 的特征方程，而 $\lambda_1,\lambda_2,\cdots,\lambda_N$ 是 $\boldsymbol{A}$ 的特征值，这表明一个系统的特征根就是矩阵 $\boldsymbol{A}$ 的特征值（eigenvalue）.

【例7.2.1】 对于例7.1.1中的RLC电路，为了计算的简便性，设 $R=2.5\ \Omega$，$L=1\ \text{H}$，$C=1\ \text{F}$. 此时系统的状态方程和输出方程分别为

$$\begin{bmatrix} \dot{q}_1(t) \\ \dot{q}_2(t) \end{bmatrix}=\begin{bmatrix} -2.5 & -1 \\ 1 & 0 \end{bmatrix}\begin{bmatrix} q_1(t) \\ q_2(t) \end{bmatrix}+\begin{bmatrix} 1 \\ 0 \end{bmatrix}x(t),$$

$$y(t)=\begin{bmatrix} 0 & 1 \end{bmatrix}\begin{bmatrix} q_1(t) \\ q_2(t) \end{bmatrix}+0\cdot x(t).$$

起始状态为 $\begin{bmatrix} q_1(0_-) \\ q_2(0_-) \end{bmatrix}=\begin{bmatrix} 0 \\ 0 \end{bmatrix}$，输入信号为 $x(t)=u(t)$.

（1）求特征矩阵 $\boldsymbol{\Phi}(s)$.

（2）求转移函数矩阵 $\boldsymbol{H}(s)$.

（3）用拉普拉斯变换求状态变量 $q_1(t)$、$q_2(t)$ 和响应 $y(t)$.

解 （1）根据式（7.2.11），特征矩阵为

$$\boldsymbol{\Phi}(s)=(s\boldsymbol{I}-\boldsymbol{A})^{-1},$$

设

$$\boldsymbol{K}=s\boldsymbol{I}-\boldsymbol{A}=s\begin{bmatrix} 1 & 0 \\ 0 & 1 \end{bmatrix}-\begin{bmatrix} -2.5 & -1 \\ 1 & 0 \end{bmatrix}=\begin{bmatrix} s+2.5 & 1 \\ -1 & s \end{bmatrix},$$

$\boldsymbol{K}$ 的行列式为

$$|\boldsymbol{K}|=(s+2)(s+0.5),$$

$\boldsymbol{K}$ 的伴随矩阵可表示为

$$\text{adj}(\boldsymbol{K})=\begin{bmatrix} K_{11} & K_{21} \\ K_{12} & K_{22} \end{bmatrix},$$

该矩阵的元素为 $\boldsymbol{K}$ 的代数余子式，可分别表示为

$$K_{11} = \left(-1\right)^{1+1} \cdot s = s \ , \ K_{21} = \left(-1\right)^{2+1} \cdot 1 = -1 \ ,$$

$$K_{12} = \left(-1\right)^{1+2} \cdot \left(-1\right) = 1 \ , \ K_{22} = \left(-1\right)^{2+2} \cdot \left(s+2.5\right) = s + 2.5 \ ,$$

得 $\boldsymbol{K} = s\boldsymbol{I} - \boldsymbol{A}$ 的伴随矩阵为

$$\mathrm{adj}\left(\boldsymbol{K}\right) = \begin{bmatrix} s & -1 \\ 1 & s+2.5 \end{bmatrix} \ ,$$

所以特征矩阵 $\boldsymbol{\Phi}\left(s\right)$ 为

$$\boldsymbol{\Phi}\left(s\right) = \frac{\mathrm{adj}\left(s\boldsymbol{I}-\boldsymbol{A}\right)}{\left|s\boldsymbol{I}-\boldsymbol{A}\right|} = \frac{\mathrm{adj}\left(\boldsymbol{K}\right)}{\left|\boldsymbol{K}\right|} = \begin{bmatrix} \dfrac{s}{\left(s+2\right)\left(s+0.5\right)} & \dfrac{-1}{\left(s+2\right)\left(s+0.5\right)} \\ \dfrac{1}{\left(s+2\right)\left(s+0.5\right)} & \dfrac{s+2.5}{\left(s+2\right)\left(s+0.5\right)} \end{bmatrix} .$$

（2）根据式（7.2.15），转移函数矩阵为

$$\begin{aligned} \boldsymbol{H}\left(s\right) &= \boldsymbol{C}\boldsymbol{\Phi}\left(s\right)\boldsymbol{B} + \boldsymbol{D} \\ &= \begin{bmatrix} 0 & 1 \end{bmatrix} \begin{bmatrix} \dfrac{s}{\left(s+2\right)\left(s+0.5\right)} & \dfrac{-1}{\left(s+2\right)\left(s+0.5\right)} \\ \dfrac{1}{\left(s+2\right)\left(s+0.5\right)} & \dfrac{s+2.5}{\left(s+2\right)\left(s+0.5\right)} \end{bmatrix} \begin{bmatrix} 1 \\ 0 \end{bmatrix} \\ &= \begin{bmatrix} \dfrac{1}{\left(s+2\right)\left(s+0.5\right)} & \dfrac{s+2.5}{\left(s+2\right)\left(s+0.5\right)} \end{bmatrix} \begin{bmatrix} 1 \\ 0 \end{bmatrix} \\ &= \dfrac{1}{\left(s+2\right)\left(s+0.5\right)} \end{aligned}$$

可以看到，此时系统的两个极点（特征根）都是负实数，电路为过阻尼状态．

（3）已知系统的起始状态为 $\begin{bmatrix} q_1\left(0_-\right) \\ q_2\left(0_-\right) \end{bmatrix} = \begin{bmatrix} 0 \\ 0 \end{bmatrix}$，故该系统的起始状态为 0，状态变量和响应仅包含零输入响应项．根据式（7.2.13），在零状态条件下状态矢量的拉普拉斯变换为

$$\begin{aligned} \boldsymbol{Q}\left(s\right) &= \boldsymbol{\Phi}\left(s\right)\boldsymbol{B}\boldsymbol{X}\left(s\right) \\ &= \begin{bmatrix} \dfrac{s}{\left(s+2\right)\left(s+0.5\right)} & \dfrac{-1}{\left(s+2\right)\left(s+0.5\right)} \\ \dfrac{1}{\left(s+2\right)\left(s+0.5\right)} & \dfrac{s+2.5}{\left(s+2\right)\left(s+0.5\right)} \end{bmatrix} \begin{bmatrix} 1 \\ 0 \end{bmatrix} \cdot \dfrac{1}{s} \ , \\ &= \begin{bmatrix} \dfrac{1}{\left(s+2\right)\left(s+0.5\right)} \\ \dfrac{1}{s\left(s+2\right)\left(s+0.5\right)} \end{bmatrix} \end{aligned}$$

取拉普拉斯逆变换，得系统的状态矢量为

$$q(t) = \begin{bmatrix} \dfrac{2}{3}(e^{-0.5t} - e^{-2t}) \\ \dfrac{1}{3}e^{-2t} - \dfrac{4}{3}e^{-0.5t} + 1 \end{bmatrix} \quad t > 0 .$$

根据式（7.2.14），在零状态条件下输出 $y(t)$ 的拉普拉斯变换为

$$\begin{aligned} Y(s) &= H(s)X(s) \\ &= \frac{1}{(s+2)(s+0.5)} \cdot \frac{1}{s} , \end{aligned}$$

取拉普拉斯逆变换，得输出为

$$y(t) = \frac{1}{3}e^{-2t} - \frac{4}{3}e^{-0.5t} + 1 \quad t > 0 .$$

▲

下面利用MATLAB编程对例7.2.1求解.

```
clear all; clc; close all;
syms t s;
% 电路元件系数
L1 = 1; C1 = 1; R1 = 2.5;
% 系数矩阵
A = [-R1/L1 -1/L1;1/C1 0]; B = [1/L1;0]; C = [0 1]; D = [0];
% 输入信号
x = [Heaviside (t)];
% 起始状态
q0 = [0; 0];
%%%%%%%%%%%%%%%%%%%%%%%%%%%%%%%%%%%%%%%%%%%%%%%%%%%%%%%%%%%%%%%%%
% 时域法解状态方程
% 矩阵指数，即状态转移矩阵
f = expm (t*A); f = simplify (f);
% 状态的零输入解
qzi = f*q0
% 状态的零状态解，为了避开卷积运算，采用拉普拉斯变换
qzs = ilaplace (laplace (f*B)*laplace (x))
% 状态的完全解
q = qzi+qzs;q = simplify (q)
% 单位冲激响应
h = C*f*B+D*dirac (t)
% 输出的零输入响应
yzi = C*f*q0
```

```
% 输出的零状态响应，为了避开卷积运算，采用拉普拉斯变换
yzs = ilaplace (laplace (h)*laplace (x))
% 输出的全响应
y = yzi+yzs; y = simplify (y)
%%%%%%%%%%%%%%%%%%%%%%%%%%%%%%%%%%%%%%%%%%%%%%%%%%%%%%%%%%%%%%%%%%%%%%%%
% 拉普拉斯变换解状态方程
K = s*eye (length (a))-A;
% 特征矩阵
F = inv (K)
% 系统函数
H = C*F*B+D; H = simplify (H)
X = laplace (x)
Q = F*q0+F*B*X
Y = C*F*q0+H*X
% 验证状态转移矩阵和特征矩阵是一个拉普拉斯变换对
F2 = laplace (f)
% 系统的特征方程和特征根
eigenfunction = det (K)
eigenvalue = solve (eigenfunction)
```

MATLAB绘制的状态变量、输出信号波形和状态轨迹如图7.2.1所示.

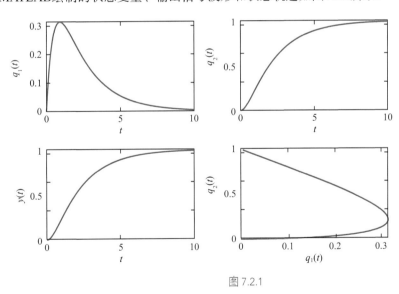

图 7.2.1

7.3 离散系统状态方程的建立

离散系统的信号流图通常以单位延时器（或移位器）作为基本运算单元，如图7.3.1所示.　离

散系统一般将单位延时器的输出节点值作为状态变量 $\lambda[n]$，此时单位延时器的输入节点值即为 $\lambda[n+1]$，将其放在状态方程左侧.

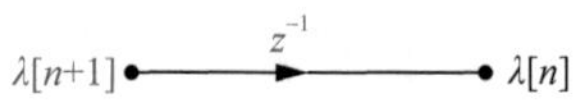

$$\lambda[n+1] \bullet \xrightarrow{\quad z^{-1} \quad} \bullet \lambda[n]$$

图 7.3.1

【例7.3.1】 图7.3.2所示为一个2输入-2输出的离散系统的信号流图，借助此信号流图列写系统的状态方程和输出方程.

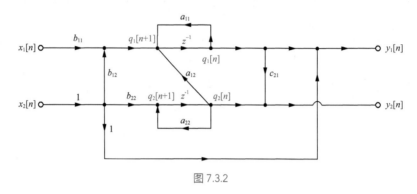

图 7.3.2

解 取单位延时器的输出作为状态变量，即图7.3.2中的 $q_1[n]$ 和 $q_2[n]$，此时两个单位延时器输入节点的值分别为 $q_1[n+1]$ 和 $q_2[n+1]$. 分别在两个单位延时器的输入节点处列方程，可得系统的状态方程为

$$q_1[n+1] = a_{11}q_1[n] + a_{12}q_2[n] + b_{11}x_1[n] + b_{12}x_2[n],$$

$$q_2[n+1] = a_{22}q_2[n] + b_{22}x_2[n],$$

输出方程为

$$y_1[n] = q_1[n] + x_2[n],$$

$$y_2[n] = c_{21}q_1[n] + q_2[n].$$

表示成矩阵形式的状态方程为

$$\begin{bmatrix} q_1[n+1] \\ q_2[n+1] \end{bmatrix} = A \begin{bmatrix} q_1[n] \\ q_2[n] \end{bmatrix} + B \begin{bmatrix} x_1[n] \\ x_2[n] \end{bmatrix}, \tag{7.3.1}$$

表示成矩阵形式的输出方程为

$$\begin{bmatrix} y_1[n] \\ y_2[n] \end{bmatrix} = C \begin{bmatrix} q_1[n] \\ q_2[n] \end{bmatrix} + D \begin{bmatrix} x_1[n] \\ x_2[n] \end{bmatrix}, \tag{7.3.2}$$

其中4个矩阵分别为

$$A = \begin{bmatrix} a_{11} & a_{12} \\ 0 & a_{22} \end{bmatrix}, \ B = \begin{bmatrix} b_{11} & b_{12} \\ 0 & b_{22} \end{bmatrix}, \ C = \begin{bmatrix} 1 & 0 \\ c_{21} & 1 \end{bmatrix}, \ D = \begin{bmatrix} 0 & 1 \\ 0 & 0 \end{bmatrix}.$$

　　由连续系统与离散系统的状态方程建立方法可知，状态方程组的每一个方程都只需要关注与节点相连的几条支路，相对于梅森公式中每一项都需要考虑所有环路关系的情况，列写难度大幅降低.

7.4 离散系统状态方程的求解

7.4.1 时域解法

已知

$$q[n+1] = Aq[n] + Bx[n] \,, \tag{7.4.1}$$

以及起始状态 $q[n_0]$，下面我们用迭代法求 $n_0+1, n_0+2, \cdots, n$ 时刻的状态和输出.

$$q[n_0+1] = Aq[n_0] + Bx[n_0] \,,$$

$$\begin{aligned} q[n_0+2] &= Aq[n_0+1] + Bx[n_0+1] \\ &= A\big[Aq[n_0] + Bx[n_0]\big] + Bx[n_0+1] \,, \\ &= A^2 q[n_0] + ABx[n_0] + Bx[n_0+1] \end{aligned}$$

$$\begin{aligned} q[n_0+3] &= Aq[n_0+2] + Bx[n_0+2] \\ &= = A\big[A^2 q[n_0] + ABx[n_0] + Bx[n_0+1]\big] + Bx[n_0+2] \,, \\ &= A^3 q[n_0] + A^2 Bx[n_0] + ABx[n_0+1] + Bx[n_0+2] \end{aligned}$$

对于任意时刻 n，当 $n > n_0$ 可归纳出

$$\begin{aligned} q[n] &= Aq[n-1] + Bx[n-1] \\ &= A^{n-n_0} q[n_0] + A^{n-n_0-1} Bx[n_0] + A^{n-n_0-2} Bx[n_0+1] + \cdots + Bx[n-1] \\ &= A^{n-n_0} q[n_0] + \sum_{i=n_0}^{n-1} A^{n-1-i} Bx[i] \end{aligned}.$$

如果起始时刻选 $n_0 = 0$，并将上述对 n 值的限制以阶跃序列的形式写入表达式，就可得到系统的状态和输出分别为

$$q[n] = \underbrace{A^n q[0] u[n]}_{\text{零输入解}} + \underbrace{\left\{\left[\sum_{i=0}^{n-1} A^{n-1-i} Bx[i]\right] u[n-1]\right\}}_{\text{零状态解}} \,, \tag{7.4.2}$$

$$\begin{aligned} y[n] &= Cq[n] + Dx[n] \\ &= \underbrace{CA^n q[0] u[n]}_{\text{零输入解}} + \underbrace{\left[\sum_{i=0}^{n-1} CA^{n-1-i} Bx[i]\right] u[n-1] + Dx[n] u[n]}_{\text{零状态解}} . \end{aligned} \tag{7.4.3}$$

由式（7.4.2）和式（7.4.3）可以看出，求系统的状态和输出的关键是求 A^n，我们将其称为离散系统的"状态转移矩阵"，表示为

$$\phi[n] = A^n . \tag{7.4.4}$$

它决定了系统的自由运动情况.

7.4.2　z 变换解法

离散系统状态方程的求解思路与连续系统基本一致，只是 z 变换的单边移位性质与拉普拉斯变换的微分性质表现形式稍有区别.

由离散系统的状态方程和输出方程

$$\begin{cases} \boldsymbol{q}[n+1] = \boldsymbol{A}\boldsymbol{q}[n] + \boldsymbol{B}\boldsymbol{x}[n] \\ \boldsymbol{y}[n] = \boldsymbol{C}\boldsymbol{q}[n] + \boldsymbol{D}\boldsymbol{x}[n] \end{cases}, \tag{7.4.5}$$

两侧取 z 变换，利用 z 变换单边左移位性质得到

$$\begin{cases} z\boldsymbol{Q}(z) - z\boldsymbol{q}[0] = \boldsymbol{A}\boldsymbol{Q}(z) + \boldsymbol{B}\boldsymbol{X}(z) \\ \boldsymbol{Y}(z) = \boldsymbol{C}\boldsymbol{Q}(z) + \boldsymbol{D}\boldsymbol{X}(z) \end{cases}, \tag{7.4.6}$$

整理状态方程得到其解为

$$\boldsymbol{Q}(z) = (z\boldsymbol{I} - \boldsymbol{A})^{-1} z\boldsymbol{q}[0] + (z\boldsymbol{I} - \boldsymbol{A})^{-1} \boldsymbol{B}\boldsymbol{X}(z). \tag{7.4.7}$$

把离散系统的"特征矩阵"定义为

$$\boldsymbol{\Phi}(z) = (z\boldsymbol{I} - \boldsymbol{A})^{-1}, \tag{7.4.8}$$

所以状态矢量为

$$\boldsymbol{Q}(z) = \boldsymbol{\Phi}(z) z\boldsymbol{q}[0] + \boldsymbol{\Phi}(z)\boldsymbol{B}\boldsymbol{X}(z), \tag{7.4.9}$$

输出矩阵为

$$\boldsymbol{Y}(z) = \boldsymbol{C}\boldsymbol{\Phi}(z) z\boldsymbol{q}[0] + \left[\boldsymbol{C}\boldsymbol{\Phi}(z)\boldsymbol{B} + \boldsymbol{D}\right]\boldsymbol{X}(z), \tag{7.4.10}$$

其中 $\left[\boldsymbol{C}\boldsymbol{\Phi}(z)\boldsymbol{B} + \boldsymbol{D}\right]\boldsymbol{X}(z)$ 对应零状态响应，$\boldsymbol{C}\boldsymbol{\Phi}(z)z\boldsymbol{q}[0]$ 对应零输入响应. 转移函数矩阵为

$$\boldsymbol{H}(z) = \boldsymbol{C}\boldsymbol{\Phi}(z)\boldsymbol{B} + \boldsymbol{D}. \tag{7.4.11}$$

此外，在离散系统中我们还经常会关注零输入条件下由起始状态引起的响应. 对 $\boldsymbol{C}\boldsymbol{\Phi}(z)z\boldsymbol{q}[0]$ 取逆 z 变换，可得零输入响应为

$$\boldsymbol{q}(n) = \mathscr{Z}^{-1}\left[(z\boldsymbol{I} - \boldsymbol{A})^{-1} z\right]\boldsymbol{q}(0). \tag{7.4.12}$$

与式（7.4.7）和式（7.4.2）进行对比可以看出，离散系统的状态转移矩阵 $\boldsymbol{A}^n$ 与 $(z\boldsymbol{I} - \boldsymbol{A})^{-1} z$ 构成了一个 z 变换对，即

$$\boldsymbol{A}^n = \mathscr{Z}^{-1}\left[(z\boldsymbol{I} - \boldsymbol{A})^{-1} z\right] = \mathscr{Z}^{-1}\left[\boldsymbol{\Phi}(z)z\right]. \tag{7.4.13}$$

状态转移矩阵决定了系统的自由运动情况.

【例7.4.1】图7.4.1所示系统中，$q_1[n]$ 和 $q_2[n]$ 为状态变量，若输入为 $x[n] = u[n]$，起始条件是 $q_1[0] = 2$ 和 $q_2[0] = 3$，求输出 $y[n]$ 和系统函数 $H(z)$.

解　由于 $q_2[n] = q_1[n+1]$，因此状态方程和输出方程分别为

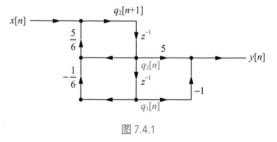

图7.4.1

$$\begin{bmatrix} q_1[n+1] \\ q_2[n+1] \end{bmatrix} = \begin{bmatrix} 0 & 1 \\ -\dfrac{1}{6} & \dfrac{5}{6} \end{bmatrix} \begin{bmatrix} q_1[n] \\ q_2[n] \end{bmatrix} + \begin{bmatrix} 0 \\ 1 \end{bmatrix} x[n],$$

$$y[n] = \begin{bmatrix} -1 & 5 \end{bmatrix} \begin{bmatrix} q_1[n] \\ q_2[n] \end{bmatrix}.$$

系数矩阵为

$$A = \begin{bmatrix} 0 & 1 \\ -\dfrac{1}{6} & \dfrac{5}{6} \end{bmatrix}, \quad B = \begin{bmatrix} 0 \\ 1 \end{bmatrix}, \quad C = \begin{bmatrix} -1 & 5 \end{bmatrix}, \quad D = \begin{bmatrix} 0 \end{bmatrix}.$$

根据式（7.4.8），特征矩阵为

$$\boldsymbol{\Phi}(z) = (z\boldsymbol{I} - \boldsymbol{A})^{-1}$$

$$= \left(z \begin{bmatrix} 1 & 0 \\ 0 & 1 \end{bmatrix} - \begin{bmatrix} 0 & 1 \\ -\dfrac{1}{6} & \dfrac{5}{6} \end{bmatrix} \right)^{-1}$$

$$= \begin{bmatrix} \dfrac{6z-5}{6z^2-5z+1} & \dfrac{6}{6z^2-5z+1} \\ \dfrac{-1}{6z^2-5z+1} & \dfrac{6z}{6z^2-5z+1} \end{bmatrix}.$$

根据式（7.4.10）和 $X(z) = \dfrac{z}{z-1}$，可得

$$Y[z] = \boldsymbol{C}\boldsymbol{\Phi}(z)z\boldsymbol{q}[0] + \left[\boldsymbol{C}\boldsymbol{\Phi}(z)\boldsymbol{B} + \boldsymbol{D} \right] X(z)$$

$$= \frac{13z^2 - 3z}{z^2 - \dfrac{5}{6}z + \dfrac{1}{6}} + \frac{5z-1}{z^2 - \dfrac{5}{6}z + \dfrac{1}{6}} \cdot \frac{z}{z-1}$$

$$= \frac{-8z}{z - \dfrac{1}{3}} + \frac{21z}{z - \dfrac{1}{2}} + \frac{12z}{z-1} - \frac{6z}{z - \dfrac{1}{3}} + \frac{-18z}{z - \dfrac{1}{2}}.$$

做逆 z 变换，为方便起见，逆 z 变换不区分 $u[n]$ 和 $n \geq 0$，都加 $u[n]$，得到输出为

$$y[n] = \left[\underbrace{-8\left(\frac{1}{3}\right)^n + 21\left(\frac{1}{2}\right)^n}_{\text{零输入响应}} + \underbrace{12 + 6\left(\frac{1}{3}\right)^n - 18\left(\frac{1}{2}\right)^n}_{\text{零状态响应}} \right] u[n].$$

$$= \left[12 - 2\left(\frac{1}{3}\right)^n + 3\left(\frac{1}{2}\right)^n \right] u[n]$$

根据式（7.4.11），系统函数为

$$H(z) = \boldsymbol{C}\boldsymbol{\Phi}(z)\boldsymbol{B} + \boldsymbol{D} = \frac{5z-1}{z^2 - \dfrac{5}{6}z + \dfrac{1}{6}}.$$

下面利用MATLAB计算状态、输出和系统函数，MATLAB代码如下所示.

```
syms n z;
% SS系统模型参数
A = [0 1;-1/6 5/6]; B = [0;1]; C = [-1 5]; D = 0;
% 起始状态
q0 = [2;3];
% 激励信号的z变换
X = [z/(z-1)];
% 特征矩阵
F = inv (z*eye (length (a))-A);
% 求状态
Q = F*z*q0+F*B*X;q=iztrans (Q)
% 求输出
Y = C*F*z*q0+ (C*F*B+D)*X; y = iztrans (Y)
% 求系统传递函数矩阵
H = C*F*B+D; H = simplify (H)
```

MATLAB绘制的输出信号图形如图7.4.2所示. 由图可以看出，系统的暂态响应逐步趋于0，系统的稳态响应为12.

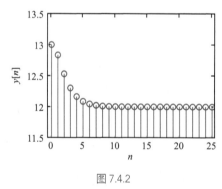

图 7.4.2

7.5 状态矢量的线性变换和对角化

7.5.1　状态矢量的线性变换

一般来说，一个系统的状态能用不同方式来表征，例如，例7.1.3和例7.1.4中的系统具有相同的系统函数，由于系统结构图不同，状态变量选取不同，因此得到的状态方程和输出方程也是不同的. 这些不同的状态变量之间存在着线性变换关系，可以看作同一系统在状态空间中取了不同的基函数. 这种线性变换对于简化系统分析是很有用的.

某连续系统的状态矢量描述如式（7.1.9）所示，状态方程与输出方程中的系数矩阵为 $\boldsymbol{A}$、$\boldsymbol{B}$、$\boldsymbol{C}$、$\boldsymbol{D}$. 设有变换矩阵（或模态矩阵）$\boldsymbol{P}$，为非奇异矩阵，即其行列式 $|\boldsymbol{P}| \neq 0$，此时 $\boldsymbol{P}$ 的逆矩阵 $\boldsymbol{P}^{-1}$ 存在，状态矢量 $\boldsymbol{q}(t)$ 经线性变换成为新状态矢量 $\boldsymbol{w}(t)$，即

$$\boldsymbol{w}(t) = \boldsymbol{P}\boldsymbol{q}(t). \tag{7.5.1}$$

状态矢量对应的系数矩阵与新状态矢量对应的系数矩阵的关系推导

新状态矢量 $\boldsymbol{w}(t)$ 的状态方程与输出方程中的系数矩阵 $\hat{\boldsymbol{A}}$、$\hat{\boldsymbol{B}}$、$\hat{\boldsymbol{C}}$、$\hat{\boldsymbol{D}}$ 和原方程的系数矩阵 $\boldsymbol{A}$、$\boldsymbol{B}$、$\boldsymbol{C}$、$\boldsymbol{D}$ 之间的关系为

$$\begin{cases} \hat{\boldsymbol{A}} = \boldsymbol{P}\boldsymbol{A}\boldsymbol{P}^{-1} \\ \hat{\boldsymbol{B}} = \boldsymbol{P}\boldsymbol{B} \\ \hat{\boldsymbol{C}} = \boldsymbol{C}\boldsymbol{P}^{-1} \\ \hat{\boldsymbol{D}} = \boldsymbol{D} \end{cases}. \tag{7.5.2}$$

从式（7.5.2）可以看出，$\hat{\boldsymbol{A}} = \boldsymbol{P}\boldsymbol{A}\boldsymbol{P}^{-1}$ 与 $\boldsymbol{A}$ 为相似矩阵，故二者的特征值相等，这说明特征值不因状态变量的选择不同而改变，此规律称为特征值（根）不变性. 我们在 7.2.2 节已经分析过，一个系统全部可能的传递函数的极点都是矩阵 $\boldsymbol{A}$ 的特征值，从式（7.5.1）可以看出，如果将一个状态矢量从 $\boldsymbol{q}$ 变换到 $\boldsymbol{w}$，那么变量 $w_1, w_2, \cdots, w_N$ 就是 $q_1, q_2, \cdots, q_n$ 的线性组合，所以关联 $w_1, w_2, \cdots, w_N$ 与各个输入的传递函数的极点也一定是矩阵 $\boldsymbol{A}$ 的特征值.

特征值（根）不变性的证明

【例7.5.1】 给定系统的状态方程为

$$\dot{\boldsymbol{q}} = \begin{bmatrix} 0 & 1 \\ -2 & -3 \end{bmatrix} \boldsymbol{q} + \begin{bmatrix} 1 \\ 2 \end{bmatrix} \boldsymbol{x} ,$$

给定变换矩阵为

$$\boldsymbol{P} = \begin{bmatrix} 1 & 1 \\ 1 & -1 \end{bmatrix} ,$$

求新的状态方程，并验证 $\hat{\boldsymbol{A}}$ 和 A 的特征值是相同的.

解　为了求出新的状态方程，只要求出矩阵 $\hat{\boldsymbol{A}}$、$\hat{\boldsymbol{B}}$ 即可. 根据式（7.5.2），可得

$$\hat{\boldsymbol{A}} = \boldsymbol{P}\boldsymbol{A}\boldsymbol{P}^{-1}$$

$$= \begin{bmatrix} 1 & 1 \\ 1 & -1 \end{bmatrix} \begin{bmatrix} 0 & 1 \\ -2 & -3 \end{bmatrix} \begin{bmatrix} 1 & 1 \\ 1 & -1 \end{bmatrix}^{-1}$$

$$= \begin{bmatrix} 1 & 1 \\ 1 & -1 \end{bmatrix} \begin{bmatrix} 0 & 1 \\ -2 & -3 \end{bmatrix} \begin{bmatrix} \dfrac{1}{2} & \dfrac{1}{2} \\ \dfrac{1}{2} & -\dfrac{1}{2} \end{bmatrix} ,$$

$$= \begin{bmatrix} -2 & 0 \\ 3 & -1 \end{bmatrix}$$

以及

$$\hat{B} = PB = \begin{bmatrix} 1 & 1 \\ 1 & -1 \end{bmatrix} \begin{bmatrix} 1 \\ 2 \end{bmatrix} = \begin{bmatrix} 3 \\ -1 \end{bmatrix},$$

因此

$$\begin{bmatrix} \dot{w}_1 \\ \dot{w}_2 \end{bmatrix} = \begin{bmatrix} -2 & 0 \\ 3 & -1 \end{bmatrix} \begin{bmatrix} w_1 \\ w_2 \end{bmatrix} + \begin{bmatrix} 3 \\ -1 \end{bmatrix} x(t).$$

这就是变换后的状态方程. 对这个方程求解时需要用到起始状态 $w(0)$，它们可以用式（7.5.1）从已知的起始状态 $q(0)$ 求得.

下面用MATLAB解此题，代码如下.

```
close all; clear;
A = [0 1; -2 -3]; B = [1 2]'; P = [1 1;1 -1];
Ahat = P * A * inv (P)
Bhat =P * B
%变换前后系统的特征根
eigenvalues = eig (a)
eigenvalues_hat = eig (Ahat)
syms s
% 变换前后的特征多项式
eigenfunction1 = det (s*eye (2) -A)
eigenfunction2 = det (s*eye (2) -Ahat)
```

MATLAB代码执行结果如下.

```
Ahat =
-2      0
3      -1
Bhat =
3
-1
eigenvalues =
-1      0
0      -2
eigenvalues_hat =
-1      0
0      -2
eigenfunction1 =
 s^2 + 3*s + 2
eigenfunction2 =
s^2 + 3*s + 2
```

可以看出，利用MATLAB代码得到的新状态方程的系数矩阵与前面的结果是相同的，变换前后 $\hat{A}$ 和 A 的特征值是相同的，$\hat{A}$ 和 A 的特征方程也是一样的，都是 $s^2 + 3s + 2 = 0$.

7.5.2　矩阵 A 的对角化

在例7.1.3中，我们将系统表示成并联形式信号流图后得到的矩阵 A 是1个对角矩阵，其对角线上的元素就是系统的特征根．这种结构形式使得状态变量之间互不影响，便于独立研究系统参数对状态变量的影响．

对于由非并联形式信号流图得到的矩阵 A，可以通过线性变换的方法将其对角化，实际上就是以矩阵 A 的特征矢量作为基函数的变换．因而把矩阵 A 对角化所需要的变换矩阵 P 就是寻找矩阵 A 的特征矢量，以此构建变换矩阵，即可把状态变量相互分开．

考虑一个连续系统的对角化的状态空间描述

$$\dot{z}(t) = \Lambda z(t) + \hat{B} x(t) \tag{7.5.3}$$

和

$$y(t) = \hat{C} z(t) + \hat{D} x(t) . \tag{7.5.4}$$

此处 Λ 是一个对角矩阵，其对角线上的非0元素就是矩阵 A 的特征值 $\lambda_1, \lambda_2, \cdots, \lambda_N$，这里 N 为系统阶数．根据式（7.5.2），可得到 Λ 和 A 的关系为

$$\Lambda = P A P^{-1} , \tag{7.5.5}$$

即

$$P A = \Lambda P . \tag{7.5.6}$$

假定 $\lambda_1, \lambda_2, \cdots, \lambda_N$ 各不相同，变换矩阵 P 并不是唯一的．下面将借助特征值分解问题来求矩阵 P．设 v_i（$i = 1, 2, \cdots, N$）是 A 对应于特征值 λ_i 的特征向量，则有关系

$$A v_i = \lambda_i v_i , \quad i = 1, 2, \cdots, N , \tag{7.5.7}$$

这些方程可以写成矩阵相乘的形式

$$A V = V \Lambda , \tag{7.5.8}$$

其中 $V = \begin{bmatrix} v_1 & v_2 & \cdots & v_N \end{bmatrix}$ 为 A 的特征向量矩阵．对式（7.5.8）两边同时用 V^{-1} 进行左乘和右乘得到

$$V^{-1} A V V^{-1} = V^{-1} V \Lambda V^{-1} , \tag{7.5.9}$$

化简得到

$$V^{-1} A = \Lambda V^{-1} . \tag{7.5.10}$$

比较式（7.5.6）和式（7.5.10），一种合适的变换矩阵 P 可以由特征向量矩阵的逆矩阵 V^{-1} 给出，即

$$P = V^{-1} . \tag{7.5.11}$$

【例7.5.2】 给定系统的状态方程为

$$\begin{bmatrix} \dot{q}_1(t) \\ \dot{q}_2(t) \end{bmatrix} = \begin{bmatrix} -5 & -1 \\ 3 & -1 \end{bmatrix} \begin{bmatrix} q_1(t) \\ q_2(t) \end{bmatrix} + \begin{bmatrix} 2 \\ 5 \end{bmatrix} x(t) ,$$

将其变换为对角矩阵状态方程．

解　利用MATLAB解此题，代码如下．

```
% A矩阵的对角化
clc; close all; clear;
A = [-5 -1; 3 -1]; B = [2 5]';
% 对矩阵A进行特征值分解，eigenvectors为特征矢量，eigenvalues为特征根
[eigenvectors，eigenvalues] = eig (a);
% 根据式（7.5.11）求变换矩阵
P = inv (eigenvectors)
%根据式（7.5.2）求变换后状态方程的系数矩阵
Ahat = P*A*inv (P)
Bhat = P*B
```

MATLAB代码执行结果如下.

```
P =
-2.1213    -0.7071
    -1.5811    -1.5811
Ahat =
    -4        0
     0       -2
Bhat =
    -7.7782
-11.0680
```

这样得到变换后新的状态方程为

$$\begin{bmatrix} \dot{z}_1(t) \\ \dot{z}_2(t) \end{bmatrix} = \begin{bmatrix} -4 & 0 \\ 0 & -2 \end{bmatrix} \begin{bmatrix} z_1(t) \\ z_2(t) \end{bmatrix} + \begin{bmatrix} \hat{B}_1 \\ \hat{B}_2 \end{bmatrix} x(t),$$

其中 $\hat{B}_1$ 为 $\hat{B}$ 的第1个元素，$\hat{B}_2$ 为 $\hat{B}$ 的第2个元素. 可以看出，变换后 $\hat{A}$ 为对角矩阵. 线性变换前后系统的信号流图如图7.5.1所示. 由图可以看出，每个状态方程仅涉及1个状态变量，与其余的状态变量去（解）耦合，这样就将1个具有N个特征值的系统分成了N个互不耦合的子系统.

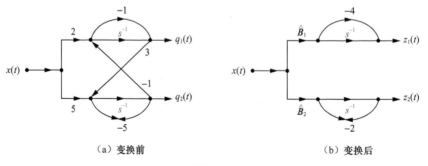

（a）变换前　　　　　　　　　　（b）变换后

图 7.5.1

7.6 系统的可观性和可控性

本节首先以连续系统为例，详细讨论系统的可观性和可控性的定义和判断方法，然后将连续系统的判断方法扩展到离散系统.

7.6.1 系统可观性和可控性的定义

如果系统用状态方程描述时，在给定控制信号后，能在有限时间间隔内（ $0 < t < t_1$ ）根据系统输出唯一地确定系统的所有起始状态，则称系统完全可观，此时系统满足可观测性，简称可观性；若只能确定部分起始状态，则称系统不完全可观.

当系统用状态方程描述时，给定系统的任意初始状态，如果可以找到容许的输入（即控制信号），并在有限时间之内把系统的所有状态引向状态空间的原点（即零状态），则称系统是完全可控制的，此时系统满足可控制性，简称可控性. 如果只有对部分状态变量可以做到这一点，则称系统不完全可控.

系统的可观性和可控性是卡尔曼于20世纪60年代首先提出的，是用状态空间描述系统而引出的新概念. 可观性和可控性是研究线性系统控制问题必不可少的重要概念，在最优控制、最优估计和自适应控制问题中也经常用到.

7.6.2 由对角化的状态空间描述判断系统的可控性和可观性

如果状态方程的矩阵 A 为对角阵，则可以直接利用矩阵 B 和矩阵 C 的特点来判断系统的可控性和可观性.

考虑一个连续系统的对角化的状态空间描述

$$\dot{z}(t) = \Lambda z(t) + \hat{B}x(t) \tag{7.6.1}$$

和

$$y(t) = \hat{C}z(t) + \hat{D}x(t). \tag{7.6.2}$$

此处 Λ 是一个对角矩阵，其对角线上的非0元素就是矩阵 A 的特征值 $\lambda_1, \lambda_2, \cdots, \lambda_N$ ，这里 N 为系统阶数. 在对角化的状态空间中，假定 $\lambda_1, \lambda_2, \cdots, \lambda_N$ 各不相同，状态方程具有如下形式：

$$\dot{z}_m = \lambda_m z_m + \sum_{n=1}^{j} \hat{b}_{mn} x_n \qquad m = 1, 2, \cdots, N. \tag{7.6.3}$$

若矩阵 $\hat{B}$ 的第 m 行元素 $\hat{b}_{mn}(n = 1, 2, \cdots, j)$ 全为0，那么

$$\dot{z}_m = \lambda_m z_m. \tag{7.6.4}$$

由于这时变量 z_m 不与任何输入耦合，所以变量 z_m 是不可控的. 同时，由于变量对角化的性质， z_m 与全部剩余的 $N-1$ 个状态变量也是去耦合的，所以 z_m 与任何输入不存在任何形式的直接或间接的耦合，这个系统是不可控的. 与此相反，如果 $\hat{B}$ 的第 m 行至少有一个元素非0，那么 z_m 至少要与一个输入相耦合，从而是可控的. 据此，当且仅当矩阵 $\hat{B}$ 没有全零元素的行时，一个具有对角化状态的系统是完全可控制的，系统满足可控性.

设输出方程为

$$y_i = \hat{c}_{i1}z_1 + \hat{c}_{i2}z_2 + \cdots + \hat{c}_{iN}z_N + \sum_{m=1}^{j} d_{im}x_m \qquad i = 1, 2, \cdots, k.\qquad (7.6.5)$$

若 $\hat{c}_{im} = 0$，那么状态 z_m 一定不会出现在 y_i 的表达式中．由于状态方程的对角化性质，全部状态都是去耦的，所以状态 z_m 不可能直接或间接（通过其他状态）在输出 y_i 中被观察到．如果矩阵 $\hat{C}$ 中第 m 列的元素 $\hat{c}_{1m}, \hat{c}_{2m} \cdots, \hat{c}_{km}$ 全部是0，那么在 k 个输出的任何端口都不可能观察到状态 z_m，从而状态 z_m 是不可观的．与此相反，若矩阵 $\hat{C}$ 中第 m 列至少有一个元素不是0，那么状态 z_m 至少在一个输出上是可观察的．据此，当且仅当矩阵 $\hat{C}$ 没有全零元素的列时，一个具有对角化状态的系统是完全可观察的，系统满足可观性．

当特征根出现重根时，矩阵 $\hat{A}$ 会出现若尔当（Jordan）典范型，判断准则需要修订．

【例7.6.1】 研究图7.6.1所示系统的可控性和可观性．

解　将图7.6.1所示系统中的积分器输出 $q_1(t)$ 和 $q_2(t)$ 作为状态变量，列系统的状态方程

$$\dot{q}_1(t) = q_1(t) + x(t),$$
$$\dot{q}_2(t) = q_1(t) - q_2(t),$$

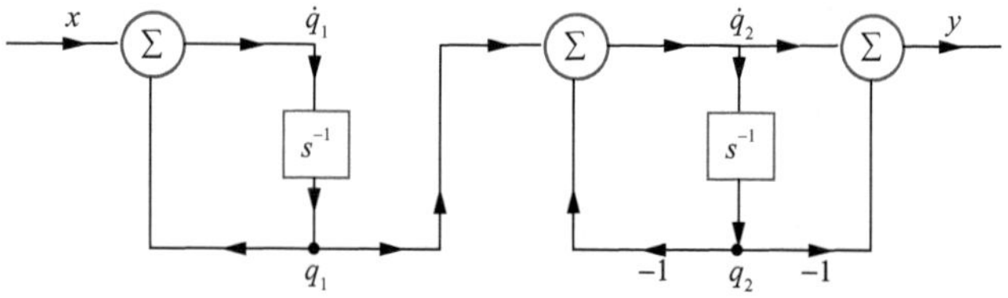

以及输出方程

图 7.6.1

$$y(t) = \dot{q}_2(t) - q_2(t) = q_1(t) - 2q_2(t).$$

系统对应的系数矩阵为

$$A = \begin{bmatrix} 1 & 0 \\ 1 & -1 \end{bmatrix}, \quad B = \begin{bmatrix} 1 \\ 0 \end{bmatrix}, \quad C = \begin{bmatrix} 1 & -2 \end{bmatrix}, \quad D = 0.$$

系统的特征多项式为

$$|sI - A| = \begin{vmatrix} s-1 & 0 \\ -1 & s+1 \end{vmatrix} = (s-1)(s+1),$$

得到系统的特征根为

$$\lambda_1 = 1 \text{ 和 } \lambda_2 = -1,$$

系统的特征值矩阵为

$$\Lambda = \begin{bmatrix} \lambda_1 & 0 \\ 0 & \lambda_2 \end{bmatrix} = \begin{bmatrix} 1 & 0 \\ 0 & -1 \end{bmatrix}.$$

下面采用线性变换的方法将图7.6.1系统对角化，变换后的状态矢量用 z 表示，即

$$\dot{z} = \Lambda z + \hat{B}x,$$
$$y = \hat{C}z + \hat{D}x.$$

根据式（7.5.6），有

$$\begin{bmatrix} 1 & 0 \\ 0 & -1 \end{bmatrix}\begin{bmatrix} p_{11} & p_{12} \\ p_{21} & p_{22} \end{bmatrix} = \begin{bmatrix} p_{11} & p_{12} \\ p_{21} & p_{22} \end{bmatrix}\begin{bmatrix} 1 & 0 \\ 1 & -1 \end{bmatrix},$$

这个方程的解

$$p_{12} = 0 \text{ 和 } -2p_{21} = p_{22},$$

可见解不是唯一的. 选取 $p_{11} = 1$ 和 $p_{21} = 1$，可得 P 的一种可能形式

$$P = \begin{bmatrix} 1 & 0 \\ 1 & -2 \end{bmatrix}.$$

根据式（7.5.2），可得

$$\hat{B} = PB = \begin{bmatrix} 1 & 0 \\ 1 & -2 \end{bmatrix}\begin{bmatrix} 1 \\ 0 \end{bmatrix} = \begin{bmatrix} 1 \\ 1 \end{bmatrix},$$

$$\hat{C} = CP^{-1} = \begin{bmatrix} 1 & -2 \end{bmatrix}\begin{bmatrix} 1 & 0 \\ 1 & -2 \end{bmatrix}^{-1} = \begin{bmatrix} 1 & -2 \end{bmatrix}\begin{bmatrix} 1 & 0 \\ \dfrac{1}{2} & -\dfrac{1}{2} \end{bmatrix} = \begin{bmatrix} 0 & 1 \end{bmatrix},$$

$$\hat{D} = D = 0.$$

对角化后的状态方程和输出方程为

$$\dot{z}_1(t) = z_1(t) + x(t),$$

$$\dot{z}_2(t) = -z_2(t) + x(t),$$

$$y(t) = z_2(t).$$

因为 $\hat{B}$ 的行都是非0的，所以这个系统是可控的. $\hat{C}$ 的第1列是0，因此模式 z_1（相应于特征值 $\lambda_1 = 1$）是不可观的. 图7.6.2所示为这个状态方程的一种实现，可以看出，两个模式中的每一个都是可控的，但第1个模式在这个输出上是不可观的. 综上，该系统满足可控性，不满足可观性.

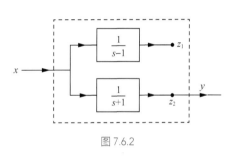

图 7.6.2

【例7.6.2】 将图7.6.1中的2个子系统交换次序，得到图7.6.3所示系统. 研究该系统的可控性和可观性.

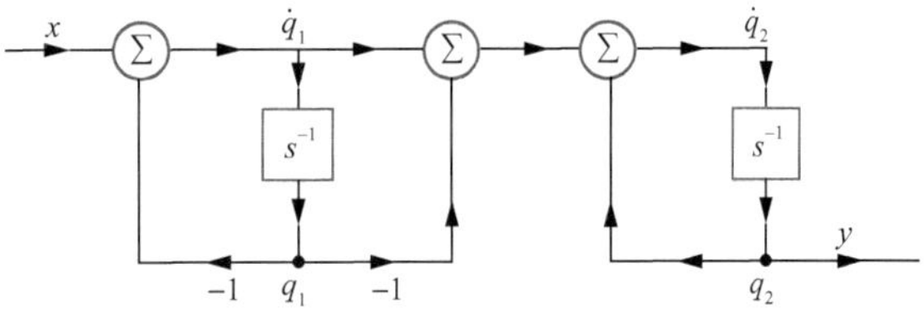

解　该系统的状态方程和输出方程分别为

图 7.6.3

$$\dot{q}_1(t) = -q_1(t) + x(t),$$

$$\dot{q}_2(t) = \dot{q}_1(t) - q_1(t) + q_2(t) = -2q_1(t) + q_2(t) + x(t),$$

$$y(t) = q_2(t).$$

所以有

$$A = \begin{bmatrix} -1 & 0 \\ -2 & 1 \end{bmatrix}, \quad B = \begin{bmatrix} 1 \\ 1 \end{bmatrix}, \quad C = \begin{bmatrix} 0 & 1 \end{bmatrix}, \quad D = 0.$$

系统的特征多项式为

$$|sI - A| = \begin{vmatrix} s+1 & 0 \\ -1 & s-1 \end{vmatrix} = (s+1)(s-1),$$

得到系统的特征根为 $\lambda_1 = 1$ 和 $\lambda_2 = -1$，系统的特征值矩阵为

$$\Lambda = \begin{bmatrix} \lambda_1 & 0 \\ 0 & \lambda_2 \end{bmatrix} = \begin{bmatrix} 1 & 0 \\ 0 & -1 \end{bmatrix}.$$

将矩阵对角化有

$$\begin{bmatrix} 1 & 0 \\ 0 & -1 \end{bmatrix} \begin{bmatrix} p_{11} & p_{12} \\ p_{21} & p_{22} \end{bmatrix} = \begin{bmatrix} p_{11} & p_{12} \\ p_{21} & p_{22} \end{bmatrix} \begin{bmatrix} -1 & 0 \\ -2 & 1 \end{bmatrix},$$

选取 $p_{12} = 1$ 和 $p_{21} = 1$，可得 P 的一种可能形式

$$P = \begin{bmatrix} -1 & 1 \\ 1 & 0 \end{bmatrix},$$

以及

$$\hat{B} = PB = \begin{bmatrix} -1 & 1 \\ 1 & 0 \end{bmatrix} \begin{bmatrix} 1 \\ 1 \end{bmatrix} = \begin{bmatrix} 0 \\ 1 \end{bmatrix},$$

$$\hat{C} = CP^{-1} = \begin{bmatrix} 0 & 1 \end{bmatrix} \begin{bmatrix} 0 & 1 \\ 1 & 1 \end{bmatrix} = \begin{bmatrix} 1 & 1 \end{bmatrix},$$

$$\hat{D} = D = 0.$$

对角化后的状态方程和输出方程为

$$\dot{z}_1(t) = z_1(t),$$

$$\dot{z}_2(t) = -z_2(t) + x(t),$$

$$y(t) = z_1(t) + z_2(t).$$

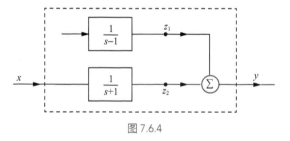

图 7.6.4

因为 $\hat{B}$ 的第 1 行是 0，所以模式 z_1 是不可观的．$\hat{C}$ 没有任何列全是 0，所以模式 z_1 和 z_2 在输出上都是可以观察的．图 7.6.4 所示为这个状态方程的一种实现，可以看出，模式 z_1 和 z_2 都是可观的，但第 1 个模式 z_1 在这个输出上是不可控的．综上，该系统不满足可控性，满足可观性．

7.6.3　系统的可控性和可观性的满秩判别法

若可控阵

$$M = \begin{bmatrix} B \vdots AB \vdots A^2B \vdots \cdots \vdots A^{N-1}B \end{bmatrix} \tag{7.6.6}$$

为满秩矩阵，则系统为完全可控的，否则为不完全可控的．

若可观阵

$$N = \begin{bmatrix} C \\ \cdots \\ CA \\ \cdots \\ \vdots \\ \cdots \\ CA^{N-1} \end{bmatrix}$$

（7.6.7）

利用计算机判断系统可控性和可观性

为满秩矩阵，则系统为完全可观的，否则为不完全可观的.

MATLAB提供了rank函数，用来求矩阵的秩，输入"rank(M)"即可求矩阵 M 的秩，即 M 的线性独立的行或列的个数.

7.6.4　系统可控性和可观性与转移函数之间的关系

【例7.6.3】 求例7.6.1和例7.6.2中系统的特征方程和输入—输出转移函数矩阵.

解　例7.6.1中系统的状态方程和输出方程的系数矩阵为

$$A = \begin{bmatrix} 1 & 0 \\ 1 & -1 \end{bmatrix}, \quad B = \begin{bmatrix} 1 \\ 0 \end{bmatrix}, \quad C = \begin{bmatrix} 1 & -2 \end{bmatrix}, \quad D = 0.$$

利用MATLAB解此题，代码如下.

```
clc; close all; clear;
A = [1 0;1 −1]; B = [1;0]; C = [1 −2]; D = 0;
syms s;
% 特征方程：eigenfunction = 0
eigenfunction = det (s*eye (length (a))-A)
% 特征矩阵
F = inv (s * eye (length (a))-A);
% 求系统转移函数矩阵
H = C * F * B + D;
H = simplify (H)
```

MATLAB代码执行结果如下.

```
eigenfunction =
(s - 1)*(s + 1)
```

H =
1/(s + 1)

例7.6.2中系统的状态方程和输出方程的系数矩阵为

$$A = \begin{bmatrix} -1 & 0 \\ -2 & 1 \end{bmatrix}, \quad B = \begin{bmatrix} 1 \\ 1 \end{bmatrix}, \quad C = \begin{bmatrix} 0 & 1 \end{bmatrix}, \quad D = 0 .$$

利用MATLAB解此题，所得结果与例7.6.1中的结果是相同的，读者可以自行验证.

例7.6.1和例7.6.2给出的两个系统是不相同的，但它们有相同的传递函数

$$H(s) = \frac{1}{s+1} .$$

从图7.6.2和图7.6.4可以看出，这两个系统都包含系统函数为 $\frac{1}{s-1}$ 的子系统，所以都是不稳定的，但是它们的传递函数 $H(s) = \frac{1}{s+1}$ 却并未给出任何这方面的提示. ▲

传递函数仅从输入端和输出端来看一个系统，因此，用传递函数描述系统仅能表征系统中那些与输入端和输出端相耦合的部分. 从图7.6.2和图7.6.4可以看到，在两种情况下仅传递函数为 $\frac{1}{s+1}$ 这部分系统与输入端和输出端相耦合. 这就是这两个系统有同一个传递函数 $H(s) = \frac{1}{s+1}$ 的原因.

用状态变量描述系统能表征系统的全部信息. 其原因是状态变量描述是一种内部描述，而不是从外部端口的系统行为得出的外部描述. 很显然，在例7.6.1和例7.6.2中，传递函数没能完全描述系统，因为这两个系统的传递函数在分子和分母中有公共因子 $s-1$，而这个公共因子在图7.6.1和图7.6.3中被抵消掉了，其结果是丢失了信息. 若系统函数中不出现零点与极点的相消，则系统一定是完全可控和完全可观的；若系统函数中出现零点与极点的相消，则系统就是不完全可控或不完全可观的. 如果一个系统既是可控的又是可观的（大多数实际系统都是这样），那么传递函数就完全描述了这个系统. 在这种情况下，内部描述和外部描述是等效的.

7.6.5　离散系统可控性和可观性

对离散系统进行线性变换的步骤和方法与在连续系统情况下是完全并行的. 若 w 为变换后的状态矢量，则可将其描述为

$$w[n] = Pq[n] . \tag{7.6.8}$$

类似地可以得到

$$w[n+1] = PAP^{-1}w[n] + PBx , \tag{7.6.9}$$

以及

$$y[n] = CP^{-1}w + Dx . \tag{7.6.10}$$

对离散系统，通过将矩阵 A 对角化也能研究系统的可控性和可观性.

7.7 本章小结

本章我们学习了系统的状态变量分析法. 一个 N 阶系统能通过 N 个状态变量描述. 所有可能的输出都能用状态变量和输入的线性组合来表示. 因此, 状态变量描述的是整个系统, 而不只是某个输入和输出之间的关系. 由此可知, 状态方程描述是系统的一种内部描述, 这种描述更具一般性, 它也包含如冲激响应（或脉冲响应）和传递函数这样一些外部描述信息. 状态变量描述还能推广到时变系统和非线性系统. 一个系统的外部描述可能不能完全表征这个系统. 系统的状态方程可以直接根据系统的结构图、微（差）分方程或系统函数来列写. 状态方程由 N 个一阶微（差）分方程构成, 可以采用时域或变换域方法来求解. 通过线性变换的方法可以将一组给定的状态变量变换为另一组状态变量, 所以同一个系统有多种状态空间描述. 若通过线性变换将矩阵 A 对角化, 则可以非常方便地看出哪些系统状态是可控的, 哪些系统状态是可观的.

7.8 知识拓展

7.8.1 卡尔曼简介

鲁道夫·卡尔曼（Rudolf Kalman）分别于1953年和1954年获得麻省理工学院电机工程学士和硕士学位, 1957年获得哥伦比亚大学理学博士学位. 其肖像如图7.8.1所示.

他提出了系统的可控性和可观性概念, 为控制理论的出现奠定了坚实的基础. 卡尔曼滤波理论颠覆了通信、导航、制导与控制等多个领域的传统认知, 极大地促进了现代科技的发展.

图 7.8.1

更多卡尔曼的
信息

7.8.2 卡尔曼滤波器简介

状态变量分析法在工程领域有广泛应用. 在动态电路中, 可以将电容电压和电感电流作为系统的一组状态变量, 进而对电路的情况进行预测; 在定位系统中, 知道了物体的速度、加速度以及运动方向就能对下一时刻的物体位置进行估计. 卡尔曼滤波（Kalman filtering）是一种利用线性系统状态方程, 通过系统的输入和输出观测数据, 对系统状态进行最优估计的算法. 由于观测数据包括系统中的噪声和干扰的影响, 因此最优估计也可看作滤波过程.

滤波器（filter）是一类能够实现滤波（filtering）功能的器件, 如第5章介绍的模拟滤波器和第6章介绍的数字滤波器. 滤波器从功能上看可以是频率选择性滤波, 如RC低通滤波器或滑动平均滤波器, 也可以是频率成型滤波, 如升余弦频率成型滤波器. 它们都以改变输入信号的频谱分布的方式进行滤波, 这被称为频域滤波. 滤波的范围还可以进一步推广, 例如, 使用已测量的信号通过概率统计的方法来复原不能被直接测量或者带有噪声的信号, 这种操作一般称为估计（estimation）.

估计主要包含3种处理信号的方法：滤波、平滑（smoothing）、预测（prediction）. 这3种估计的区别主要体现在时间上.

（1）滤波指根据到目前时刻 t 为止的信号的所有信息，来还原信号的部分或者全部信息.

（2）平滑并不要求只使用当前时刻 t 之前的信息来估计原信号，而是可以采用 t 之后的一段时间内的信号的信息来估计当前时刻 t 的信号. 平滑并不是即时的，而是可以有一定的延迟.

（3）预测一般用到的信息就是截止到当前时刻的信号的信息，输出的是对未来的估计.

维纳滤波器是1942年维纳研究防空火力控制问题时提出的. 火力控制系统必须在雷达信息的配合下预测飞机的位置，雷达信息又充满噪声. 维纳利用统计学和概率论的知识将信号作为随机过程来研究，利用信号和噪声的自相关函数来获得最小方均误差（minimum mean square error，MMSE）意义下的最优预测. 第二次世界大战期间，他的研究成果被军方作为保密文件搁置起来，直到战后才被解密. 1950维纳将论文《稳态时间序列的外推、插值和平滑》（*Extrapolation, Iinterpolation, and Smoothing of Stationary Time Series*）发表在《富兰克林研究院学报》（*Journal of the Franklin Institute*）上. 维纳滤波器是线性滤波理论方面的重要成果，但是维纳滤波器仍然存在一些局限性. 维纳滤波器的设计理念就是寻求在最小方均误差下滤波器的冲激响应或传递函数的表达式，它需要提前知道信号与噪声的统计特性（相关函数或功率谱），所以不适用于非平稳信号（即统计特性随时间变化的信号）. 另外，维纳滤波器根据全部过去观测值和当前观测值来估计信号的当前值，时间复杂度过高，不便于实时处理.

20世纪60年代初，卡尔曼提出了递推最优估计理论，对维纳滤波理论进行了优化. 1960年，卡尔曼在论文《线性滤波和预测的新方法》（*A New Approach to Linear Filtering and Prediction Problems*）中提出了利用递推法实现线性滤波与预测. 该方法的基本思想是根据前一个状态的估计值和最近的观测数据，递推估计当前的状态值，算法的内存消耗很小，适合于计算机实时处理，也可以处理多维、非平稳随机信号.

1960年秋天，受斯坦利·施密特（Stanley Schmidt）邀请，卡尔曼访问美国国家航空航天局（NASA）艾姆斯研究中心. 施密特意识到卡尔曼的理论可以应用于他们当时正在进行的一个项目——"阿波罗计划"中的轨迹估计和控制. 随后施密特着手开发卡尔曼滤波器，实现了现在被称为扩展卡尔曼滤波的算法，他应该是第一个完整实现卡尔曼滤波器的人. 后来NASA在阿波罗飞船的导航系统中确实也用到了这个滤波器. 最终，飞船驶向月球，完成了人类历史上的第一次登月.

卡尔曼滤波的原理涉及概率和随机过程、统计学和最优估计、信号处理和动态系统等理论. 为简单起见，此处以一个典型的应用为例，侧重说明卡尔曼滤波基础算法的实现思想，不涉及复杂的公式推导.

炎热的夏天里我们希望实现房间温度的恒温控制. 我们根据经验判断这个房间的温度是恒定的，但是基于经验判断并不准确，因此可能存在与真实温度的偏差，我们把该偏差看作高斯白噪声（随机信号，频谱是无限宽的）. 房间里的温度计可以测量温度，测量值与真实温度之间也存在偏差，我们也把该偏差看作高斯白噪声. 现在，我们要根据温度计的测量值及经验温度和测量温度各自的噪声来估算出房间的真实温度.

为了估算 n 时刻的真实温度，首先要根据 $n-1$ 时刻的温度来预测 n 时刻的温度（n 时刻的经验温度）. 因为我们相信房间温度是恒定的，所以会认为 n 时刻的温度是和 $n-1$ 时刻一样的，即温度随时间 n 的递推式为 $T_n = T_{n-1}$.

假设当前经验温度是25.1℃，同时经验温度的噪声带来的偏差是5℃. 温度计在 n 时刻的测量温度假设是24.9℃，测量温度的噪声带来的偏差是4℃.

下面利用经验温度25.1℃和测量温度24.9℃估算 n 时刻房间的真实温度．为了判断哪个值与真实温度的差异更小，需要借助误差修正经验温度．利用方均误差最小原则估算一个用于调整温度的系数 μ，乘以测量温度与经验温度之间的差值得到修正量．差值越大，修正量越大．可以算出 n 时刻的最优估计温度为

$$25.1 + \mu \times (24.9 - 25.1) \quad (\text{℃}).$$

得到了 n 时刻的最优估计温度，下一步就是对 $n+1$ 时刻的真实温度进行最优估计，用于后续的温度调整．就这样，卡尔曼滤波器不断地在方均误差最小原则的指导下，递归计算出最优估计温度，因为只保留上一时刻的计算值，占用内存小，故运行速度非常快．

下面用状态空间来描述上述问题．考虑一个线性离散随机信号处理系统，在 n 时刻可以用状态方程

$$\boldsymbol{x}[n] = \boldsymbol{\phi}_{n,\,n-1}\boldsymbol{x}[n-1] + \boldsymbol{\Gamma}_{n-1}\boldsymbol{w}[n-1]$$

和测量方程

$$\boldsymbol{Z}[n] = \boldsymbol{C}_n\boldsymbol{x}[n] + \boldsymbol{v}[n]$$

描述，其中 $\boldsymbol{x}[n]$ 为状态变量，$\boldsymbol{\phi}_{n,\,n-1}$ 为状态转移矩阵，$\boldsymbol{w}[n-1]$ 为过程噪声，$\boldsymbol{v}[n]$ 为测量噪声，$\boldsymbol{\Gamma}_{n-1}$ 为噪声驱动矩阵，系统测量方程的输出量 $\boldsymbol{Z}[n]$ 是可以实际测量的量，$\boldsymbol{C}_n$ 为转换矩阵，它将状态矢量映射到测量值所在的空间中．假设过程噪声和测量噪声的平均值都是0，过程噪声的平均功率为 $\boldsymbol{Q}_n$，测量噪声的平均功率为 $\boldsymbol{R}_n$．

卡尔曼滤波的基本思想：设当前时刻为 n，以 $n-1$ 时刻的最优估计 $\hat{\boldsymbol{x}}[n-1]$ 为准，预测当前时刻的状态变量 $\hat{\boldsymbol{x}}[n|n-1]$，同时对该状态进行观测，得到观测变量 $\boldsymbol{Z}[n]$，再在预测与观测之间进行分析，或者说通过观测变量对预测变量进行修正，从而得到 n 时刻的最优估计状态 $\hat{\boldsymbol{x}}[n]$．可以将卡尔曼滤波算法总结为"预测和更新"，共用到以下7个公式．

（1）预测状态：

$$\hat{\boldsymbol{x}}[n|n-1] = \boldsymbol{\phi}_{n,\,n-1}\hat{\boldsymbol{x}}[n-1].$$

（2）预测状态的方均误差：

$$\hat{\boldsymbol{P}}[n|n-1] = \boldsymbol{\phi}_{n,\,n-1}\boldsymbol{P}[n-1]\boldsymbol{\phi}_{n,n-1}^{\mathrm{T}} + \boldsymbol{\Gamma}_{n-1}\boldsymbol{Q}_{n-1}\boldsymbol{\Gamma}_{n-1}^{\mathrm{T}}.$$

（3）更新观测误差的平均功率：

$$\boldsymbol{S}[n] = \boldsymbol{C}_n\hat{\boldsymbol{P}}[n|n-1]\boldsymbol{C}_n^{\mathrm{T}} + \boldsymbol{R}_n.$$

（4）更新卡尔曼滤波增益：

$$\boldsymbol{K}[n] = \hat{\boldsymbol{P}}[n|n-1]\boldsymbol{C}_n^{\mathrm{T}}\boldsymbol{S}^{-1}[n].$$

（5）更新观测残差：

$$\boldsymbol{e}[n] = \boldsymbol{Z}[n] - \boldsymbol{C}_n\hat{\boldsymbol{x}}[n|n-1].$$

（6）更新后状态的估计：

$$\hat{\boldsymbol{x}}[n] = \hat{\boldsymbol{x}}[n|n-1] + \boldsymbol{K}[n]\boldsymbol{e}[n].$$

（7）更新后状态的方均误差：

$$\boldsymbol{P}[n] = \left[\mathbf{I} - \boldsymbol{K}[n]\boldsymbol{C}_n\right]\hat{\boldsymbol{P}}[n|n-1].$$

卡尔曼滤波算法具有如下特点.

（1）采取的误差原则为方均误差最小原则.

（2）采用递推（或者叫迭代）算法，利用上一时刻的估计值和新的测量值进行估计，不需要保存所有的历史测量值，便于在计算机上执行，也适合多维信号的处理.

卡尔曼滤波器
计算机仿真
分析

（3）将信号的动态模型用状态空间来描述，加上测量方程，可以利用状态变化规律来提高估计精度.

（4）噪声建模一般都是平稳（平均值为0，自相关仅与时延有关）白噪声，状态信息已知. 在状态方程已知的情况下，状态变量的统计学信息是可以实时确定的，因此无论是平稳信号还是非平稳信号都可以被处理.

卡尔曼最初提出的形式现在一般称为简单卡尔曼滤波器. 如今卡尔曼滤波算法已经有很多不同的实现，如扩展卡尔曼滤波器、信息滤波器、平方根滤波器的变种，以及容积卡尔曼滤波器等，卡尔曼滤波器已经被广泛应用于时间序列模型、自动驾驶仪、动态定位系统、经济学（特别是宏观经济学和计量经济学）、惯性导航系统、雷达跟踪器、卫星导航系统，以及相干光通信中的偏振模色散管理等. 近来卡尔曼滤波器还被应用于数字图像处理，如人脸识别、图像分割、图像边缘检测等.

习题

▶ 基础题

7-1 【考研真题-由电路列写方程】考虑题图7-1所示电路，设输入为电压 $x(t)$，输出为流过电阻 R_1 的电流 $y(t)$，用状态变量描述该电路.

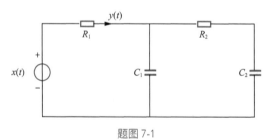
题图 7-1

7-2 【由信号流图列写方程】给定系统的信号流图如题图7-2所示，其中输入为 $x_1(t)$ 和 $x_2(t)$，输出为 $y(t)$，列写以 $q_1(t)$ 和 $q_2(t)$ 为状态变量的状态方程和输出方程.

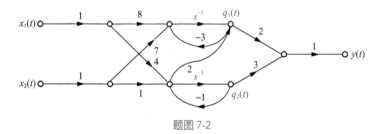
题图 7-2

7-3 【由系统函数列写状态方程】已知某连续系统的系统函数为 $H(s) = \dfrac{s+2}{s^2+4s+3}$，画出该系统的直接形式信号流图，并列写系统的状态方程和输出方程.

7-4 【由系统框图列写方程】离散系统如题图7-4所示，列写状态方程和输出方程.

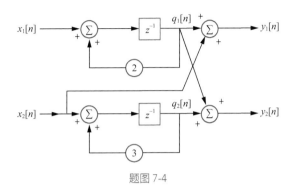

题图 7-4

7-5 【离散系统由系统框图得到状态变量描述】某二阶系统的系统框图如题图7-5所示，选择延时器的输出作为状态变量，用状态变量描述该系统.

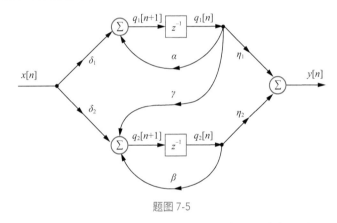

题图 7-5

7-6 【由差分方程列写状态方程】已知描述某离散系统的差分方程为

$$y[n+4]+4y[n+3]+2y[n+2]+7y[n+1]+3y[n]=x[n+1]+x[n].$$

（1）求该系统的系统函数 $H(z)$.

（2）请画出该系统的直接形式系统框图，并据此列写系统的状态方程与输出方程.

7-7 【考研真题-连续系统状态转移矩阵求解】描述某二阶连续系统的状态方程和输出方程分别为 $\dot{q}=Aq+Bx$ ， $y=Cq+Dx$ ，其中矩阵 $A=\begin{bmatrix} -1 & 2 \\ -1 & -4 \end{bmatrix}$. 求状态转移矩阵.

7-8 【连续系统状态方程求解】已知描述某连续系统的状态方程和输出方程为

$$\begin{cases} \dfrac{\mathrm{d}\boldsymbol{q}(t)}{\mathrm{d}t} = \boldsymbol{A}\boldsymbol{q}(t) + \boldsymbol{B}\boldsymbol{x}(t) \\ \boldsymbol{y}(t) = \boldsymbol{C}\boldsymbol{q}(t) + \boldsymbol{D}\boldsymbol{x}(t) \end{cases},$$

其中

$$\boldsymbol{A}=\begin{bmatrix} -3 & 1 \\ -2 & 0 \end{bmatrix},\ \boldsymbol{B}=\begin{bmatrix} 1 \\ 0 \end{bmatrix},\ \boldsymbol{C}=\begin{bmatrix} 0 & 1 \end{bmatrix},\ \boldsymbol{D}=0,\ \boldsymbol{x}(t)=u(t),\ \boldsymbol{q}(0_-)=\begin{bmatrix} 2 \\ 0 \end{bmatrix}.$$

试求零输入响应和零状态响应.

7-9 【求连续系统的系统函数】已知某系统的状态方程和输出方程分别为

$$\begin{bmatrix} \dfrac{\mathrm{d}q_1(t)}{\mathrm{d}t} \\ \dfrac{\mathrm{d}q_2(t)}{\mathrm{d}t} \end{bmatrix} = \begin{bmatrix} 0 & 1 \\ -8 & -4 \end{bmatrix} \begin{bmatrix} q_1(t) \\ q_2(t) \end{bmatrix} + \begin{bmatrix} 0 \\ 1 \end{bmatrix} x(t),$$

$$y(t) = \begin{bmatrix} -6 & -1 \end{bmatrix} \begin{bmatrix} q_1(t) \\ q_2(t) \end{bmatrix} + x(t).$$

试求系统函数 $H(s)$.

7-10 【离散系统状态转移矩阵求解】已知某离散系统可由下述差分方程来描述：

$$y[n+2] + 5y[n+1] + 6y[n] = 4x[n].$$

写出相应的状态方程，并求出状态转移矩阵 A^n.

7-11 【状态矢量的线性变换】某离散系统的状态变量描述为

$$A = \frac{1}{10}\begin{bmatrix} -1 & 4 \\ 4 & -1 \end{bmatrix}, \quad B = \begin{bmatrix} 2 \\ 4 \end{bmatrix},$$

$$C = \frac{1}{2}\begin{bmatrix} 1 & 1 \end{bmatrix}, \quad D = \begin{bmatrix} 2 \end{bmatrix}.$$

电路参数对系统可观性和可控性的影响

求对应于新状态变量 $w_1[n] = -\dfrac{1}{2}q_1[n] + \dfrac{1}{2}q_2[n]$ 和 $w_2[n] = \dfrac{1}{2}q_1[n] + \dfrac{1}{2}q_2[n]$ 的状态变量描述 $\hat{A}$、$\hat{B}$、$\hat{C}$ 和 $\hat{D}$.

7-12 【连续系统的可控性和可观性】桥式电路如题图7-12所示，其输入为 $x(t)$，输出为电容上的电压 $v_C(t)$. 判断该系统的可控性和可观性.

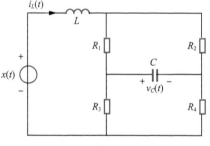

题图 7-12

▶ **提高题**

7-13 【考研真题-由电路列写方程】题图7-13所示电路中，以电容电压 $q_1(t)$ 和电感电流 $q_2(t)$ 为状态变量，电感电压 $y(t)$ 为输出变量，列写状态方程和输出方程.

7-14 【由电路列写方程】电路如题图7-14所示，列出电路的状态方程，若输出信号为 $y(t)$，列写输出方程.

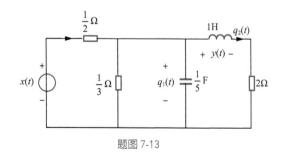

题图 7-13

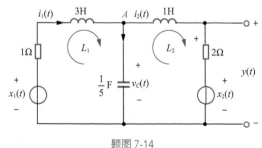

题图 7-14

7-15　【考研真题-连续系统由系统函数列方程】某线性时不变连续系统的系统函数为

$$H(s) = \frac{3s+7}{(s+1)(s+2)(s+5)},$$

写出系统的状态方程和输出方程，要求系统矩阵 $\boldsymbol{A}$ 为对角矩阵，写出矩阵 $\boldsymbol{A}$.

7-16　【连续系统状态方程求解】已知某连续系统的状态方程和输出方程分别为

$$\begin{bmatrix} \dot{q}_1(t) \\ \dot{q}_2(t) \end{bmatrix} = \begin{bmatrix} 1 & 2 \\ 0 & -1 \end{bmatrix} \begin{bmatrix} q_1(t) \\ q_2(t) \end{bmatrix} + \begin{bmatrix} 0 & 1 \\ 1 & 0 \end{bmatrix} \begin{bmatrix} x_1(t) \\ x_2(t) \end{bmatrix},$$

$$\begin{bmatrix} y_1(t) \\ y_2(t) \end{bmatrix} = \begin{bmatrix} 1 & 1 \\ 0 & -1 \end{bmatrix} \begin{bmatrix} q_1(t) \\ q_2(t) \end{bmatrix} + \begin{bmatrix} 1 & 0 \\ 1 & 0 \end{bmatrix} \begin{bmatrix} x_1(t) \\ x_2(t) \end{bmatrix},$$

起始状态为 $\begin{bmatrix} q_1(0_-) \\ q_2(0_-) \end{bmatrix} = \begin{bmatrix} 1 \\ 0 \end{bmatrix}$，输入矩阵为 $\begin{bmatrix} x_1(t) \\ x_2(t) \end{bmatrix} = \begin{bmatrix} 0 \\ u(t) \end{bmatrix}$.

重点习题答案
速查

（1）求特征矩阵 $\boldsymbol{\Phi}(s)$.

（2）求转移函数矩阵 $\boldsymbol{H}(s)$.

（3）用拉普拉斯变换求响应 $\boldsymbol{y}(t)$

7-17　【考研真题-连续系统稳定性判断】已知连续因果系统的状态方程和输出方程分别为

$$\begin{cases} \dot{q}_1(t) = q_1(t) + x(t) \\ \dot{q}_2(t) = q_1(t) - 3q_2(t) \end{cases},$$

$$y(t) = -\frac{1}{4}q_1(t) + q_2(t).$$

请判断该系统的稳定性.

习题7-17讲
解（考研真
题-连续系统
稳定性判断）

▶ **计算机实践题**

C7-1　【由系统函数求状态方程】某线性时不变连续系统的系数函数为 $H(s) = \dfrac{s}{s^2 + 3s + 2}$，求它的状态空间描述系数矩阵.

C7-2　【连续系统状态方程求解】已知系统的状态方程和输出方程分别为

$$\boldsymbol{q}(t) = \begin{bmatrix} -1 & -2 & -1 \\ 0 & -3 & 0 \\ 0 & 0 & -2 \end{bmatrix} \boldsymbol{q}(t) + \begin{bmatrix} 2 \\ 1 \\ 1 \end{bmatrix} \boldsymbol{x}(t), \quad \boldsymbol{y}(t) = \begin{bmatrix} 1 & -1 & 0 \end{bmatrix} \boldsymbol{x}(t),$$

求其特征方程和输入—输出转移函数矩阵.

C7-3　【连续系统稳定性判断】借助计算机重新解习题7-17.

C7-4　【离散系统状态转移矩阵】给定某离散系统的状态矩阵 $\boldsymbol{A} = \begin{bmatrix} -1 & 3 \\ -2 & 4 \end{bmatrix}$，求系统的特征矩阵 $\boldsymbol{\Phi}(z)$ 和状态转移矩阵 $\boldsymbol{A}^n$.

C7-5　【系统的可观性和可控性】已知系统的状态方程和输出方程分别为

$$\dot{\boldsymbol{q}}(t) = \begin{bmatrix} -1 & -2 & -1 \\ 0 & -3 & 0 \\ 0 & 0 & -2 \end{bmatrix} \boldsymbol{q}(t) + \begin{bmatrix} 2 \\ 1 \\ 1 \end{bmatrix} \boldsymbol{x}(t), \quad \boldsymbol{y}(t) = \begin{bmatrix} 1 & -1 & 0 \end{bmatrix} \boldsymbol{q}(t).$$

判断系统的可控性和可观性.

参考文献

[1] 郑君里，应启珩，杨为理. 信号与系统：上册[M]. 2版. 北京：高等教育出版社，2000.

[2] 郑君里，应启珩，杨为理. 信号与系统：下册[M]. 2版. 北京：高等教育出版社，2000.

[3] 郑君里，应启珩，杨为理. 信号与系统引论[M]. 北京：高等教育出版社，2009.

[4] 郑君里. 教与写的记忆：信号与系统评注[M]. 北京：高等教育出版社，2005.

[5] 谷源涛，应启珩，郑君里. 信号与系统——MATLAB综合实验[M]. 北京：高等教育出版社，2008.

[6] 管致中，夏恭恪，孟桥. 信号与线性系统：上册[M]. 6版. 北京：高等教育出版社，2015.

[7] 管致中，夏恭恪，孟桥. 信号与线性系统：下册[M]. 6版. 北京：高等教育出版社，2016.

[8] 吴大正，杨林耀，张永瑞，等. 信号与线性系统分析[M]. 4版. 北京：高等教育出版社，2005.

[9] 吕玉琴，俎云霄，张健明. 信号与系统[M]. 北京：高等教育出版社，2014.

[10] 陈后金，胡健，薛健，等. 信号与系统 [M]. 3版. 北京：高等教育出版社，2020.

[11] 郭宝龙，闫允一，朱娟娟，等. 工程信号与系统[M]. 北京：高等教育出版社，2014.

[12] 徐守时，谭勇，郭武. 信号与系统：理论、方法和应用[M]. 3版. 合肥：中国科学技术大学出版社，2018.

[13] OPPENHEIM A V, WILLSKY A S, NAWAB S H. 信号与系统[M]. 刘树棠，译. 2版. 北京：电子工业出版社，2013.

[14] OPPENHEIM A V, VERGHESE G C. 信号、系统及推理[M]. 李玉柏，崔琳莉，武畅，译. 北京：机械工业出版社，2017.

[15] LATHI B P, 线性系统与信号[M]. 2版. 刘树棠，王薇洁，译. 西安：西安交通大学出版社，2006.

[16] HAYKIN S, VEEN B, 信号与系统[M]. 2版. 林秩盛，黄元福，林宁，等，译. 北京：电子工业出版社，2013.

[17] 周炯槃，庞沁华，续大我，等. 通信原理[M]. 4版. 北京：北京邮电大学出版社，2015.

[18] 门爱东，苏菲，王雷，等. 数字信号处理[M]. 2版. 北京：科学出版社，2009.

[19] 程佩青. 数字信号处理教程：MATLAB版[M]. 5版. 北京：清华大学出版社，2017.

[20] 吕玉琴，尹霄丽，张金玲，等. 信号与系统考研指导[M]. 3版. 北京：北京邮电大学出版社，2013.

[21] 尹霄丽，张健明. MATLAB在信号与系统中的应用[M]. 北京：清华大学出版社，2015.

[22] 尹龙飞，尹霄丽. 信号与系统：答疑解惑与典型题解[M]. 北京：北京邮电大学出版社，2022.

[23] 尹霄丽，尹龙飞，张健明，等. 信号与系统数字课程[DB/OL]. 北京：高等教育出版社，2020.

[24] 张旭东. 现代信号分析和处理[M]. 北京：清华大学出版社，2018.

[25] 杨鉴，普园媛，梁虹. 随机信号处理原理与实践[M]. 2版. 北京：科学出版社，2020.

[26] 王天威. 控制之美：控制理论从传递函数到状态空间[M]. 北京：清华大学出版社，2022.

[27] 朱秀昌，唐贵进. 现代数字图像处理[M]. 北京：人民邮电出版社，2020.

[28] 周志华. 机器学习[M]. 北京：清华大学出版社，2016.

[29] 黄小平，王岩. 卡尔曼滤波原理及应用：MATLAB仿真[M]. 2版. 北京：电子工业出版社，2022.